先进核能系统系列丛书

U0204016

Fundamentals of Fuels and Materials for Liquid Metal Cooled Reactor

液态金属冷却反应堆燃料与材料基础

成松柏 周文忠 郭京渝 谭少杰 王凯 编著

清華大学出版社
北京

内 容 简 介

本书主要对液态金属冷却反应堆燃料和材料进行较全面的介绍，内容包括：液态金属冷却反应堆简介(液态金属冷却反应堆的发展历史、冷却剂优缺点、世界各国的研发、设计及运行现状)、液态金属冷却反应堆系统(热工水力特性、能量的产生与输送、热工设计准则、安全与事故管理)、液态金属冷却反应堆燃料(堆芯和燃料组件、世界各国的燃料循环活动、燃料的制造和辐照经验、燃料的热物理性质)、液态金属冷却反应堆结构材料(堆芯结构材料辐照损伤、包壳和其他结构材料的选择、燃料组件部件的制造技术、不锈钢与液态金属冷却剂的相容性、氧化物弥散强化钢开发计划)、液态金属冷却反应堆的耐事故燃料和材料(燃料与材料面临的主要问题、耐事故燃料和材料研发现状)、液态金属冷却反应堆多尺度建模与仿真(多尺度耦合算法、多尺度方法开发和验证)以及全书总结。

本书既可供从事液态金属冷却反应堆燃料与材料的设计人员参考，也可供进行液态金属冷却反应堆燃料与材料领域教学和科研的高等院校、科研院所和企事业单位相关科研、工程技术人员以及博士、硕士研究生参考。

版权所有，侵权必究。举报：010-62782989，beiqinquan@tup.tsinghua.edu.cn。

图书在版编目(CIP)数据

液态金属冷却反应堆燃料与材料基础 / 成松柏等编著. -- 北京 ：清华大学出版社，2024. 9. --(先进核能系统系列丛书 / 成松柏). -- ISBN 978-7-302-67043-8

Ⅰ. TL425.4

中国国家版本馆 CIP 数据核字第 2024G1P578 号

责任编辑：鲁永芳
封面设计：常雪影
责任校对：欧　洋
责任印制：宋　林

出版发行：清华大学出版社
　　网　　址：https://www.tup.com.cn，https://www.wqxuetang.com
　　地　　址：北京清华大学学研大厦 A 座　　**邮　　编**：100084
　　社 总 机：010-83470000　　**邮　　购**：010-62786544
　　投稿与读者服务：010-62776969，c-service@tup.tsinghua.edu.cn
　　质量反馈：010-62772015，zhiliang@tup.tsinghua.edu.cn
印 装 者：三河市科茂嘉荣印务有限公司
经　　销：全国新华书店
开　　本：170mm×240mm　　**印　张**：21.75　　**字　　数**：387 千字
版　　次：2024 年 9 月第 1 版　　**印　　次**：2024 年 9 月第1 次印刷
定　　价：135.00 元

产品编号：098850-01

前　言

核能作为一种安全、高效、清洁、低碳、经济、可靠的新能源，受到世界各国的青睐。核能是我国构建清洁低碳、安全高效能源体系的重要组成部分。核能的和平利用主要体现在核电领域，推动核能高质量发展，进一步强化核电在能源革命中的战略地位，坚持安全第一、积极安全有序地发展核电，稳步提高核电在我国能源电力结构中的比重，将有力提升我国能源安全保障水平，并助力我国实现"双碳"目标。因此，我国发展核能具有重要意义，同时也是大势所趋。

如今，第三代反应堆已经实现商业化，而第四代反应堆也早已成为国际核能界的重点研究课题。第四代反应堆具有可持续、安全、可靠、经济、废物少、防核扩散等诸多优点。与前三代核能系统相比，第四代核能系统在经济性、安全性以及废物处理等方面有着重大改善。第四代核能系统主要包括六种堆型，即熔盐堆、超临界水堆、超高温气冷堆、气冷快堆、钠冷快堆和铅冷快堆。其中，钠冷快堆和铅冷快堆属于液态金属冷却快堆，二者都是使用液态金属作为冷却剂的快中子反应堆，即钠冷快堆使用液态钠，铅冷快堆使用液态铅或铅铋。目前，钠冷快堆是第四代反应堆中最成熟的堆型。相比于钠冷快堆，铅冷快堆使用的冷却剂不仅更安全和稳定，还具有诸多优良特性，并且可以实现小型化和微型化，近年来这些优势日益引起研究人员的重视。

我国高度重视清洁能源和先进核能的发展。国家"十四五"规划明确提出，我国力争在 2030 年实现"碳达峰"、在 2060 年实现"碳中和"，为此力求构建现代能源体系，推进能源革命，建设清洁低碳、安全高效的能源体系，提高能源供给保障能力。"十四五"规划还提出推动模块化小型堆等先进堆型示范和核能综合利用，为核能的多元化应用、多用途发展按下加速键。我国能源转型的深入推进对核能多用途发展提出了更高的要求，先进堆型示范呈现出积极发展的态势。2010 年，我国首个钠冷快堆——中国实验快堆达到首次临界，并于 2011 年 7 月成功并网发电，标志着我国成为世界上第八个拥有快堆技术的国家。2019 年 10 月，我国启明星Ⅲ号实现首次临界，并正式启动中国铅铋堆芯核特性物理实验，标志着我国在铅铋快堆领域的研发也跨出实质性一步，进入工程化阶段。2020 年 12 月，中国核工业集团有限公司示范快堆工程 2 号机组正式开工建设，对我国加快构建先进核燃料闭式循环体系、促进核能可持续发展和快堆技术全面自主发展、促进“碳达峰”与“碳中和”目标以及推动地方经济建设具有重要意义。先进核能系统的发展将为我国科技实力、工业技术水平、综合经济实力和国际地位的提升做出巨大贡献。

液态金属冷却反应堆因其独特的优势，在第四代核能系统中具有非常强的竞争力，也是第四代核能系统概念建立之初最被看好的堆型。反应堆燃料和材料对于任何反应堆堆型都至关重要，可以说，反应堆燃料和材料的选取决定了反应堆的成败。为此，本书将对液态冷却金属反应堆燃料和材料进行综合性介绍。全书共 7 章。第 1 章较为详尽地介绍液态金属冷却反应堆的发展历程。第 2 章简要介绍液态金属冷却反应堆系统。第 3 章着重介绍液态金属冷却反应堆燃料。第 4 章主要介绍液态金属冷却反应堆结构材料。第 5 章介绍液态金属冷却反应堆的耐事故燃料和材料。第 6 章简要介绍液态金属冷却反应堆多尺度建模与仿真。第 7 章对液态金属冷却反应堆燃料和材料进行总结。

本书在撰写过程中，参考了国内外各相关单位和科研机构公开发表的大量论文、报告和书籍，并引用了部分插图，在此特向相关机构、专家和学者表示崇高的敬意和感谢。由于本书所涉及的学科领域广泛，限于作者的学识水平，书中缺点、错误和不妥之处在所难免，恳请读者批评指正。

本书彩图请扫描二维码观看。

作　者

2024 年 1 月

缩略语表

ABR：Advanced Burner Reactor，先进燃烧反应堆

ADS：Accelerator Driven System，加速器驱动系统

ADU：Ammonium Diuranate，二铀酸铵工艺

AFCI：Advanced Fuel Cycle Initiative，先进燃料循环计划

AIM：Air Induction Melting，空气感应熔化

AGR：Advanced Gas-cooled Reactor，先进气冷堆

AHX：Air Heat eXchanger，空气热交换器

ALFRED：Advanced Lead Fast Reactor European Demonstrator，先进铅冷快堆欧洲示范堆

ALMR：Advanced Liquid Metal Reactor，先进液态金属冷却反应堆

ANL：Argonne National Laboratory，阿贡国家实验室

AOD：Argon Oxygen Decarburization，氩氧脱碳

APWR：Advanced Pressurized Water Reactor，先进压水堆

ASME：American Society of Mechanical Engineering，美国机械工程学会

ASTM：American Society for Testing and Materials，美国材料与试验协会

ASTRID：Advanced Sodium Technological Reactor for Industrial Demonstration，先进钠冷技术工业示范反应堆

ATF：Accident-Tolerance Fuel，耐事故燃料

ATR：Advanced Test Reactor，美国先进测试反应堆

ATWS：Anticipated Transient Without Scram，未紧急停堆的预期瞬变

AUC：Ammonium Uranium Carbonate process，碳酸铀铵工艺

AUPuC：Uranium Carbonate Plutonium Ammonium process，碳酸铀钚铵工艺

BN-350：哈萨克斯坦(苏联)实验快堆

BN-600、BN-800、BN-1200：俄罗斯商业钠冷快堆

BR-2：比利时反应堆

BR-5/10、BOR-60：俄罗斯实验快堆

BRC：Breeding Ratio of Core，堆芯增殖比

BREST-OD-300：俄罗斯试点示范铅冷快堆
BREST-300、BREST-1200：俄罗斯铅冷快堆
BWR：Boiling Water Reactor，沸水堆
CANDLE：Constant Axial shape of Neutron flux, nuclide densities and power shape During Life of Energy production，“蜡烛”堆
CANDU：CANada Deuterium Uranium，“坎杜”重水堆
CCFR：China Commercial Fast Reactor，中国商业快堆
CCFR-B：China Commercial Fast Reactor-Breeder，中国商用增殖快堆
CCFR-T：China Commercial Fast Reactor-Transmutation，中国商用嬗变快堆
CDFBR：中国大型增殖经济验证性快堆
CDFR：China Demonstrates Fast Reactor，中国示范快堆
CEA：Commissariat á l'énergie atomique et aux énergies alternatives，(法国)可替代能源与原子能委员会
CEFR：China Experimental Fast Reactor，中国实验快堆
CFBR：Commercial Fast Breeder Reactor，(印度)商业快速增殖反应堆
CFD：Computational Fluid Mechanics，计算流体力学
CIAE：China Institute of Atomic Energy，中国原子能科学研究院
CIADS：China Initiative Accelerator Driven System，加速器驱动嬗变研究装置
CLEAR-Ⅰ：China LEAd-based Research Reactor Ⅰ，中国铅基研究反应堆Ⅰ
CLEAR-Ⅱ：China LEAd-based Research Reactor Ⅱ，中国铅基工程示范反应堆Ⅱ
CLEAR-Ⅲ：China LEAd-based Research Reactor Ⅲ，中国铅基商业原型反应堆Ⅲ
Clementine：美国液态汞冷却实验堆
CMFR：China Modular Fast Reactor，中国模块化快堆
COCA：CObroyage CAdarche，共溴化工艺
CPFR：China Prototype Fast Reactor，中国原型快堆
CRIEPI：Central Research Institute of Electric Power Industry，电力中央研究所
CSDT：Compound System Doubling Time，复合系统倍增时间
CTE：Coefficient of Thermal Expansion，热膨胀系数

CVR：Centrum Výzkumu Řež,捷克共和国雷兹研究中心

CW：Cold Working,冷加工

DBTT：Ductile-Brittle Transition Temperature,延展性-脆性转变温度

DC：Diving Cooler,浸入式冷却器

DDP：Dimitrovgrad Dry Process,季米特洛夫格勒干工艺

DFR：Dounreay Fast Reactor,敦雷快堆

DFBR：Demonstration Fast Breeder Reactor,(日本)快速增殖反应示范堆

DHR：Decay Heat Removal,余热排出

DMM：Dynamic Materials Model,动态材料模型

DNS：Direct Numerical Simulation,直接数值模拟

DOE：Department Of Energy,美国能源部

DOVITA：Dry reprocessing,Qxide fuel,Vibro-pac,Integral,Transmutation of Actinides,干法再处理、氧化燃料、振动-压实、整合、锕系元素转化工艺

DU：Depleted Uranium,贫铀

DYONISOS：DYnamic Nuclear Inherently-safe Reactor Operating with Spheres,瑞士球形燃料动态固有安全反应堆

EAF：Electric Arc Furnace,电弧炉

EBR-Ⅰ：Experimental Breeder Reactor Ⅰ,(美国)实验增殖反应堆Ⅰ

EBR-Ⅱ：Experimental Breeder Reactor Ⅱ,(美国)实验增殖反应堆Ⅱ

EGU：ammonia External Gelation of Uranium,铀的氨外凝胶化工艺

EFR：European Fast Reactor,欧洲快堆

EHRS：Emergency Heat Removal System,紧急热量排出系统

ELFR：European Lead Fast Reactor,欧洲铅冷快堆

ELSY：European Lead-cooled System,欧洲铅冷系统

ENEA：Agenzia nazionale per le nuove tecnologie, l′energia e lo sviluppo economico sostenibile,意大利国家新技术、能源和可持续经济发展署

ESR：Electroslag Remelting,电渣精炼

EVST：External Vessel Fuel Storage Tank,外部容器燃料储存罐

FA：Fuel Assembly,燃料组件

FaCT：Fast reactor Cycle Technology,快堆循环技术

FALCON：Fostering ALfred CONstruction,促进 ALFRED 建设

FBTR：Fast Breeder Test Reactor,(印度)快速增殖试验反应堆

FCCI：Fuel-Cladding Chemical Interaction,燃料-包壳化学相互作用

FCMI：Fuel-Cladding Mechanical Interaction，燃料-包壳机械相互作用
Femi：美国费米反应堆
FFTF：Fast Flux Test Facility，(美国)快速通量测试设施
FGC：Functionally Graded Composite，功能梯度复合材料
FHM：Fuel-Handling Machine，燃料处理机
FHS：Fuel-Handling System，燃料处理系统
FR：Fast Reactor，快中子反应堆
Framatome：法国法马通公司
FS：Fast reactor cycle System，快堆循环系统
GCRA：Gas-Cooled Reactor，美国气冷堆
GIF：The Generation Ⅳ International Forum，第四代核能系统国际论坛
GNEP：Global Nuclear Energy Partnership，全球核能合作伙伴
HEU：Highly Enriched Uranium，高浓缩铀
HERO：Heavy Liquid Metal-Pressurized Water Cooled Tube，液态重金属-加压水冷却管
HFR：High Flux Reactor，荷兰高通量反应堆
HMTA：六亚甲基四胺
HT：Heat Treatment，热处理
HYPER：HYbrid Power Extraction Reactor，韩国混合动力提取反应堆
IAEA：International Atomic Energy Agency，国际原子能机构
IC：Isolation Condenser system，隔离冷凝器系统
ICN：Institute for Nuclear Research，罗马尼亚核研究所
IDR：Integrated Dry Route，一体化干法
IFR：Integral Fast Reactor，一体化快堆
IGCAR：Indira Gandhi Centre for Atomic Research，英迪拉·甘地原子能研究中心
IGU：ammonia Internal Gelation of Uranium，铀的氨内凝胶化工艺
IHTS：Intermediate Heat Transport System，中间热传输系统
IHX：Intermediate Heat eXchanger，中间热交换器
INCO：International Nickel COmpany，国际镍公司
INPRO：The International Project on Innovative Nuclear Reactors and Fuel Cycles，创新核反应堆和燃料循环的国际项目
JAEA：Japan Atomic Energy Agency，日本原子能机构
JAERI：Japan Atomic Energy Research Institute，日本原子能研究所

JAPC：Japan Atomic Power Company，日本原子能公司

JMTR：Japan Material Testing Reactor，日本材料试验堆

JNC：Japan Nuclear Cycle Development Institute，日本核循环开发研究所，现为JAEA

JOYO：日本常阳实验钠冷快堆

JRR-2：Japan Research Reactor No.2，日本2号研究反应堆

JSFR：Japan Sodium-cooled Fast Reactor，日本钠冷快堆

KAERI：Korea Atomic Energy Research Institute，韩国原子能研究所

KALIMER：Korea Advanced Liquid Metal Reactor，韩国先进液态金属反应堆

KNK-Ⅱ：德国小型钠冷核反应堆

L-4S：Super Safe，Small and Simple，日本超安全小型简单铅冷快堆

LBC：Heavy Lead-Bismuth Coolant，重铅铋冷却剂

LBE：Lead-Bismuth Eutectic，铅铋共晶(合金)

LEADER：Advanced Lead Fast Reactor European Demonstrator，欧洲铅冷先进示范快堆

LEU：Low-Enrichment Uranium，低浓缩铀

LFR：Lead-cooled Fast Reactor，铅冷快堆

LMC：Liquid Metal Corrosion，液态金属腐蚀

LMFBR：Liquid Metal Fast Breeder Reactor，液态金属快速增殖反应堆

LMR：Liquid Metal cooled Reactor，液态金属冷却反应堆

LOCA：Loss Of Coolant Accident，冷却剂丧失事故

LOCA WS：Loss Of Coolant Accident Without Scram，无保护的冷却剂丧失事故

LOF WS：Loss of Flow Withost Scram，无保护失流瞬态

LOHS WS：Loss of Heat Sink Without Scram，无保护失热阱瞬态

LSPR：LBE-cooled long-life Safe simple small Portable proliferation-resistant Reactor，铅铋冷却长寿命安全简单小型便携式防核扩散反应堆

LWR：Light-Water Reactor，轻水堆

MA：Minor Actinides，次锕系元素

Mark-Ⅰ、Mark-Ⅱ：印度FBTR混合碳化物燃料堆芯

MATHYS：Multiscale ASTRID Thermal-HYdraulics Simulation，多尺度热工水力学模拟

MC：Mixed uranium plutonium monocarbide，混合铀钚单碳化物

MCP-1：Primary Circuit Main Circulating Pump,一回路主循环泵
MCP-2：Secondary Circuit Main Circulating Pump,二回路主循环泵
MCU：MicroController Unit,单片机
MDF：MOX Demonstration Facility,MOX 示范设施
MFBR：Mitsubishi FBR Systems,日本三菱 FBR 系统公司
MIMAS：Micronized Master Mix,微粉化主混合工艺
MK-Ⅰ、MK-Ⅱ、MK-Ⅲ：日本实验快堆 JOYO 堆芯
MN：Mixed uranium plutonium mononitride,混合铀钚单氮化物
MOX：Mixed Uranium Plutonium Oxide,混合氧化铀钚
MONJU：日本文殊原型钠冷快堆
MSGR：中国熔盐反应堆
MSS：Material Strength Standard,材料强度标准
MYRRHA：Multi-purpose hYbrid Research Reactor for High-tech Applications,(比利时)面向高科技应用的多功能混合研究反应堆
NU：Natural Uranium,天然铀
NS：Nuclear-powered Submarine,核动力潜艇
OCOM：Oxide Comilling,氧化加工工艺
ODS：Oxide Dispersion Strengthened,氧化物弥散强化
O/M：Oxygen to Metal,氧与金属的比值
PBWFR：Pb-Bi cooled direct-contact-boiling Water Fast Reactor,Pb-Bi 冷却直接接触沸水快堆
PCMI：Pellet-Clad Mechanical Interaction,燃料芯块-包壳机械相互作用
PEC：Prova Elementi di Combustibile'li. e. fuel assembly test facility,意大利燃料和材料辐照考验试验快堆
PFBR：Prototype Fast Breeder Reactor,(印度)原型快速增殖反应堆
PFR：Prototype Fast Reactor,(英国)原型快堆
PH：Precipitation Hardened,沉淀硬化
PIE：Post Irradiation Examination,辐照后检查
PIUS：Process Inherent ultimate safty,过程固有极度安全轻水堆
PHWR：Pressurized Heavy Water Reactor,加压重水堆
Phenix：法国凤凰原型快堆
PM：Powder Metallurgy,粉末冶金
PNC：Power Reactor and Nuclear Fuel Development Corp,(日本)动力反应堆和核燃料开发公司

PRISM：Power Reactor Inherently Safe Module，动力反应堆-固有安全模块

PSI：Paul Scherrer Institute，瑞士保罗谢尔研究所

PuEAS：Plutonium Enrichment Adjustment in Solution，溶液中的钚富集调节

PWR：Pressurized Water Reactor，压水堆

Rapsodie：法国狂想曲实验快堆

RBMK：Реактор Большой Мощности Канальный，(俄罗斯)轻水石墨慢化堆

RE：Rare-Earth，稀土

RepU：Reprocessed uranium，再处理铀

RIAR：Research Institute of Atomic Reactor，(俄罗斯)原子反应堆研究所

RP：Remove heat Path，除热回路

RPV：Reactor Pressure Vessel，反应堆压力容器

RVACS：Reactor Vessel Auxiliary Cooling System，反应堆容器辅助冷却系统

SBR：Short Binderless Route，快速无黏结剂工艺

SCK·CEN：比利时核子研究中心

SDC：Safety Design Criteria，安全设计标准

SEALER：Swedish Advanced Lead Reactor，瑞典先进铅冷反应堆

SFR：Sodium-cooled Fast Reactor，钠冷快堆

SG：Steam Generator，蒸汽发生器

SGMP：Sol-Gel Microsphere Pelletization，溶胶-凝胶微球颗粒化

SGTR：Steam Generator Tube Rupture，蒸汽发生器管道破裂

SNR-300：德国、比利时和荷兰原型钠冷快堆

SPHERE-PAC：球形颗粒的振动压实

SUPERSTAR：SUstainable Proliferation-resistance Enhanced Refined Secure Transportable Autonomous Reactor，美国小型模块化铅冷快堆

Superphenix：法国超凤凰商业快堆

SSTAR：Small Secure Transportable Autonomous Reactor，小型安全可移动自动反应堆

STH：System Thermal Hydraulic，系统热工水力

SVBR-100：俄罗斯模块化多用途铅铋冷却反应堆

SWRPRS：Sodium Water Reaction Products System，钠水反应产物体系

TD：Theoretical Density，理论密度

TEM：Transmission Electron Microscopy，透射电子显微镜

TOP WS：Transient OverPower Without Scram，无保护超功率瞬态

TREAT：Transiest REActor Test，反应堆瞬态测试设施

TRU：Transuranium element，超铀元素

TSV：Temperature Safety Valve，温度安全阀

UE：Uniform Elongation，均匀伸长率

UIS：Upper Internal Structure，堆芯上部结构

ULOF：Unprotected Loss-Of-Flow，无保护失流

UNH：Uranium Nitrate Hexahydrate，六水合硝酸铀

URANUS-40：Ubiquitous，Robust，Accident-forgiving，Nonproliferating and Ultra-lasting Sustainer，韩国普遍存在、稳健、避免事故、非核扩散和超持久的自维持铅冷快堆

UTS：Ultimate Tensile Strength，极限拉伸强度

VAR：Vacuum Arc Remelting，真空电弧重熔

VIM：Vacuum Induction Melting，真空感应熔化

VIR：Vacuum Induction Refining，真空感应精炼

VNIPIET：俄罗斯能源技术研究设计院

VOD：Vacuum Oxygen Decarburization，真空氧脱碳

VRE：Void Reactivity Effect，空泡反应性(效应)

VVER(WWER)：Water-Water Energy Reactor，俄罗斯水慢化动力堆

目　录

第1章　液态金属冷却反应堆简介

1.1　核能和快堆

核能是现今世界上最重要的电力来源之一，其对生态环境影响小，碳排放量低。核反应堆使用铀（或钚和钍）作为燃料产生能量。已探明的铀资源和额外的可利用资源足以支持300多年的核能持续生产和使用，以及满足核能生产对铀需求的显著增长。最重要的是，有证据表明，铀可以从海水中“开采”。虽然目前在经济上还不可取，但如果自然资源变得稀缺，并对从海水中提取铀的经济效率进行更多的研究，则将在经济上变得可行。

然而，在广泛应用的水冷核反应堆（水冷堆）中，只有非常少量的铀分裂成裂变产物并产生能量，因而非常有必要进一步提高铀的利用效率。通过改用快中子反应堆（快堆），铀可以更有效地得到利用，但冷却剂需要更换为不同类型的、不太常见的品种。事实上，世界上第一个发电的反应堆——美国实验增殖反应堆Ⅰ（EBR-Ⅰ），就是一个快堆。该堆不是用水冷却，而是用钠钾合金冷却。当时，由于已知的铀储量有限，因而强烈促使人们去寻找能够有效使用铀的反应堆。这些反应堆通常称为“增殖”反应堆，因为在反应堆中，不仅铀分裂并产生能量，而且非裂变铀的同位素产生钚，这些同位素同样可以分裂并产生能量。通过改变反应堆堆芯的设计，这类反应堆还可以用来将长寿命的放射性核素转化为寿命较短和放射性毒性更低的裂变产物，从而显著降低核废料的数量和放射性毒性。

在核能和反应堆发展历史上，水冷反应堆成熟得更早，并成功征服了核能生产市场。其他类型的反应堆，比如快堆，尽管相当多地被建造和运行，但没有机会如同水冷反应堆那样迅速地发展成熟。由于快堆的运行是由快中子引起的裂变反应，因而不能用水冷却（因为水会慢化中子），因此，人们必须使用另一种冷却剂来冷却中子。对于快堆，液态金属是一类很有前景的冷却剂。液态钠由于其良好的热传递和中子特性而被应用。然而，钠也有其缺点，特别是与空气和水会发生化学反应。其他液态金属，如铅或铅铋共晶（LBE）合金，由于不会与空气和水发生剧烈反应，因此也是一种具有良好发展前景的快堆冷却剂。

1.2　液态金属冷却反应堆的发展历史

图 1-1 描绘了全球液态金属冷却反应堆(LMR)的发展历史，部分液态金属冷却反应堆的主要特点见表 1-1。在前面提到的钠钾冷却 EBR-Ⅰ之前，美国就有实验性的液态汞冷却反应堆(Clementine 反应堆)。从图中可以看出，在 EBR-Ⅰ之后，美国和世界其他国家大多转向使用纯钠。直到 20 世纪 90 年代早期，美国一直在运行钠冷却的实验和原型反应堆。现在，美国虽然仍对液态金属冷却反应堆持有非常活跃的研究项目，但已经没有这样的反应堆在运行。

在欧洲，液态金属冷却反应堆的发展始于 20 世纪 60 年代早期，法国、英国、意大利和德国都建造了实验性反应堆。法国在成功运行了狂想曲(Rapsodi)实验堆后，建造和运行了原型反应堆凤凰(Phenix)堆，随后建造和运行了商用超凤凰(SuperPhenix)反应堆。其中，凤凰反应堆成功地为电网提供了电力。该反应堆于 2009 年退出电网，在之后一年的时间内进行了几次重要的安全测试，为未来液态金属快堆的设计者和安全工程师提供了重要的实验数据。

与此同时，英国运行了实验性的 DFR 和原型 PFR 钠冷反应堆。德国运行了实验性的 KNK-Ⅱ反应堆，并与邻国比利时和荷兰合作建造了 SNR-300 原型钠冷反应堆，但最终由于政治原因，该反应堆并未投入使用。同样，意大利建造了实验性 PEC 反应堆，但从未投入使用。在 20 世纪 80 年代中期，切尔诺贝利核事故发生后，意大利决定逐步停止核能生产。该时期也是欧洲各方力量开始设计欧洲快堆(EFR)的时间，在 20 世纪 90 年代中期，在该项目被放弃之前，已进入了一个相当先进的设计阶段。如今，欧洲的几个国家仍在参与未来液态金属冷却反应堆的设计。

就在美国快堆建设几年后，俄罗斯也开始了快堆计划。俄罗斯建造并运行了实验性的 BR-5/10 反应堆，以及后来建造的至今仍在运行的 BOR-60 实验反应堆。在 20 世纪 70 年代，俄罗斯建造了 BN-350 原型反应堆，随后建造了更大功率的 BN-600 原型反应堆；在 2015 年，俄罗斯开始运营商用 BN-800 核电站，而现在还在设计更大的 BN-1200 核电站，所有这些反应堆都使用钠冷却。此外，俄罗斯还是唯一一个拥有铅铋冷却反应堆运行经验的国家。20 世纪 70—90 年代，俄罗斯在军用核潜艇上使用了铅铋冷却反应堆。

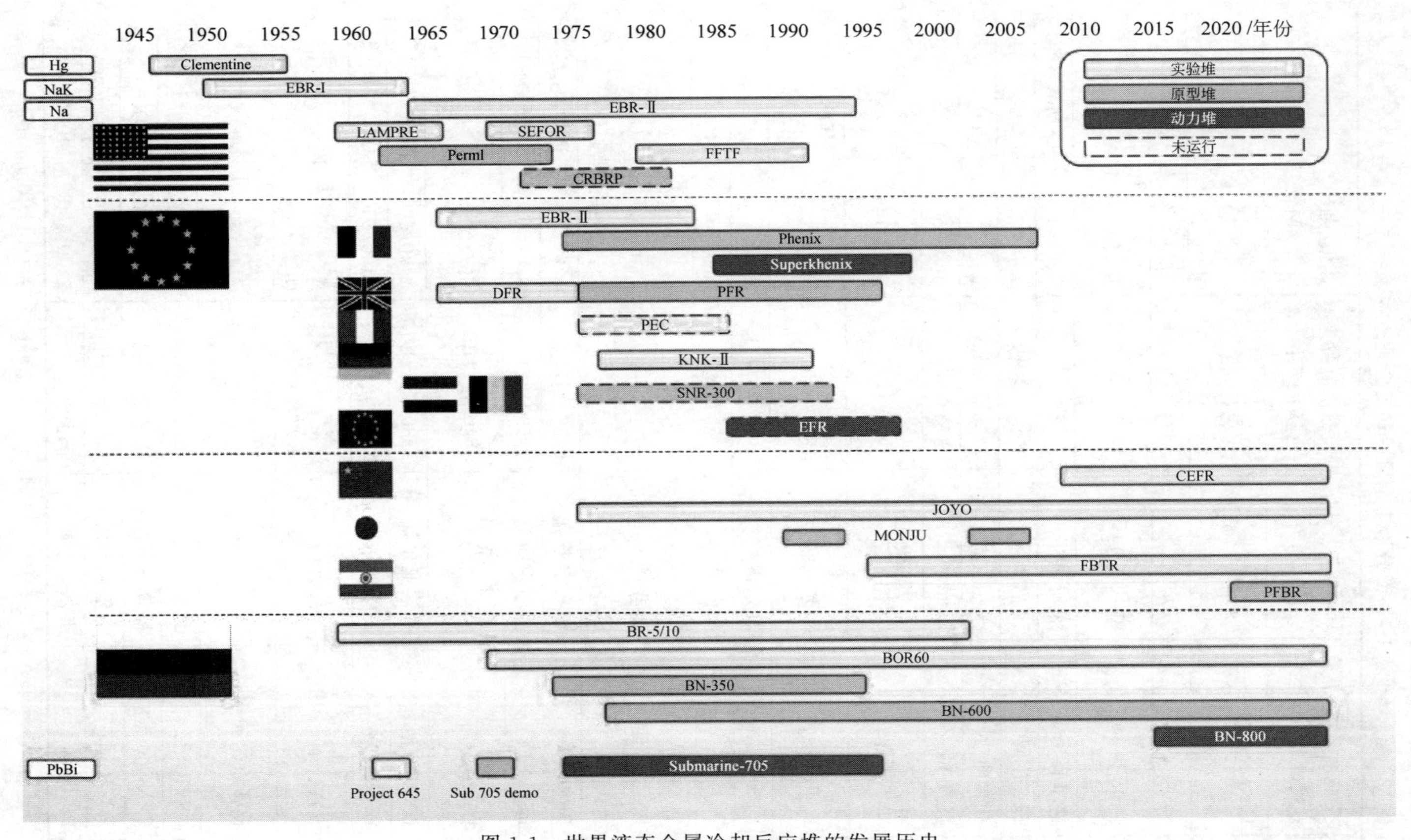

图 1-1　世界液态金属冷却反应堆的发展历史

（请扫Ⅱ页二维码看彩图）

表 1-1　部分液态金属冷却反应堆的主要特点

国家	反应堆名称-布置方式(回路或池式)	位置	首次临界/关闭年份	热/电功率/MW	燃料
美国	Clementine-池(水银冷却)	洛斯阿拉莫斯	1946/1953	0.025/0	Pu 金属
	EBR-Ⅰ-池	爱达荷	1951/1963	1.4/0.2	U(HEU)
	EBR-Ⅱ-池	爱达荷	1963/1994	62.5/20	U-Fs*、U-Zr(HEU)
	恩里科·费米-回	底特律	1963/1972	200/61	U-Mo(HEU)
	FFTF-回	汉福德	1980/1994	400/0	MOX
法国	狂想曲-回	卡达拉奇	1966/1982	40/0	MOX
	凤凰-池	马库尔	1973/2009	563/255	MOX
	超凤凰-池	克里斯-马尔维尔	1985/1996	2990/1242	MOX
德国	KNK-Ⅱ-回	卡尔斯鲁厄	1977/1991	58/20	MOX/UO_2(HEU)
英国	DFR-回	杜尔雷	1959/1977	60/15	U-Mo
	PFR-池	杜尔雷	1974/1994	650/250	MOX
哈萨克斯坦	BN-350-回	谢芬科	1972/1999	750/130	UO_2
俄罗斯	BR-5-回	奥布宁斯克	1959/1971	5/0	PuO_2/UC
	BR-10-回	奥布宁斯克	1959/1971	8/0	MOX/UN
	BOR-60-回	季米特洛夫格勒	1969/运行中	55/12	UO_2(HEU)/MOX
	BN-600-池	别洛亚尔斯克	1980/运行中	1470/600	UO_2(HEU)
	BN-800-池	别洛亚尔斯克	2015/运行中	2100/880	UO_2(HEU)
日本	JOYO-回	大洗町	1977(Mark-Ⅰ)/运行中	140(Mark-Ⅱ)/0	MOX
	MONJU-回	敦贺	1994/预计于2047年拆除	714/280	MOX
中国	CEFR-池	北京	2010/运行中	65/23.4	UO_2(HEU)
	CFR-600-池	福建省霞浦县	修建中	600/1500	MOX
印度	FBTR-回	卡尔帕卡姆	1985/运行中	40/13	(U,Pu)C
	PFBR-池	卡尔帕卡姆	修建中	1250/500	MOX

注：Fs(wt.%)=2.4%Mo,1.9%Ru,0.3%Rh,0.2%Pd,0.1%Zr 和 0.01%Nb。

在亚洲,快堆的发展较晚。日本在20世纪70年代中期开始运行日本常阳实验钠冷快堆(JOYO)。后来,日本分阶段建造并运行了文殊原型钠冷快堆(MONJU)。然而,由于一些技术和社会问题,日本已决定关停该反应堆。我国已经建成并运行了中国实验快堆(CEFR)。此外,我国还打算通过几种实验和原型反应堆的设计,进一步积累钠、铅和铅铋冷却快堆的经验。最后,印度为有效利用其稀缺的铀资源,也开始建造和使用快堆,他们自20世纪90年代建成并运行了快速增殖试验反应堆(FBTR)。

1.3　液态金属冷却剂的优缺点

在核反应堆中,使用液态金属作为冷却剂有以下好处。

(1) 液态金属的中子特性是,燃料中裂变产生的中子不会减速,从而有足够数量的快中子可维持核裂变链式反应的进行。

(2) 金属在核反应堆的工作温度下是液体,距离沸点有足够的裕量。因此,与水冷堆相比,液态金属冷却反应堆可以在不加压或者低压下运行。

(3) 液态金属通常具有良好的热传输特性和高热容量,允许在相对较小的系统下有效地传输堆芯产生的热量,并在事故情况下提供宝贵的应对时间。

(4) 液态金属的高密度使得其在事故情况下更容易建立自然循环冷却回路。

(5) 液态金属的高沸点,比如钠的沸点至少超过850℃,能有效缓解堆芯空泡问题。铅的沸点更高,大约1750℃,从而实际上防止了可能由堆芯空泡而导致的包壳失效(因为包壳在达到铅沸点之前已失效)。

(6) 由于液态金属可以达到相对较高的工作温度,所以可实现高效率发电。

(7) 与所有其他先进的核反应堆概念相比,液态金属冷却反应堆有较多的运行经验,特别是钠冷快堆(SFR)的运行经验非常丰富。

(8) 使用铅或铅合金作为冷却剂时,可以将蒸汽发生器(SG)集成在反应堆容器中。对于SFR,目前正在研究基于气体的二回路冷却方案。

(9) 铅和铅合金的热传输特性允许较大的燃料棒间距,导致压降下降,从而有利于自然循环的建立和维持。

(10) 根据燃料类型的不同,如果堆芯出口附近的燃料熔化,高密度的铅可能会导致熔化的燃料漂浮,并向较低功率或无功率的方向移动。

(11) 铅或铅合金熔池具有较高的自屏蔽能力。

与此同时,使用液态金属作为冷却剂也为核反应堆带来新的挑战。与处理水和气体等冷却剂相比,它需要更先进的工具。在核反应堆中,使用液态金属作为冷却剂存在以下缺点。

(1) 液态金属冷却系统质量大,特别是铅和铅铋冷却系统,因而需要对震荡事件采取特殊措施。

(2) 对于铅和铅合金,腐蚀问题不可避免,尤其是在600℃以上的温度条件下,腐蚀会更严重。当设计工作温度高于600℃时,需要开发新的材料来解决腐蚀问题。

(3) 由于液态金属不透明,不能使用光学检查方法,因此现场检查液态金属会比透明冷却剂(如水和气体)困难得多。除此之外,液态金属的高密度和更高的工作温度将对检测工具产生更大的挑战,因此需要进行特殊的开发和测试。

(4) 液态金属的高熔点需要预热器,并且在正常运行和发生事故时,需要采取防止冷却剂凝固的措施。

(5) 铅和铅合金会导致一回路冷却系统零部件发生腐蚀。根据经验,这需要限制这类系统的冷却剂流速至2 m/s以下。

(6) 由于钠与空气和水会发生化学反应,因而需要对冷却剂系统进行密封,并采取特殊的措施防止这种反应的后果。通常,这需要在钠和环境之间设置多重屏障。此外,在从一次侧钠回路到最终能量转换回路的传热过程中,也需要特别注意。通常,设计一个中间钠回路,可防止一回路钠与能量转换回路的水-蒸汽之间发生化学反应。然而,这会增加成本,同时降低热效率。因此,目前人们正在进行不含这种中间回路方法的研究。

(7) 铅铋辐照过程中会产生高放射性毒性的钋,应严格限制。

1.4 液态金属冷却反应堆主要设计

1.4.1 中国

1. 中国快堆工程

中国快堆工程发展分为三步,即中国实验快堆(CEFR)、中国原型/示范快堆(CPFR/CDFR)和中国大型增殖经济验证性快堆(CDFBR),继而商用推广,见表1-2。

表 1-2　中国大型增殖经济验证性快堆发展战略研究

快　　堆	热功率/电功率/MW	设计开始年代	建造开始年代	建成年代
CEFR	65/20	1990	2001	2010
CPFR/CDFR	1500/600	2012	2017	2025
中国商用快堆(CCFR)	n×1500/600	2020	2023	2030
CDFBR	2500～3750/1000～1500	2015	2021	2028

在 CPFR/CDFR 之后,考虑了两种可能性: ①如果 2030 年前后天然铀难以支持压水堆的发展,即一址多堆地推广 CPFR/CDFR 作为中国商用增殖快堆(CCFR-B); ②如果次锕系元素(MA)分离技术、在快堆中嬗变 MA 和长寿命裂变产物的经验已足够,而加速器驱动系统(ADS)技术尚未成熟,便一址多堆地推广 CPFR/CDFR 作为中国嬗变快堆(CCFR-T)。为了缩短从 CEFR 到 CDFBR 的发展周期,各堆的主要技术选择应考虑具有最大的延续性,见表 1-3。

表 1-3　中国快堆技术延续性

性能及材料	CEFR	CPFR/CDFR	CDFBR
功率/MWe	25	≥600	1000～1500
冷却剂	Na	Na	Na
型式	池式	池式	池式
燃料	UO_2,MOX	MOX,金属	金属
包壳材料	Cr-Ni	Cr-Ni、氧化物弥散强化(ODS)钢	Cr-Ni、ODS
堆芯出口温度/℃	530	500～550	500
燃料线功率/(W/cm)	430	480、450	480
燃耗/(MW·d/kg)	60～100	100～120	120～150
燃料操作	双旋塞直拉式操作机	双旋塞直拉式操作机	双旋塞直拉式操作机
安全性	主动停堆系统; 非能动余热排出	主动停堆系统; 非能动停堆系统; 非能动余热排出	主动停堆系统; 非能动停堆系统; 非能动余热排出

为了加快实验快堆商用,提高它的经济竞争性,考虑到 CEFR 能够起到原型堆的作用,我国提出了建造 600 MWe CDFR 作为第二步的建议。目前 600 MWe 霞浦 SFR 示范电站工程 CFR-600 一号机组已于 2017 年 12 月正式

开工，二号机组于 2020 年 12 月正式开工。

2. CEFR

在国家“863”计划支持下，我国于 1990 年启动了 CEFR 计划。CEFR 是一座钠冷、热功率 65 MW 的实验快堆，采用 PuO-UO_2 装料，首炉采用 UO_2 燃料，Cr-Ni 奥氏体不锈钢用作燃料元件包壳和堆本体结构材料，一回路为池式，采用两台主泵，二回路有两条环路。水-蒸汽三回路也是两条环路，但过热蒸汽合并于一条管路引入汽轮机。CEFR 工程主要时间表见表 1-4。

表 1-4　CEFR 工程主要时间表

CEFR 工程	年　份
概念设计	1990—1992
对俄快堆联合体咨询和优化	1993
与俄合作技术设计	1994—1995
初步设计	1996—1997
施工设计	1998—2005
初步安全分析报告评审	1998—2005
建造开始	2000
主厂房封顶	2002
完成施工设计	2004
核岛系统调试开始	2005
堆本体安装完成	2008
首次装料	2010
首次临界	2010
首次并网发电	2011
项目验收	2012

如图 1-2 所示，CEFR 堆芯包括 81 盒燃料组件、3 盒安全组件、3 盒补偿组件和 2 盒控制棒组件，堆芯外围有 336 盒不锈钢反射层组件、230 盒屏蔽组件和 56 个乏燃料组件初级贮存位置。CEFR 堆本体如图 1-3 所示，堆容器、保护容器支撑在反应堆底部。反应堆直径 10 m，高 12 m，堆芯及支承结构支撑在堆芯下部结构上。2 台主泵和 4 台中间热交换器(IHX)则支撑在堆芯上部构件上。2 台独立热交换器悬挂于主容器的锥顶面。主容器的颈部安装有控制棒驱动机构、燃料操作机构以及一些仪表支承的双旋塞。CEFR 主要设计参数见表 1-5。

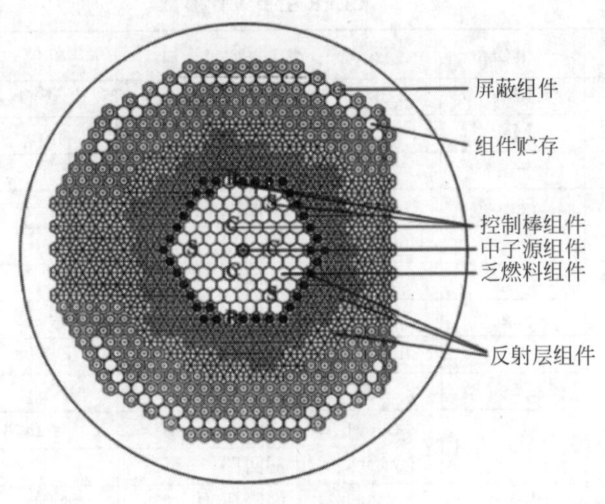

图 1-2　CEFR 堆芯

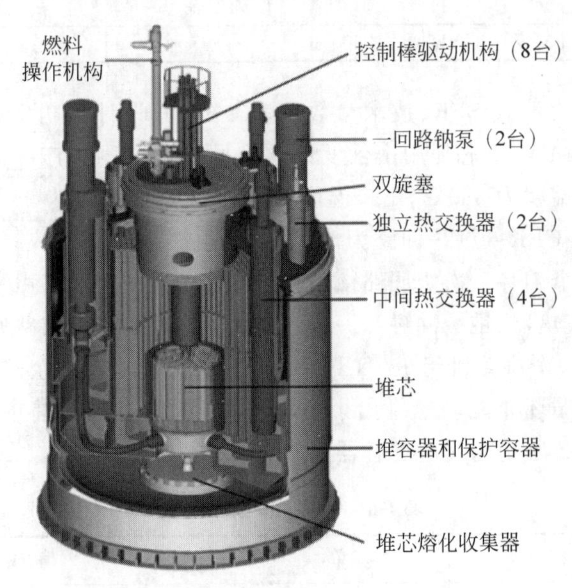

图 1-3　CEFR 堆本体

3. CFR-600

按照中国原子能科学研究院（CIAE）的快堆发展规划，基于 CEFR 的设计、建造和运行经验，我国在 2017 年年初开始建造 CFR-600 示范 SFR 一号机组，选址在福建省霞浦县；二号机组在 2020 年 12 月正式开工。

表 1-5　CEFR 主要设计参数

项　　目	单位	参数	项　　目	单位	参数
热功率	MW	65	堆芯入/出口温度	℃	360/530
电功率	MW	20	主容器外径	mm	8010
反应堆堆芯高度	cm	45	一回路钠量	t	260
等效直径	cm	60	一回路钠泵	台数	2
燃料		PuO_2-UO_2	总流量	t/h	1328.4
钚	kg	150.3	IHX		
^{239}Pu	kg	97.7	二回路钠泵	台数	4
^{235}U(富集度)	kg	436(19.6%)	环路数		2
首炉		UO_2	总钠量	t	48.2
^{235}U(富集度)	kg	236.6 (64.4%)	总流量	t/h	986.4
			三回路		
最大线功率	W/cm	430	蒸汽压力	MPa	14
最大中子注量率	n/(cm^2·s)	3.7×10^{15}	蒸汽流量	t/h	96.2
目标燃耗	MW·d/kgH	100	设计寿命	a	30
首炉燃耗	MW·d/kgH	60			

CFR-600 为池式 SFR,技术参数见表 1-6。其设计热功率为 1500 MW,电功率为 600 MW,堆芯使用由俄罗斯国家原子能公司生产的混合氧化铀燃料。堆芯入口温度为 380℃,出口温度为 550℃,蒸汽温度为 480℃,设计使用寿命为 40 年。CFR-600 一回路为池式设计,由三个环路组成,每个环路包括一台主泵和两个 IHX;次级回路由三个环路组成,每个环路由一个次级回路泵、两个中间换热器、钠缓冲罐和一个 SG 机组构成;蒸汽回路则由三个并联的 SG 机组和一个汽轮机组成。CFR-600 同样配有空冷式余热排出系统,可通过回路自然循环非能动地排出余热,反应堆内设有堆芯捕集装置,防止严重事故下堆芯熔融物与反应堆容器接触。

表 1-6　CFR-600 技术参数

参　　数	单　　位	值 或 特 征
热功率	MW	1500
电功率	MW	600
燃料	—	MOX
堆芯出口温度	℃	550
堆芯入口温度	℃	480
电站寿命	a	40

4. 中国的铅冷快堆

我国的铅冷快堆开发始于2011年的加速器驱动次临界系统(ADS)项目。ADS利用加速器加速粒子,使其与靶核发生散裂反应,散裂产生的中子作为中子源来驱动次临界包层系统,维持链式反应并产生能量,剩余的中子可用于增殖核材料和嬗变核废物。ADS采用铅或铅合金作为冷却剂。

同年,中国科学院启动了CLEAR系列项目作为ADS和铅冷快堆(LFR)的参考。CLEAR包括三个阶段:第一阶段是在2020年前完成10 MW铅基研究反应堆(CLEAR-Ⅰ),主要研究内容包括铅铋冷却反应堆的设计及安全分析,关键设备设计与研制,专用软件和数据库的开发,液态铅铋合金综合实验平台的设计、建造与运行技术;第二阶段在2020年至2030年间建成100 MW铅基工程示范反应堆(CLEAR-Ⅱ);第三阶段预计在2030年后建成1000 MW铅基商业原型反应堆(CLEAR-Ⅲ)。

为了验证CLEAR设计中使用的核设计程序和数据库,开发测量方法和仪器以及为CLEAR许可证申请提供支持,研究人员首先进行了零功率中子实验。为此,他们于2015年建成了零功率快中子实验装置CLEAR-0。CLEAR-0可以在临界模式下运行(用于快堆的验证),也可以在由加速器中子源驱动的次临界模式下运行(用于验证ADS)。

CLEAR-Ⅰ的概念设计已于2013年完成。CLEAR-Ⅰ的开发目标是通过运行操作技术对铅基研究堆和ADS进行验证。它是一种LBE冷却的池式反应堆,包含次临界和临界双模式。以次临界模式运行的堆命名为CLEAR-ⅠA,由质子加速器和散裂中子源驱动;以临界模式运行的堆命名为CLEAR-ⅠB,堆内使用核燃料组件替代散裂中子源。图1-4和表1-7分别给出了CLEAR-Ⅰ示意图和关键参数。CLEAR-Ⅰ设计具有10 MW的热功率,堆芯入口温度为260℃,出口温度为390℃。一回路系统包括两个环路和四个换热器,没有主泵,堆芯热量以自然循环的方式导出。二回路使用水作为冷却剂。CLEAR-Ⅰ应用了成熟的燃料和材料技术,并采用了安全设计。非能动余热排出系统设计包括两个独立的二级水冷系统,可以通过水-空气换热器将余热排出至终端热阱。反应堆容器还配备了空冷系统,以便在常规冷却系统失效时紧急排出热量。堆芯经过中子动力学和非能动安全系统的适当设计,具有负反应性反馈的特征。

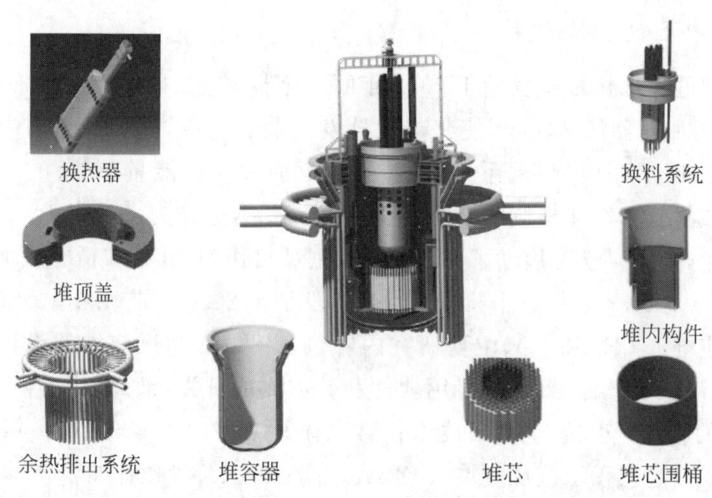

图 1-4　CLEAR-Ⅰ示意图
（请扫Ⅱ页二维码看彩图）

表 1-7　CLEAR-Ⅰ关键参数

参　数	值或特征
热功率	10 MW
一回路冷却剂	LBE
燃料	UO_2(19.53%)
次临界模式 K_{eff}	0.973
一回路系统	池式、紧凑型
一回路循环	自然循环
堆芯进/出口温度	300℃/385℃
二回路冷却剂	加压液态水
散热装置	空气冷却器
反应堆高度/直径	6800 mm/4680 mm
一回路冷却剂质量	600 t
热交换器	4 台可拆卸刺刀管型直流换热器
主容器高度	6300 mm
主容器直径	4650 mm
一回路泵	位于冷池的 4 台可拆卸机械泵

在我国 ADS 项目的第二阶段，将使用 CLEAR-Ⅱ进行 ADS 相关实验和测试。CLEAR-Ⅱ也可以作为高中子注量率的实验堆，用于示范 ADS 和测试聚变堆材料。CLEAR-Ⅱ采用铅或 LBE 作为冷却剂，热功率为 100 MW。它配备了能量级别为 600～1000 MeV/10 mA 的质子加速器和中子散裂靶。在

ADS项目的第三阶段，基于CLEAR-Ⅱ的技术积累和运行经验，我国将建造铅基示范堆CLEAR-Ⅲ，用于验证和示范商用ADS的乏燃料嬗变技术。

2015年12月31日，国家发展改革委批准立项了国家重大科技基础设施项目，其中包括“加速器驱动嬗变研究装置”(CiADS)。CiADS是国务院在《国家重大科技基础设施建设中长期规划(2012—2030)》中优先安排的16个重大科技基础设施之一。CiADS主要由超导直线加速器、高功率散裂靶、次临界反应堆和相关辅助设施组成，项目建设周期为6年。CiADS的建成将使中国成为国际上首个拥有兆瓦级加速器驱动次临界系统原理验证装置的国家，为国家发展先进的加速器驱动次临界系统集成和核废料嬗变技术提供条件支持，同时也为未来设计和建设加速器驱动嬗变工业示范装置奠定基础。

1.4.2 美国

1. 先进液态金属冷却反应堆

作为美国国家能源战略的一部分，其核政策包括四个关键目标，即提高安全和设计标准，降低经济风险，降低监管风险，以及建立一个有效的高水平核废料计划。为此，美国能源部(DOE)专门设立了一个项目，旨在基于一体化快堆(IFR)技术开发先进液态金属冷却反应堆(ALMR)锕系元素回收系统。ALMR项目由通用电气公司领导，目标是开发一种特定设计，并在短期内进行示范。该项目原计划于2010年前后商业化，但并未实现。

除为长期能源安全提供选项外，IFR系统产生的废物，不仅数量比轻水堆(LWR)少得多，而且也更无害。此外，它还能利用LWR乏燃料中的大量能源潜力，而且如果需要，它可以在产生能量的同时，焚烧或使过量的钚性质发生变化。另外，针对不同的燃料来源和预处理，它可以使用基本相同的反应堆设计来完成各种任务。

ALMR的设计目标如下。

(1) 安全。非能动地从事故状态转换到安全稳定状态(即便未停堆)；失冷事故后，能够非能动地导出热量，不需要正式的疏散计划；反应堆模块和安全壳抗震隔离。

(2) 经济。通过紧凑的反应堆模块设计，可以在工厂制造后运输到现场；与其他能源相比，具有竞争力。

(3) 处理乏燃料和增殖核燃料。能够有效焚烧LWR中的锕系元素以及任何来源的过量钚；根据需要，还可以在未来用于增殖燃料。

IFR项目在开发过程中产生了一个非常有吸引力的参考设计。图1-5和

图 1-6 展示了参考的商业 ALMR 电厂，其利用六个 840 MWt 的反应堆模块，并通过三个相同的 606 MWe 发电模块，来实现总输出功率 1818 MWe。根据 1992 年美国《国家能源政策法案》，该项目概念设计阶段于 1993 年完成，初步设计阶段于 1995 年完成，按计划将继续进行全尺寸、单模块原型的详细设计、建造和运行，并计划于 2010 年完成标准电厂认证，但因各种原因，该计划最终并未实现。ALMR 电厂和反应堆的性能数据汇总于表 1-8。

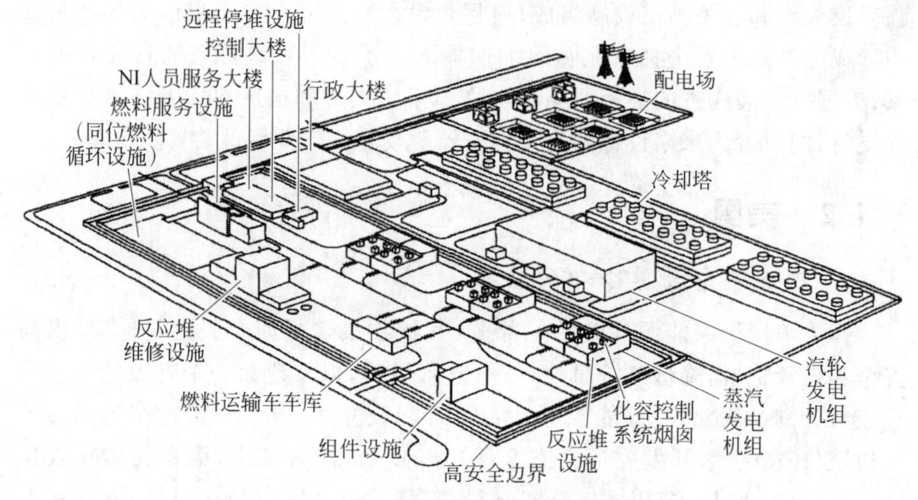

图 1-5　ALMR 核电厂厂房总体布局

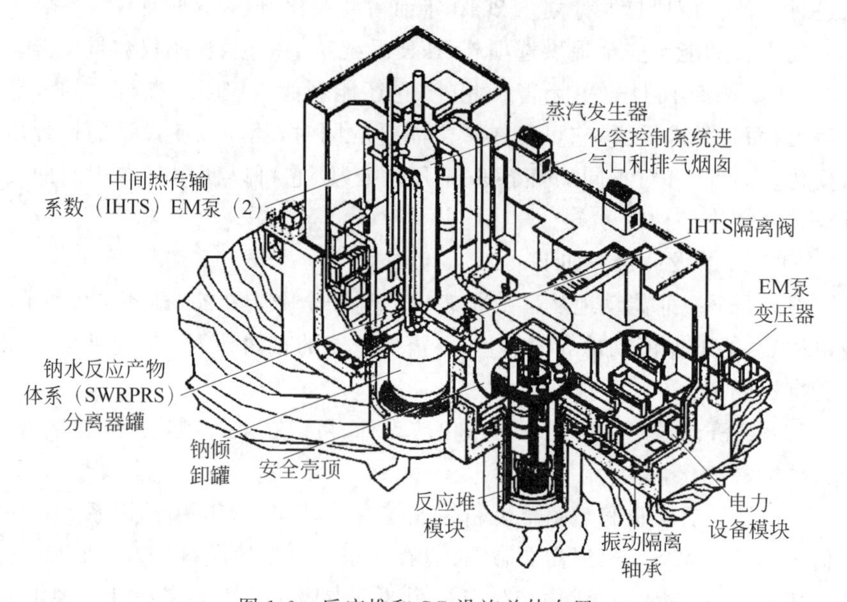

图 1-6　反应堆和 SG 设施总体布置

表 1-8　ALMR 性能数据

性　　能	值或特征
反应堆/发电模块数目	2
发电模块数目	1/2/3
反应堆热功率	840 MWt
发电模块电功率	606 MWe/1212 MWe/1818 MWe
电厂净效率	36%
电厂容量系数	85%
蒸汽状态(过热)	15.16 MPa/430℃
一回路钠入口/出口温度	360℃/500℃
二回路钠入口/出口温度	327℃/477℃
燃料	金属(U-0.23Pu-0.1Zr)
平均燃料燃耗	10^6 MW·d/kg
平均燃料线功率,寿期初/寿期末	20/18(W/mm)
换料周期	24 个月
安全壳泄漏率	<1%(7 kPa,20℃)
地震安全停堆许可要求/设计基准	0.3 g/0.5 g
水平/垂直频率	0.7 Hz/21 Hz
横向振动位移/限值	190 mm/710 mm

2. 小型安全可移动自动反应堆

小型安全可移动自动反应堆(SSTAR)是美国能源部在第四代核能系统国际论坛(GIF)倡议下开发的一种小型反应堆,用于在合作伙伴国家进行部署,并融入了全球核能合作伙件(GNEP)中提出的概念。SSTAR 的发展侧重于满足特殊的电力供应需求(特别是偏远地区或供电系统落后的地区)。SSTAR 具有以下特点:

(1) 设计不换料或可更换全堆芯,以消除或限制现场换料的需要和能力;

(2) 整个堆芯和反应堆容器将通过船舶或陆路运输交付;

(3) 非常长的堆芯寿命周期设计,以堆芯寿命 15~30 年为目标;

(4) 自动负荷跟踪的能力,使操作员干预最小化;

(5) 本地和远程监控能力,允许快速检测和响应操作扰动。这些特性允许在工业基础设施很少的地方进行安装和运行。

SSTAR 系统的技术参数总结见表 1-9,SSTAR 的示意图如图 1-7 所示。SSTAR 系统的特性包括以下内容:冷却剂通过自然对流来排出运行和停堆热量,没有反应堆冷却剂泵。该系统采用超临界二氧化碳能量转换系统,可提高效率和需要较小的占地面积。堆芯设计为超长寿命堆芯,容器密封,可在需要换料时使用完全更换的盒式堆芯,从而提高了防核扩散能力。

表 1-9　SSTAR 的技术参数

参　　数	值 或 特 征
冷却剂	铅
冷却剂循环	自然冷却
能量转换	超临界 CO_2，布雷顿循环
燃料	超铀元素(TRU)氮化物(使用^{15}N富集氮)
富集度/%	5 个径向区域：1.7/3.5/17.2/19.0/20.7
堆芯寿命/a	30
堆芯进/出口温度/℃	420/567
冷却剂质量流量/(kg/s)	2107
功率密度/(W/cm^3)	42
平均(峰值)排放燃耗	81(131)
燃耗反应性摆动/$	<1
峰值燃料温度/℃	841
包壳	硅强化的铁素体、马氏体不锈钢
峰值包壳温度/℃	650
燃料/冷却剂体积分数	0.45/0.35
堆芯寿命/a	15～30
燃料棒直径/cm	2.50
燃料组件棒径-栅距比	1.185
主堆芯尺寸高度/直径/m	0.976/1.22
堆芯水力直径/m	1.371

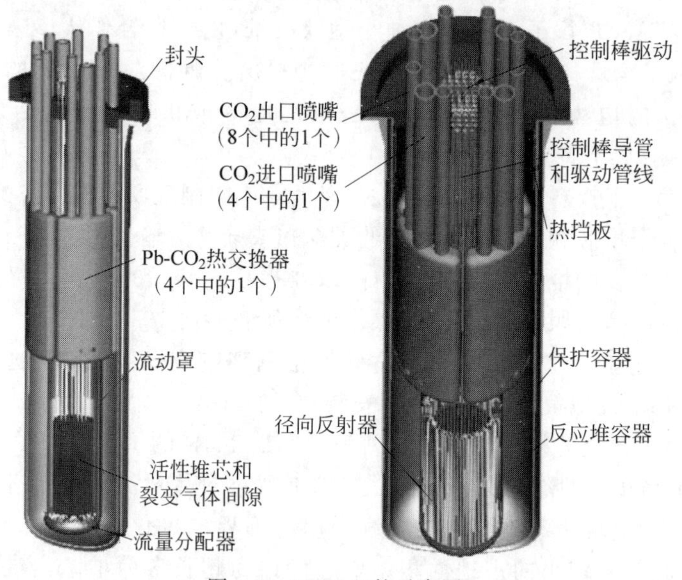

图 1-7　SSTAR 的示意图

(请扫Ⅱ页二维码看彩图)

目前,SSTAR的参考设计是一个20 MW的自然循环反应堆概念,带有一个小型可托运反应堆容器(图1-7)。铅冷却剂包含在一个被保护容器包围的反应堆容器中。选择铅作为冷却剂而不是LBE,可以大大减少冷却剂中^{210}Po同位素的数量,并消除对有限且昂贵的铋的依赖。铅向上流过堆芯和由圆柱形护罩形成的上升通道。该容器的高度与直径比足够大,以便在所有达到或超过100%额定功率的情况下可以促进自然循环排出热量。冷却剂通过护罩顶部附近的开口进入位于反应堆容器和圆柱形护罩之间环形空间内的四个模块化的铅-二氧化碳热交换器。在每个热交换器内部,铅向下流过管路的外部,二氧化碳通过管内向上流动。二氧化碳通过一个顶部入口喷嘴进入每个热交换器,该喷嘴将二氧化碳输送到一个较低的静压区,在此处二氧化碳进入每个垂直管路。二氧化碳被收集在一个上部静压室中,并通过两个较小直径的顶部入口喷嘴离开热交换器。铅排出热交换器,并向下流过环形下降管,进入堆芯下方的流量分配器中的流体入口处。

铅冷却剂物性、氮化物燃料、快中子谱堆芯以及小尺寸等特点的结合,可实现裂变自给自足、自主负载、操作简单、具可靠性、可运输性,以及高度的非能动安全。利用超临界二氧化碳布雷顿循环能量转换器,以44%的高效率将堆芯热能转换为电力(图1-8)。

3. 小型模块化铅冷快堆

美国阿贡国家实验室在SSTAR概念设计的基础上提出了SUPERSTAR(SUstainable Proliferation-resistance Enhanced Refined Secure Transportable Autonomous Reactor)小型模块化铅冷快堆的概念设计。SUPERSTAR的设计寿命为60年,和SSTAR同样为池式结构设计,设计热功率为300 MW,使用铀-钚-锆金属型燃料,一回路通过铅的自然循环导出堆芯热量,堆芯入口和出口温度分别为400℃和480℃。铅-二氧化碳换热器将一回路热量导出,随后利用超临界二氧化碳布雷顿循环进行电力转换。SUPERSTAR反应堆的下降段内设置有衰变热换热器,可在事故情形下通过自然对流的方式非能动地排出堆内热量。图1-9给出了SUPERSTAR的设计示意图。

4. 西屋铅冷快堆

美国西屋电力公司提出了西屋铅冷快堆(Westinghouse Lead-cooled Fast Reactor)的概念设计。西屋铅冷快堆是中等功率规模输出的模块化池式铅冷快堆,具有发电、高温供热、制氢等多种用途,设计热功率为950 MW,使用铅

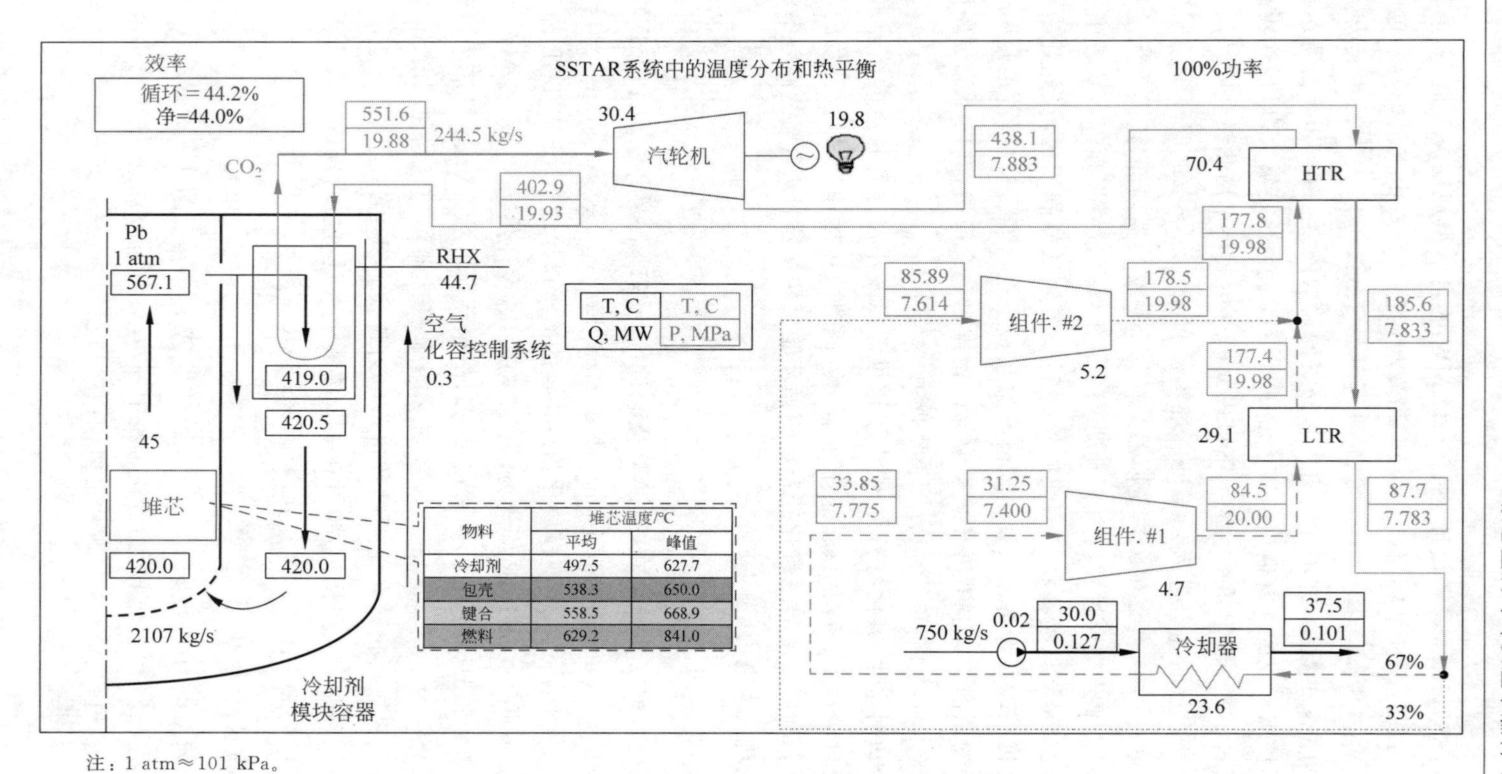

注：1 atm≈101 kPa。

图 1-8　SSTAR 预概念设计概念和运行参数及 S-CO_2 布雷顿循环能量转换器

（请扫Ⅱ页二维码看彩图）

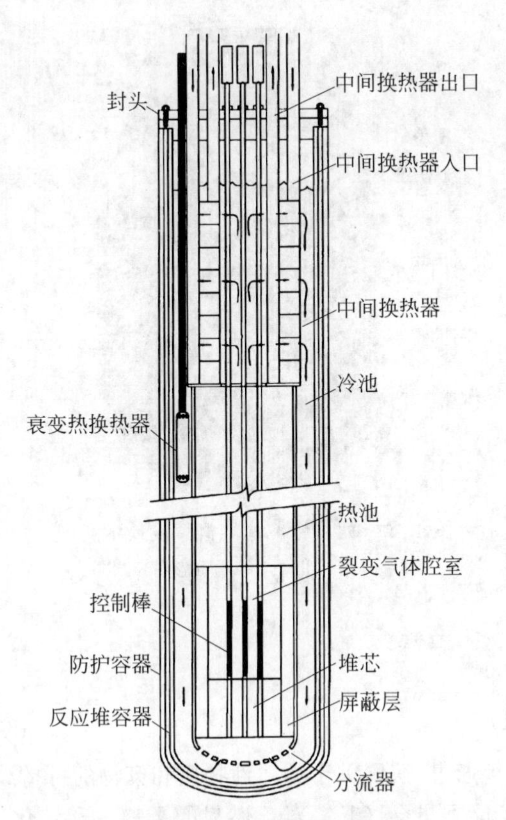

图 1-9　SUPERSTAR 铅冷快堆设计示意图

作为一回路冷却剂,堆芯热量为氧化物型燃料,堆芯入口温度为 420℃,出口温度可超过 600℃。堆芯热量通过一回路铅冷却剂的强制循环导出,位于反应堆容器中的六个铅-二氧化碳换热器则将一回路的热量导出至能源转换回路,可利用超临界二氧化碳布雷顿循环发电。西屋铅冷快堆设置了非能动热量排出系统,主要通过空冷模式和水冷模式实现对防护容器的有效冷却。当一回路系统过热时,反应堆容器可通过辐射的形式有效地将热量传导至防护容器。空冷模式下,防护容器壁面通过空气自然对流排出热量;水冷模式下,防护容器外部将充入水形成水池,防护容器将热量排出至水池中。图 1-10 给出了西屋铅冷快堆的设计示意图。

西屋公司预计在 2030 年开始建造西屋铅冷快堆的全尺寸原型堆,并预计在 2035 年开始商用运行。

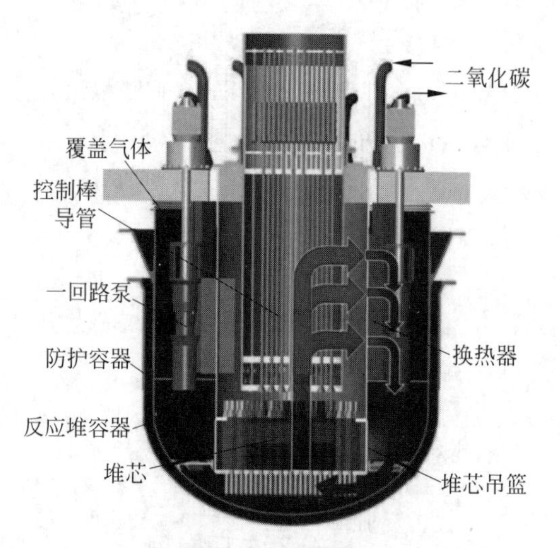

图 1-10　西屋铅冷快堆概念设计示意图
（请扫Ⅱ页二维码看彩图）

1.4.3　欧洲

1. ASTRID

法国于 2006 年通过《法国关于放射性物质和废物的可持续管理法案》，要求可替代能源与原子能委员会(CEA)对乏燃料的再加工和转化进行研发，其中包括第四代反应堆的实验研究。因此，CEA 在 2010 年与法国以及国际工业合作伙伴一起推出了第四代 SFR 的概念设计，全称为“先进钠冷技术工业示范反应堆”(Advanced Sodium Technological Reactor for Industrial Demonstration，ASTRID)。该项目的目标是在工业规模上展示铀-钚循环的多重循环和转化能力，并展示 SFR 在商业电力生产中的可行性和可操作性。图 1-11 展示了 ASTRID 一回路结构，表 1-10 列出了 ASTRID 的技术参数。

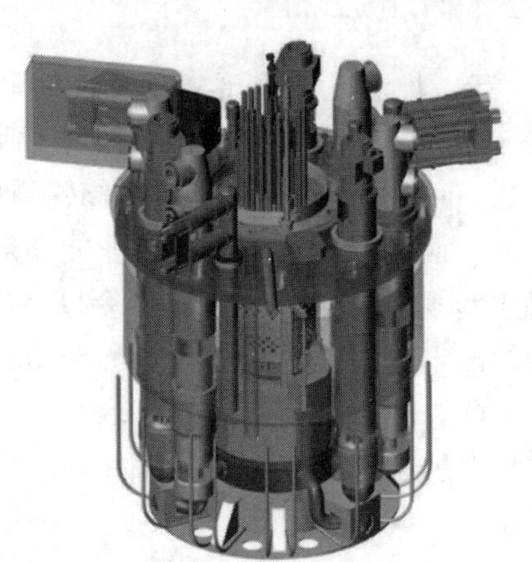

图 1-11　ASTRID 一回路结构
（请扫Ⅱ页二维码看彩图）

表 1-10　ASTRID 的技术参数

参　数	值 或 特 征
全称	先进钠冷技术工业示范反应堆
设计者	ASTRID 联盟(CEA、Framatome、JAEA 和 MFBR)
反应堆类型	SFR
电功率	600 MW
热功率	1500 MW
冷却剂	钠
系统压力	<5 atm
系统温度	400℃/550℃(堆芯进/出口)
紧急安全系统	不需要安注系统
余热排出系统	三个余热排出(DHR)系统(两个非能动+两个主事故余热排出系统(DRACS)和两个主反应堆容器辅助冷却系统(RVACS))
新的/显著的特性	池式、钠冷、低空泡效应和非能动 DHR

在概念设计阶段,CEA 选择了几个主要的设计方案。这包括选择具有锥形内部容器(redan)的池式一回路,以便进行大量的在役检查和维修。反应堆一回路使用三个主泵和四个 IHX。每个 IHX 都与一个二级钠回路相关联,该回路包括一个化学容积控制系统和一个以氮气为介质的模块化钠-气热交换、布雷顿循环功率转换的系统。使用氮气系统消除了在 SG 上发生钠-水反应的可能性。针对堆芯,开发了低空泡效应堆芯设计。该设计允许更长的循环和燃料停留时间,符合所有控制棒抽出标准,同时增加了所有无保护失流(ULOF)瞬变的安全裕度,改进了总体设计。在该堆芯设计中,一回路冷却剂完全丧失会导致负的反应性效应,因此堆芯中的沸腾会导致功率下降。

通过非能动方式 100%地排出长期衰变热的能力是 ASTRID 核岛设计的关键要求之一。为此,该设计包括钠衰变热排出回路,能够通过自然对流将热量从一回路排出到非能动的钠-空气热交换器。这些回路连同一回路本身建立的自然对流,使得 ASTRID 具有完全非能动余热排出的能力。

为了对堆芯熔化等严重事故工况进行深度防御,ASTRID 反应堆将配备一个堆芯捕集器。与其他的安全部件一样,堆芯捕集器是可检查的。安全壳设计为可以防止假设的堆芯事故或大型钠火事故引起的机械能释放,以确保发生事故时无需采取场外应急。

自 2010 年启动以来,ASTRID 项目经历了三个阶段。第一阶段为准备阶段(2010—2011 年),在此期间确定了反应堆的主要设计方案,如一回路的几何形状。第一阶段于 2011 年 3 月通过官方审查结束。第二阶段为初步概念设计阶段，在此期间选择剩余的未确定参数，以获得参考设计方案。第二阶段已于 2013 年年底结束。第三阶段为概念设计阶段，旨在巩固项目数据，以获得最终参考设计方案。该概念设计阶段已于 2015 年 12 月结束。最终，该项目于 2016 年进入了基本设计阶段。然而，2019 年 8 月，法国全面取消了 ASTRID 和钠增殖堆，官方表示在目前的能源市场形势下，21 世纪下半叶之前不规划第四代反应堆的工业化发展前景。该项目已花费约 7.35 亿欧元。

2. ALFRED

先进铅冷快堆欧洲示范堆（ALFRED）概念设计最初是在由 Ansaldo Nuclear Limited 总体协调的欧洲铅冷先进示范快堆（Advanced Lead Fast Reactor European Demonstrator，LEADER）项目的框架内开发的。ALFRED 是一个 300 MW 池式系统，旨在展示欧洲 LFR 技术用于下一代商业核电站部署的可行性。ALFRED 设计集成了工业规模电厂的原型设计方案，最大限度地使用了已验证和可用的技术解决方案，以简化资格认证和获得许可。表 1-11 列出了 ALFRED 的技术参数。

表 1-11　ALFRED 的技术参数

参　数	值 或 特 征
全称	欧洲铅冷先进示范快堆
设计者	Ansaldo Nuclear Limited
反应堆类型	LFR
电功率	125 MW
热功率	300 MW
冷却剂	纯铅
系统压力	0.1 MPa
系统温度	400℃/480℃（堆芯进/出口）
紧急安全系统	不需要安注系统
余热排出系统	两个余热排出系统，四个非能动循环
设计状态	概念设计
新的/显著的特性	池式，铅冷却，非能动安全和高安全裕量

图 1-12 展示了 ALFRED 一回路结构。ALFRED 一回路系统基于池式设计，可以减少内部组件。一回路系统采用尽可能简单的流动路径，以减少压力损失，实现高效的自然循环。离开堆芯的一回路冷却剂向上流过主泵，

然后向下流过SG,换热之后进入冷室,随后再次进入堆芯。一回路冷却剂自由液面与反应堆容器顶盖之间的空间充满了惰性气体。反应堆容器是圆柱形的,上封头呈碟形,通过Y型结构从顶部锚定在反应堆腔体上。容器内部结构为堆芯提供了径向约束,以保持其几何形状,并连接到可插入燃料组件的底部格架。反应堆容器周围的自由间隙可以在冷却剂发生泄漏时维持主要的循环流道。堆芯由171个六角形燃料组件、12根控制棒和4根安全棒组成。燃料使用了最大钚富集率为30%的混合氧化铀钚(MOX)空心芯块。8台SG和主泵位于内部容器和反应堆容器壁之间的环形空间内。

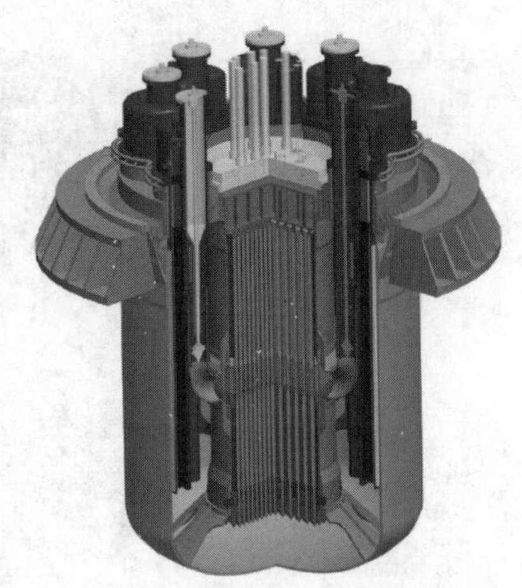

图1-12　ALFRED一回路结构

(请扫Ⅱ页二维码看彩图)

ALFRED配备了两个不同的、冗余的和相互独立的停堆系统。第一个系统由吸收棒组成,可凭借浮力从底部插入堆芯,同时执行控制功能;第二个系统则通过气动系统将吸收棒从顶部插入堆芯。余热排出系统由两个非能动、冗余和相互独立的系统组成,每个系统中四个独立的冷凝器系统连接到四个SG的二次侧。四分之三的隔离冷凝器足以导出衰变余热。虽然余热排出系统都是非能动的,但都带有主动驱动的阀门,用于使系统在需要主动方式时投入运行。在反应堆厂房下方安装了二维隔震器,以减少垂直和水平的地震荷载。

ALFRED开始于2013年,在LEADER项目结束时,概念设计达到了成熟水平。目前正在对不同的设计方案进行进一步的研究,并考虑最新的技术进步,以提高一回路系统结构的稳定性。参考欧洲首个工业规模级别的LFR规划蓝图,ALFRED示范堆将于2030年前后投入使用。

3. MYRRHA

由比利时核子研究中心(SCK·CEN)开发的面向高科技应用的多功能混合研究反应堆(Multi-purpose hYbrid Research Reactor for High-tech Applications, MYRRHA),其主要冷却剂为铅铋共晶合金(LBE)。MYRRHA设计为一个加速器驱动系统(ADS),但如果移除散裂靶,并插入控制棒和安全棒,它也能在临界模式下运行。图1-13展示了MYRRHA一回路结构,表1-12列出了MYRRHA的技术参数。

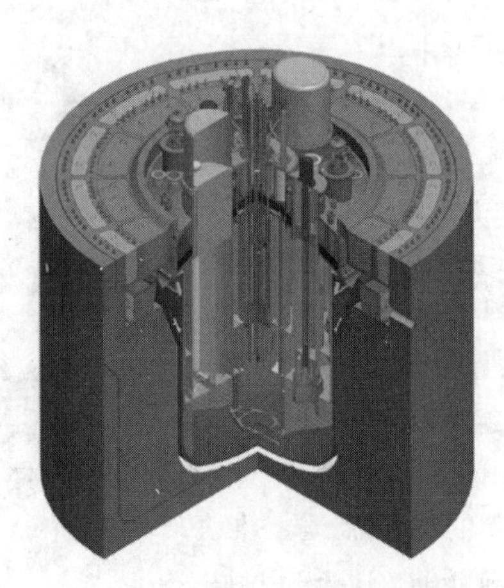

图 1-13　MYRRHA 一回路结构
(请扫Ⅱ页二维码看彩图)

表 1-12　MYRRHA 的技术参数

参　　数	值或特征
全称	面向高科技应用的多功能混合研究反应堆
设计者	比利时核子研究中心
反应堆类型	LFR
电功率	不适用
热功率	100 MW
冷却剂	铅铋共晶合金
系统压力	0.1 MPa
系统温度	270℃/325℃(堆芯进/出口)
停堆系统	两种不同的停堆系统
余热排出系统	两种不同的非能动系统
设计状态	概念设计
新的/显著的特性	加速器驱动系统、铅铋共晶、容器内燃料储存和快中子谱辐照设施

MYRRHA ADS 的驱动装置是加速器,可为散裂靶提供高能质子,同时又产生了供给次临界堆芯的初级中子。MYRRHA 是直线加速器,能够提供能量为 600 MeV、平均电流为 3.2 mA 的粒子束。在目前的设计中,MYRRHA 的堆芯采用 MOX 燃料棒,堆芯中的 55 个位置可放置堆内试验段、散裂靶(次临界模式下的中心位置)和控制/安全棒(临界模式)。这为每个实验选择最合适的位置(相对于中子通量)提供了很大的灵活性。

MYRRHA是一种池式ADS,一回路所有的系统组件都位于反应堆容器中,容器顶部由反应堆顶盖封闭。容器内存在隔层将熔池冷区和热区隔开,同时支撑容器内的燃料储存。由于堆芯上方的空间为堆内试验段和粒子通道,燃料的装卸由两台容器内燃料处理机从堆芯下方进行。一回路、二回路和三回路冷却系统能排出的最大堆芯功率是110 MW。一回路冷却系统由两个主泵和四个主热交换器组成。二回路冷却系统是水冷却系统,通过加压水从主换热器导出热量。三级冷却系统则是空冷系统。

在一回路冷却系统流量丧失的情况下,MYRRHA在次临界模式下需要关闭中子束流,在临界模式下需插入控制棒和安全棒。一回路、二回路和三回路冷却系统利用自然对流来导出余热。余热的最终排出则是通过反应堆容器冷却系统的自然对流实现。在极其罕见的反应堆容器破裂的情况下,反应堆底坑将执行次级安全壳的功能,以保持铅铋的液位不变。

MYRRHA的实施分为三个阶段。在第一阶段(2016—2024年),将建造一个100 MeV的粒子加速器和用于放射性同位素生产与材料研究的观测站。预计在2024年,第一个研发设施将会完成,同时完成反应堆施工前的工程和设计。在第二阶段(2025—2030年),将开发和建造600 MeV粒子加速器和反应堆。第三阶段,即施工阶段,预计在2030年开始,2033年结束。

4. SEALER

在无电网连接的偏远地区,通常使用柴油发电机发电。目前,柴油发电产生二氧化碳排放量占全球碳排放量的3%。在北极地区,柴油供应的运输和储存成本非常昂贵,导致电力和供热成本非常高。例如,加拿大努纳武特地区平均电费为0.67加元/kW·h,比加拿大南部高出5倍多。相比于柴油,小型核电站在这些地区具有成本上的竞争力。瑞典先进铅冷反应堆(Swedish Advanced Lead Reactor, SEALER)由Swedish Modular Reactors AB设计,可以满足加拿大北极地区商业电力生产的需求。图1-14展示了SEALER一回路结构,表1-13列出了SEALER的技术参数。

图1-14　SEALER一回路结构
(请扫Ⅱ页二维码看彩图)

表 1-13　SEALER 的技术参数

参　　数	值 或 特 征
全称	瑞典先进铅冷反应堆
设计者	Swedish Modular Reactors AB
反应堆类型	池式
电功率	3 MW
热功率	8 MW
冷却剂	铅
系统压力	0.1 MPa
系统温度	390℃/430℃(堆芯进/出口)
紧急安全系统	非能动
余热排出系统	非能动
设计状态	概念设计
新的/显著的特性	通过容器辐射完全释放衰变热,在30年的使用寿命内不更换燃料

SEALER 额定热功率为 8 MW,通过 8 台主泵(每个泵的运行流量为 164 kg/s)进行强制循环,热量从堆芯转移到 8 个 SG。冷却剂在堆芯温升约为 42℃,而包壳表面温度峰值约为 444℃。一回路系统的总压降约为 120 kPa,其中 108 kPa 位于堆芯。为了通过自然对流排出余热,SG 的热中心位于堆芯热中心上方 2.2 m,提供超过 2 kPa 的压头。

SEALER 非能动的安全特性基于以下原理:

(1) 重力辅助停堆;

(2) 堆芯余热通过自然对流的铅冷却剂排出;

(3) 一回路系统余热通过热辐射从反应堆压力容器(RPV)排出到混凝土结构。

严重事故发生时,通过铅冷却剂在低蒸汽压下形成化合物,从而限制挥发性裂变产物扩散。服役结束时,将裂变产物完全释放到冷却剂中后,计算出的碘、铯和钋的保留系数超过 99.99%。这足以使反应堆边界上的放射性剂量保持在 20 mSv 以下,从而保持低于需要避难和紧急疏散的监管阈值。

SEALER 的概念设计已于 2017 年完成。同年,SEALER 被提交给加拿大核安全委员会的供应商许可前审查。SEALER 最早将于 2024 年进行原型堆测试和运行。

5. ELFR

欧洲铅冷快堆(European Lead Fast Reactor,ELFR)是对早期欧洲铅冷系统(ELSY)反应堆概念进行更新和改进而产生的设计。图 1-15 是 ELFR 的一回路系统。

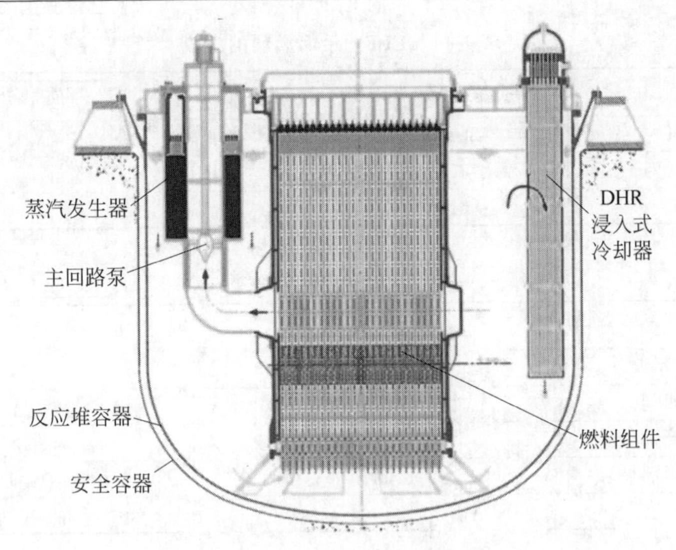

图1-15　ELFR的一回路系统
(请扫Ⅱ页二维码看彩图)

整个一回路系统在一个不锈钢反应堆容器内,其形状为一个带有碟形下封头的圆柱形容器。锚定在反应堆结构上的安全容器可在反应堆容器发生泄漏时收集并容纳铅。反应堆容器是薄壳结构,其设计很大程度上受振动载荷和可能与铅晃动相关的载荷控制。在容器内有八个可移动的SG-PP组件,对称地围绕着堆芯,并靠近反应堆容器的壁面排列。

铅进入堆芯时为400℃,在堆芯中被加热到480℃。在堆芯出口,其向外流入8个一回路的吸入口,然后向上进入泵轴和SG内壳之间的环形空间。之后,它流过穿孔的内壳和SG的管束,在这里铅被冷却到400℃,最后向下流入到堆芯入口,从而闭合回路。

ELFR系统设计提供了两个不同且相互独立的(物理分离的)DHR系统。每个DHR系统包括:

(1) DHR1:4个隔离冷凝器系统(IC)分别连接四个SG;

(2) DHR2:4个IC分别连接到4个浸入式冷却器(DC)。

ELFR的堆芯设计已经证明,可以提供具有平衡燃料的绝热反应堆概念。在两个连续负荷之间,燃料组成保持不变,只有天然铀(NU)或贫铀(DU)作为输入,裂变产物(FP)作为输出,并确保所有锕系元素被充分回收。平衡燃料成分见表1-14。

ELFR燃料组件的特点是具有较大的棒径-栅距比(P/D),有利于在无保护的失流事故期间建立自然循环。ELFR的主要参数见表1-15。

表 1-14　ELFR 平衡燃料的组成

元素	质量分数/%	元素	质量分数/%
铀	80.56	镅	1.02
钚	18.15	锔	0.16
镎	0.11		

表 1-15　ELFR 的主要参数

参　数	值或特征
电功率/MWe	600
一回路冷却剂	纯铅
一回路系统	池式,紧凑型
一回路冷却剂循环	强制循环；在自然循环中排出余热是可能的
堆芯入口温度/℃	400
SG 入口温度/℃	480
二回路冷却剂循环	过热蒸汽
给水温度/℃	335
蒸汽压力/MPa	18
二回路系统效率/%	约 43
反应堆容器	奥氏体不锈钢,悬挂
安全容器	固定在反应堆坑
内部容器(堆芯)	圆柱形
SG	集成在反应堆容器中,可拆卸；首选,螺旋管
一回路泵	机械泵,可拆卸
燃料组件	六角形
燃料类型	混合氧化物
最大排放燃耗/(MW·d/kg HM)	100
换料间隔/a	2
燃料存放时间/a	5
燃料包壳材料	T91,涂层
最大包壳中子损伤/dpa	100
正常运行时的最高包壳温度/℃	550
最大堆芯压降/MPa	0.1
控制/停堆系统	2 个不同的冗余系统：顶部为气动插入吸收棒(带备用钨镇流器)；底部为浮力吸收棒
换料系统	无容器内燃料处理机构
DHR 系统	2 个不同的冗余系统(主动驱动、非能动操作)
抗震阻尼装置	反应堆建筑下方的二维隔离器

1.4.4　俄罗斯

1. BN-1200

自 20 世纪中叶以来,苏联和俄罗斯先后设计、开发和建成了 BN-350、BN-600 和 BN-800 反应堆,形成了有效的 SFR 设计、生产和操作基础设施。目前,俄罗斯正在基于已有的技术基础,进一步开发 1200MWe 的商用 SFR BN-1200。

BN-1200 的主要设计目标是开发可靠的新一代商用动力单元反应快堆,实现闭式核燃料循环,提高技术经济指标(达到俄罗斯水慢化动力堆(VVER)同等功率的水平)。

俄罗斯 BN 反应堆在最大程度上使用了经过科学验证的工程解决方案,并应用新的工程解决方案来提高核电站的安全性、成本效益以及燃料效率。表 1-16 列出了 BN-1200 反应堆的主要特点,为了便于比较,BN-600 和 BN-800 也一起列于表中。图 1-16 显示了 BN-1200 反应堆的一回路,图 1-17 显示了 BN-1200 除热回路(RP)的布局。

表 1-16　BN-1200 反应堆的主要特点

反　应　堆	BN-600	BN-800	BN-1200
标称热功率/MW	1470	2100	2800
净电功率/MW	600	880	1220
产热循环数	3	3	4
一回路 IHX 的进/出口温度/℃	535/368	547/354	550/410
二回路 SG 的进/出口温度/℃	510/318	505/309	527/355
三回路参数:			
运行蒸汽温度/℃	505	490	510
运行蒸汽压力/MPa	14	14	14(170)
给水温度/℃	240	210	240(275)
总/净效率/%	42.5/40	41.9/38.8	43.5/40.7

BN-1200 开发过程中,最大限度地使用了既有工程解决方案。这些方案在 BN-600 中显示出了良好的效果,并用于 BN-800。主要包括:一回路具有保护容器和主容器的下部支撑布局;有基于钛铋合金密封液压锁的堆内换料系统旋塞;一回路泵的独立吸入腔在泵排出处带有止回阀,在设备故障而反应堆没有停堆的情况下,可以断开四个 RP 中的一个;堆内存放乏燃料组件。与 BN-800 相比,设备制造过程基本没有变化,包括反应堆容器的现场组装。

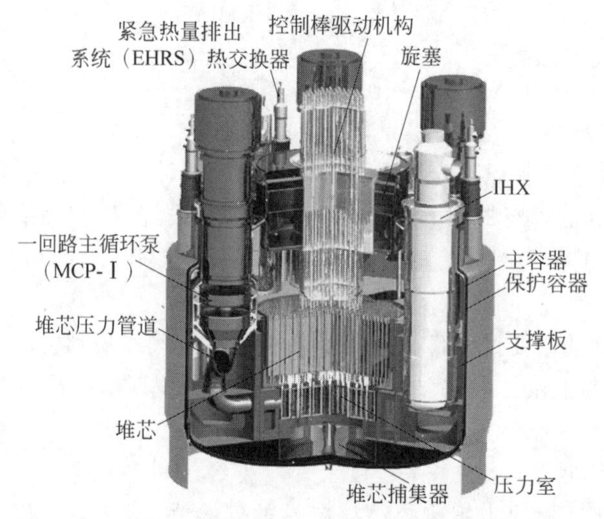

图 1-16　BN-1200 反应堆的一回路结构

（请扫Ⅱ页二维码看彩图）

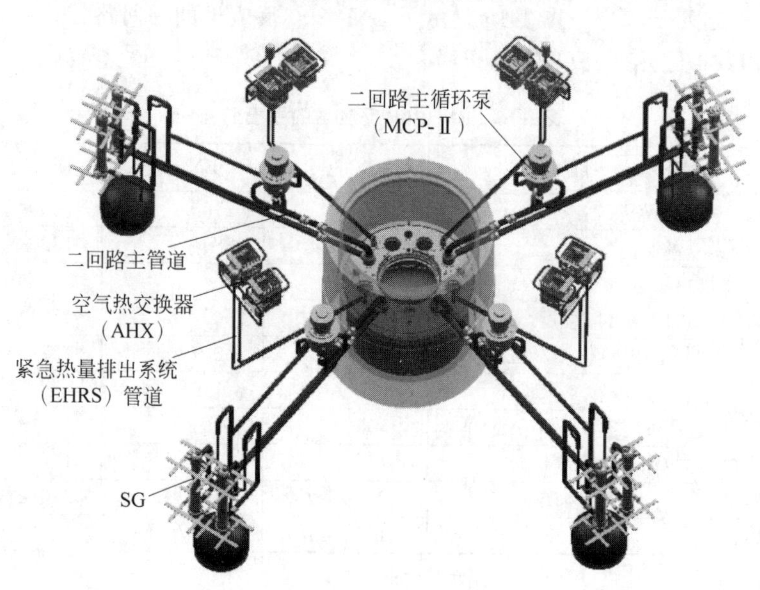

图 1-17　RP 的布局

（请扫Ⅱ页二维码看彩图）

为了提高安全性、经济性和燃料效率，BN-1200 的设计中引入了如下的工程解决方案：将 EHRS 设备和一次侧钠净化系统设备放置在反应堆容器内，以避免放射性钠泄漏到外面，从而减少辅助系统的数量；扩展 SG 设计以减少 RP 特定材料的消耗；使用新型结构材料钢(12Cr-Ni-Mo-V-Nb)以增加 SG

寿命；减少反应堆内结构的中子辐照，以确保延长反应堆使用寿命至60年；简化换料系统，减少反应堆内乏燃料组件释放的能量，使得可以不使用钠储存桶；通过应用波纹管热膨胀补偿器，减少二回路中钠管道的长度，从而降低总体施工体积和核电站材料消耗。RP参数优化，增加给水温度和蒸汽压力，使效率提高1.5%。

BN-1200反应堆正在开发含两种燃料（MOX和氮化物）的堆芯，堆芯设计特征见表1-17。使用氮化物燃料的目的是完全满足俄罗斯“Proryv”项目的固有安全要求。MOX燃料是在采用氮化物燃料有困难或延迟时的备用选项。堆芯顶部钠腔旨在降低钠空泡反应效应，均匀富集燃料。

表1-17 BN-1200堆芯设计特征

特 点	氮化物燃料	MOX燃料
堆芯燃料组件数	432	432
燃料组件宽度/mm	181	181
燃料元件直径/mm	9.3	9.3
堆芯高度/mm	850	850
装载燃料质量/t	59	59
主燃料组件存放时间①/a	4	4
平均燃耗①/(MW·d/kg)	90	112
增殖比	高达1.35	高达1.2

注：① 燃料组件停留时间和燃料燃耗满足基本设计方案，使用的燃料元件包壳新结构材料实现了约140 dpa的最大损伤剂量。在初始运行阶段，可以减少燃料燃耗。

到2014年，确定和验证了BN-1200电力装置的主要设计方案，确定了RP最终设计。2016年完成了验证研发工作。

2. 多用途液态金属快中子研究堆(MBIR)

俄罗斯正在开发MBIR研究堆，用以代替在2020年退役的BOR-60实验堆。2014年，季米特洛夫格勒市(Dimitrovgrad)获得了MBIR的选址许可，但是原计划2015年的建设项目被暂停。2020年，俄罗斯国家原子能公司Rosatom宣布重启该建设项目。MBIR堆提高了中子注量率，堆内有大量的堆芯内/外实验单元，以及五个使用铅、LBE和钠冷却剂的实验回路，因此可拓宽实验领域。图1-18给出了MBIR堆示意图。

MBIR采用典型的SFR配置，包括三个主回路和一个二级钠回路。MBIR可通过一回路建立自然循环以实现非能动余热排出的安全功能，一回路与二回路的分离可消除放射性钠泄漏的可能性。反应堆容器内的堆芯捕集器能在堆芯解体事故中防止堆芯熔融物与反应堆容器接触。

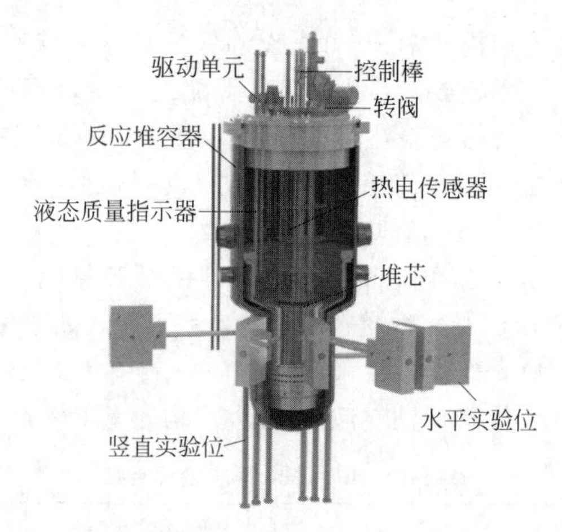

图 1-18　MBIR 液态金属研究堆
（请扫Ⅱ页二维码看彩图）

MBIR 研究堆计划开展以下研究：结构材料辐照测试；先进燃料和中子吸收材料开发；新型冷却剂开发；燃料和吸收棒堆内测试；瞬态和事故情形下的燃料行为；冷却剂控制技术示范；热工水力等系统程序（STH 程序）验证；闭式燃料循环中的锕系元素嬗变研究；放射性同位素和掺杂硅的商业化生成；应用中子射线成像、层析和活化等技术的材料方面研究；中子束医学应用；反应堆设备测试；反应堆操作研究员训练；能量产出和工艺用热。为此，MBIR 配备了以下堆内实验设施：气体、钠、铅/铅合金以及熔盐实验回路通道；用于燃料、吸收棒和结构材料辐照实验组件以及同位素生产组件。

3. BOR-60

BOR-60 反应堆是俄罗斯建造的实验堆，位于季米特洛夫格勒的原子反应堆研究所（RIAR），于 1969 年首次运行。该反应堆的最大热功率约为 60 MW（额定电功率约为 12 MW），最大中子通量约为 3.6×10^{15} n/(cm^2 · s)。该反应堆每年运行 230～240 d。图 1-19 给出了 BOR-60 的垂直截面和典型的堆芯装料方案。表 1-18 给出了该反应堆的主要技术参数。

在 BOR-60 中，堆芯是一个六角形的栅格，共有 265 个单元。最多 156 个单元可用于安装燃料组件，7 个单元用于安装控制棒，其余的单元用于安装转换区组件。除了被控制棒占据的单元外，实验组件安装位置灵活自由。

4. BREST-OD-300

BREST-OD-300 反应堆（及其后续的大型反应堆，BREST-1200）的目标是实现一个“自然安全”的 LFR 概念，包括消除严重事故以及那些由功率偏移、

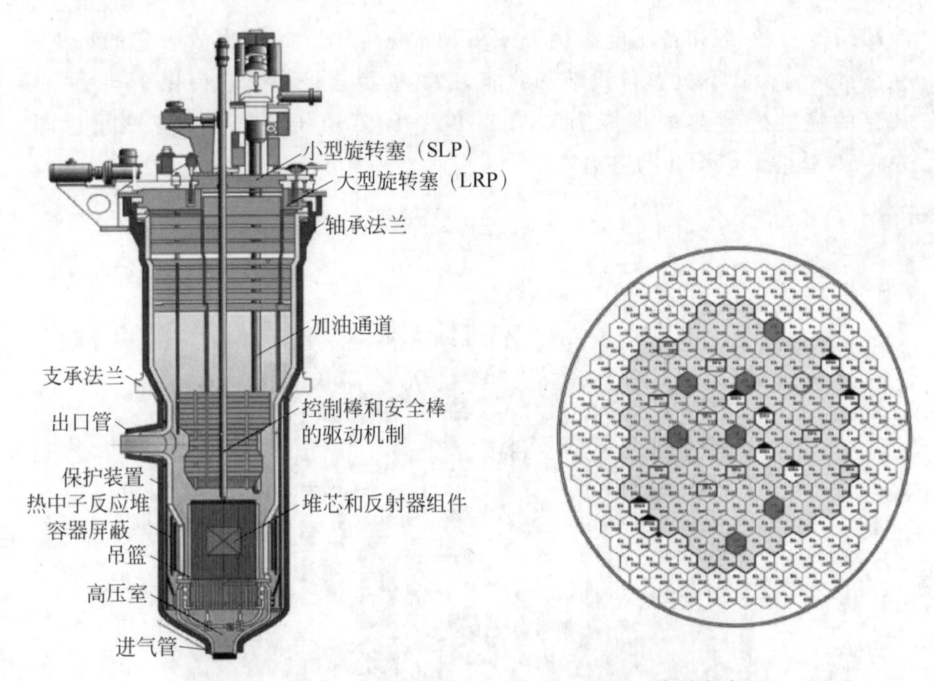

图1-19　BOR-60的垂直横截面及典型的堆芯装料方案
（请扫Ⅱ页二维码看彩图）

表1-18　BOR-60反应堆的主要技术参数

参　数	值或特征
热功率/MW	≤60
微运行/d	≤90
微运行之间停堆/d	10或45
常规燃料	UO_2
^{235}U富集度/%	45～90
最大中子通量 E>0.0 MeV/n/(cm^2·s)	3.6×10^{15}
最大中子通量 E>0.1 MeV/n/(cm^2·s)	3.0×10^{15}
中子通量 E>0.1 MeV/(n/cm^2)	$\leqslant5\times10^{22}$
损伤剂量累积率/(dpa/a)	≤25
燃油燃耗率/(%/a)	≤6
一次侧冷却剂和二次侧冷却剂	钠
钠流速/(m^3/h)	≤1100
进口钠温度/℃	310～330
出口钠温度/℃	≤530
钠在堆芯中的速度/(m/s)	≤8

冷却剂丧失、外部和备用电源丧失或多种常见原因导致的事故。它的特点是在正常运行模式下具有自我维持的能力,其独特之处在于它提供了与反应堆共存的完整燃料热处理能力。图 1-20 为 BREST-OD-300 反应堆设计图。表 1-19 总结了该设计的参数。

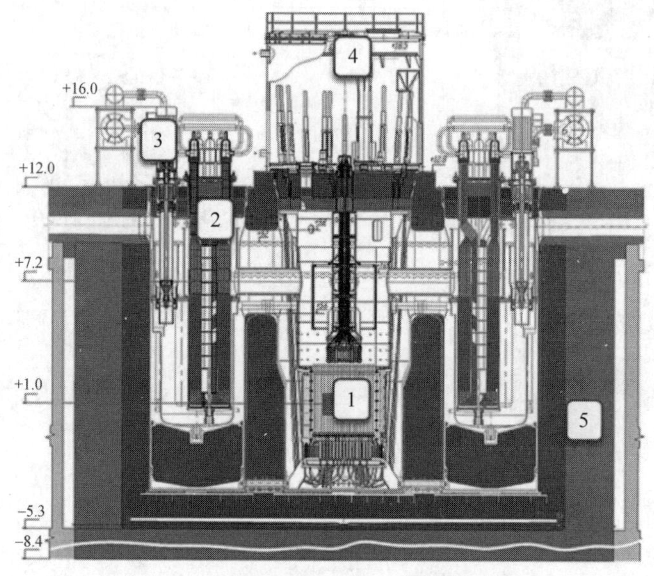

图 1-20　BREST-OD-300 反应堆设计图

(请扫Ⅱ页二维码看彩图)

表 1-19　BREST-OD-300 参数汇总

功　　率	700 MWt,300 MWe
堆芯直径	2.6 m
堆芯高度	1.1 m
堆芯燃料	UN+PuN
冷却剂温度	420℃/540℃
最大包壳温度	650℃
净效率	43%～44%
堆芯增殖比(BRC)	约 1

BREST-OD-300 为池式反应堆,它的反应堆容器包含了带有反射器和控制棒的堆芯,带有 SG 和泵的铅冷却剂循环回路,燃料再装载和管理设备以及安全和辅助系统。反应堆主容器安置在一个带有钢衬里以及隔热的混凝土拱顶中。

BREST-OD-300 堆芯考虑的燃料类型为氮化铀/钚燃料,其组成对应于压水堆再处理和随后冷却20年的乏燃料。铅的特性允许这种燃料在平衡成分下运行。

这种运行模式的特点是在核燃料(BRC约为1)中完全复制裂变核素,并在闭式燃料循环中进行辐照燃料再处理。再处理仅限于去除裂变产物,而不从混合物中分离(U-Pu-MA)。BREST电厂的一个显著特点是,再处理厂与反应堆共存,原则上消除了由燃料运输而引起的任何事故或问题。

如前面所述,BREST-OD-300是一个用于技术试点的示范堆,是BREST家族未来商业反应堆(如更大的BREST-1200)的原型。表1-20总结了BREST-OD-300反应堆和BREST-1200反应堆的关键技术参数。

表1-20　BREST-OD-300反应堆和BREST-1200反应堆技术参数对比

参　数	BREST-OD-300	BREST-1200
热功率/MWt	700	2800
电功率/MWe	300	1200
堆芯直径/mm	2400	4755
堆芯高度/mm	1100	1100
燃料棒直径/mm	9.7～10.5	9.1～9.7
燃料棒间距/mm	13.0	13.0
堆芯燃料	(U+Pu+MA)N	(U+Pu+MA)N
堆芯装料(U+Pu+MA)N/t	19	64
(Pu+MA)质量/(^{239}Pu+^{241}Pu)质量/t	2.5/1.8	8.56/6.06
燃料寿命/a	5	5～6
换料周期/a	1	1
最大燃料燃耗/(%h.a)	9.0	10.2
反应性总裕度/(%ΔK/K)	0.43	0.35
铅进/出口温度/℃	420/540	420/540
最大燃料包壳温度/℃	650	650
铅的最大速度/(m/s)	1.9	1.7
SG进出口处的蒸汽温度/℃	340/505	340/520
SG出口处的压力/MPa	18	24.5
发电模块的净效率/%	42	43
设计使用寿命/a	30	60

5. SVBR-100

SVBR-100反应堆是与苏联/俄罗斯用于核潜艇推进的LFR最接近的反应堆系统。因此,SVBR比其他系统更直接地从军事应用中吸取运行经验。SVBR-100适用于偏远、孤立或沿海地区,或专用的工业应用。它可以用于提供各种输出,包括电力和供热。表 1-21 提供了 SVBR-100 的技术参数,图 1-21 是反应堆的示意图。SVBR-100 的设计特点包括以下方面:一回路系统集成式设计,没有一回路管道和泵;反应堆容器可更换;一回路维修和燃料装载时无需排干冷却剂;自然循环模式非能动排出余热;液态金属冷却剂自由液面上的蒸汽分离可防止蒸汽发生器事故下蒸汽侵入堆芯;多种燃料选择。SVBR-100 的冷却剂使用、反应堆和整体电站设计能满足最严格的安全要求,所有一回路系统和设备都位于一个高强度容器内,容器整体又被封闭于反应堆防护容器中,两者之间的空间可预防反应堆容器的冷却剂泄漏。一回路和二回路冷却剂的回路自然循环足以排出堆芯余热。反应堆整体容器被放置于一个水池中,可在无操作介入情况下超过五天时间持续地往水池导出热量。此外,SVBR-100 二回路系统压力高于一回路系统压力,在蒸汽发生器管道破裂的情况下不会发生放射性物质的扩散污染。

表 1-21　SVBR-100 的技术参数

参　　数	值 或 特 征
热功率/MW	280
电功率/MW	100
一次进/出口冷却剂温度/℃	340/490
蒸汽产生率	580t/h、压力 6.7MPa、温度 278℃
平均堆芯功率密度/(kW/dm^3)	160
燃料	UO_2
铀负载/kg	约 9200
平均 ^{235}U 富集度/%	约 16.7
换料周期/a	7～8
反应堆尺寸/m	4.5/8.2(直径/高)

SVBR-100 使用铅铋共晶合金作为冷却剂,其较低的体积膨胀系数在运行期间提供了较低的反应性裕度。铅铋共晶合金的高沸点(约 1670℃)消除了堆芯偏离核态沸腾而引起的事故,并使得一回路系统在正常运行工况和事故条件下都保持较低的压力。在非预期的控制棒弹出事故下,堆芯的负反应性反馈将使堆芯功率降低至安全水平。铅铋共晶合金有效增加了冷却剂对裂变产物的吸收能力,从而减少了冷却剂丧失事故可能导致的放射性后果。

1.4.5　日本

日本原子能机构(JAEA)与日本电力公司正在合作进行快堆循环技术(FaCT)开发项目。基于商业化快堆循环系统(FS)的可行性研究,FaCT 项目

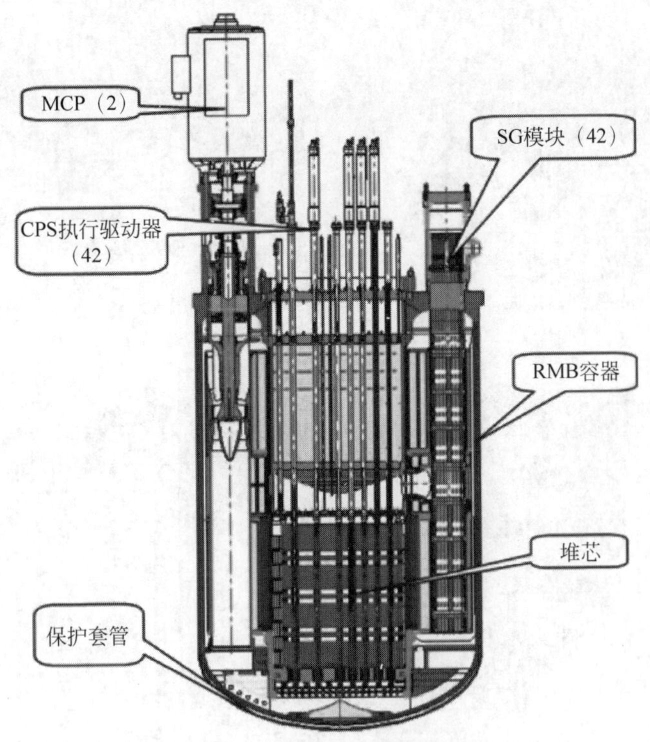

图 1-21　SVBR-100 的示意图
(请扫Ⅱ页二维码看彩图)

正在有序进行。在 FS 中,为了满足未来核能系统的发展目标,即可持续性、经济性、防核扩散和安全性要求,以及他们的技术可行性,先进回路式快堆日本钠冷快堆(JSFR)使用氧化物燃料,并主要选择先进的球形燃料制造技术。鉴于 JSFR 在安全、经济竞争力和核能可持续性利用方面的技术创新,其被认为是最有前途的商业化概念。在 FaCT 项目中,JSFR 的概念设计和创新技术开发都在进行中,重点集中在设计与相关技术之间的一致性上。三菱 FBR 系统公司在 JSFR 的设计和工程中发挥着重要作用,本节将重点介绍 FaCT 项目中 JSFR 的发展现状。

1. 日本快堆的发展过程

图 1-22 显示了日本快堆的发展过程和计划。实验快堆 JOYO 于 1977 年开始运行,并已成功运行近 50 年。堆芯从 MK-Ⅰ增殖升级到 MK-Ⅱ和目前的 MK-Ⅲ辐照堆芯,其中最重要的任务,即更换 IHX 以及空气冷却器也已经完成。JOYO 作为辐照反应堆,开发了 U/Pu 混合氧化物燃料(MOX)、包壳和屏蔽材料。含次锕系元素(MA)燃料和 ODS 现已用于开发高燃耗的 FaCT 项目。

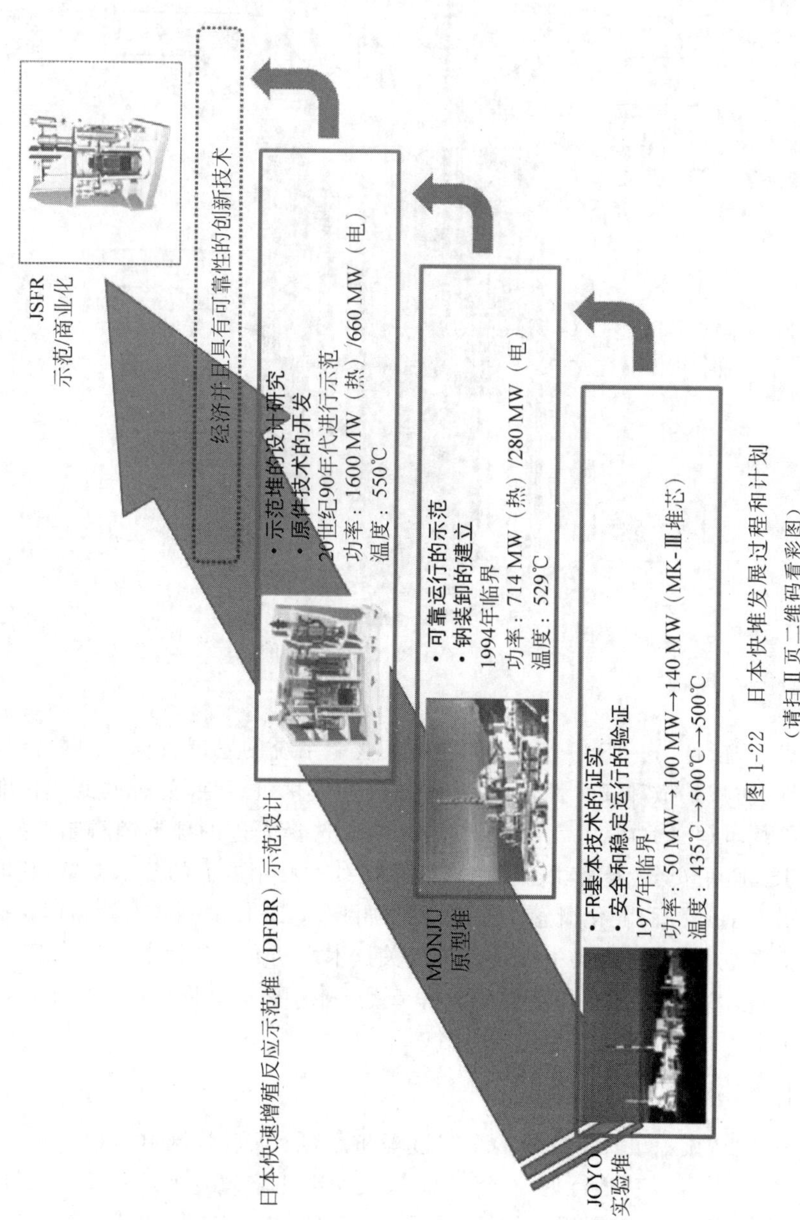

图 1-22　日本快堆发展过程和计划

（请扫Ⅱ页二维码看彩图）

基于JOYO的研究成果，日本成功建造了文殊原型钠冷快堆（MONJU），并在1994年首次达到了临界状态。然而，1995年发生的一起钠泄漏事故导致大火，并最终使得MONJU暂停运营。随后，又由于掩盖事故范围的丑闻，将其重启时间推迟到2010年5月6日，并于2010年5月8日达到新的临界点。2010年8月，又由于一起涉及机械掉落的事故再次关闭了反应堆。2017年12月，JAEA向核监管局申请批准其退役计划，退役和拆除计划将于2047年完成。

在20世纪90年代，快速增殖反应示范堆（DFBR）项目主要由日本电力公司等进行。日本原子能公司（JAPC）作为日本电力公司的代表，负责DFBR的设计和相关技术发展。JAEA的前身——动力反应堆和核燃料开发公司（PNC），负责开展基础研究和进一步开发。在研究设计中，对反应堆系统进行了广泛的比较，包括循环系统和池系统，考虑了施工成本、振动设计要求，以及检查和维修能力，最终为DFBR选择了一个顶层循环型系统。然而，因为当时欧洲快堆（EFR）项目被暂停，超凤凰核电站被拆除，所以也放缓了开发DFBR的进程。1997年，由日本原子能委员会组织的圆桌会议，得出了关于DFBR的最终结论，即由PNC和JAPC进行快堆循环系统FS的综合研究。FS研究自1999年至2005年一共进行了7年，然后，FaCT项目启动，继续开展基于FS的成果研究。

如上所述，日本快堆已经取得了一定的进展，建立了基本的SFR技术。现在，全新的研发技术正在增强JSFR的经济竞争力。此后，JSFR将通过创新技术建造为商用快堆，创新技术建立后将建设一个示范反应堆。

2. JSFR

JSFR是一种先进的回路式SFR，燃料为含MA的MOX燃料。在JSFR设计中，将采用多种创新技术，以满足设计要求中对经济竞争力的要求。图1-23是JSFR的示意图，表1-22显示了1500 MWe核电站的设计参数，使用金属燃料的堆芯被认为是未来的替代系统。

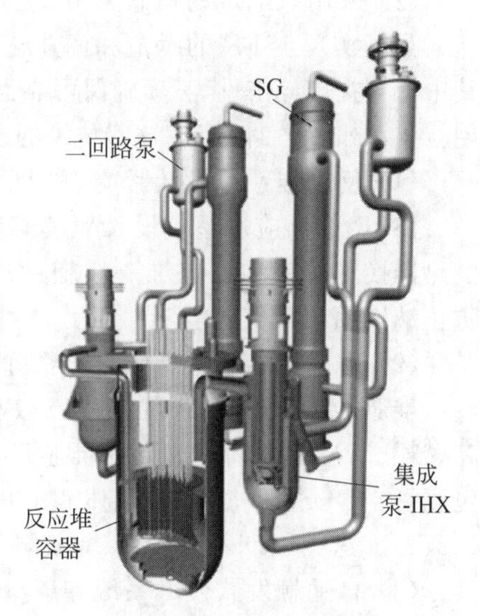

图1-23　JSFR示意图
（请扫Ⅱ页二维码看彩图）

表 1-22　JSFR 的设计参数

参　　数	值 或 特 征
电功率	1500 MW
热功率	3570 MW
循环数量	2
一回路钠温度和流量	550/395℃(3.24×10^7 kg/h)/回路
二回路钠温度和流量	520/335℃(2.70×10^7 kg/h)/回路
主蒸汽温度和压力	497℃ 19.2 MPa
给水温度和流量	240℃ 5.77×10^6 kg/h
电厂效率	42%
燃料类型	TRU-MOX
堆芯燃料(平均)燃耗	约 150 GW·d/t
增殖比	盈亏平衡(1.03)、1.1、1.2
循环周期	26 个月或更少；4 批

JSFR 的经济目标是经济竞争力大于或等于未来的先进轻水堆，降低成本的方法如下：

(1) 进一步采用创新技术，如双回路冷却系统，缩短管道长度，反应堆容器紧凑设计等；

(2) 通过将输出电功率扩大到 1500 MW 来追求规模优势；

(3) 采用双电厂的概念来减少公用设施。

为了实现 JSFR 的示范和商业化，将开发 JSFR 设计中的一些创新技术，其中七项提高经济性，三项确保可靠性，三项提高安全性。JSFR 的开发包含的创新技术如图 1-24 所示，这些技术的研发目前正在进行中，主要有以下几类。

(1) 反应堆系统设计紧凑，减少质量和体积。

JSFR 的反应堆系统设计紧凑，IHX 和主泵为一体化设计，由主泵、中间换热器换热管束和反应堆一级辅助冷却系统换热管束组成。该组件设计可防止钠液面出现气体卷吸。

(2) 高燃耗堆芯设计和氧化物弥散增强型钢材料包壳。

堆芯 MOX 燃料，燃耗达 150 GW·d/t，包壳材料为 ODS 钢。为了适应高燃耗、高温和高辐照剂量的堆芯环境，JAEA 开发了两种 ODS 钢材料作为包壳管：ODS 回火型马氏体钢(9Cr，11Cr)和 ODS 再结晶型铁素体钢(12Cr)。这类 ODS 钢材料兼具抗辐照肿胀和蠕变强度高的性能。

(3) 自动触发式停堆系统和新型堆芯设计。

反应堆配有两个互相独立的反应堆停堆系统以及一个自动触发式停堆系统(Self-Actuated Shut-down System)。在发生如无保护失流、无保护瞬态超功率和无保护失热阱一类的无停堆措施介入的瞬态时，自动触发式停堆系

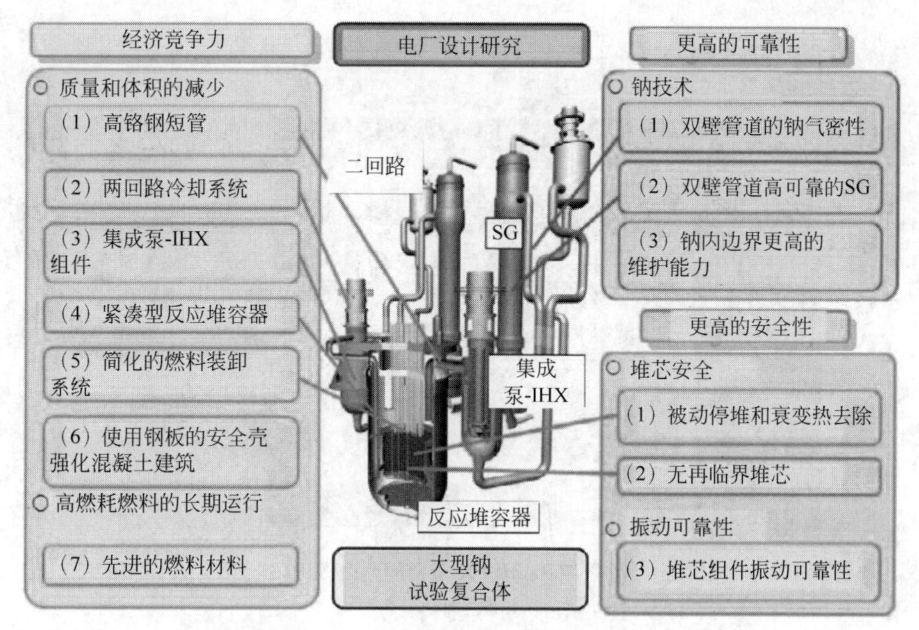

图 1-24　在 JSFR 中包含的创新技术

(请扫Ⅱ页二维码看彩图)

统将执行非能动停堆功能。当冷却剂温度在无保护瞬态中上升时,自动触发式停堆系统依靠铁磁体的特性能够非能动地分离控制棒。为了减轻堆芯熔毁事故的严重后果,JSFR 开发了一种带有内部导管结构的燃料组件(Fuel Assembly with an Inner DUct Structure)。该燃料组件能增强堆芯的熔融燃料排出能力,可防止因熔融燃料大量聚积而导致堆芯重返临界。

(4) 自然循环排出衰变余热。

JSFR 可通过自然对流排出系统衰变热。系统中所有的钠边界包括空气冷却管道均为双壁设计,可用于监测和检查钠泄漏。JSFR 余热排出系统的功能已经在多种运行瞬态试验中得到证实,其中仅依靠反应堆辅助冷却系统进行的余热排出能力也已经得到了三维分析程序的评估和验证。

此外,JAEA 还提出了 JSFR 蒸汽发生器的双层壁面设计,改进了钢板-混凝土安全壳设计,简化了燃料处理系统,并且配备了先进的隔震系统,从而使安全特性得以明显增强。

图 1-25 显示了 JSFR 开发的路线图。在创新技术的基础上,示范测试将开发并示范设备和冷却系统的功能。其中包括成分测试,以获取 JSFR 示范堆设计、系统和部件测试的创新钠技术的性能数据,从而验证冷却回路和相关部件的性能。

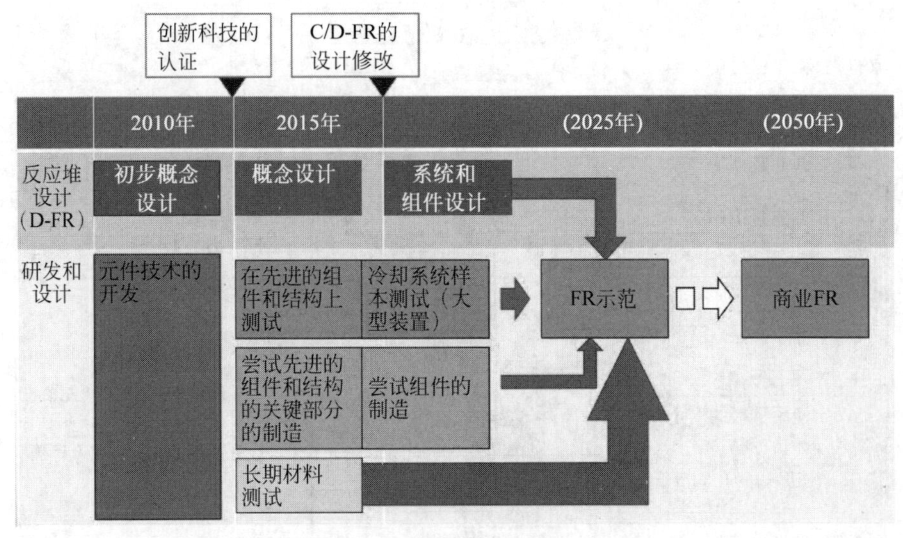

图 1-25 JSFR 开发的路线图

（请扫Ⅱ页二维码看彩图）

3. 其他快堆

东京工业大学进行了几个非常有意义的快堆研究项目。20 世纪 90 年代初提出的 LSPR(铅铋冷却长寿命安全简单小型便携式防核扩散反应堆)系统是一种具有长寿命堆芯的小型反应堆。该小型反应堆将在工厂制造,运送到其运行地点。反应堆包含一个密封的容器,由于防核扩散,不会在运行地点打开容器进行换料。在反应堆的使用寿命结束时,旧的容器将被一个新的容器来更换。旧的反应堆及其消耗的燃料将被运回工厂,所以在运行地点不会留下放射性废物。因此,运行地点和当地政府或组织将不用处理反应堆运行产生的乏燃料或放射性废物。

在另一项研究中,东京工业大学在 2004 年提出了 PBWFR(Pb-Bi 冷却直接接触沸水快堆)的设计概念。这项工作评估了通过直接向堆芯上方的热 LBE 中注水来刺激冷却剂循环,以消除使用 SG 和主回路泵的可行性。注入的水会在反应堆上部沸腾,蒸汽泡随着浮力上升,该蒸汽泡运动将作为冷却剂循环的驱动力。

PBWFR 被认为是一种比传统强制循环更紧凑和经济的 LFR。在 PBWFR 中,不需要使用主泵和 SG。PBWFR 的概念设计有以下特点:具有长寿命的堆芯,有效提高了铀的利用率,降低了换料风险,具有便携性、模块化和低成本投资的优点,提高了安全的负空泡反应性,以及依赖蒸汽提升和直接接触产生蒸汽。表 1-23 列出了 PBWFR 中选定的技术参数,图 1-26 为反应堆系统的示意图。

表 1-23 PBWFR 的技术参数

参 数	值或特征
热/电功率/MW	450/150
热效率/%	33
堆芯进/出口温度/℃	310/460
堆芯压降/MPa	0.04
最高包壳温度/℃	619
Pb-Bi 流量/(t/h)	73970
蒸汽温度/℃	296
蒸汽流量/(t/h)	863
蒸汽压力/MPa	7
给水温度/℃	220
换料间隔/a	10
换料	一批换料
包壳和结构设备的候选材料	铝-铁合金涂层高铬钢、铝和硅涂层高铬钢、陶瓷(碳化硅等)和耐火金属

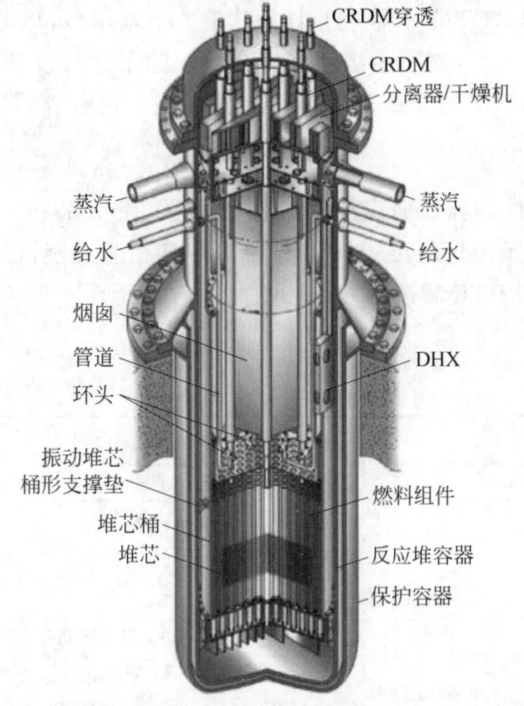

图 1-26 PBWFR 的示意图
(请扫Ⅱ页二维码看彩图)

另一个有趣的概念,"蜡烛"堆(CANDLE)反应堆,也被东京工业大学作为一种 SFR 与 LFR 的变体。

电力中央研究所(CRIEPI)和东芝公司为开发 4S(Super Safe,Small and Simple)反应堆做出了许多努力,这是一种创新的小型、长寿命 SFR。此外,也考虑了这种设计的一种 LFR 变体,称为 L-4S。

1.4.6 印度

印度快速增殖反应快堆项目开始于印度反应堆研究中心(当时称为英迪拉·甘地原子研究中心,IGCAR)的建立,并致力于与法国合作研究快堆的科技发展以及决定在卡尔帕卡姆建造 FBTR。FBTR(40 MWt/13.2 MWe)是回路式钠冷实验反应堆,于 1985 年投入使用。35 年的 FBTR 建设、调试和运营经验以及全球 FBR 的运营经验,为印度推出 500 MWe 的原型快速增殖反应堆(PFBR)提供了极强的信心。PFBR 建设始于 2003 年,原计划于 2012 年投入使用,但反应堆的建设遭到多次延误。截至 2021 年 12 月,PFBR 仍处于综合调试阶段。

PFBR 作为 FBTR 的后续项目,计划建造 6 个基于 MOX 燃料的 500 MWe 反应堆和双机组设计,提高经济性和安全性。除了这些反应堆之外,还将部署容量为 1000 MWe 的金属燃料反应堆,重点是实现增殖。

1. FBTR

FBTR 是与法国狂想曲反应堆合作的项目,在 1985 年首次达到临界状态。为了获得完整电厂的经验,FBTR 纳入了四个直通蒸汽发电机模块和涡轮发电机模块。FBTR 目前的技术参数见表 1-24。图 1-27 为 FBTR 的堆芯结构。

表 1-24　FBTR 的技术参数

参　　数	值或特征
反应堆功率	18 MWt/3 MWe
燃料	Mark-Ⅰ(70%PuC+30%UC) Mark-Ⅱ(55% PuC + 45% UC) MOX(44% PuO_2 + 56%UO_2)
燃料组件数	27Mark-Ⅰ+13Mark-Ⅱ+6MOX(+1 PFBR 测试)
燃料棒直径/每个 SA 的棒数	5.1 mm(Mark-Ⅰ和 Mark-Ⅱ)/每 SA61 根棒 6.6 mm(MOX)/每 SA37 根棒
一回路布局	环式

续表

参　　数	值或特征
主和辅助循环的数量	2
一回路钠进/出口温度	380℃/485℃
温度安全阀(TSV)下的蒸汽条件	($125\ kg/cm^2$)/460℃
峰值中子通量	$3.15\times10^{15}\ n/(cm^2\cdot s^{-1})$
dpa/efpy	51
最大线热功率	400 W/cm
SG 模块/回路的数量	2 操作 7 管插 3 管，提高反应堆钠的出口温度

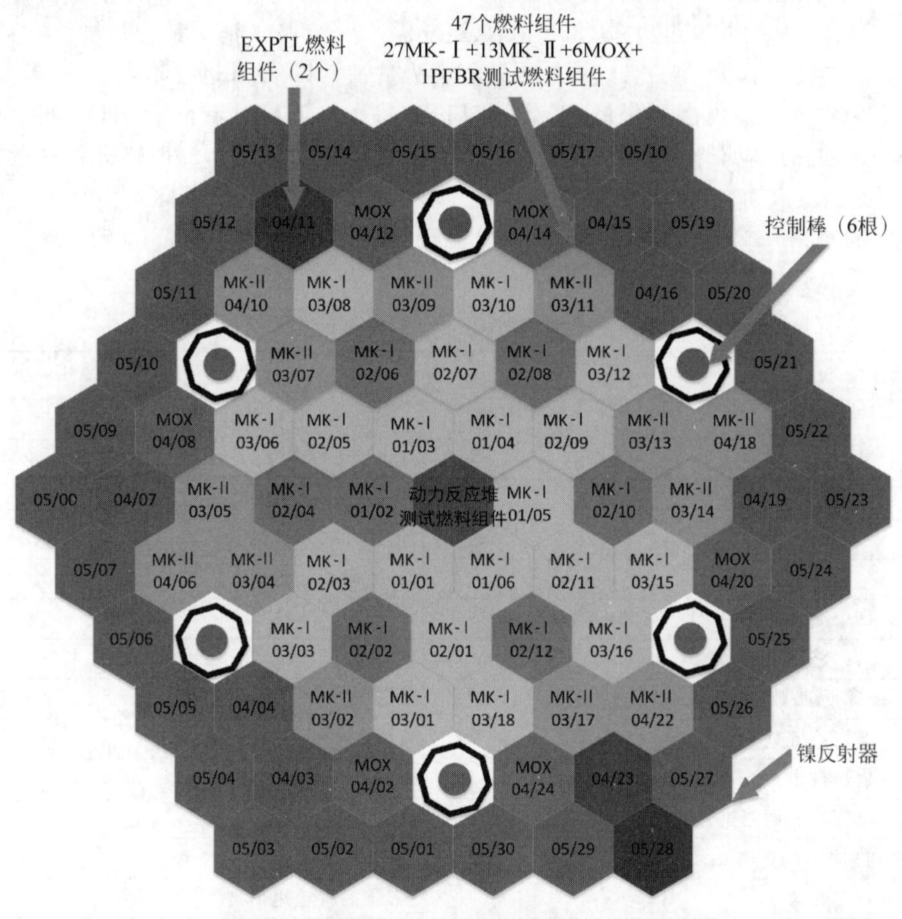

图 1-27　FBTR 堆芯结构

（请扫Ⅱ页二维码看彩图）

FBTR 使用一种特殊的燃料,即钚和铀的碳化混合物来驱动反应堆。通过中间阶段的辐照后检查(PIE)和详细分析,已将燃料燃耗从 25000 MW·d/t 逐步提高到 165000 MW·d/t。

PFBR(MOX 燃料)的燃料测试组件目前在 FBTR 中接受辐照,燃耗已达到 108000 MW·d/t,而增强目标为 112000 MW·d/t。

PFBR 反应堆的性能值得称赞,因为没有出现单包壳管破裂和泄漏。钠系统,特别是钠泵和钠净化回路的性能表现优异。

2. PFBR

在 FBTR 的建造和运行经验基础上,以及 IGCAR 的技术支持下,印度工业公司成立了一家新的公司来建造和运营 PFBR。PFBR 的主要技术参数见表 1-25。PFBR 为热功率 1250 MW、电功率 500 MW 的池式钠冷快堆,堆芯使用二氧化铀和二氧化钚燃料,增殖材料为贫铀燃料,设计运行年限为 40 年。反应堆冷却系统由两个钠冷二回路组成,每个二回路含有两个 IHX,四个 IHX 均在反应堆容器内将一回路钠池的热量传输至二回路,二回路再将热量传递至蒸汽动力回路。正常运行工况下,一回路钠池热区和冷区的温度分别为 547℃和 397℃,二回路最高和最低温度分别为 525℃和 325℃,汽轮机蒸汽温度达 490℃,压强为 16.7 MPa。

表 1-25　PFBR 的主要技术参数

参　　数	值 或 特 征
反应堆功率/(MWt/MWe)	1250/500
燃料	PuO_2-UO_2(2 个区域,环形颗粒)
燃料棒直径/SA 数量	6.6 mm/217
一回路布局	池式
一回路钠泵的数量	2
每个循环的 IHX 数	2
二回路钠泵的数量	2
SG/回路数量	4
停堆系统数量	2
余热排出系统数量	2
反应堆一回路钠进/出口温度/℃	397/547
TSV 下的蒸汽条件/(kg/(cm^2·℃))	170/490
安全壳建筑	碾压混凝土矩形
电厂寿命/a	40

通过减少组件数量，增加设计寿命到 40 年和详细的优化研究，PFBR 实现了具有良好成本效益的设计。图 1-28 为 PFBR 一回路结构。

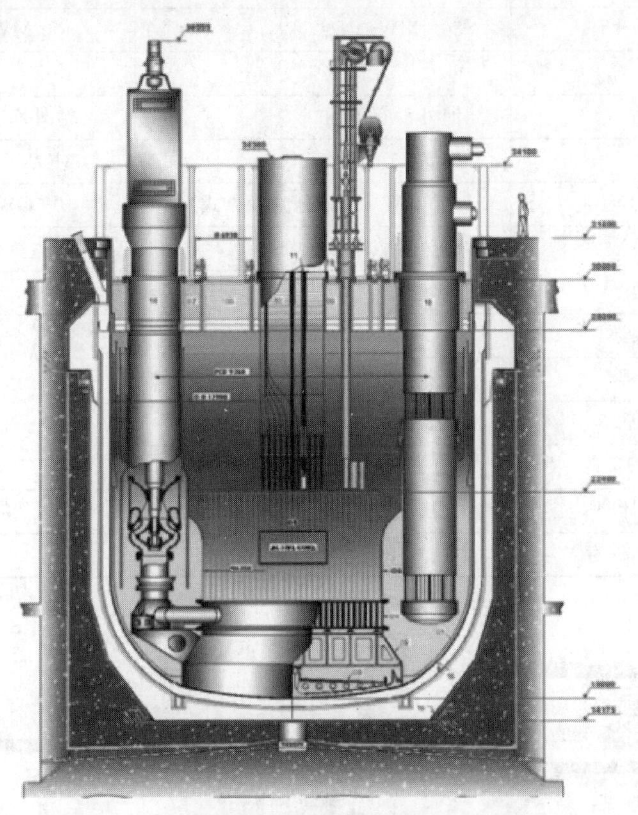

图 1-28　PFBR 一回路结构

（请扫Ⅱ页二维码看彩图）

在安全设计方面，PFBR 除了配备两个相互独立的停堆系统之外，还有余热排出系统。回路自然循环、衰变热换热器以及空冷换热器均可以非能动地排出系统余热。反应堆容器底部设有堆芯捕集器，防止严重事故下堆芯熔融物损毁反应堆容器。堆芯熔融物将以分散的方式收集，以确保得到足够的冷却，并且不会达到再临界。

通过上述工作，并基于 FBTR 和快速增殖反应堆（FBR）在全球范围内的建设和运行经验以及先进的研发，印度为未来的 FBR 定义了明确的优化目标，也称为商业快速增殖反应堆（CFBR）。表 1-26 概括地比较了 CFBR 与 PFBR 的设计参数。图 1-29 为 CFBR 反应堆组件的设计特点。

表 1-26　CFBR 与 PFBR 的设计参数

参　　数	CFBR	PFBR
功率	500 MWe	500 MWe
设计寿命	60 a	40 a
一回路	池外没有主钠	池外净化
燃料	MOX	MOX
燃料燃耗	200 GW·d/t(分阶段方式)	100 GW·d/t
负载系数	85%负载系数	75%负载系数
单元数	双	单
一回路泵	2	2
二回路泵	2	2
IHX/循环	2	2
SG/循环	3	4
SG 设计	管长 30 m	管长 23 m
乏燃料储存	水	水

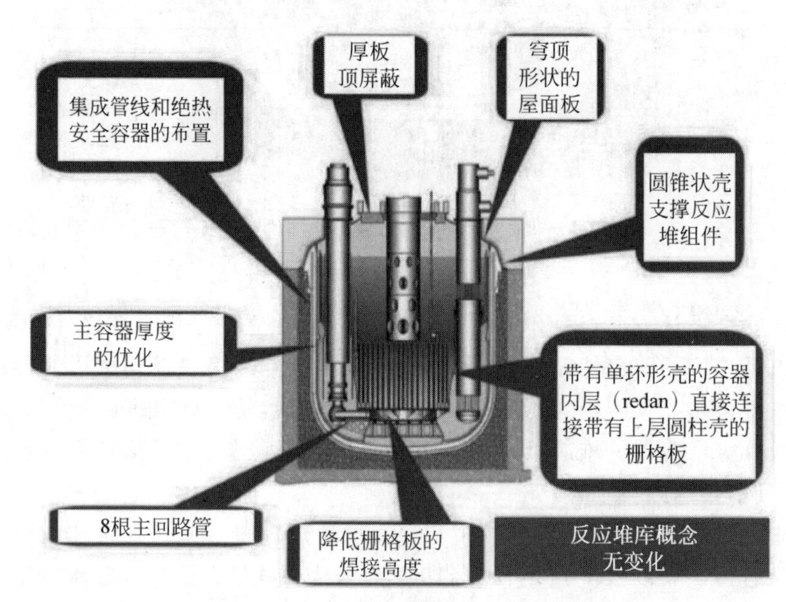

图 1-29　CFBR 反应堆组件的设计特点

（请扫Ⅱ页二维码看彩图）

1.4.7　韩国

1. 韩国第四代原型钠冷快堆

韩国原子能研究所(Korea Atomic Energy Research Institute,KAERI)自1997年开始发展钠冷快堆技术,并提出了韩国先进液态金属反应堆(KALIMER)的概念设计。基于KALIMER-150和KALIMER-600的概念设计开发经验,KAERI正在开发韩国第四代原型钠冷快堆(Prototype Generation Ⅳ Sodium-cooled Fast Reactor,PGSFR),并于2020年获得设计许可,预计在2028年完成反应堆的建设工作。图1-30给出了PGSFR的结构示意图。

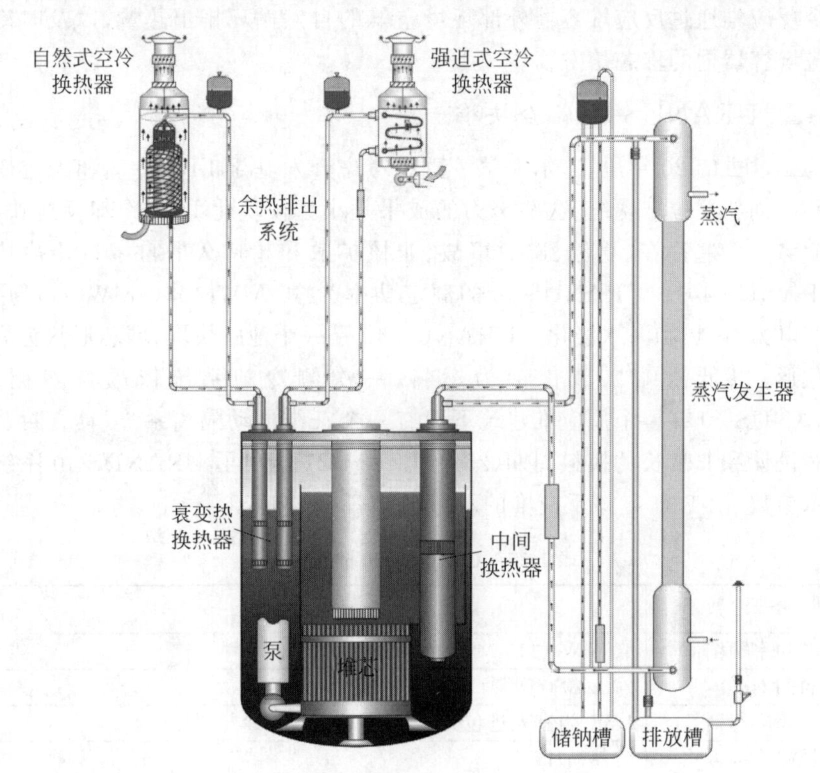

图1-30　PGSFR结构示意图
(请扫Ⅱ页二维码看彩图)

PGSFR采用池式SFR设计,IHX和主泵位于反应堆容器内。一回路系统由堆芯、两台主泵和四个IHX组成,堆芯使用铀-锆合金燃料或铀-超铀-锆合金燃料,堆芯出口温度可达545℃;二回路由两个二回路电磁泵、两个SG和两个膨胀容器组成。动力转换系统的压强为16.7 MPa,蒸汽温度为

503℃,使用过热蒸汽朗肯循环或者超临界二氧化碳布雷顿循环发电,设计电功率为 150 MW。

在反应堆安全设计方面,PGSFR 的非能动停堆系统由堆芯上方热区的温度上升激活,当冷却剂温度升高到阈值时,控制棒组件依靠热膨胀而脱离电磁铁,在自身重力作用下插入堆芯。PGSFR 的余热排出系统由两个非能动余热排出系统和两个能动式余热排出系统组成。非能动余热排出系统中,反应堆容器中的钠可直接在空气冷却换热器中自然冷却;而在能动式余热排出系统中,一回路钠在强迫式空气冷却换热器中冷却。除了余热排出系统,在发生严重事故时,反应堆穹顶冷却系统(Reactor Vault Cooling System,RVCS)可令反应堆通过反应堆容器外部环境空气的自然循环排出热量,以及时冷却反应堆容器内的堆芯熔融物。

2. URANUS-40 铅冷快堆

在过去的 20 年里,首尔大学一直在考虑开发基于 LBE 冷却和先进燃料循环的创新反应堆系统,这些努力的成果是小型模块化 LBE 冷却反应快堆,被命名为普遍存在、稳健、避免事故、非核扩散和超持久的自维持铅冷快堆(URANUS-40)。URANUS-40 的额定功率为 40 MWe(100 MWt),可用于生产电力、供热和海水淡化。URANUS-40 是一个池式快堆,堆芯形状为异质六角形,以低浓缩二氧化铀为燃料,一次侧冷却系统依赖自然循环。URANUS-40 在整个反应堆建筑下面有一个三维振动隔离系统,具有封装的堆芯设计和非常长的换料周期(25 年)。表 1-27 给出了 URANUS-40 系统的技术参数,图 1-31 是该反应堆的示意图。

表 1-27　URANUS-40 的技术参数

参　　数	值 或 特 征
堆芯功率额定值	40 MWe(110 MWt)
换料间隔	20 a(检查间隔 2 a)
一回路冷却剂	LBE(当有先进包壳材料时,改用纯铅冷却剂)
一回路冷却方式	自然循环
堆芯进/出口温度	305℃/441℃
二回路冷却剂	过冷水/过热蒸汽
运行方式	自主负载跟随模式
燃料	低浓缩二氧化铀
包壳	含 T91 和含硅铁素体钢的功能梯度复合材料(Functionally Graded Composite,FGC)
抗震设计	整个核蒸汽供应系统三维基础隔离

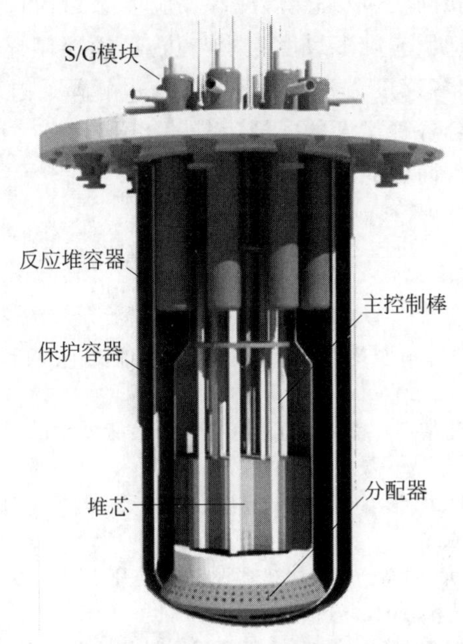

图 1-31　URANUS-40 的结构示意图
（请扫Ⅱ页二维码看彩图）

1.5　本书框架

第 1 章简要介绍液态金属冷却反应堆，主要内容有核能和快堆，液态金属冷却反应堆历史，液态金属冷却剂的优缺点，世界上液态金属冷却反应堆的研发、设计及运行现状。第 2 章简要介绍液态金属冷却反应堆系统，包括液态金属冷却反应堆的热工水力特性，液态金属冷却反应堆能量产生与输送，液态金属冷却反应堆热工设计准则，液态金属冷却反应堆安全与事故管理。第 3 章较为详细地描述了液态金属冷却反应堆燃料，首先介绍液态金属冷却反应堆堆芯和燃料组件、液态金属冷却反应堆及其在世界各国的燃料循环中的活动，其次介绍液态金属冷却反应堆燃料的制造和辐照经验，最后介绍液态金属冷却反应堆燃料的热物理性质。第 4 章介绍液态金属冷却反应堆结构材料，包括液态金属冷却反应堆堆芯结构材料辐照损伤、液态金属冷却反应堆包壳和其他结构材料的选择、液态金属冷却反应堆燃料组件部件的制造技术、不锈钢与液态金属冷却剂的相容性、ODS 开发计划。第 5 章简要介绍液态金属冷却反应堆的耐事故燃料（ATF）和材料，包括液态金属冷却反应堆燃料与材料面临的主要问题、液态金属冷却反应堆ATF和材料研发现状。第6章讲述液态金属冷却反应堆多尺度建模与仿真，简要阐述液态金属冷却反应堆多尺度耦合算法、多尺度方法开发和验证，并解释通过耦合各个工具在多尺度模拟方法中适合各种尺度的模拟工具的组合。第7章对液态金属冷却反应堆燃料和材料进行简要的总结。

参考文献

[1] 成松柏，王丽，张婷. 第四代核能系统与钠冷快堆概论[M]. 北京：国防工业出版社，2018.

[2] 成松柏，程辉，陈啸麟，等. 铅冷快堆液态铅合金技术基础[M]. 北京：清华大学出版社，2020.

[3] 成松柏，程辉，陈啸麟. 液态金属冷却反应堆热工水力与安全分析基础[M]. 北京：清华大学出版社，2022.

[4] 彭天骥，顾龙，王大伟，等. 中国加速器驱动嬗变研究装置次临界反应堆概念设计[J]. 原子能科学技术，2017，51(12)：2235-2241.

[5] 吴宜灿，柏云清，宋勇，等. 中国铅基研究反应堆概念设计研究[J]. 核科学与工程，2014，34(2)：201-208.

[6] 张东辉，杨洋，赵佳宁. 中国实验快堆的主要技术创新和工程经验[J]. 原子能科学技术，2020，54(S1)：194-198.

[7] 徐銤. 我国快堆技术发展的现状与前景[J]. 中国工程科学，2008，10(1)：70-76.

[8] 徐銤. 中国实验快堆的安全特性[J]. 核科学与工程，2011，31(2)：116-126.

[9] 徐銤. 快中子堆[J]. 现代物理知识，2018，30(4)：1-18.

[10] ALEMBERTI A，SMIRNOV V，SMITH C F，et al. Overview of lead-cooled fast reactor activities[J]. Progress in Nuclear Energy，2014，77：300-307.

[11] ARTIOLI C，GRASSO G，PETROVICH C. A new paradigm for core design aimed at the sustainability of nuclear energy：the solution of the extended equilibrium state [J]. Ann. Nucl. Energy，2010，37 (7)：915-922.

[12] VASILYEV B A，VASYAEV A V，GUSEV D V，et al. Current status of BN-1200M reactor plant design[J]. Nuclear Engineering and Design，2021，382：111384.

[13] BUONGIORNO J，TODREAS N E. Key features of an integrated Pb-Bi cooled reactor based on water/liquid-metal direct heat transfer[C]//Trans. of the 1999 ANS Winter Meeting，Long Beach (U. S. A.)，1999.

[14] BUONGIORNO J. Conceptual design of a lead-bismuth cooled fast rector with in-vessel direct-contact steam generation[D]. Cambridge：Massachusetts Institute of Technology，2001.

[15] CHANG Y I. Progress and status of the integral fast reactor (IFR) development program[C]//Proceedings of the American Power Conference 54，506，Chicago，IL，

13-14 April,1992.

[16] CHANG Y I. Technical rationale for metal fuel in fast reactor[J]. Nuclear Engineering and Technology,2007,39: 3.

[17] CHETAL S C, CHELLAPANDI P, PUTHIYAVINAYAGAM P, et al. Current status of fast reactors and future plans in India[J]. Energy Procedia,2011,7: 64-73.

[18] CHEUNG F B,TSAL B J,SOHN D Y,et al. Modeling of shutdown heat removal for an innovative reactor by natural circulation of air[C]//International Symposium on Natural Circulation, ASME Annual Meeting 92, 219 Boston, MA. 13-18 December,1987.

[19] CHOI S, HWANG I S,CHO J H,et al. URANUS: Korean lead-bismuth cooled small modular fast reactor activities[C]//ASME 2011 Small Modular Reactors Symposium,Washington,DC,USA,September 28-30,2011.

[20] CINOTTI L, LOCATELLI G,AIT ABDERRAHIM H,et al. The ELSY Project [C]//Proceeding of the International Conference on the Physics of Reactors (PHYSOR),Interlaken,Switzerland,14-19 September,2008.

[21] CINOTTI L, SMITH C F, SEKIMOTO H. Lead-cooled fast reactor (LFR) overview and perspectives[C]//Generation Ⅳ Intenational Forum Symposium, Paris,France,2009.

[22] DOE. National Energy Strategy,Powerful Ideas for America[R]. U. S Department of Energy,1991.

[23] DERHAM C J,KELLY J M,THOMAS A G. Non-linear natural rubber bearings for seismic isolation[J]. Nuclear Engineering and Design,1985,84: 417.

[24] DRAGUNOV Y G, TRETIYAKOV I T, LOPATKIN A V, et al. MBIR multipurpose fast reactor-innovative tool for the development of nuclear power technologies[J]. At. Energ. ,2012a,113: 24-28.

[25] FISTEDIS S. The experimental breeder reactor-Ⅱ inherent safety demonstration [J]. Nuclear Engineering and Design,1987,101: 1.

[26] GIF. A technology roadmap for generation Ⅳ nuclear energy systems[R]. GIF-002-00,GIF,USA,2002.

[27] GIF. Technology roadmap update for generation Ⅳ nuclear energy systems[R]. GIF,Paris,France,2014.

[28] GLUEKLER E L. U. S. Advanced Liquied Metal Reactor (ALMR)[J]. Progress in Nuclear Energy,1997,31: 43-61.

[29] GUZEK J E,STOVER R L,POLZIN D L,et al. Analysis of the natural convection air cooling tests in the FFTF interim decay storage vessel[C]//ASME Thermal Engineering doint Conference,Honolulu,HI,22-27 March,1987.

[30] HAHN D H. Status of the fast reactor technology development program in Korea [C]//Proceedings of the 40th Technical Working Group on Fast Reactors Meeting (TWG-FR '07),Tsuruga,Japan,May 2007.

[31] HAHN D H, KIM Y I, KIM Y G. KALIMER-600 conceptual design report[R]. Daejeon, Korea: Korea Atomic Energy Research Institute, 2007.

[32] HEINEMAN J, KRAIMER M, LORES P, et al. Experimental and analytical studies of a passive shutdown heat removal system for advanced LMRs[C]//International Topical Meeting on Safety of Next Generation Power Reactors, Seattle, WA, 1988.

[33] HUNSBEDT A, MAGEE P M. Design and performance of PRISM natural convection decay heat removal system[C]//Proceedings of the International Meeting on Safety of Next Generation Power Reactors, Seattle, WA, 1-5 May, 1988.

[34] IAEA. Fast reactor database 2006 update[R]. IAEA-TECDOC- 1531, 2006.

[35] IAEA. Status of fast reactor research and technology development [R]. Vienna, Austria: IAEA-Tecdoc 1631, IAEA, 2012.

[36] IAEA. Status of innovative fast reactor designs and concepts[R]. Vienna, Austria: IAEA, 2013.

[37] IZHUTOV A L, KRASHENINNIKOV Y M, ZHEMKOV I Y, et al. Prolongation of the BOR-60 reactor operation [J]. Nuclear Engineering and Design, 2015, 47: 253-259.

[38] KIM Y, LEE Y B, LEE C B, et al. Design concept of advanced sodium-cooled fast reactor and related R&D in Korea[J]. Sci. Tech. Nucl. Instal., 2013: 290362.

[39] KOROL'KOV A S, GADZHIEV G I, EFIMOV V N, et al. Experience in operating the BOR-60 reactor[J]. Atomic Energy, 2001, 91 (5): 907-912.

[40] KOTAKE S, SAKAMOTO Y, MIHARA T, et al. Development of advanced loop-type fast reactor in Japan[J]. Nucl. Technol., 2009, 170: 133-147.

[41] LAMBERT T, ESCLEINE J M, FONTAINE B, et al. Design and first operation of the MACARON irradiation experiment of sodium fast reactor absorber pins in the BOR-60 reactor[J]. Prog. Nucl. Energy, 2021, 135: 103676.

[42] LEE K L, HA K S, JEONG J H, et al. A preliminary safety analysis for the prototype Gen Ⅳ sodium-cooled fast reactor[J]. Nucl. Eng. Technol., 2016, 48(5): 1071-1082.

[43] MARTELLI A, MASONI P, DIPASQUALE G, et al. A proposal for guidelines for seismically isolated nuclear power plants[J]. Energia Nucleate, 1990, 7: 1.

[44] Ministry of Knowledge Economy Korea Power Exchange. The 5th basic plan for long term electricity supply and demand (2010-2024) [R]. Ministry of Knowledge Economy, 2010.

[45] OECD. Uranium resources, production and demand[R]. OECD Nuclear Energy Agency and the International Atomic Energy Agency, 1992.

[46] PIORO I. Handbook of generation Ⅳ nuclear reactors[M]. Woodhead Publishing Series in Energy. Woodhead Publishing, 2016.

[47] PL. Comprehensive National Energy Policy Act[M]. Washington, D. C: U. S. Congress, 1992: 102-486.

[48] QUINN J E, BOARDMAN C E. The advanced liquid metal reactor[C]//ANS/ASME Nuclear Energy Conference, San Diego, 23-26 August, 1992.

[49] QUINN J E. Design and safety features of the ALMR (PRISM)[C]//9th KAIF/KNSAnnual Conference, Seoul, Korea, 6-8 April, 1994.

[50] ROELOFS F. Thermal hydraulics aspects of liquid metal cooled nuclear reactors [M]. Woodhead Publishing Series in Energy. Woodhead Publishing, 2019.

[51] Sekimoto H, Nagata A. Fuel cycle for "CANDLE" reactors[C]//Proceedings of Workshop on Advanced Reactors with Innovative Fuels ARWIF-2008, Tsuruga/Fukui, 20-22 February 2008.

[52] SIENICKI J J, MOISSEYTSEV A, WADE D. Status of development of the small secure transportable autonomous reactor (SSTAR) for worldwide sustainable nuclear energy supply[C]//Proceedings of the International Congress on Advances in Nuclear Power Plants (ICAPP), Nice, France, 2007.

[53] SIENICKI J J, MOISSEYTSEV A, ALIBERTI G, et al. SUPERSTAR: an improved natural circulation, lead-cooled, small modular fast reactor for international deployment[C]//ICAPP 2011, France, 2011.

[54] SMITH C F, CINOTTI L. Lead-cooled fast reactor[M]//Handbook of Generation Ⅳ Nuclear Reactors [M]. Woodhead Publishing Series in Energy, Woodhead Publishing, 2016: 119-155.

[55] SONG H, KIM S J, JEONG H Y, et al. Design studies on a large-scale sodium-cooled tru burner[C]//Proceedings of the International Conference on Advances in Nuclear Power Plants (ICAPP '08), June 2008.

[56] STANSBURY C, SMITH M, FERRONI P, et al. Westinghouse lead fast reactor development: safety and economics can coexist [C]//ICAPP 2018, Unites States, 2018.

[57] TAJIRIAN F F, GLUEKLER E L, CHEN W P, et al. Qualification of high damping seismic isolation bearings for the ALMR[C]//IAEA Specialists' Meeting on Seismic Isolation, International Atomic Energy Agency Report IWG-98, 1992.

[58] TAKAHASHI M. LFR development in Japan [C]//Eleventh LFR Prov. SSC Meeting, Pisa, Italy, 16 April 2012.

[59] TAKAHASHI M, UCHIDA S, HATA K, et al. Pb-Bi-cooled direct contact boiling water small reactor[J]. Prog. Nucl. Energy, 2005, 47: 190-201.

[60] TAKAHASHI M, UCHIDA S, KASAHARA Y. Design study on reactor structure of Pb-Bi cooled direct contact boiling water fast reactor (PBWFR)[J]. Progress in Nuclear Energy, 2008a, 50: 197-205.

[61] TAKAHASHI M, UCHIDA S, YAMADA Y, et al. Safety design of Pb-Bi-cooled direct contact boiling water fast reactor (PBWFR)[J]. Progress in Nuclear Energy, 2008b, 50: 269-275.

[62] TOSHINSKY G I, KOMLEV O G, TORMYSHEV I V, et al. Effect of potential

energy stored in reactor facility coolant on NPP safety and economic parameters[J]. World Journal of Nuclear Science and Technology,2013,3 (2): 59-64.

[63] VASILYEVA B A, SHEPELEVA S F, ASHIRMETOVB M R, et al. BN-1200 reactor power unit design development [C]//International Conference on Fast Reactors and Related Fuel Cycles: Safe Technologies and Sustainable Scenarios (FR13),Paris,France,2013.

[64] WALDO J B, PADILLO A, NGUYEN D H, et al. Application of the GEM shutdown device to the FFTF reactor[J]. Transactions of the American Nuclear Society,1986,53: 312.

[65] WU Y,BAI Y,SONG Y, et al. Overview of lead based reactor design and R&D status in China[C]//Proceedings of the International Conference on Fast Reactors and Related Fuel Cycles: Safe Technologies and Sustainable Scenarios (FR13), Paris,France 2013.

[66] ZRODNIKOV A V,TOSHINSKY G I,KOMLEV O G,et al. SVBR-100 module-type reactor of the Ⅳ generation for regional power industry[C]//International Conference on Fast Reactors and Related Fuel Cycles: Challenges and Opportunities, Kyoto,Japan,December 7,2009.

第 2 章　液态金属冷却反应堆系统

2.1　液态金属冷却反应堆的热工水力特性

反应堆热工水力特性是指功率循环、堆芯设计和燃料组件设计。

2.1.1　功率循环

在核电站中，一次侧冷却剂通过反应堆堆芯循环获取能量，最终通过发电机转化为电能。根据不同反应堆的设计，发电机可以直接由一次侧冷却剂或由已从一次侧冷却剂接收到热量的二次侧冷却剂驱动。核电站中冷却剂系统的量等于一个一回路系统和一个或多个二次侧系统中冷却剂量的总和。

液态金属快增殖反应堆（LMFBR）一回路系统可分为回路和池式两种布置方式。LMFBR 系统中的 SFR 采用三级冷却剂系统：主回路钠冷却剂系统、中间钠冷却剂系统和蒸汽-水、汽轮机-冷凝器冷却剂系统（图 2-1）。采用三个冷却剂系统，是为了将一回路中含放射性的钠冷却剂与通过汽轮机、冷凝器和相关的常规装置部件循环的蒸汽-水等冷却剂隔离。

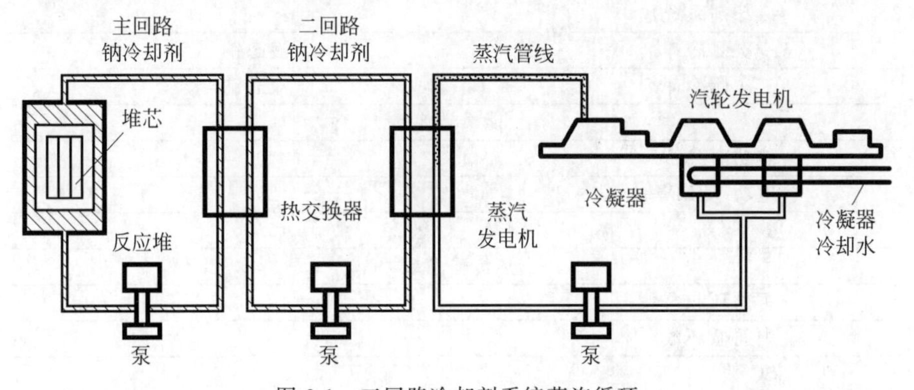

图 2-1　三回路冷却剂系统蒸汽循环

超凤凰反应堆中一回路系统钠流动路径如图 2-2 所示，其热力循环的典型特征详见表 2-1。冷却剂向上通过反应堆堆芯进入主容器的上部钠池。钠池中的冷却剂由于重力经 IHX 向下流动，并排放到位于主容器下部外围的低压环形静压室中。垂直定向的主泵从这个低压静压室中抽取冷却剂,并将其排放至堆芯进口静压室。

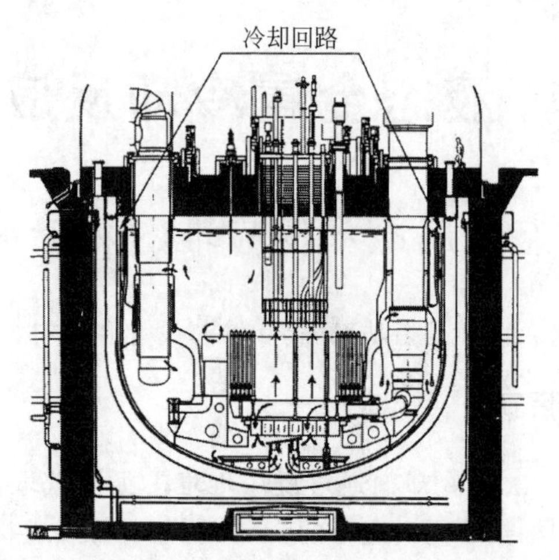

图 2-2　超凤凰反应堆中的一回路系统钠流动路径

表 2-1　超凤凰反应堆热力循环的典型特征

特　　点	LMFBR
参考设计	
制造商	Novatome
反应堆名称	Superphenix
蒸汽循环	
冷却剂系统数	3
一次侧冷却剂	液态钠
二次侧冷却剂	液态钠/水
能量转换	
热功率/MW	3000
电功率/MW	1200
效率/%	40.0
热传输系统	
主循环和泵数	4
中间循环数	8
SG 数	8
SG 类型	螺旋管
热工水力	
一次侧冷却剂	钠
压力/MPa	约 0.1

续表

特　　点	LMFBR
入口温度/℃	395
平均出口温度/℃	545
堆芯流量/(Mg/s)	16.4
质量/kg	3.20×10^{6}
二次侧冷却剂	钠/水
压力/MPa	约 0.1/17.7
入口温度/℃	345/235
出口温度/℃	525/487

2.1.2　反应堆堆芯与燃料组件

反应堆堆芯由圆柱形燃料棒组成,其周围是沿着燃料棒长度方向流动的冷却剂。与轻水堆一样,LMFBR 中不同数量的燃料棒组成燃料组件,用于各种应用。LMFBR 燃料组件的典型特征见表 2-2。LMFBR 无慢化剂,通过紧凑的六角形燃料组件实现高功率密度。LMFBR 燃料组件用螺旋金属丝缠绕燃料棒,以实现紧密的栅距(棒间距),获得比用网格式格架还要低的压降。这种绕丝缠绕的方式具有双重功能: 固定燃料棒; 促进燃料棒束内冷却剂混合。然而,仍然有一些 LMFBR 组件使用格架。

表 2-2　LMFBR 燃料组件的典型特征

特　　点	LMFBR
参考设计	
制造商	Novatome
反应堆名称	Superphenix
慢化剂	无
中子能量	快
燃料生产	增殖堆
燃料	
芯块	
几何	环状芯块
尺寸/mm	7.0D
化学成分	PuO_2/UO_2
裂变(wt.%,第一堆芯平均)	15～18 ^{239}Pu
增殖	耗尽的 U

续表

特　点	LMFBR
棒	
几何	圆柱
尺寸/mm	8.65D×2.7mH(C) 15.8D×1.95mH(BR)
包壳材料	不锈钢
包壳厚度/mm	0.7
组件	
几何	六角形阵列
棒距/mm	9.7(C)/17.0(BR)
棒数	271(C)/91(BR)
外部尺寸/mm	173

注：D 为直径，H 为高度，C 为堆芯，BR 为径向转换区组件。

LMFBR 燃料组件为六角形阵列。图 2-3 显示了一种用于 SFR 燃料组件的典型六角形阵列。一个典型的燃料组件大约有 271 根燃料棒。然而，7～331 根燃料棒的阵列已经用于燃料、包壳层和吸收棒材料的辐照和堆外模拟实验。绕丝完成 360°螺旋的轴向距离称为绕丝螺距。表 2-3 中列出了各种尺寸的六角形燃料组件的子通道的数量。

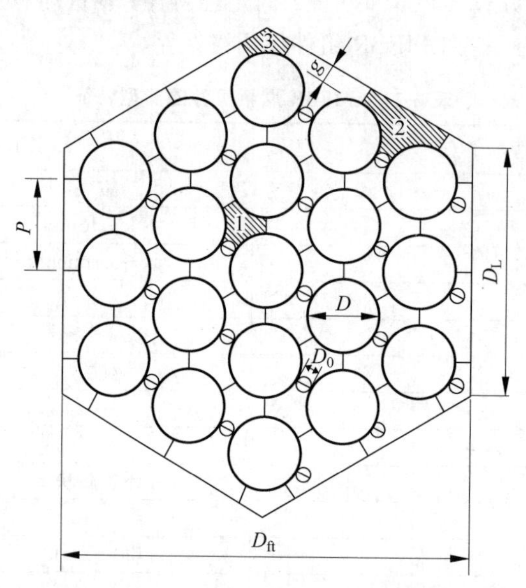

子通道名称：1-内通道；2-边通道；3-角通道。

图 2-3　LMFBR 的典型六角形阵列燃料组件

本例中的 N=19(注：绕丝的横截面应为椭圆形)

表 2-3　六角形燃料组件的子通道

棒环	N_p 总棒数	N_{ps} 沿一侧的棒	N_1 内通道数	N_2 边通道数	N_3 角通道数
1	7	2	6	6	6
2	19	3	24	12	6
3	37	4	54	18	6
4	61	5	96	24	6
5	91	6	150	30	6
6	127	7	216	36	6
7	169	8	294	42	6
8	217	9	384	48	6
9	271	10	486	54	6
N_{rings}	$\sum_{n=1}^{N_{rings}} 6n$	$N_{rings}+1$	$6N_{rings}^2$	$6N_{rings}$	6

表 2-4 和表 2-5 分别总结了计算 LMFBR 燃料组件的子通道面积(A_{fi})和湿周(P_{wi})以及整体尺寸的公式。

表 2-4　六角形燃料组件子通道面积和湿周计算公式

	$i=1$ 内通道（图中标注：D_S）	$i=2$ 边通道（图中标注：D_S，g）	$i=3$ 角通道（图中标注：g）
A_{fi}（无绕丝的流动区域）	$\frac{1}{2}P\left(\frac{\sqrt{3}}{2}P\right)-\frac{\pi D^2}{8}$ $=\frac{\sqrt{3}}{4}P^2-\frac{\pi D^2}{8}$	$P\left(\frac{D}{2}+8\right)-\frac{\pi D^2}{8}$	$\frac{1}{\sqrt{3}}\left(\frac{D}{2}+g\right)^2-\frac{\pi D^2}{24}$
A_{fi}（有绕丝的流动区域）	$A_{f1}-\left(\frac{3}{6}\right)\frac{\pi}{4}D_s^2$ $=A_{f1}-\frac{\pi D_s^2}{8}$	$A_{f2}-\left(\frac{2}{4}\right)\frac{\pi D_s^2}{4}$	$A_{f3}-\left(\frac{1}{6}\right)\frac{\pi}{4}D_s^2$
P_{wi}（有绕丝的流动区域）	$\frac{\pi D}{2}+\frac{\pi D_s}{2}$	$\frac{\pi D}{2}+P+\frac{\pi D_s}{2}$	$\frac{\pi}{6}(D+D_s)+$ $\frac{2}{\sqrt{3}}\left(\frac{D}{2}+g\right)$

表 2-5　六角形燃料组件整体尺寸参数计算公式

参　　数	计 算 公 式
1. 六角形内总面积(A_{hT})	$A_{hT}=D_{ft}D_e+2\left(\frac{1}{2}\right)D_{ft}D_e\sin30=\frac{\sqrt{3}}{2}D_{ft}^2$ $D_e=\frac{D_{ft}}{2}\frac{1}{\cos30}=\frac{\sqrt{3}}{3}D_{ft}$ $D_e=(N_{ps}-1)(D+D_s)+\frac{2\sqrt{3}}{3}\left(\frac{D}{2}+g\right)$ $D_{ft}=2\lfloor(\sqrt{3}/2)N_{rings}(D+D_s)+D/2+g\rfloor$
2. 流道的总横截面面积(A_{fT})	$A_{fT}=A_{hT}-N_p\frac{\pi}{4}(D+D_s^2)$ $A_{fT}=A_{hT}-N_p\frac{\pi}{4}(D^2+D_s^2)$
3. 总湿周(P_{wT})	$P_{wT}=6D_e+N_p\pi D+N_p\pi D_s=2\sqrt{3}D_{ft}+N_p\pi(D+D_s)$
4. 六角形燃料组件的水力直径(D_{eT})	$D_{eT}=\frac{2\sqrt{3}D_{ft}^2+N_p\pi(D^2+D_s^2)}{2\sqrt{3}D_{ft}+N_p\pi(D+D_s)}$

式中，D_e 为六角形边长；D_{ft} 为六角形对边的距离；D 为棒直径；D_s 为绕丝直径；g 为最外层燃料棒到外套管的距离；N_p 为棒数；N_{ps} 为沿六角形一边的棒的数量；N_{rings} 为环数。

2.2　液态金属冷却反应堆能量产生与输送

2.2.1　反应堆内的释热

1. 堆内热源

核燃料裂变时释放的能量可以分为三类，见表 2-6。第一类是在裂变的瞬间释放的，包括裂变碎片动能、裂变中子动能和瞬发 γ 射线。从表中数据可以看出，绝大部分的能量集中在裂变碎片动能。第二类是指在裂变后发生的各种过程中释放的能量，主要由裂变产物的衰变产生。第三类是活性区内的燃料、结构材料和冷却剂吸收过剩中子产生的(n,γ)反应而放出的能量。其中，第二类能量在停堆后很长一段时间内仍继续释放，因此必须考虑停堆后对元件进行长期的冷却，且乏燃料的发热情况也必须给予足够重视。

表 2-6　核燃料裂变时释放的能量

类型	来源	能量/MeV	射程	释热位置
裂变瞬发	裂变碎片动能	168	极短，<0.025 mm	在燃料元件内
	裂变中子动能	5	中	大部分在慢化剂内
	瞬发 γ 射线能量	7	长	堆内各处
裂变缓发	裂变产物衰变 β 射线	7	短，<10 mm	大部分在燃料元件内，小部分在慢化剂内
	裂变产物衰变 γ 射线	6	长	堆内各处
过剩中子引起(n,γ)反应	过剩中子引起的非裂变反应加上(n,γ)反应产物的 β 衰变和 γ 衰变	约 7	有短有长	堆内各处
总计		约 200		

裂变碎片的射程最短，因此可以认为裂变碎片动能都是在燃料芯块内以热能的形式释放的。裂变产物的 β 射线的射程也很短，在铀芯块内只有几毫米，其能量大部分也是在燃料芯块内释放的。因此，裂变能绝大部分在燃料元件内转换为热能，通常快堆燃料元件内热量转换率是 96%。

不同核素所释放出来的裂变能量是有差异的，一般取 $E_f=200$ MeV。表 2-7 列出了不同核素的裂变时的裂变能。

表 2-7　不同核素裂变时的裂变能

核素	E_f/MeV	核素	E_f/MeV
^{232}Th	196.2±1.1	^{238}U	208.5±1.1
^{233}U	199.0±1.1	^{239}Pu	210.7±1.2
^{235}U	201.7±0.6	^{241}Pu	213.8±1.0

堆内热源及其分布还与时间有关，新装料、正常运行和停堆后都不相同。裂变率和核子密度是与堆内释热计算相关的两个基本概念。其中，裂变率 R 指在单位时间(1 s)、单位体积(1 cm^3)燃料内发生的裂变次数；核子密度是指单位体积内的原子核数。

堆芯体积释热率 q_V 是指单位时间、单位体积内释放的热能的度量，也称为功率密度。体积释热率是指已经转化为热能的能量，并不是在该体积单元内释放出的全部能量，因为有些能量(例如 β 射线能)会在别的地方转化为热能，甚至有的能量根本无法转化为热能加以利用。

均匀化后堆芯内的体积释热率 q_V 为

$$q_V = F_a E_f R = F_a E_f N_5 \sigma_f \overline{\varphi} \tag{2-1}$$

式中，q_V 为体积释热率，MeV/(cm^3 · s)；E_f 为每次裂变释热总能量，MeV；F_a 为堆芯释热量占堆总释热量的份额，工程上热堆通常取 97.4%，快堆取 96%；N_5 为^{235}U 核子密度，1/cm^3；σ_f 为微观裂变截面，cm^2；$\overline{\varphi}$ 为堆芯平均中子注量率，1/(cm^2 · s^{-1})。

这样，根据体积释热率，就可以得到堆芯的总热功率，即

$$P_c = 1.6021 \times 10^{-10} F_a E_f N_5 \sigma_f \overline{\varphi} V_c \tag{2-2}$$

式中，P_c 为堆芯总热功率，kW；V_c 为堆芯体积，m^3。

由于屏蔽层、各种结构件和冷却剂内等处的释热也是反应堆总功率的一部分，因此反应堆总热功率为

$$P_t = \frac{P_c}{F_a} = 1.6021 \times 10^{-10} E_f N_5 \sigma_f \overline{\varphi} V_c \tag{2-3}$$

式中，P_t 的单位为 kW。

堆芯内释热率的分布随着燃耗寿期而改变。在对堆芯作详细的热工分析计算时，堆芯释热率分布随寿期的变化应由反应堆物理计算给出，这里只讨论最简单的均匀裸堆的释热率的分布。

对于均匀裸堆，由于燃料在堆芯内均匀分布，可以认为 N_5 和 σ_f 是常数。由式(2-1)可知，堆芯内的体积释热率的分布只取决于中子注量率 φ 的分布。

目前绝大部分反应堆都采用圆柱形堆芯，对于圆柱形堆芯的均匀裸堆，热中子注量率分布在高度 z 方向上为余弦分布，半径 r 方向上为零阶贝塞尔函数分布，即有

$$\varphi(r,z) = \varphi_0 \mathrm{J}_0\left(\frac{2.405r}{R_e}\right)\cos\left(\frac{\pi z}{L_e}\right) \tag{2-4}$$

式中，$\varphi_0 = \varphi(0,0)$，为堆芯几何中心的热中子注量率，1/(cm^2 · s^{-1})；J_0 为零阶贝塞尔函数；R_e 为堆芯外推半径；L_e 为堆芯外推高度。

由此得到均匀裸堆的释热率分布为

$$q_V(r,z) = q_{V,\max} \mathrm{J}_0\left(\frac{2.405r}{R_e}\right)\cos\left(\frac{\pi z}{L_e}\right) \tag{2-5}$$

式中，$q_{V,\max}$ 为堆芯中心的最大体积释热率；$q_{V,\max} = 1.6021 \times 10^{-7} E_f N_5 \sigma_f \varphi(0,0)$，W/m^3。

需要注意的是，由此得到的是把全堆芯均匀化之后的结果，若考虑元件棒的不均匀分布，以及裂变能在不同的地方被不同材料吸收，那么对于单根

燃料元件和非均匀堆芯释热计算仍然需要进一步的分析。

实际的反应堆燃料元件在不同区的富集度是不同的，而且由于堆芯内有冷却剂和结构材料的存在，燃料更不可能均匀分布。此外，为了更有效地利用中子，所有堆都是有反射层的，因此实际上的均匀裸堆是不存在的。

2. 堆内结构部件和压力容器的释热

燃料包壳、定位格架、控制棒导向管以及燃料组件骨架（或者元件盒）等堆芯结构材料内的释热，几乎都是由堆内的 γ 射线引起的。在估算堆芯构件内 γ 射线的释热时，因堆芯内燃料包壳等结构比较薄，可以忽略 γ 射线在燃料和包壳内的衰减。计算时可以使用堆内未经吸收的总 γ 射线作为能源，并利用 γ 射线平均释热率的概念。每次裂变时总 γ 射线能占可回收能量的10.5%，如果结构材料对 γ 射线的吸收正比于材料的密度，则堆芯某处结构材料的 γ 射线体积释热率可以近似表示为

$$q_{V,r}(r,z)=0.105q_V(r,z)\frac{\rho}{\rho_{av}} \tag{2-6}$$

式中，$q_{V,r}(r,z)$ 为在堆芯 (r,z) 处结构材料因吸收 γ 射线而引起的体积释热率；$q_V(r,z)$ 为在均匀化处理后堆芯位置 (r,z) 上的体积释热率；ρ 为某结构材料的密度；ρ_{av} 为堆芯材料的平均密度。

在反应堆的压力容器、反射层、热屏蔽和控制棒中产生的热量，主要是由构成这些部件的材料吸收 γ 射线而产生的。照射在部件上的 γ 射线能量，并非全部吸收。因此，要研究在部件中产生的热量，则应该从 γ 射线的能量释放和 γ 射线的能量吸收两个方面着手。

1) γ 射线的来源和能量

γ 射线的来源有三个，即裂变时瞬发的 γ 射线、裂变产物衰变时放出的 γ 射线和中子俘获产物放出的 γ 射线。要计算 γ 射线能量有多少被部件吸收，需要先计算出 γ 射线的总能量以及 γ 光子的能级，因为材料吸收 γ 射线能量份额与 γ 光子的能级有关。

(1)裂变时瞬发的 γ 射线能量。对于 ^{235}U 燃料，每发生一次裂变放出的瞬发 γ 射线能量平均为 5 MeV，反应堆每产生 1 kW 能量大约需要每秒发生 3.1×10^{13} 次裂变（每次裂变放出能量约为 200 MeV）。若反应堆功率为 P_t，则整个反应堆在裂变时瞬发 γ 射线的总能量为

$$E_{\gamma1}=5\times3.1\times10^{13}P_t \tag{2-7}$$

(2) 裂变产物衰变时放出的 γ 射线能量。每次裂变的裂变产物在衰变时约放出 6 MeV 的 γ 射线能量，所以这个反应堆的裂变产物放出的 γ 射线能

量为

$$E_{\gamma 2}=6\times 3.1\times 10^{13}P_{t} \tag{2-8}$$

(3) 中子俘获产物放出的 γ 射线能量。假如堆芯中共有 I 类材料，且已知某材料 i 在每次裂变时俘获中子的数目为 n，每俘获一个中子后放出的 γ 射线能量为 $E_{\gamma,i}$，则中子俘获产物放出的 γ 射线能量为

$$E_{\gamma 3}=4.96\times 10^{-3}P_{t}\sum_{i=1}^{I}(E_{\gamma,i}\cdot n_{i}) \tag{2-9}$$

因此，反应堆放出的全部 γ 射线能量为

$$E_{\gamma}=E_{\gamma 1}+E_{\gamma 2}+E_{\gamma 3} \tag{2-10}$$

2) 部件吸收的 γ 射线能量

γ 射线照射在压力容器等部件上，只有部分被吸收，其余部分或是被穿透或是被反射，压力壳、热屏蔽层和反射层的圆筒部分对 γ 射线能量的吸收可以近似按平板处理。假设在平板的一侧放置一个单能的 γ 射线源，源强为 I_0。射线进入平板，经历了距离 x 后，强度变为 $I(x)$。当初级辐射与物质作用时，可以产生各种强度的次级辐射，考虑存在各种源强的 γ 射线后，一般表达式为

$$I(x)=(1+B)I_{0}\mu_{\gamma}\exp(-\mu_{\gamma}x) \tag{2-11}$$

式中，B 为经验积累因子，它的计算可以参考有关屏蔽计算的文献；μ_{γ} 为材料的能量吸收系数。

γ 射线在 x 处 $\mathrm{d}x$ 距离内的衰减部分 $\mathrm{d}I(x)$ 全部转化为热能，因此在 x 处，γ 射线引起的体积释热率为

$$q_{V,s}(x)=-\frac{\mathrm{d}I(x)}{\mathrm{d}x}=(1+B)I_{0}\mu_{\gamma}\exp(-\mu_{\gamma}x) \tag{2-12}$$

或

$$q_{V,s}(x)=1.6\times 10^{-10}(1+B)I_{0}\mu_{\gamma}\exp(-\mu_{\gamma}x) \tag{2-13}$$

材料对单能 γ 光子的吸收主要由三个过程来完成：光电吸收、康普顿散射和生成正负电子对。能量吸收系数 μ_{γ} 是这三种能量吸收系数的总和，是光子能量的函数。

若 γ 射线是由几种能量不同的光子组成，则材料的体积释热率应该等于根据各个单能光子计算的释热率的总和，即

$$q_{V,s}(x)=1.6\times 10^{-10}\sum_{i}(1+B)I_{0}\mu_{\gamma}\exp(-\mu_{\gamma}x) \tag{2-14}$$

从公式中可以看出，在压力壳、反射层和热屏蔽等堆内部件中热源的强度可以粗略地认为是按照指数衰减的规律分布的。

3. 停堆后的释热

在反应堆停堆后，由于缓发中子在一段时间内还会引起裂变，而且裂变产物和辐射俘获产物还会在很长的时间内衰变，因而堆芯仍有一定的释热率，这种现象称为停堆后的释热，与此相应的功率称为剩余功率。

一般而言，反应堆停堆后的剩余功率主要由以下三部分组成。

1）中子引起的剩余功率

在停堆后非常短的时间（小于 10^{-1} s）内，剩余中子功率主要是瞬发中子引起裂变的作用。在这种情况下，若设控制棒下插前中子注量率为 $\varphi(0)$，在时间 t 之后中子注量率为 $\varphi(t)$，则有

$$\varphi(t)=\varphi(0)\exp\left[\frac{(k_{\text{有效}}-1)t}{l}\right] \tag{2-15}$$

式中，l 为瞬发中子的平均寿命，量级为 10^{-3} s。

根据 $\varphi(t)$ 可以计算释热率 q_V。

当停堆后的时间较长时，必须考虑各组缓发中子对剩余中子功率的影响。对于较小的反应性变化，可以近似地用单群来表示所有的缓发中子，即取单群衰变常数 λ 等于 6 群缓发中子衰变常数的权重平均值：

$$\lambda=\left(\sum_{i=1}^{6}\frac{\beta_i}{\lambda_i}\right)^{-1} \tag{2-16}$$

在这种情况下，可以采用下式计算中子注量率：

$$\varphi(t)=\varphi(0)\left\{\frac{\beta}{\beta-\rho}\exp\frac{\lambda\rho t}{\beta-\rho}-\frac{\rho}{\beta-\rho}\exp\left[-\frac{(\beta-\rho)t}{l}\right]\right\} \tag{2-17}$$

式中，β 为缓发中子的总份额；β_i 为第 i 群缓发中子的份额；λ_i 为第 i 群缓发中子的衰变常数；λ 为 6 群缓发中子权重平均衰变常数；ρ 为反应性，包括控制棒插入引入的反应性和反馈反应性；t 为时间；l 为瞬发中子的平均寿命。

式(2-17)只有在 $\beta-\rho$ 为正时才是可用的。从式中可以看出，因为 l 的量级为 10^{-3} s，λ 近似为 0.08 s^{-1}，在停堆时，瞬发中子引起的中子注量率变化部分，即式中右边第二项，随时间下降得比第一项快。所以，在停堆较长时间后，堆功率的大小主要由第一项即缓发中子决定。

若时间较长且反应性变化比较大，则要分别考虑 6 群缓发中子的作用。若负反应性大于 β，则堆功率下降的速度将由最慢一群缓发中子的寿命来决定，在此情况下，反应堆功率稳定下降的周期约为 80 s。

2）裂变产物衰变热

随着剩余裂变功率的逐渐下降，裂变产物的放射性衰变热便成为剩余功率的主要部分。一般而言，裂变产物的衰变功率与停堆前裂变产物的总产额以及这些产物在反应堆停堆后的衰变程度有关。前者取决于堆的初始功率 P_0 并与此功率下的运行时间 t_0 有关。

目前所采用的计算衰变热的方法可以分为两大类。一类是根据裂变产物的种类及其放出的射线能开发的计算程序来计算衰变热，这类方法的计算结果与实际测量值比较符合。另一类方法是把所有裂变产物看成一个整体，根据实测的结果整理成简单的经验公式。

3）中子俘获产物的衰变热

在低浓缩铀热堆中，燃料内含有大量的 ^{238}U，其中子俘获产物 ^{239}U 和 ^{239}Np 具有放射性。衰变热可以分别用以下两式计算

$$\frac{P_U(t)}{P_0}=2.28\times10^{-3}C\left(\frac{\bar{\sigma}_a}{\bar{\sigma}_f}\right)[1-\exp(-4.91\times10^{-4}t_0)]\times\exp(-4.91\times10^{-4}t) \tag{2-18}$$

$$\frac{P_{Np}(t)}{P_0}=2.17\times10^{-3}C\left(\frac{\bar{\sigma}_a}{\bar{\sigma}_f}\right)\{[1-\exp(-3.41\times10^{-6}t_0)]\times\exp(-3.41\times10^{-6}t)-7.0\times10^{-3}[1-\exp(-4.91\times10^{-4}t_0)]\times\exp(-4.91\times10^{-4}t)\} \tag{2-19}$$

式中，$\bar{\sigma}_f$ 为 ^{235}U 的平均裂变截面；$\bar{\sigma}_a$ 为 ^{235}U 的平均吸收截面。

需要说明的是，在停堆后的极短时间内（0.1 s）瞬发中子引发的裂变功率是剩余功率的主要贡献；在停堆后 1～30 s 内缓发中子引起的裂变功率是剩余功率的主要贡献；停堆 1 min 以后裂变产物和俘获产物的衰变功率是剩余功率的主要贡献，该衰变功率随时间近似按指数规律衰减。

此外，控制棒材料的俘获产物也会产生衰变热，但其值与使用的材料性质有关，例如银-铟-镉的衰变热比硼-不锈钢的大，但是比上述 ^{238}U 俘获产物的衰变热小得多。堆内结构材料的俘获衰变热就更小了，因此，在计算剩余功率时可以不予考虑。

从以上分析可以看出，反应堆在刚停堆时，还有较大的剩余功率，如果不能及时将余热排出，会发生严重的事故。因此，停堆后的冷却是非常重要的。在动力堆中，对于停堆后的冷却一般采用多种措施，将反应堆堆芯的余热及时排出，以确保反应堆的安全。这些措施包括：通过主冷却系统排出余热；增加主循环泵的转动惯量；依靠自然循环来冷却堆芯。

2.2.2　反应堆内的传热

1. 反应堆内热量的传输过程

将反应堆堆芯内燃料芯块释放的热量传输到反应堆外，依次要经过燃料元件的导热、包壳外表面与冷却剂之间的对流换热和冷却剂的输热三个过程。

1）燃料元件的导热

燃料元件的导热是指燃料芯块内核反应所产生的热量通过燃料元件内部的热传导（包括燃料、间隙和包壳的热传导）传到燃料元件包壳外表面的过程（图2-4）。它是有内热源（在燃料芯块内）和无内热源（间隙和包壳内）的导热问题的集合，遵守傅里叶定律。通过对固体内的导热微分方程进行积分变换可得

$$T(r)=\frac{q_V}{4k}(R_u^2-r^2)+T_u \tag{2-20}$$

式中，$T(r)$为燃料元件内温度分布；k为燃料热导率；R_u为燃料芯块半径；T_u为芯块的表面温度。

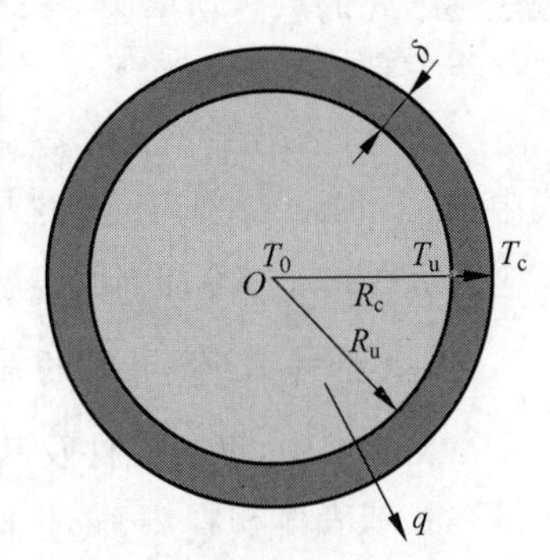

图2-4　棒状燃料元件包壳和间隙尺寸示意图

对于燃料元件芯块外面的包壳，类似于平板，可以不考虑包壳内的发热。因此，包壳内是无内热源的一维环形构件导热问题。经过推导计算可得包壳外表面温度T_c为

$$T_c=T_u-\frac{q_1}{2\pi k_c}\ln\frac{R_c}{R_u} \tag{2-21}$$

式中，k_c为包壳的热导率，由于包壳导热性能良好，k_c通常取包壳平均温度值；q_1为芯块的线功率密度；R_c为燃料包壳半径。由此可知，包壳的温度分布不是线性分布，而是对数分布。

2）包壳外表面与冷却剂之间的传热

包壳外表面与冷却剂之间的传热是指通过单相对流或者沸腾、热辐射等传热模式把热量从包壳外表面传递到冷却剂的过程。在快堆中，主要的传热过程是单相对流换热。

在该过程中，除了存在流体的导热之外，主要是由流体位移所产生的对流换热。此外，流体的物理性质和流道几何也对单相对流换热有重要的影响。单相对流换热可分为强迫对流换热以及自然对流、层流和湍流传热。通

常用牛顿冷却定律来描述单相对流换热：

$$q=h(T_c-T_f) \tag{2-22}$$

式中，q 为热流密度；T_c 为包壳的外表面温度；T_f 为流通截面上冷却剂的主流温度；h 为对流换热系数。

3）冷却剂的输热

冷却剂的输热是指冷却剂流过堆芯时，把燃料元件传给冷却剂的热量以热焓的形式输出反应堆外的过程，它由冷却剂的热能守恒方程来描述。如果输送到堆外的总热功率为 P_t，所需的冷却剂的流量为 m，则冷却剂满足下列热平衡方程：

$$P_t=m(h_{out}-h_{in})=m\bar{c}_p(T_{f,out}-T_{f,in}) \tag{2-23}$$

式中，h_{out} 和 h_{in} 分别为反应堆出口和入口冷却剂的比焓；$T_{f,out}$ 和 $T_{f,in}$ 分别为反应堆出口和入口冷却剂的温度；$\bar{c}_p$ 为反应堆冷却剂的平均比定压热容。

2. 燃料棒及冷却剂的轴向温度分布

在反应堆中，燃料元件及其冷却剂的轴向温度分布取决于元件内的中子注量率 ϕ 或者体积释热率 q_V 的分布。然而，由于存在核和工程方面的各种因素的影响，堆芯和元件内的 ϕ 或者 q_V 沿轴向的分布是非常复杂的，所以在进行分析之前，需作简单的处理，并做出如下假设。

(1) 在快堆的燃料组件中的冷却剂流动都是闭式通道流动，不考虑各元件间的横向搅混。

(2) 所讨论的堆芯为一个无干扰的圆柱形堆芯，即堆芯及燃料元件内的中子注量率 ϕ 或者体积释热率 q_V 沿轴向为余弦分布，如图 2-5 所示。图中，堆芯高度为 L，堆芯的外推高度为 L_e，在坐标原点（$z=0$）处，每根燃料元件对应其原点处有最大的中子注量率和体积释热率，在 $z=\pm L_e/2$ 降为零，即

$$\varphi(r,z)=\varphi(r,0)\cos\frac{\pi z}{L_e} \tag{2-24}$$

$$q_V(r,z)=q_V(r,0)\cos\frac{\pi z}{L_e} \tag{2-25}$$

(3) 燃料、包壳材料和冷却剂热物性及对流传热系数沿冷却剂通道长度方向均为常数，并与 z 无关。

(4) 忽略燃料芯块元件轴向温度分布变化和轴向分布导热。

由此可得，温度的分布有如下性质。

1）燃料芯体温度的轴向分布

(1) 燃料元件芯体中心温度 T_0 的轴向分布。在燃料元件高度上可任取

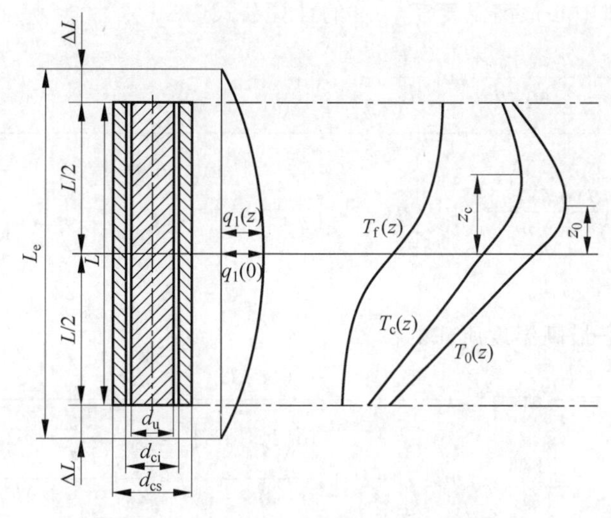

图 2-5　燃料元件及其冷却剂的轴向温度分布

微元段 dz，稳态时 dz 段燃料内的释热率经燃料芯块和包壳导出并传给周围冷却剂，其轴向任一点的传热方程为

$$Q(z)=q_{\mathrm{V,C}}A_{\mathrm{u}}\cos\frac{\pi z}{L_0}=\frac{T_0(z)-T_{\mathrm{f}}(z)}{\dfrac{1}{4\pi k_{\mathrm{u}}}+\dfrac{\ln\left(1+\dfrac{\delta_{\mathrm{c}}}{r_{\mathrm{u}}}\right)}{2\pi k_{\mathrm{c}}}+\dfrac{1}{2\pi(r_{\mathrm{u}}+\delta_{\mathrm{c}})h_{\mathrm{f}}}} \tag{2-26}$$

经简化后有

$$T_0(z)-T_{\mathrm{f}}(z)=\left[\frac{1}{4\pi k_{\mathrm{u}}}+\frac{\ln\left(1+\dfrac{\delta_{\mathrm{c}}}{r_{\mathrm{u}}}\right)}{2\pi k_{\mathrm{c}}}+\frac{1}{2\pi(r_{\mathrm{u}}+\delta_{\mathrm{c}})h_{\mathrm{f}}}\right]q_{\mathrm{V,C}}A_{\mathrm{u}}\cos\frac{\pi z}{L_0} \tag{2-27}$$

式中，$T_0(z)$为 z 处的冷却剂的温度。

从式(2-27)可以看出，温差 $T_0(z)-T_{\mathrm{f}}(z)$是 z 的余弦函数，燃料元件任意点的中心温度 $T_0(z)$等于对应点冷却剂的温度 $T_{\mathrm{f}}(z)$加上温差 $T_0(z)-T_{\mathrm{f}}(z)$，则

$$T_0(z)=T_{\mathrm{in}}+\frac{q_{\mathrm{V,C}}A_{\mathrm{u}}L_0}{\pi c_p m}\left(\sin\frac{\pi z}{L_0}+\sin\frac{\pi L}{2L_0}\right)\times \left[\frac{1}{4\pi k_{\mathrm{u}}}+\frac{\ln\left(1+\dfrac{\delta_{\mathrm{c}}}{r_{\mathrm{u}}}\right)}{2\pi k_{\mathrm{c}}}+\frac{1}{2\pi(r_{\mathrm{u}}+\delta_{\mathrm{c}})h_{\mathrm{f}}}\right]q_{\mathrm{V,C}}A_{\mathrm{u}}\cos\frac{\pi z}{L_0} \tag{2-28}$$

(2) 燃料中心最高温度 $T_{0,\max}$ 的计算公式为

$$T_{0,\max}=T_{\text{in}}+\frac{q_{\text{V,C}}A_{\text{u}}L_0}{\pi c_p m}\sin\frac{\pi L}{2L_0}+$$

$$\sqrt{\left(\frac{q_{\text{V,C}}A_{\text{u}}L_0}{\pi c_p m}\right)^2+\left\{q_{\text{V,C}}A_{\text{u}}\left[\frac{1}{4\pi k_{\text{u}}}+\frac{\ln\left(1+\frac{\delta_{\text{c}}}{r_{\text{u}}}\right)}{2\pi k_{\text{c}}}+\frac{1}{2\pi(r_{\text{u}}+\delta_{\text{c}})h_{\text{f}}}\right]\right\}^2} \tag{2-29}$$

燃料中心最高温度所在的位置 z_0 为

$$z_0=\frac{L_0}{\pi}\arctan\frac{L_0}{mc_p\left[\frac{1}{4k_{\text{u}}}+\frac{\ln\left(1+\frac{\delta_{\text{c}}}{r_{\text{u}}}\right)}{2k_{\text{c}}}+\frac{1}{2(r_{\text{u}}+\delta_{\text{c}})h_{\text{f}}}\right]} \tag{2-30}$$

2) 包壳表面温度的轴向分布

同样,根据热量平衡关系,燃料元件微元段 dz 所释放出的热量等于 dz 段包壳表面传给冷却剂的热量,因而有如下关系:

$$q_{\text{V}}(z)A_{\text{u}}\mathrm{d}z=q_{\text{V}}(z)P_{\text{h}}\mathrm{d}z=h_{\text{f}}P_{\text{h}}\mathrm{d}z(T_{\text{c}}-T_{\text{f}})_{\text{s}} \tag{2-31}$$

由此可以得包壳表面的轴向温度分布为

$$T_{\text{c}}(z)=T_{\text{in}}+\frac{4L_0q_{\text{c}}}{\pi D_{\text{e}}Gc_p}\left(\sin\frac{\pi z}{L_0}+\sin\frac{\pi L}{2L_0}\right)+\frac{q_{\text{c}}}{h_{\text{f}}}\cos\frac{\pi z}{L_0} \tag{2-32}$$

将 $T_{\text{c}}(z)$的轴向分布也表示于图 2-5 中。从图中可以看出,包壳的表面温度 $T_{\text{c}}(z)$等于相应点温度 $T_{\text{f}}(z)$加上该点的膜温压 $T_{\text{c}}(z)-T_{\text{f}}(z)$。由于 $T_{\text{f}}(z)$是 z 的正弦函数,而 $T_{\text{c}}(z)-T_{\text{f}}(z)$是 z 的余弦函数,因而两者之和有如下规律:

燃料元件下半段($z<0$)的 $T_{\text{f}}(z)$和 $T_{\text{c}}(z)-T_{\text{f}}(z)$均随着 z 的增加而增加,因而 $T_{\text{c}}(z)$也随着 z 的增加而升高;在 $z=0$ 处,$T_{\text{c}}(z)-T_{\text{f}}(z)$达到最大值,过了中点,$T_{\text{c}}(z)-T_{\text{f}}(z)$下降,但 $T_{\text{f}}(z)$仍然上升,且在 $z>0$ 的某区域 $T_{\text{f}}(z)$的增加速率超过 $T_{\text{c}}(z)-T_{\text{f}}(z)$的下降速率,故 $T_{\text{f}}(z)$在该区域内仍随着 z 而增加,但增加速率逐渐变小(曲线变平坦)。再向上,由于冷却剂的温升速率变慢(因进入低注量率区),而膜温压 $T_{\text{c}}(z)-T_{\text{f}}(z)$的下降速率加快,因而在 $z>0$ 的某点上达到最大值,所以在此点以后 $T_{\text{c}}(z)$将逐渐下降。而燃料包壳表面的最高温度的位置 z_{c} 经过计算可得

$$z_{\text{c}}=\frac{L_0}{\pi}\arctan\frac{4L_0q_{\text{c}}}{\pi D_{\text{e}}Gc_p} \tag{2-33}$$

且

$$T_{c,\max}(z)=T_{in}+\frac{q_{V,C}A_u L_0}{\pi c_p m}\sin\frac{\pi L}{2L_0}\sqrt{\left(\frac{q_{V,C}A_u L_0}{\pi c_p m}\right)^2+\left[\frac{q_{V,C}A_u}{2\pi(r_u+\delta_c)h_f}\right]^2} \tag{2-34}$$

3）冷却剂温度的轴向分布

考虑由堆芯径向位置 R 处的一根燃料棒及其周围冷却剂构成的冷却剂通道，认为冷却剂由入口流到堆芯某一高度 z 处吸收的热量可以由下式给出：

$$G\Delta h=\frac{P_h}{A}\int_{-\frac{L}{2}}^{z}q(z)\mathrm{d}z \tag{2-35}$$

式中，G 为冷却剂的质量流速；Δh 为从堆芯入口到 z 处的冷却剂焓升；P_h 为通道的加热周长，即通道内流体的浸润周长；A 为流道的横截面面积；$q(z)$为在轴向位置处加热面的平均热流密度。

在不考虑相变的情况下，式(2-35)可以进一步写成如下形式：

$$c_p(T_f(z)-T_{in})=\frac{4}{D_e G}\int_{-\frac{L}{2}}^{z}q(z)\mathrm{d}z \tag{2-36}$$

式中，c_p 为比定压热容；$T_f(z)$为 z 处的冷却剂温度；T_{in} 为通道入口处的冷却剂温度。

考虑到堆芯沿轴向 z 处的燃料元件热流密度的分布，可以得到

$$q_V(z)=q_c\cos\frac{\pi z}{L_0} \tag{2-37}$$

式中，q_c 为 $z=0$ 处的最大热流密度。

由此可得，冷却剂的轴向温度分布为

$$T_f(z)=T_{in}+\frac{4L_0 q_c}{\pi D_e G c_p}\left(\sin\frac{\pi z}{L_0}+\sin\frac{\pi L}{2L_0}\right) \tag{2-38}$$

当 $z=L/2$ 时，由上式计算得出的冷却剂出口温度为

$$T_{out}=T_{in}+\frac{4L_0 q_c}{\pi D_e G c_p} \tag{2-39}$$

从式(2-38)可以看出，冷却剂温度 $T_f(z)$是 z 的正弦函数，一直沿元件轴向增加并在堆芯出口处达到最大值。其增加速率 $\mathrm{d}T_f(z)/\mathrm{d}z$ 是 z 的余弦函数，在 $z=0$ 处，冷却剂 $T_f(z)$变化速率最大，在堆芯上下两端的变化速率逐渐减小。冷却剂温度 $T_f(z)$沿轴向的变化规律也示于图 2-5 中。

3. 钠池空间内的传热

对池式 SFR 而言，因为钠池结构和部件布置的复杂性，钠池内的传热过

程分析同堆芯棒束元件的传热分析有很大不同，不能使用简单的方法得到分析解，也不能用实验方法得到适用的经验公式，而必须利用数值方法进行求解。

1）稳态工况下的传热过程

为更好地描述钠池内的传热过程，这里以 CEFR 为例分析额定功率下钠池内复杂的热工水力行为。

CEFR 采用池式结构（图 1-3），其热传输系统由一次侧钠系统、二次侧钠系统和蒸汽系统组成。采用二次侧钠系统是为了防止一次侧钠系统中的放射性钠（主要是半衰期为 15 h 的^{24}Na）与 SG 中的水发生直接接触。在热传输系统的布置中，换热部件的相对轴向高度是一个重要问题。对一回路和二回路的主要换热部件，必须将沿流动循环的后一个部件的热中心布置得高于前面一个，其目的是为钠的自然循环创造条件，以便在泵失效的情况下可以通过自然循环将堆芯内的热量带走。对于钠池内一次侧钠热传输系统而言，其主要部件包括一次侧泵、IHX、事故热交换器，以及堆内重要的屏蔽结构和支撑结构。

CEFR 的堆容器是由不锈钢制成的巨大容器，其内径为 7.96 m，壁厚为 25 mm，高为 12 m。在主容器内部，通过隔板将容器内部的空间分成两个部分：上半部的热池和下半部的冷池。从堆芯流出的热钠先到上半部，在额定运行工况下温度为 530℃，故该部分称为热钠池；热钠再经 IHX 冷却后流至下半部分，温度变为 360℃，故该部分称为冷钠池。

热钠池的范围如下：轴向方向，从堆芯组件和堆芯支撑环腔上板的隔热层以上到钠的自由液面；径向方向，在主容器的隔热层内表面以内整个范围。生物屏蔽支承桶把热钠池在径向分为两部分，支承桶以内为热钠池的内区，主要设备和部件有堆芯测量柱、旋塞屏蔽层、堆芯隔板和屏蔽柱。屏蔽柱有 4 排，在堆芯隔板和挡板之间，为实圆柱，直径为 165 mm，中心距为 185 mm，正三角形排列。支承桶和主容器隔热层之间的部分构成热钠池的外区，在外区内主要设备和部件有 2 台一次钠泵、4 台 IHX、2 台事故热交换器、1 个斜孔道（燃料操作用）。支承桶对着每台 IHX 开有 12 个 400 mm×600 mm 的长方形孔，开孔分上中下 3 排，每排 4 个。

在热钠池的堆芯出口区域，由于每个流量区内的组件出口温度和流速均有差异，因而在此区域和热钠池内会形成强烈的交混。从流动分布上看，最大流速在堆芯出口处，为 1.2431 m/s。从堆芯第一分区和第二分区出来的钠流体，由于受到中心测量柱的阻挡，沿着中心测量柱向上流动，一直到达液面。然后通过生物屏蔽支承筒的入口窗，最终流向 IHX 的入口处。从堆芯第三分区出来的钠流体，由于流速较低，所以受到第二分区中较高流速的影响，在屏蔽柱以内的热钠池区域会发生较大范围的搅混，产生一个流动涡。其中，在热钠池上部的热钠横流穿过生物屏蔽支承柱的部分，如采用多孔介质进行模拟，则可以明显看到流体在池内的横向流动情况。

在不同区域，热钠池内区的温度分布有着较大的差异。最高温度为堆芯出口温度，第一分区和第二分区的平均温度为540℃，第三区的温度较低，约为430℃。堆芯出来的钠，经过搅混后，在没有经过12个入口窗前的平均温度约为528℃，温度的分布较为均匀。而位于6隔板以上的热钠池外区，钠温有着自下而上的温度梯度，其中IHX的入口温度为522℃，而在接近底部的最低温度仅有480℃。同时，也可以看到，在同一高度上，受不同钠池内部件的影响，热钠池也有较大的温差。

总体而言，稳态工况下钠池内的传热基本上以大空间内的对流换热为主，因为存在流体和固体之间强烈的耦合传热，所以，整体上钠池内的流动和传热比较复杂，要想非常准确地模拟流体和各部件之间的传热，目前还较为困难。

2）瞬态下的热分层现象

对于瞬态工况而言，主要关注SFR热分层现象的瞬变过程。

在紧急停堆工况下，反应堆的功率快速下降，同时冷却剂的流量也会快速衰减。由于堆功率的下降速率远大于流体流量的下降速率，因此，堆芯的出口温度随时间很快降低。这样，从堆芯出来的低温流体以较低的速度流入上腔室(即热钠池)。由于停堆后过渡过程开始阶段堆芯出口钠温低，流入上腔室的冷流体保持在较低的位置，而上腔室上部的流体温度仍然较高。这样，随着时间的推移，便会在钠池上部形成池式快堆特有的热分层现象。热分层现象出现后，由于上腔室底部存在大量的冷钠(相对而言)，将延缓一回路自然循环的建立。同时，位于堆芯上部的冷钠还会降低自然循环的流量，这对事故停堆后堆芯的冷却是非常不利的。另外，在上腔室的轴向方向上形成分层界面，在界面附近有明显的温度梯度。随着停堆时间的延长，分层界面逐渐向上发展，并最终在堆内的某一位置形成稳定的状态。从设备结构的完整性分析角度，快堆热分层现象的出现对堆容器和部分堆内部件在结构内部形成局部的热应力。因此，设计人员在设计时要考虑这些不利因素的影响，并留下足够的安全裕度。

4. 铅冷快堆换热

以一个小型自然循环LFR为例，其结构布置如图2-6所示。主要结构包括堆芯、热池、主换热器、冷池以及用于分隔热池和冷池的热屏蔽层。液态铅冷却剂由堆芯加热后在自然循环驱动力的作用下从下向上流过和冷却燃料组件,携带燃料组件的热量汇入热池,通过主换热器上端的入口窗进入主换热器与二回路冷却剂进行热量交换,最后从主换热器下端的出口窗流出汇入冷池,形成一回路自然循环。

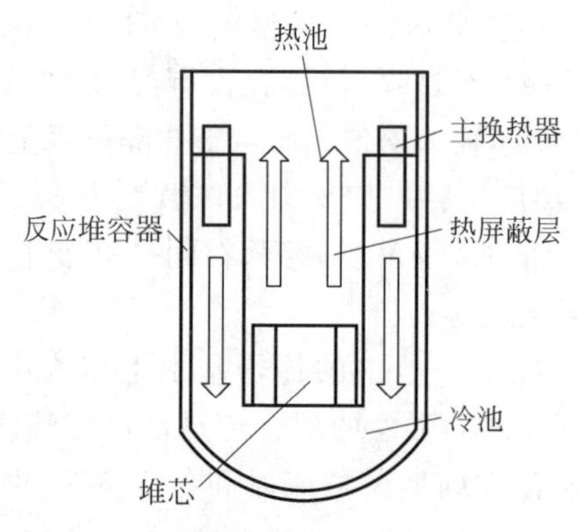

图 2-6　小型自然循环 LFR 结构布置图

在稳态情况下,堆芯热量全部由冷却剂导出,根据能量守恒定律,可得能量平衡方程:

$$Q = c_{p,\mathrm{out}} W_{\mathrm{out}} T_{\mathrm{out}} - c_{p,\mathrm{in}} W_{\mathrm{in}} T_{\mathrm{in}} \tag{2-40}$$

式中,Q 为热功率;c_p 为比热容;W 为流量;T 为温度;下标 in 代表堆芯入口,out 代表堆芯出口。考虑质量守恒定律,堆芯入口质量流量等于堆芯出口质量流量,即

$$W_{\mathrm{in}} = W_{\mathrm{out}} = W \tag{2-41}$$

于是,能量平衡方程式(2-40)可简化为

$$Q = W(c_{p,\mathrm{out}} T_{\mathrm{out}} - c_{p,\mathrm{in}} T_{\mathrm{in}}) = W\bar{c}_p \Delta T \tag{2-42}$$

式中,$\Delta T = T_{\mathrm{out}} - T_{\mathrm{in}}$ 为冷却剂进出口温差;$\bar{c}_p = \frac{c_{p,\mathrm{out}} + c_{p,\mathrm{in}}}{2}$ 为堆芯区域平均比热容。采用平均比热容的处理方法可简化计算,但会带来一定的计算误差。不过,铅的比热容在 400℃时为 146 J/(kg·℃),在 500℃时为 145 J/(kg·℃),相对变化不到 1%,该处理方式造成的误差在可接受范围内。

小型自然循环 LFR 的驱动力来自于冷端和热端的冷却剂密度差形成的浮升力。假定热池和冷池均为绝热边界,自然循环驱动力可描述为

$$p_{\mathrm{d}} = \int \rho_0 g\beta(T - T_0)\mathrm{d}z = \rho_0 g\beta\Delta T h \tag{2-43}$$

式中，p_d 为自然循环驱动压头；ρ_0 为参考温度下冷却剂的密度；g 为重力加速度；β 为冷却剂膨胀系数；T 为冷却剂温度；T_0 为参考温度；dz 为微元提升高度；h 为总提升高度。

小型自然循环 LFR 一回路系统的阻力来自于堆芯、热池、换热器和冷池的压降之和，可描述为

$$\Delta p_{total} = \Delta p_{core} + \Delta p_{PHE} + \Delta p_{hot} + \Delta p_{cold} \tag{2-44}$$

式中，Δp_{total} 为系统总压降；Δp_{core} 为堆芯压降；Δp_{PHE} 为主换热器压降；Δp_{hot} 为热池压降；Δp_{cold} 为冷池压降。

对于单相流体，堆芯压降和换热器压降主要包括摩擦压降和形阻压降，它们可分别描述为

$$\Delta p_{core} = f_{core} \frac{L_{core}}{D_{e,core}} \times \frac{W^2}{2\rho_{core} A_{core}^2} + K_{core} \frac{W^2}{2\rho_{core} A_{core}^2} \tag{2-45}$$

$$\Delta p_{PHE} = f_{PHE} \frac{L_{PHE}}{D_{e,PHE}} \times \frac{W^2}{2\rho_{PHE} A_{PHE}^2} + K_{PHE} \frac{W^2}{2\rho_{PHE} A_{PHE}^2} \tag{2-46}$$

式中，f 为摩擦系数；L 为流道长度；D_e 为水力直径；W 为流量；ρ 为密度；A 为流通面积；K 为形阻压降系数；下标 core 和 PHE 分别代表堆芯区域和主换热器区域。

热池和冷池区域的压降相对于堆芯和换热器区域的压降来说非常小，例如在 CEFR 中，冷钠池压降只有 64 Pa，不到堆芯压降的 0.1%。因此，在目前阶段可以暂不考虑热池和冷池的压降。

根据动量守恒定律，当冷却剂流动达到稳定状态时，小型自然循环 LFR 中的自然循环驱动力等于系统阻力，即

$$p_d = \Delta p_{total} \tag{2-47}$$

将式(2-43)～式(2-46)代入式(2-47)，可得

$$\rho_0 g\beta\Delta Th = f_{core} \frac{L_{core}}{D_{s,core}} \times \frac{W^2}{2\rho_{core} A_{core}^2} + K_{core} \frac{W^2}{2\rho_{core} A_{core}^2} + f_{PHE} \frac{L_{PHE}}{D_{e,PHE}} \times \frac{W^2}{2\rho_{PHE} A_{PHE}^2} + K_{PHE} \frac{W^2}{2\rho_{PHE} A_{PHE}^2} \tag{2-48}$$

式(2-48)称为动量平衡方程。该方程建立起了冷却剂温差 ΔT、堆芯流量 W 以及堆芯和主换热器冷却剂通道几何参数 D_e、A 和 L 之间的关系，描述了小型自然循环 LFR 一回路系统中"热工-结构"的耦合影响关系。在确定自然循环高度 h，堆芯和主换热器冷却剂通道几何参数 D_e、A 和 L，堆芯入口温度 T_{in} 的情况下，通过联立求解动量平衡方程和能量平衡方程，即可获得堆芯流

量 W 和堆芯进出口温差 ΔT，进而可计算出所设计的小型自然循环 LFR 的稳态热工水力学参数。

2.2.3 堆芯热性能优值

动力反应堆的设计性能可以用两个优值来表征：功率密度(Q''')和比功率($\dot{Q}'$)。表 2-8 列出了 LMFBR 堆芯热性能特征。

表 2-8　LMFBR 堆芯热性能特征

特点	LMFBR[1]
堆芯	
轴	垂直
组件数	
轴向	1
径向	364(C),233(BR)
组件间距/mm	179
燃料活性区高度/m	1.0(C),1.6(C+BA)
等效直径/m	3.66
总燃料质量/t	32(MOX)
反应堆容器	
内部尺寸/m	$21D\times19.5H$
壁厚/mm	25
材料	不锈钢
其他特征	池式
线热功率	
堆芯平均值/(kW/m)	29
堆芯最大值/(kW/m)	45
性能	
平衡缓冲区/(MW·d/t)	100000
换料	
停堆时间/d	32

注：① LMFBR：堆芯(C),径向包壳层(BR),轴向包壳层(BA)。

由于反应堆容器的大小和投资成本与堆芯的大小有关,因此功率密度是投资成本的一个指标。对于动力反应堆,其质量和大小都很大,功率密度需取一个相关的优值。

功率密度可以通过改变堆芯中的燃料棒布置来改变。对于一个理想的正方形阵列,如图 2-7 所示,功率密度与正方形阵列间距 P 的关系为

$$(Q''')_{\text{square array}}=\frac{4(1/4\pi R_{\text{fo}}^{2})q'''\mathrm{d}z}{P^{2}\mathrm{d}z}=\frac{q'}{P^{2}} \tag{2-49}$$

式中，R_{fo} 为燃料芯块直径；q'''为单位体积内燃料棒产生的热量；q'为燃料棒线功率密度。

而对于一个理想的三角形阵列，结果是

$$(Q''')_{\text{triangular array}}=\frac{3(1/6\pi R_{\text{fo}}^{2})q'''\mathrm{d}z}{\frac{P}{2}\left(\frac{\sqrt{3}}{2}P\right)\mathrm{d}z}=\frac{q'}{\frac{\sqrt{3}}{2}P^{2}} \tag{2-50}$$

比较式(2-49)和式(2-50)，我们观察到，对于给定的间距，一个三角形阵列的功率密度比正方形阵列的大 15.5%。因此，像 LMFBR 这样的反应堆采用了三角形阵列，这使得反应堆设计在机械上比正方形阵列更为复杂。

比功率是衡量每单位质量的燃料所产生的能量。它通常用每克重原子产生的热量来表示。该参数直接影响到燃料循环成本和堆芯库存需求。对于图 2-8 所示的燃料芯块，比功率($\dot{Q}'$)为

$$\dot{Q}'=\frac{\dot{Q}}{m_{\text{h}}}=\frac{q'}{\pi R_{\text{fo}}^{2}\rho_{\text{pellet}}f}=\frac{q'}{\pi(R_{\text{fo}}+\delta_{\text{g}})^{2}\rho_{\text{smeared}}f} \tag{2-51}$$

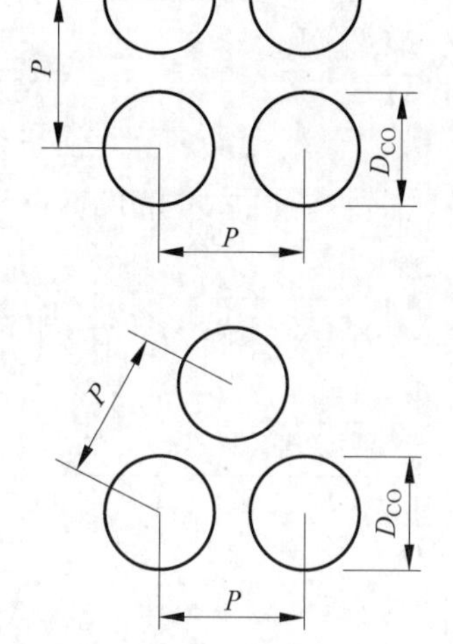

图 2-7　正方形和三角形棒束阵列

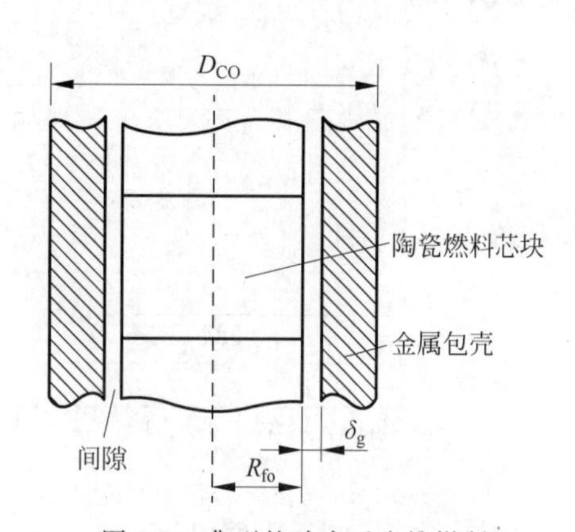

图 2-8　典型的动力反应堆燃料

式中，$\dot{Q}$ 为堆芯总功率；m_{h} 为燃料中重原子质量，且

$$\rho_{\text{smeared}}=\frac{\pi R_{\text{fo}}^{2}\rho_{\text{pellet}}}{\pi(R_{\text{fo}}+\delta_{\text{g}})^{2}} \tag{2-52}$$

$$f=\frac{m_{\mathrm{h}}}{m_{\mathrm{f}}} \tag{2-53}$$

在式(2-51)中的比功率已经用芯块密度(ρ_{pellet})和有效密度(ρ_{smeared})来表示。有效密度考虑了燃料芯块和包壳孔隙(δ_{g}),是调节燃料肿胀的一个重要参数。

质量分数 f 定义为燃料中重原子质量(m_{h})与燃料质量(m_{f})比值。重原子包括所有的 U、Pu 或 Th 同位素,由易裂变原子 M_{ff} 和不易裂变原子 M_{nf} 组成,其中 M 为分子质量。燃料质量不包括包壳,对于氧化物燃料:

$$f=\frac{N_{\mathrm{ff}}M_{\mathrm{ff}}+N_{\mathrm{nf}}M_{\mathrm{nf}}}{N_{\mathrm{ff}}M_{\mathrm{ff}}+N_{\mathrm{nf}}M_{\mathrm{nf}}+N_{\mathrm{O_2}}M_{\mathrm{O_2}}} \tag{2-54}$$

式中,N 为原子密度。

富集度 r 是易裂变原子与总重原子的质量比,即

$$r=\frac{N_{\mathrm{ff}}M_{\mathrm{ff}}}{N_{\mathrm{ff}}M_{\mathrm{ff}}+N_{\mathrm{nf}}M_{\mathrm{nf}}} \tag{2-55}$$

为方便起见,有

$$1-r=\frac{N_{\mathrm{nf}}M_{\mathrm{nf}}}{N_{\mathrm{ff}}M_{\mathrm{ff}}+N_{\mathrm{nf}}M_{\mathrm{nf}}} \tag{2-56}$$

对于 UO_2,$N_{\mathrm{O_2}}=N_{\mathrm{ff}}+N_{\mathrm{nf}}$,以及由式(2-55)和式(2-56)推导可得出

$$N_{\mathrm{ff}}=\left[r\frac{M_{\mathrm{nf}}}{M_{\mathrm{ff}}}\right]\frac{N_{\mathrm{nf}}}{1-r},\quad N_{\mathrm{nf}}=\left[(1-r)\frac{M_{\mathrm{ff}}}{M_{\mathrm{nf}}}\right]\frac{N_{\mathrm{ff}}}{r} \tag{2-57}$$

$$N_{\mathrm{ff}}+N_{\mathrm{nf}}=\left[r\frac{M_{\mathrm{nf}}}{M_{\mathrm{ff}}}+(1-r)\right]\frac{N_{\mathrm{nf}}}{1-r}=\left[(1-r)\frac{M_{\mathrm{ff}}}{M_{\mathrm{nf}}}+r\right]\frac{N_{\mathrm{ff}}}{r} \tag{2-58}$$

将式(2-57)和式(2-58)变换后代入式(2-54),消去 N_{ff} 和 N_{nf} 有

$$f_{\mathrm{UO_2}}=\frac{\dfrac{r}{r+(1-r)(M_{\mathrm{ff}}/M_{\mathrm{nf}})}M_{\mathrm{ff}}+\dfrac{(1-r)}{r(M_{\mathrm{nf}}/M_{\mathrm{ff}})+(1-r)}M_{\mathrm{nf}}}{\dfrac{r}{r+(1-r)(M_{\mathrm{ff}}/M_{\mathrm{nf}})}M_{\mathrm{ff}}+\dfrac{(1-r)}{r(M_{\mathrm{nf}}/M_{\mathrm{ff}})+(1-r)}M_{\mathrm{nf}}+M_{\mathrm{O_2}}} \tag{2-59}$$

对于 $M_{\mathrm{ff}}\simeq M_{\mathrm{nf}}$,上式可简化为

$$f_{\mathrm{UO_2}}=\frac{rM_{\mathrm{ff}}+(1-r)M_{\mathrm{nf}}}{rM_{\mathrm{ff}}+(1-r)M_{\mathrm{nf}}+M_{\mathrm{O_2}}} \tag{2-60}$$

2.3　液态金属冷却反应堆热工设计准则

热工设计准则主要是在设计反应堆系统时，为保证反应堆的安全可靠运行，针对不同的堆型，预先规定的在热工设计中必须遵守的要求。反应堆在整个寿期内，在每一种运行状态及预期的事故下，反应堆热工参量必须满足设计准则。热工设计准则不但是热工设计的依据，也是安全保护系统和制定运行规程的依据。热工设计准则的内容不但随着堆型的不同而不同，而且随着技术的发展，堆设计与运行经验的积累，以及材料性能、加工工艺的改进而变化。

2.3.1　钠冷快堆热工设计准则

以中国实验快堆CEFR为例，提出的热工设计限值如下所述。

1. 钠沸腾限值

在正常运行和预计运行事件下，堆芯任何冷却剂通道内均不允许出现钠沸腾。在事故工况下，不允许全堆芯出现整体钠沸腾。

2. 燃料元件芯块温度和包壳中壁温度设计限值

在正常运行和预计运行事件下，堆芯燃料区和转换区任何位置上的燃料元件的芯块中心温度都应低于相应燃耗下的燃料熔点，采用316L不锈钢包壳的最高温度应低于700℃。

采用统计分析，对正常运行和预计运行事件，要求堆芯具有最大线功率密度的燃料元件芯块中心温度，在95%置信度下，至少有95%概率还达不到相应燃耗下的燃料熔点，包壳的最高温度应低于700℃。在事故工况下，燃料元件芯块最高温度和包壳最高温度应低于事故允许的限值。为了确保正常运行和预计运行事件下堆芯燃料区和转换区燃料元件中心温度不超过设计限值，并为事故工况的安全留有裕量，需要限制堆芯热点处的最大线功率密度。通常规定在最大超功率事件(预计运行事件)下，堆芯热点处的最大线功率密度必须小于57 kW/m。计算燃料元件温度场所选用的计算公式，包括物性关系式和经验参数，至少应满足下列条件：

(1) 公式应能描述计算对象的结构、物性等特点；

(2) 公式应适合计算对象可能所处的参数范围；

(3) 公式应具有足够准确度；

(4) 计算燃料元件温度场所选用的计算模型，应能描述(或考虑)燃料元件芯块、间隙和包壳材料受热和辐照后，可能产生的各种变化对燃料元件温度场的影响。

3. 堆芯冷却剂流体力学流动稳定性设计限值

在正常运行和预计运行事件下，必须确保堆芯不发生流体力学流动不稳定的情况，为此要求：

(1) 在正常运行和预计运行事件下，堆芯不发生钠沸腾，燃料元件内不发生流致振动；

(2) 在任何状态下，堆芯组件必须处于水力压紧状态，即不允许堆芯组件出现上浮现象；

(3) 堆内构件不会导致流体力学流动不稳定性或者流致振动。

在实际的堆芯热工水力设计中，至少还需要考虑下列误差和不确定性对热工设计限值的影响，这样就构成了下列所示的设计限值的考虑。

首先，对于堆芯中某一参数的稳态设计值，要考虑由种种原因引起的功率分布的变化，如轴向和径向不均匀因子的影响，这样就可以得到稳态工况下堆芯最热点处的参数值，也就是稳态热点值；同时考虑在正常运行过程中，由各种原因造成的冷却剂流量和冷却剂温度等主参数偏离名义值运行；另外，还要考虑由工程因素的影响而造成的偏差，如堆芯构件、燃料组件及燃料元件的制造和安装公差，以及它们在堆内运行过程中所产生的变形对热源、流体流动和传热的影响，就会得到稳态热点中有可能的最大值。再考虑运行中瞬变因素的影响，包括超功率瞬态，燃料元件芯块和包壳材料在辐照过程中的热物性和传热性能的变化，由于一次侧钠泵特性和回路特性在运行寿期内的变化，对堆芯冷却剂有效流量和传热的影响等，就得到瞬态设计限值。一般认为，对于某一参数，如热流密度，瞬态设计限值就是临界热流密度，也就是说，只要堆芯中实际的最大热流密度小于瞬态设计限值，就不会发生沸腾临界。另外，考虑到计算中的不准确性，包括计算中采用的关系式的误差和不确定因素的影响以及对主参数测量的不准确性等，就得到图 2-9 最上面的破坏限值。在工程上，轴向和径向不均匀因子，以及工程误差，习惯上用热管因子来表示。

2.3.2 铅冷快堆热工设计准则

以小型自然循环 LFR 为例，为保证达到反应堆的安全要求，需设定以下热工水力设计准则。

(1) 燃料最高温度限值：为确保燃料芯块在正常工况和事故工况下均不

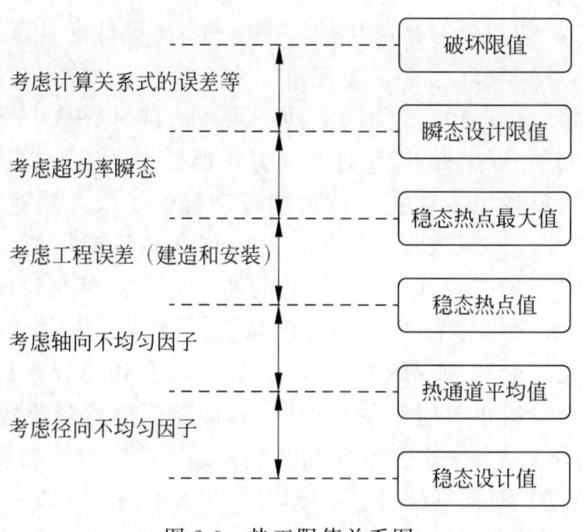

图 2-9　热工限值关系图

出现熔化现象，设定燃料最高温度限值。依据保守原则，选择富集度为 30%、燃耗为 50 MW · d/kgHM 所对应的 MOX 燃料熔点温度作为燃料的最高温度限值。参考 MOX 燃料的物性，设置 2300℃作为正常工况和事故工况下的燃料最高温度限值。

(2) 包壳最高温度限值：为确保燃料棒包壳在正常工况和事故工况下均不出现破损和熔化现象，设定包壳最高温度限值。在广泛调研国际上铅冷快堆 T91 钢使用温度限值的基础上，以 550℃作为正常工况下包壳最高温度限值，650℃作为事故工况下包壳最高温度限值。

(3) 冷却剂最高流速限值：液态铅对材料的腐蚀作用随冷却剂流速的增加而增加，为防止液态铅对结构材料的腐蚀过于严重，设定了冷却剂流速最高限值。在广泛调研国际上铅冷快堆冷却剂流速限值的基础上，以 2 m/s 作为正常工况和事故工况下冷却剂最高流速限值。

(4) 冷却剂最低温度限值：为防止反应堆内冷却剂发生凝固，设定冷却剂下限温度。铅的熔点 327.5℃，以高于 350℃作为冷却剂下限温度，以保证有足够的安全裕量。同时，各通道的设计中必须保证冷却剂不发生沸腾。

2.4　液态金属冷却反应堆安全与事故管理

2.4.1　铅冷快堆安全原则

通过利用铅冷却剂的有利特性，实现并增强了 LFR 的基本安全功能(反应性控制、堆芯冷却和放射性物质的限制)。LFR 设计配备了冗余和多样化的控制棒系统,可实现反应堆快速停堆。由于铅的浮力高,有助于从堆芯的底部插入控制棒(尽管有可能使用主动手段或压载材料从上面插入控制棒,但这会很困难)。一般来说,即使是在无保护的瞬态情况下,高温铅冷却剂的热惯性和负反应反馈也为纠正运行者的行动提供了很大的宽限期时间。在此期间,小的正反应反馈被强烈的堆芯径向膨胀负反馈抵消,从而限制了反应堆的功率。对于堆芯冷却,LFR 设计的特点通常是存在较强的自然循环,并提供非能动、冗余和多样的余热排出系统。最终的热阱可以是储存的水(如 ELFR)或大气空气(如 BREST 或 SSTAR),或者两者皆具,从而实现更高程度的多样化。对于放射性物质的限制,即使反应堆容器失效,池式 LFR 的保护容器也不会遭受一次侧冷却剂的损失。堆芯将始终被覆盖,根据设计规定,将保持自然循环流动路径。

由于铅冷却剂的相对化学惰性,预计在 LFR 中不会产生可能损坏安全壳系统的氢气。安全壳系统的设计压力不受一回路系统的影响,在利用蒸汽循环功率转换的设计中,可以通过优化二次侧系统中的水库存来加以限制。铅具有保留大量裂变气体的特性,从而减少或遏制放射性源项,限制了放射性核素释放的可能性,并可能减少对应急规划区和紧急疏散计划的要求。

福岛核事故增强了人们对余热排出(DHR)系统重要性的认识。即使核电站失去了电力服务之后,它们继续运行也是非常必要的。

在 LFR 设计中,考虑了三种不同的 DHR 方法,并纳入 LFR 反应堆设计:

(1) 反应堆容器辅助冷却系统(RVACS);

(2) 通过浸入式冷却器(DC)直接冷却反应堆;

(3) 通过水/蒸汽排出一回路的余热。

RVACS 是一个可靠的系统,但因为在这种系统中,与反应堆功率相比,容器的外表面相对较大,只能考虑用于小型反应堆。直接冷却反应堆解决方案可以在自然循环模式下运行,新的解决方案已经概念化,不仅可以能动运行,而且还能非能动驱动。这在 LFR 中是可能的,因为反应堆的冷收集器的温度和代表安全极限的温度之间有超过 200～300 K 的裕量。因此,材料的热肿胀或气体膨胀可用于开启 DHR 系统的运行。典型的解决方案包括在二次侧使用带有水/蒸汽的侵入式冷却器,连接到使用水或空气作为散热器的外部冷凝器。

主蒸汽回路(二次侧系统)为非安全相关的 DHR 提供了正常路线,但对其是否能安全运行值得怀疑,原因有以下三个:

(1) 过热蒸汽循环反应堆的二次侧系统是一个可靠性相对较低的系统。

(2) 与压水堆不同,LFR 的二次侧系统热容量较低。

(3) 在 LFR 中,减轻蒸汽发生器管道破裂(SGTR)事故后果的最有效方法是在必要时同时降低所有二回路压力,并隔离主容器内的蒸汽发生器。由于所有与安全相关的 DHR 功能都与 SG 有联系,仅区分和隔离破裂的 SG,并在非常短的时间内(几秒钟)内完成操作,是非常困难的。

当 SG 不可用于排出余热时,将成为一回路热管段的一部分。对于具有圆柱形容器的 LFR,需要使用较短的 SG,以便具有足够的自然循环,而不必过度增加反应堆容器的高度。就安全性而言,正在进行的研究和近期实验的主要内容与 LFR 安全系统功能和性能演示有关。虽然已通过数值模拟评估了安全系统的能力,并进行了单独实验测试,但预计将需要进行适当规模的整体测试,以评估许可系统的行为。因此,还需要进行其他的实验测试,以确认 LFR 的其他属性,如在包壳失效的情况下,燃料弥散的情况等。

消除中间冷却系统(与其他类型的反应堆相比,如 SFR)和在环境压力下运行的反应堆容器内安装高压 SG 设备,需要严格的方法来实现三个主要目标:

(1) SG 压力边界的低故障概率;

(2) 当一个或多个 SG 管道破裂时,尽可能减少水/蒸汽的释放;

(3) SG 释放水/蒸汽的影响较小;主边界的增压、内部的机械载荷、蒸汽被夹带进入堆芯等方面。

2.4.2　钠冷快堆安全与事故管理

1. 安全设计标准和安全设计指南

对于轻水堆,国际原子能机构(IAEA)建立了全面和系统的安全标准,包括安全基础、要求和指南。GIF 为第四代核能系统制定了安全原则,这些原则是基于 GIF 技术路线图和安全方法下的安全目标。这些内容符合 IAEA 安全标准的顶层设计,但是却没有形成国际广泛认可的第四代反应堆安全要求和指南的文件。

SFR 是最有前途的第四代反应堆之一。2011 年,四代 SFR 原型/示范反应堆正在进入未来许可申请的概念设计阶段。因此,必须建立国际统一的安全设计要求和标准,以实现不同 SFR 系统通用的增强型安全设计。在这种背景下,IAEA SSR-2/1 开始开发安全设计标准(SDC)。该 SDC 的目的是提供安全方法的参考标准,主要关注快堆和钠冷却剂的具体标准。

福岛核事故强调了设计比现有反应堆具有更高安全水平的核系统的重要性。从事故中吸取的教训已经反映在 SDC 中，特别表明需要长期可靠的余热排出，以及需要加强针对外部危险的设计措施。考虑到 SFR 特性，引入 SDC，利用固有和非能动安全特性来加强针对严重事故的安全措施。SFR 安全专家在 2013 年 5 月开发了 SDC 报告(阶段 1)，该报告被称为 GIF 和国际原子能机构/创新核反应堆和燃料循环的国际项目(IAEA/INPRO)开发国际安全标准的基本文档。之后，欧盟成员国的监管机构和 IAEA 等机构对该报告进行了外部审查。

在开发过程中，GIF-SDC 开发人员建议建立更详细且符合 IAEA 的安全设计指南，以支持 SDC 的实际应用，并讨论下一步的具体项目，如实际消除的事故情况。自 2013 年 5 月以来，GIF-SFR 成员一直在开发安全设计指南。在安全设计指南开发的早期阶段，提出了安全设计指南的安全方法和设计条件，作为 2015 年 SDC 阐述的补充技术文件。在后期阶段，将进一步开发关于关键结构、系统和组件的安全设计指南。

2. 安全特性和安全设计

不同国家也一直在努力进行 SFR 系统的设计研究和研发，以提高安全性，并满足 SDC 的安全要求。

1) 反应堆停堆

SFR 在临界条件下运行，使用液态钠作为反应堆冷却剂，允许高功率密度。由于堆芯通常没有设计在恰好临界的状态中，所以熔化堆芯中的燃料压实可能会引入正的反应性。虽然钠空泡的反应性取决于堆芯的大小和设计，但在大型核反应堆中，堆芯中心的反应性通常是正的。为了防止由设计基准事故而造成的堆芯损坏，现有的 SFR 设计中提供了多种主动停堆系统。为了进一步提高 SFR 的安全性，即使在主动停堆系统故障的情况下，非能动停堆机制或固有的负反应性反馈以及它们的组合也被认为是预防堆芯损伤的有效措施之一。美国实验增殖反应堆Ⅱ(EBR-Ⅱ)将相关研发结果应用在反应堆中。对于金属燃料芯块，研究了控制棒驱动管线和燃料组件热肿胀引起的负反应性效应的固有反应性特性。例如，目前正在为具有氧化物或氮化物燃料芯块的中大型反应堆开发上部钠静压室和不同构型的堆芯设计，以使有效冷却剂温度反应系数为负或零。利用居里点磁性合金、热肿胀、水力变化，在流量损失下自动分层或插入控制棒，在管道中流量减少的条件下，通过气体膨胀增加中子泄漏。

2）余热排出

通常情况下，反应堆冷却剂在系统加压的情况下运行。然而，钠具有很高的导热性能，能够在低压下移除堆芯的热功率。由于 SFR 是在低压下运行的，钠泄漏事故引起的减压不会导致由闪蒸而引起的冷却剂损失。因此，通过提供能够保持冷却剂边界泄漏钠的备用结构，可以稳定冷却堆芯的冷却剂液位。此外，余热排出可以利用高热传输能力和堆芯进出口冷却剂之间的温差，通过其自然循环能力将余热排出到大气中。这些安全特性从实验阶段就开始用于设计，之后 JOYO 和凤凰堆证明了其自然循环能力。此外，具有一回路和二回路系统（钠）以及三回路系统（水/蒸汽）的 SFR 由于在换热系统类型和安装位置方面的灵活性，允许不同系统的各种组合。为了消除由完全失去余热排出功能而造成的堆芯损伤，需要设计冷却系统，利用系统冗余和多样性以及自然循环维持其功能，以防止极端的内部和外部危险。

3）抗钠化学反应的设计措施

SFR 事故中，钠化学反应的典型影响是，空气中的钠燃烧泄漏导致余热排出能力受到影响，并可能损坏二次侧钠冷却系统，特别是 SG 传热管故障引起钠水反应，导致在 IHX 的一次侧和二次侧钠冷却系统之间的边界被破坏。

世界各国进行了一些钠燃烧实验，以对其现象学进行分析和了解其后果，并开发了相关分析工具。为核电站运行中经历的钠泄漏事件提供了关于设计、制造和运行的关键反馈。为了防止钠泄漏，应采用更简单的设计，更少的分支管路或更少的连接管。研究发现，使用防护容器和防护管可以抑制钠泄漏和燃烧。钠组件和管道安装在装满氮气等惰性气体的室中，加装钢套可以减轻钠的化学反应和防止泄漏的钠接触地板或墙壁的混凝土。

当 SG 发生漏水时，在壳体侧会产生一个腐蚀性的钠-水混合物射流，并对其他管道产生冲击。钠-水的反应伴随着氢气和热的产生，会导致压力的升高。钠-水反应在钠加热 SG 设计中具有重要影响。为了防止 SG 泄漏，安装了泄漏检测、蒸汽排污和泄压系统。钠-水反应引起的压力增加可能导致位于 SG 钠侧的破裂盘破裂。破裂盘与钠-水反应产物处理系统连接。由于随着核电站功率的增加，SG 的尺寸会变大，未来的 SFR 将需要更高的检测系统灵敏度和更快的缓解系统响应。已经有学者开发出了钠-水反应的分析工具，它可以模拟热工水力学、化学反应和结构反应的复杂耦合。双壁管是预防和缓解钠-水反应的一种有可能被应用的措施。此外，还有学者建议采用汽轮机系统来消除钠-水反应。

4）安全壳措施

通过上述设计措施，即使超出核电站设计基准事故，也可以防止堆芯损坏。然而,对堆芯损伤的后果需要进行进一步评估,并从深入防御的角度提供设计措施。导致堆芯损伤情况的典型事件之一是SFR的无保护瞬态事件。在无保护失流的瞬态中,反应性效应来自于冷却剂沸腾,其特征是开始时的功率变化,即所谓的"起始阶段"。功率增加的程度取决于堆芯反应性特性,包括冷却剂空泡反应性。虽然冷却剂中的空泡反应性是正的,但也存在竞争性的负反应性效应,如多普勒、完整燃料的轴向肿胀和失效的燃料弥散,这些效应可以防止迅速地达到临界。根据文献调研,为了防止迅速达到临界状态,氧化物燃料堆芯的极限值约为6$。这类评估是通过分析工具,基于在"小山羊"堆(French experimental reactor dedicated to safety studies,CABRI)和瞬态反应堆测试设施中获得的与燃料失效行为相关的实验数据。随后的事故阶段称为"过渡阶段",在这个阶段中,堆芯损伤的进展取决于初始阶段堆芯的损伤程度、净反应性、功率和冷却条件。在冷却不足的情况下,由于堆芯失效和燃料、钢等熔融材料的熔化,大大提高了堆芯材料流动性。根据对氧化物燃料堆芯的分析,在某些条件下由于移动燃料压实可能发生严重腐蚀。在这种情况下,可能会发生由大量燃料蒸发导致的堆芯肿胀,并通过周围的液态钠对反应堆容器和反应堆顶盖造成显著的压力负荷。因此,防止由再临界而产生的过量能量释放,维持反应堆和覆盖气体边界功能是很重要的。为了防止堆芯熔化后发生严重的再临界事件,研究人员开发了采用钢管结构的堆芯设计。同时,研究人员使用尺度模型研究了反应堆容器和反应堆顶盖对堆芯肿胀的结构响应。反应堆容器内的钠有助于冷却熔化的堆芯。由于钠具有对堆芯中放射性物质的保留能力,因此即使在堆芯损坏的情况下,淹没堆芯也是最佳的选择。一些国家的相关企业和科研机构已经制定了实现熔融物堆内滞留的措施。

3. 未来的趋势和关键的挑战

SFR经过长期发展,已经从反应堆的实际设计、建设和运行中积累了技术和经验,目前技术已经成熟,进入了示范阶段,可以实现可持续的能源供应系统。研发正在转向一些重要方面,比如实现闭式燃料循环。研究人员在安全和可靠性、经济竞争力、尽量减少放射性废物和放射毒性、防核扩散和物理保护方面的研究做得很出色。

通过SFR的设计、施工和运行的历史,建立了基本的安全设计技术,下一步是利用其固有特性和非能动系统对反应堆停堆和冷却采用新的设计方法。结合传统主动安全特性和固有特性或非能动机制的设计,使得即使考虑到设计扩展条件和设计基准事故,堆芯熔化也极不可能发生。此外,还研究了防止堆芯熔毁的缓解措施,并研究了评价和设计措施,从而利用钠的物理性质和低系统压力实现熔化堆芯材料的堆内滞留和冷却。以下是在 GIF 框架下进行的关于固有安全特性的研发活动。

1）固有的安全特性

(1) 安全原则(反应性反馈、堆芯设计目标、平衡安全方法)；

(2) 非能动或自驱动停堆系统；

(3) 余热排出选项(短期和长期)；

(4) 反应堆瞬态行为和测试经验,以及严重事故预防。

2）严重事故缓解

(1) 燃料熔化行为实验；

(2) 严重事故行为的专用燃料组件设计(如牺牲内管)和堆芯捕集器选项。

3）安全分析工具

(1) 验证和不确定性量化；

(2) 严重事故建模；

(3) 概率安全评估技术。

人们从福岛核事故中吸取了很多教训,以便为严重的外部事件或可能的多重事件和可能的后续事件,如长期的外部电力损失提供足够的应对措施。隔震在提高结构的抗震裕量方面是有效的；例如,开发了层压橡胶支座和液压减震器的组合,作为反应堆建筑的隔震系统。自然对流是在外部功率长期损失的情况下,余热排出的一种潜在的有效措施。电气设备应防止洪水或海啸,以避免类似轻水堆中的故障。此外,安装含钠设施的区域也需要安排应对洪水的措施。GIF 中的关键问题如下：充分冷却与安全相关的部件和结构,强振动时 SFR 堆芯的几何稳定性,保证控制棒的可靠性能,乏燃料池和燃料处理装置的抗震设计,一回路及其冷却的完整性,针对反应堆建筑物洪水风险的设计特性,以及处理严重事故的有效选择。

提高经济竞争力的主要因素是投资成本、产能因子和燃料成本。一种方法是降低单位发电的建设成本(即增加核电站功率,同时简化和制造紧凑的结构、系统和组件)。延长核电站的使用寿命(如 60 年)也能有效地降低投资成本。因此,大型零部件的制造技术、9Cr 钢等新材料的采用,以及设计和施工方面的先进规范和标准,都受到了相当多的关注。另外,小型模块化反应堆通过研发成本和大规模生产降低制造成本,具有降低成本的潜力。这些小型模块化反应堆将适用于偏远地区的少量能源需求。更长的运行周期和更短的维护周期可以实现更高的容量系数。因为较长的运行周期意味着较高的燃烧时间,所以也可以降低燃料成本。通过使燃料具有更高的转换率,SFR

可以进行 2 年以上的连续运行。SFR 的冷却系统保持在脱氧环境下，因此不会产生应力腐蚀开裂。由于冷却系统充满了高温不透明的化学活性液态钠，燃料处理系统在钠环境下远程运行，缩短换料时间和提高可靠性对燃料处理系统很重要。在处理含 MA 的燃料时，需要适当考虑乏燃料的缓慢衰变和新燃料的热量产生。

传统的 SFR 功率转换是由汽轮机系统与二次侧钠冷却系统连接而进行的。SGTR 事故下二回路失水是系统热容量下降的一个原因。因此，研究人员使用超临界二氧化碳或氮气的燃气轮机能量转换系统。在这些领域，GIF 正在进行以下研发：

(1) 改进燃料处理系统。

(2) 增加燃料燃烧和循环周期。

(3) 改进钠泄漏检测和定位的仪器，减少燃料负荷中断的持续时间。

(4) 提高服役检查和维修能力，在 SFR 运行中发挥关键作用(由于钠冷却剂的不透明和温度升高)，以及通过先进的仪器(超声波技术、机器人技术)等进行检测和维修。

(5) 与目前的“三/三代+”反应堆相比，通过以下措施延长核电站寿命至 60 年。

① 开发和鉴定具有增强抗老化退化的材料；

② 开发改进检查和诊断能力，以验证材料和结构的适合性。

(6) 规范和标准，如欧洲的 RCC-MRx 规范或新的美国机械工程学会(ASME)规范第三节第 5 部分，提供容器、管道和支撑结构等机械部件的设计和施工规则(不包括堆芯)。

SFR 的重要作用之一是通过建立闭式燃料循环从而有效利用铀资源，同时最大限度地减少放射性废物的产生和放射物的毒性。研究人员对含 MA 燃料的制造、辐照和处理进行了研发。此外，包壳管材料如 ODS 钢已经在开发中，旨在实现超过 150 GW · d/t 的高燃耗。同时，研究人员已经进行了与含有 MA 燃料的 SFR 堆芯设计相关的研发，其中研究了次锕系的有效装载方法，考虑了对燃料性能和堆芯核特性的影响(例如，对驱动燃料的均匀装载和对包壳燃料的装载)。

参 考 文 献

[1] 成松柏，王丽，张婷. 第四代核能系统与钠冷快堆概论[M]. 北京：国防工业出版社，2018.

[2] 黄素逸. 反应堆热工水力分析[M]. 北京：机械工业出版社，2014.
[3] 郝老迷. 核反应堆热工水力学基础[M]. 北京：原子能出版社，2010.
[4] 阎昌琪. 核反应堆工程[M]. 哈尔滨：哈尔滨工程大学出版社，2004.
[5] 于平安，朱瑞安，喻真烷，等. 核反应堆热工分析[M]. 上海：上海交通大学出版社，2002.
[6] 俞冀阳. 反应堆热工水力学[M]. 北京：清华大学出版社，2011.
[7] 吴宏春，曹良志，郑友琦，等. 核反应堆物理[M]. 北京：原子能出版社，2014.
[8] 臧希年. 核电厂系统及设备[M]. 北京：清华大学出版社，2010.
[9] 黄祖洽. 核反应堆动力学基础[M]. 北京：原子能出版社，1983.
[10] 苏著亭. 钠冷快增殖堆[M]. 北京：原子能出版社，1991.
[11] 徐銤，许义军. 快堆热工流体力学[M]. 北京：原子能出版社，2011.
[12] 陈钊. 小型自然循环铅冷快堆 SNCLFR-100 热工水力设计与安全分析研究[D]. 合肥：中国科学技术大学，2015.
[13] 彭晶. 基于子通道程序的快堆换料过程堆芯热工计算[D]. 北京：华北电力大学(北京)，2022.
[14] 周振慰. 含绕丝燃料组件内铅铋冷却剂流动特性的数值分析[D]. 合肥：中国科学技术大学，2014.
[15] 李峥. 绕丝组件内流动与传热数值模拟[D]. 哈尔滨：哈尔滨工程大学，2014.
[16] TODREAS N E，KAZIMI M S. Nuclear systems Ⅰ thermal hydraulic fundamentals [M]. Boston：Massachusetts Institute of Technology，1989.
[17] OHSHIMA H，KUBO S. Sodium-cooled fast reactor[M]//Handbook of Generation Ⅳ Nuclear Reactors. Woodhead Publishing Series in Energy. Woodhead Publishing，2016.

第3章 液态金属冷却反应堆燃料

3.1 简 介

铀和钍是发生核裂变的核燃料。天然铀含有两种主要同位素，即^{238}U和^{235}U。^{238}U占比约99.3%，是一种不易裂变的同位素。^{235}U占比约0.7%，是自然界中唯一的易裂变同位素。钍在自然界中只存在^{232}Th，是一种不易裂变的同位素。不易裂变同位素^{238}U和^{232}Th可通过反应堆的中子俘获反应分别转化为人工合成的易裂变同位素^{239}Pu和^{233}U。在^{238}U的情况下，一系列的中子俘获和衰变反应也导致了钚的其他同位素（^{238}Pu、^{240}Pu、^{241}Pu和^{242}Pu）和MA的形成，即Np、Am和Cm。^{241}Pu也是一种易裂变的同位素。表3-1列出了与核反应堆有关的天然和人造"易裂变"和"可增殖"锕系同位素的半衰期、中子产量、衰变热和临界质量。

快堆因其优秀的增殖能力，是开发天然铀和钍之类几乎取之不尽能源潜力的重要手段。在快堆中，中子能量大于0.1 MeV，远高于热堆中0.025eV的热中子能量，且裂变过程中释放的平均中子数高于热堆。^{239}Pu的快中子谱中η值高于^{235}U和^{233}U，分别为2.45、2.10和2.31，说明在^{238}U-^{239}Pu燃料系统中，^{238}U增值为^{239}Pu更为可能。此外，在快中子谱中，几乎所有锕系同位素的裂变中子截面与俘获中子截面的比值都有利于裂变，包括^{238}U和MA。因此，^{239}Pu是快中子谱中最好的易裂变同位素，^{238}U-^{239}Pu燃料循环非常适合增殖和/或燃烧钚和燃烧次锕系。在快中子谱中，在^{232}Th-^{233}U燃料循环也可以进行增殖，但增殖比率远低于^{238}U-^{239}Pu燃料循环。到目前为止，世界上还没有在快堆中尝试过钍燃料循环。因此，本书不介绍基于钍的燃料和燃料循环。

表3-1 锕系同位素的半衰期、中子产量、衰变热和临界质量

同位素	半衰期/a	中子产量/(中子/(s·kg))	衰变热/(W/kg)	临界质量/kg
^{231}Pa	32.8×10^{3}	无	1.3	162
^{232}Th	14.1×10^{9}	无	无	无穷

续表

同位素	半衰期/a	中子产量/(中子/(s・kg))	衰变热/(W/kg)	临界质量/kg
^{233}U	159×10^3	1.23	0.281	16.4
^{235}U	700×10^6	0.364	6×10^{-5}	47.9
^{238}U	4.5×10^9	0.11	8×10^{-6}	无穷
^{237}Np	2.1×10^6	0.139	0.021	59
^{238}Pu	88	2.67×10^6	570	10
^{239}Pu	24×10^3	21.8	2.0	10.2
^{240}Pu	6.54×10^3	1.03×10^6	7.0	36.8
^{241}Pu	14.7	49.3	6.4	12.9
^{242}Pu	376×10^3	1.73×10^6	0.12	89
^{241}Am	433	1540	115	57
^{243}Am	7.38×10^3	900	6.4	155
^{244}Cm	18.1	11×10^9	2.8×10^3	28
^{245}Cm	8.5×10^3	147×10^3	5.7	13
^{246}Cm	4.7×10^3	9×10^9	10	84
^{247}Bk	1.4×10^3	无	36	10
^{251}Cf	898	无	56	9

根据核燃料的物理相态、基本特征和设计方式的不同,大致可以分为固体燃料、弥散体燃料和液体燃料,见表3-2。对于固体核燃料而言,又可以分为金属型燃料和陶瓷型燃料。金属型燃料包括金属铀与铀合金两种。陶瓷型燃料主要包括氧化物、碳化物、氮化物燃料,而 UO_2 陶瓷燃料是目前动力堆使用最广泛的燃料。适用于快堆的燃料类型较多,包括铀金属燃料、铀合金燃料、铀钚合金燃料、MOX燃料、碳化物燃料和氮化物燃料等。

表3-2　核燃料分类表

燃料形式	形态	材　料	适用堆型
固体燃料	金属	U	石墨慢化堆
		U-Al	快堆
		U-Zr	快堆
		U-Pu-Zr	快堆
		U-Mo	快堆
		U-ZrH	脉冲堆
	陶瓷	U_3Si	重水堆
		$(U,Pu)O_2$	快堆
		$(U,Pu)C$	快堆
		$(U,Pu)N$	快堆
		UO_2	轻水堆、重水堆

续表

燃料形式	形态	材　　料	适用堆型
弥散体燃料	金属-金属	UAl_4-Al	重水堆
	陶瓷-金属	UO_2-Al	重水堆
	陶瓷-陶瓷	$(U,Th)O_2$-(热解石墨,SiC)-石墨	高温气冷堆
液体燃料	水溶液	$(UO_2)SO_4$-H_2O	沸水堆
	悬浊液	U_3O_8-H_2O	水均匀堆
	液态金属	U-Bi	—
	熔盐	UF_4-LiF-BeF_2-ZrF_4	熔盐堆

对于第一代实验、原型和商用 SFR,主要的燃料是高浓缩铀(HEU)氧化物和 MOX。与氧化物燃料相比,混合铀钚单碳化物(MC)、混合铀钚单氮化物(MN)以及 U-Zr 和 U-Pu-Zr 合金具有更好的导热性,并具有与钠冷却剂良好的化学相容性,被认为是先进的 SFR 燃料。

SFR 的燃料开发活动在 20 世纪 70 年代最为活跃,并一直持续到 80 年代中期。美国的 EBR-Ⅱ和快速通量测试设施(FFTF),英国的敦雷快堆(DFR)和原型快堆(PFR),俄罗斯的 BR-10 和 BOR-60,法国的狂想曲堆和凤凰堆,德国的小型钠冷核反应堆(KNK-Ⅱ),日本的 JOYO 和印度的 FBTR 被广泛用于辐照测试。测试的燃料包括含有铀和混合铀钚的氧化物、碳化物、氮化物和金属燃料。虽然很多研究使用了奥氏体不锈钢,但铁素体-马氏体钢和 ODS 钢也被开发用于燃料包壳和燃料组件,以承受高快中子通量(约 $3\times10^{23}\ n/cm^2$)的辐照损伤。燃料设计的两种主要类型是氦填充间隙和钠填充间隙。MOX 燃料棒只使用氦填充间隙,而 MC 和 MN 燃料棒可以是氦填充间隙,或者是钠填充间隙。金属燃料棒大多是填充钠。在填充钠的燃料棒中,燃料和包壳之间有一个较大的间隙,有时在间隙中使用一个覆盖管,以包含任何可能从燃料中移出的燃料碎片。SFR 燃料的制造细节、性能和辐照行为已有很好的记录。表 3-3 比较了 SFR 中 MOX、MC、MN 和金属燃料的一些主要性能和经验。表 3-4 则列出了在 LMR 中包含和不包含 MA 的氧化物、碳化物、氮化物和金属合金燃料的相对优点和缺点。

表 3-3　MOX、MC、MN 和金属燃料的一些主要性能及经验的比较

特　　性	$(U_{0.8}Pu_{0.2})O_2$	$(U_{0.8}Pu_{0.2})C$	$(U_{0.8}Pu_{0.2})N$	U-19Pu-10Zr
理论密度(TD)/(g/cm^3)	11.04	13.8	14.32	15.73
熔点/K	3203	2750	3070	1400

续表

特　性	$(U_{0.8}Pu_{0.2})O_2$	$(U_{0.8}Pu_{0.2})C$	$(U_{0.8}Pu_{0.2})N$	U-19Pu-10Zr
热导率/(W/m·K)				
1000 K	2.6	18.8	15.8	25
2000 K	2.4	21.2	20.1	
晶体结构(类型)	氟石	氯化钠	氯化钠	γ(>973 K)
增殖比	1.1～1.5	1.2～1.25	1.2～1.25	1.35～1.4
肿胀	适中	高	高	高
处理	空气	惰性气体	惰性气体	惰性气体
相容性-包壳	平均	碳化	好	低共熔性
相容性-冷却剂	平均	好	好	好
溶解和再处理的适应性	在工业规模和试点规模的热工艺示范	该过程尚未在工业规模上进行示范	容易溶解,但在再处理过程中存在^{14}C的风险	在试验电厂的规模上演示了热加工
制造/辐照的经验	很多	有限	很少	有限

表3-4　包含和不包含MA的氧化物、碳化物、氮化物和金属合金燃料的相对优点和缺点

燃　料	优　点	缺　点
氧化物	燃耗大于25%； 工业规模制造和辐照经验； 高蠕变率,可忽略燃料芯块-包壳机械相互作用(PCMI)； 高熔点； Am_2O_3 和 Cm_2O_3 在高温下稳定性良好	纯 PuO_2 和富钚MOX在硝酸中的溶解率很低； 与钠/包壳材料发生化学相互作用的可能性； 导热性差； 燃料制造的粉末加工路线与放射性有毒粉尘危害问题相关
碳化物	硬能谱(反应性平衡仅需的一小部分Pu)； 高热导率；	自燃(必须在惰性气体气氛中处理和制造)； 燃料制造的粉末加工路线与放射性有毒粉尘危害问题相关； AmC的高蒸汽压力(真空中)

续表

燃　料	优　点	缺　点
氮化物	硬能谱(反应性平衡仅需的一小部分 Pu); 高热导率; 测试燃料棒已证明燃耗为 20%; 在硝酸中溶解度高	自燃(必须在惰性气体气氛中处理和制造); 燃料制造的粉末加工路线与放射性有毒粉尘危害问题相关; 小蠕变率导致 PCMI; 通过 $^{14}N(N,p)$ 反应生产 ^{14}C,为避免形成 ^{14}C,必须富集 ^{15}N,为避免氮解离,燃料制造温度应低于 1800 K
金属燃料(U-Zr 和 U-Pu-Zr)	硬能谱(维持反应性平衡仅需一小部分 Pu); 高热导率; 在 EBR-Ⅱ 中证明燃耗为 20%; 简化制造,包括熔化和铸造,避免放射性有毒粉尘危害问题	低熔点(Pu 必须与 Zr 合金); Am 具有挥发性(制造过程中熔融合金快速冷却); 大肿胀率需要大的钠结合颗粒包壳间隙; α 污染的钠废物; 热处理

从 20 世纪 80 年代后期开始,SFR 及其燃料循环的研发和工业活动开始减少,原因有很多。首先,三哩岛和切尔诺贝利核电站的核事故相继发生,减缓了核能的增长速度。因此,铀的需求和现货价格开始迅速下降,铀并未出现预期的短缺,而是大量可用和相对便宜。其次,没有发现快堆在经济上与热堆相比具有竞争力。最后,从防止核武器扩散的角度来看,反对从乏燃料中生产和回收钚,迫使一些国家暂停了其快堆燃料开发计划。

然而,基于核能发电的低成本和稳定供应能力,自 20 世纪 80 年代末以来优秀的安全和性能记录,以及在减缓全球变暖和应对气候变化方面的重要作用,从 21 世纪开始,核能发展有上升的期望。21 世纪初建立了两个核能国际项目,一个是由 IAEA 赞助的 INPRO,另一个是由美国能源部(DOE)发起的 GIF。这两个项目都旨在选择设计概念,促进先进核能技术的发展,为电力工业的可持续发展奠定基础,使 21 世纪发展核能成为可能。不同的快速增殖反应堆系统,如钠冷、铅冷和气冷快堆被认为有希望在 2030—2050 年开发和部署。2007 年,五个 GIF 成员(欧洲原子能机构、法国、日本、韩国和美国)签署了 SFR 先进燃料项目安排。在 INPRO 项目下,快堆封闭核燃料循环联合案例研究确定了创新SFR的广泛参数，可以满足持续核能增长的目标。目前，SFR及其燃料循环被视为促进核能长期可持续发展的创新核能系统的一部分。

快堆是唯一能发电和增殖燃料的反应堆。虽然有很多吸引人的优点，但液态金属冷却反应堆在经济上无法与使用水或气体作为冷却剂的热堆竞争。轻水堆在20世纪70年代成为最受欢迎的发电反应堆系统。20世纪70年代和80年代，世界各地建造了大量的压水堆(PWR)和沸水堆(BWR)。还有一些国家也建造了数量较少的加压重水堆(PHWR)。气冷堆，即镁诺克斯反应堆(MAGNOX)和先进气冷堆(AGR)，仅在英国进行商业开发；而轻水石墨慢化堆，即RBMK，在俄罗斯和苏联的其他几个国家建造。由于^{235}U是自然界中唯一的裂变材料，它几乎是所有类型核反应堆的燃料选择。轻水堆、RBMK和AGR使用低浓缩铀，含有达5%的^{235}U，以高密度氧化铀芯块的形式作为燃料。PHWR和MAGNOX分别使用以高密度氧化铀和铀金属形式存在的天然铀燃料(约0.7%^{235}U)。截至2022年，全球32个国家有411座在运核反应堆，装机容量371.0 GWe，大约占世界发电量的10%。轻水堆约占目前已安装核电的90%(78%的PWR，12%的BWR)，至少到21世纪中叶其仍将继续主导全球核能市场。PHWR约占安装核电的6%，MAGNOX反应堆正被逐步淘汰，AGR和RBMK也已不再建造。

目前，运行中的热堆每年排放约10500 tHM的乏燃料，其中只有15%左右被再处理。处理后的乏燃料被储存在临时设施中，等待决定是否将其直接存入储存库或进行再处理和回收。轻水堆的乏燃料中含有95%～96%的铀，3%～4%的裂变产物，约1%的钚和约0.1%的MA。

在热堆中，形成的裂变材料(^{239}Pu)与消耗的初级裂变材料(^{235}U)的比例，称为转化率，其在0.4～0.6范围内。形成的钚可以和铀一起在这些热堆中回收，但即使经过多次回收，铀资源的总利用率也不超过开采铀的1%。由于铀的低利用率，可以预见，仅基于热堆，核能将不能在世界能源供应中发挥长期作用。然而，如果热堆的副产品Pu与SFR的^{238}U结合作为其中的主要燃料，其增殖比可能大于1.0，这意味着^{238}U形成的Pu比裂变过程中消耗的Pu要多。在SFR中多次回收Pu和^{238}U，至少60%的天然铀资源可以被利用，从而满足世界上的长期能源需求。此外，SFR还可以用于将另一种天然存在的不易裂变的同位素^{232}Th转化为易裂变同位素^{233}U，从而进一步增加核裂变能量的潜力。因此，对于核能的长期可持续性，人们普遍认为，热堆中产生的Pu应与天然铀(NatU)、来自热堆乏燃料再处理厂的再处理铀(RepU)或来自^{235}U浓缩厂的贫铀(DU)结合使用。

3.2　液态金属冷却反应堆堆芯和燃料组件

SFR 的堆芯比同等功率的水冷反应堆小，由一个"中心堆芯"组成，包括三角形或六角形阵列的燃料组件和一个带有径向包壳层、径向屏蔽的"外部区域"，如图 3-1 所示。SFR 燃料元件具有比热堆中高得多的易裂变材料富集度。EBR-Ⅰ、EBR-Ⅱ，BR10 和 DFR 等小型实验反应堆的裂变材料富集度高达 90%以上，凤凰堆、超凤凰堆等中型和大型反应堆的裂变材料富集度分别为 20%～25%和 15%～20%。高裂变材料富集度要求 SFR 的燃耗比轻水堆更高。因此，SFR 的换料时间会更长。

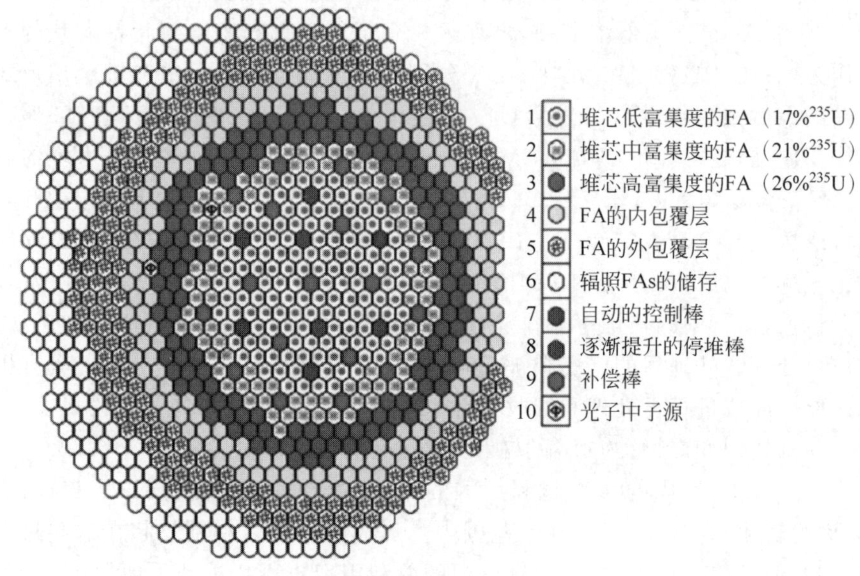

图 3-1　俄罗斯 BN-600 的堆芯结构

(请扫Ⅱ页二维码看彩图)

图 3-2 显示了日本 MONJU 堆代表性的燃料组件和燃料棒。燃料组件主要由缠绕金属绕丝的燃料棒按照三角形栅格装入六角形外套管(包盒)而构成，一盒组件中燃料棒数目为 19、37、61 等。其他不太重要的结构部件有：操作头，组件的冷却剂入口和出口等。燃料棒由装有燃料芯块的金属包壳管构成，燃料芯块通过两端的弹簧压紧来实现轴向固定。在燃料棒表面通常缠绕着按照一定螺距和方向的金属丝，从而保证燃料组件中相邻燃料棒之间保持合适的间隔。SFR 燃料棒比热堆燃料棒小(直径小且长度短)。燃料芯块通

常由封装在不锈钢包壳管中的易裂变材料和增殖材料的混合物组成。氧化物、碳化物和氮化物燃料的主要形式是直径在 4～8 mm 的圆柱形芯块,可以有或没有中心孔,芯块长度与直径比在 1～1.5。在某些情况下,陶瓷燃料以不规则形状的微小颗粒(10～1000 μm)形式使用,这些“颗粒”或“微球”在包壳管中振动压实。金属燃料是以长长的单个“棒”的形式铸造出来。包壳具有位于底部或顶部或两端的裂变气体腔室,以维持包壳内压不超过限值。SFR 燃料被设计为容纳所有释放的裂变气体。转换区燃料组件由以^{238}U(DU、RepU 或 NatU)制成氧化芯块或金属细棒组成。轴向和径向转换区都用于 SFR 堆芯。轴向转换区可以作为燃料棒的组成部分(位于燃料芯块的两端),也可以作为单独的轴向转换区组件。在印度,ThO_2 已被用作 FBTR 中的径向转换区。

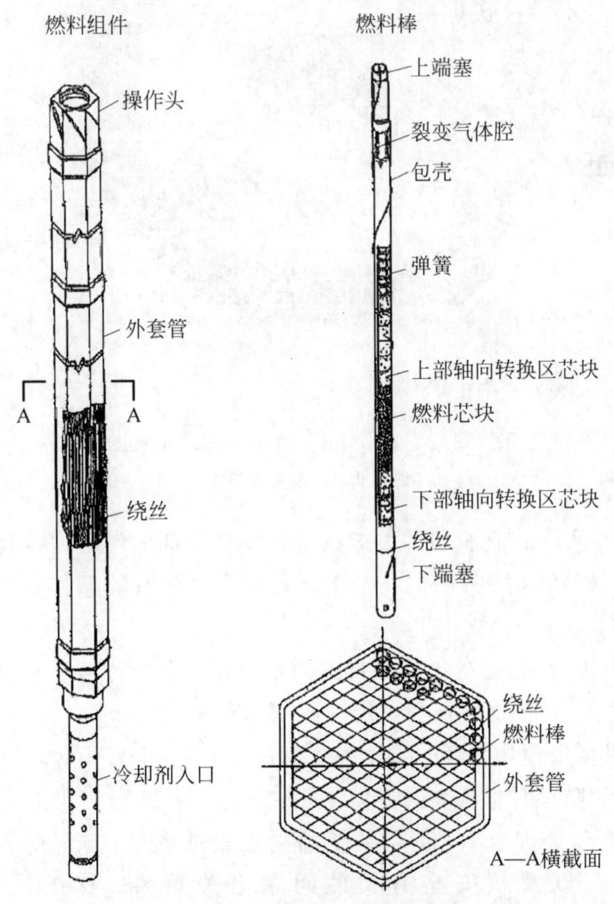

图 3-2　日本 MONJU 堆的代表性燃料棒和组件

SFR 燃料的富集度和燃耗率远高于轻水堆，主要取决于高的快中子通量(10^{16} n/(cm^2 · s^{-1}))和中子积分通量(约 10^{23} n/cm^2)造成的燃料组件结构材料(包括包壳管等)的辐照损伤程度。

图 3-3 显示了 SFR 的闭式燃料循环的不同阶段，突出了钚、MA 与增殖材料的多重回收。在最初的几个循环中，使用由热堆中的乏铀燃料再处理获得的钚，但随后在增殖率达到 1 后，^{238}U-^{239}Pu 燃料循环开始自我维持。

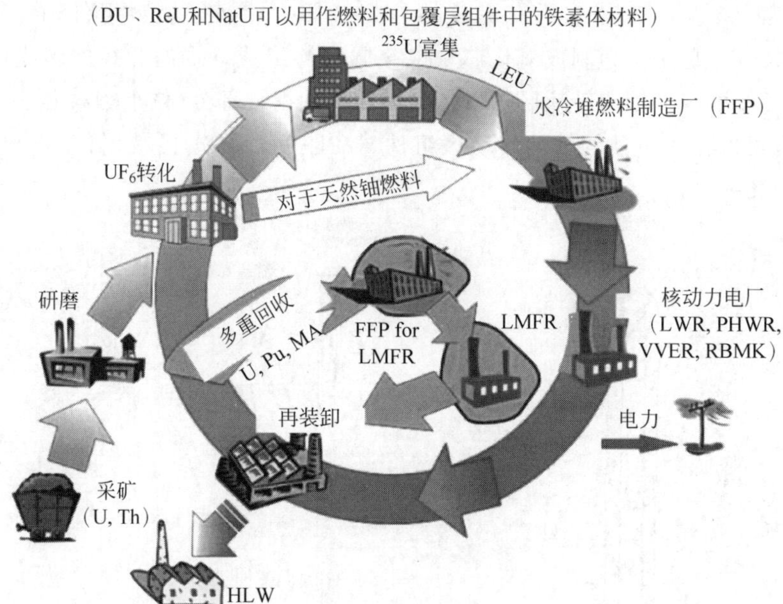

图 3-3　^{238}U-^{239}Pu 闭式燃料循环示意图

(请扫Ⅱ页二维码看彩图)

SFR 燃料循环商业成功的关键在于开发基于钚的燃料，从而满足：

(1) 在高燃耗(高达 20%以上)下运行安全且没有故障；

(2) 简单、安全，工业化生产；

(3) 易于再处理，适应已建立的水或热电解工艺；

(4) 从^{238}U 中高效增殖和燃烧钚，并燃烧 MA；

(5) 如果覆层使用^{232}Th，则增殖^{233}U；

(6) 易于“防核扩散”。

对于制造和处理含钚、镁和裂变铀同位素的燃料，与辐射安全、临界危险、防核扩散，以及核安全有关的问题至关重要。钚的同位素，特别是^{238}Pu、^{240}Pu、^{241}Pu 和^{242}Pu 以及 MA，具有高度的放射性毒性，能发射对健康有害的伽马和中子辐射。因此，足够的辐射屏蔽、远程处理和自动化对SFR燃料制造厂至关重要。^{235}U、^{233}U、钚和部分MA同位素的临界质量较小，最好避免使用分离的裂变材料作为燃料制造的原料，以确保有足够的防核扩散能力。

3.3　液态金属冷却反应堆及其在世界各国燃料循环中的活动

3.3.1　中国

作为发展SFR技术的第一步，我国已经建成20 MWe的CEFR，于2010年首次达到临界。我国专注于钠冷却、池式、固有安全的SFR，以二氧化铀(高浓缩铀)为参考燃料，MOX和U-Pu-Zr作为先进燃料。第二阶段，我国将建成600 MWe的示范快堆CDFR(CFR-600)。此外，300 MWe模块化快堆(CMFR)也在考虑建设之中。在第三阶段，我国1000～1500 MWe的示范快堆可能于2025年建造。中国商业快堆(CCFR)很可能在2035年投入使用。在SFR燃料循环活动领域，我国正在建设一个中型再处理厂和一个实验室规模的MOX燃料生产线。之后，还计划建立工业规模的再处理和MOX燃料制造厂。表3-5总结了我国SFR燃料项目。

表3-5　我国SFR燃料项目

	CEFR	CDFR	CDFR
功率/MWe	25	600	1000～1500
冷却剂	钠	钠	钠
燃料	UO_2	MOX或金属	MOX或金属
包壳	Cr-Ni	Cr-Ni，ODS	Cr-Ni，ODS
堆芯出口温度/℃	530	500～550	500
燃料线功率/(W/cm)	430	450～480	450
燃耗/(GW·d/t)	60～100	100～120	120～150

中国原子能科学研究院开展了U-Pu-Zr金属燃料的研发，采用注射铸造法工艺，于2022年6月自主设计研发了冷实验用注射铸造炉。对注射铸造熔炼系统热场、流场、磁场及注射铸造过程等进行模拟仿真，确定了注射铸造工艺参数范围。为验证注射铸造装置的可行性，以Cu模拟U，Ce模拟Pu，先行开展注射温度、石英管预热温度、注射压力对Cu-Ce-Zr芯体注射铸造及成型

规律影响的研究。中国原子能科学研究院的研发计划分为三个阶段。

(1) 2025 年,通过现场改造和关键工艺设备设计,建立 U-Pu-Zr 金属燃料实验线,全面突破 U-Pu-Zr 金属燃料研制关键技术,完成考验组件研制。

(2) 2030 年,建立中等规模金属燃料生产示范线,完成工艺稳定性及设备可靠性研究,具备为金属燃料快堆首炉供料的条件。

(3) 2035 年,为建立金属燃料再生工业线提供技术支持和保障,具备一体化快堆三厂合一的能力。

3.3.2 法国

在过去的 40 年里,基于从狂想曲、凤凰堆和超凤凰反应堆之中吸取的经验教训,法国在 MOX 燃料的 SFR 燃料循环方面获得了广泛的工业规模经验,包括燃料设计、制造、堆内性能、再处理和再制造。到目前为止,大约 427000 根 MOX 燃料棒在法国完成制造,供给位于法国 Cadarache 的狂想曲、凤凰堆和超凤凰反应堆,以及英国的 PFR。MOX 燃料达到了高燃耗率(150 GW · d/t),用于燃料组装的改性奥氏体不锈钢也经受了高中子剂量(155 dpa)辐照。在狂想曲堆芯,一些 MOX 实验燃料棒已成功辐照,燃耗率为 27%。凤凰原型快堆中的 MOX 燃料最高燃耗为 17.5%,该堆芯由 166000 根 MOX 燃料棒组成。凤凰堆也是第一个证明增殖率为 1.16 的反应堆,这使得 1980 年用再加工钚制造的第一个燃料组件得以装载。对于超凤凰反应堆,208000 根 MOX 燃料棒含有大约 22 t 钚。法国还在狂想曲反应堆中开发、制造和辐照(U,Pu)C 燃料组件。

3.3.3 德国

德国的快堆计划始于卡尔斯鲁厄研究中心的紧凑型钠冷回路式反应堆 KNK-Ⅱ,总电功率为 21 MW。KNK-Ⅱ于 1977 年 10 月开始使用 MOX 燃料。德国还设计了一个 SNR-300 原型快堆,并在 1985 年完成了堆芯 MOX 燃料的制造。然而,由于政治因素,SNR-300 并未允许建造。目前,德国已经停止了其关于 SFR 及其燃料循环的计划。

3.3.4 印度

印度正在推行自力更生和立足本土的三个阶段核能计划,将 PHWR、SFR 燃料循环和自给自足的 ^{232}Th-^{233}U 反应堆系统的燃料循环联系起来,以合理地利用有限的铀和丰富的钍资源。SFR 是其核能计划的核心。自 1985 年 10 月以来,富含钚的试验快堆 FBTR 一直在运行。图 3-4 描述了 FBTR 当前的堆芯结构，显示了 Mark-Ⅰ和 Mark-Ⅱ混合碳化物燃料组件和 MOX 燃料组件的位置。

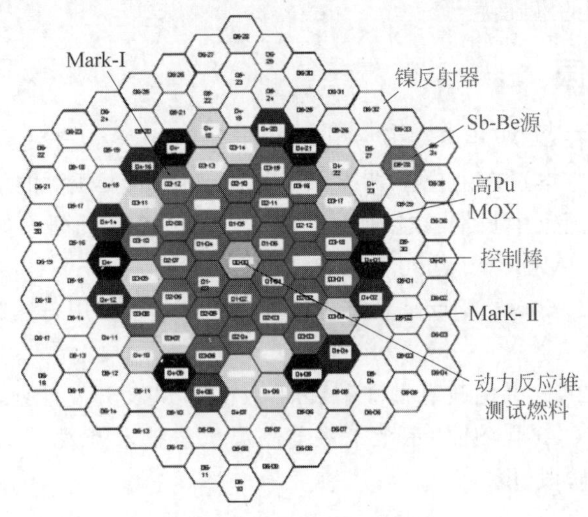

图 3-4　FBTR 的堆芯配置
（请扫Ⅱ页二维码看彩图）

3.3.5　日本

1977 年达到临界状态的实验快堆 JOYO 的调试标志着日本 SFR 计划的启动。1982 年，反应堆堆芯升级为 100 MWt（MK-Ⅱ），最后在 2004 年升级为 140 MWt（MK-Ⅲ）。自第 3 个循环开始，采用 ODS 钢和 MOX 燃料。

250 MW 原型钠冷快堆 MONJU，以 Pu-U 混合氧化物为燃料，在 1994 年 4 月第一次成功地达到了临界状态，并在 1995 年 8 月向电网提供电力。

为了广泛地调查快堆和相关燃料循环的技术选择以及对商业化快堆循环系统进行可行性研究，日本核燃料循环开发机构（JNC）与日本原子能研究所（JAERI）合并组成了日本原子能机构（JAEA）。快堆燃料循环系统的关键技术是高平均堆芯燃耗（大于 150 GW・d/t）、低去污再处理工艺和含 MA 燃料（小于 5wt.%）。这些技术有助于解决经济竞争力、减少环境负担、加强核不扩散等方面问题。

日本选择了具有代表性的快堆燃料，即氧化物、氮化物和金属燃料及其再处理方法，如先进的水溶液、氧化物、氮化物、金属燃料和燃料制造方法，以及简化造粒、球包装、振动填充、涂层颗粒和注射铸造等过程。最近，一项关于将快堆和相关燃料循环商业化的可行性研究已经完成。以 MOX 作为参考燃料,出现了一个 1500 MWe 的回路式 SFR。一种先进的水再处理和基于 MOX 燃料冷颗粒化的简化工艺被认为最有前途。金属燃料被认为具有提高 SFR 堆芯性能的潜在优点。

3.3.6 韩国

韩国政府在 2007 年启动了一项为期 10 年的计划,以开发第四代 SFR 的概念设计。该方案正在由位于韩国原子能研究所(KAERI)的快堆技术发展小组在第三个国家中长期核能研发方案下进行。基本的研发工作旨在开发先进快堆 KALIMER-600(600 MWe)。

KALIMER-600 的特点是具有防核扩散的堆芯和使用自然钠循环冷却的大型电力系统。

2008 年 12 月,韩国政府批准了长期 Gen-Ⅳ SFR 开发计划,到 2028 年建设一个先进的 Gen-Ⅳ SFR 示范工厂与高温工艺技术开发。Gen-Ⅳ SFR 开发计划分三个阶段(图 3-5)。

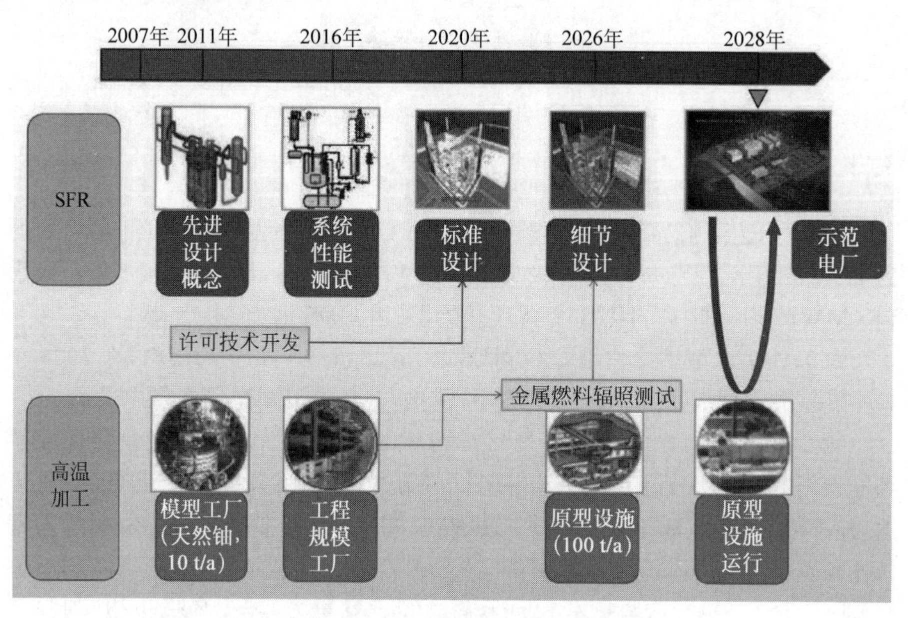

图 3-5　韩国 SFR 和高温处理发展的长期计划

(请扫Ⅱ页二维码看彩图)

(1) 第一阶段(至 2011 年):开发先进的 Gen-Ⅳ SFR 设计概念;

(2) 第二阶段(2012—2017 年):先进的 Gen-Ⅳ SFR 示范工厂的标准设计;

(3) 第三阶段(2018—2028年)：建设先进的Gen-Ⅳ SFR示范工厂。

在这之后，Gen-Ⅳ SFR开发将扩展到商业化阶段，预计在2050年前后开始。

3.3.7　俄罗斯

图3-6显示俄罗斯将从目前的水冷热堆(VVER和RBMK)向具有封闭燃料循环的快堆计划过渡。除了钠冷快堆以外，铅冷快堆包括BREST-300和BREST-1200也正在研究中。此外，俄罗斯还在用铅和铅铋合金冷却的核潜艇反应堆方面积累了近40年的经验。

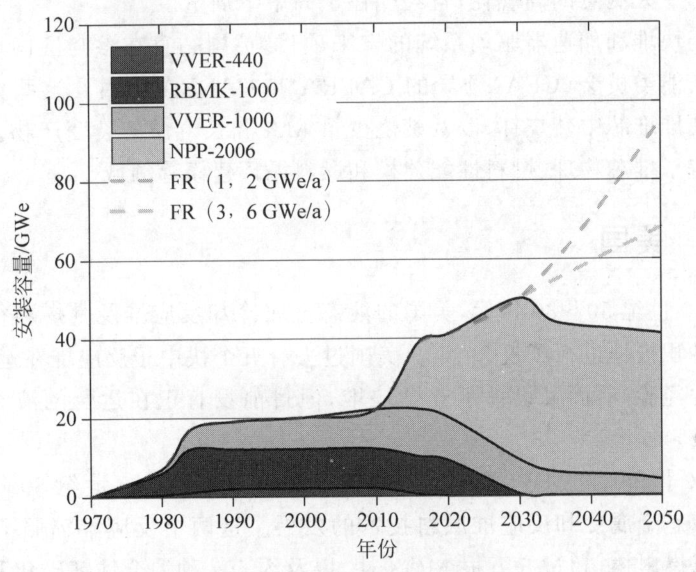

图3-6　俄罗斯从热堆到快堆的过渡计划

(请扫Ⅱ页二维码看彩图)

俄罗斯在SFR方面有超过125堆年的运行经验。实验堆BR-10、BOR-60和商用堆BN-600、BN-800已成功运行，为SFR及其燃料循环技术奠定了基础。自1982年开始运行的BN-600的产能系数超过74%。BN-800的设计是基于在之前的BN-600反应堆的建造和运行过程中所证明的设计特点，于2015年开始商用运营。

俄罗斯SFR的主要燃料是使用不锈钢包裹的高浓缩铀氧化物芯块。同时，俄罗斯正在开发实验性的Vibro MOX燃料组件。Vibro MOX燃料组件使用(U,Pu)O_2作为原料，并采用新型DDP/DOVITA(Dimitrovgrad干工艺/干再处理、氧化燃料、振动压实、整合、锕系元素转化)工艺。俄罗斯还计划使用武器级钚作为包括 BN-800 在内的快堆的 MOX 燃料。

3.3.8 英国

为了追求和发展 FBR 技术,英国于 1955 年成立了敦雷核能发展机构(Dounreay Nuclear Development Agency)。DFR 于 1959 年 11 月开始建造,在 1963 年,DFR 开始向电网供电,一直运行到 1977 年。250 MWe 的原型快堆(PFR)在 1974 年达到临界状态,并在 1975 年 1 月开始供电。PFR 一直运行到 1994 年,并作为十分珍贵的测试设施开发了先进的燃料和包壳材料,不仅达到了令人满意的高燃耗,且经受住了高中子剂量。

关于快堆和加速器驱动系统的未来项目,英国一直在参与法国可替代能源与原子能委员会(CEA)领导的 CAPRA 和 CADRA 项目。这些方案的重点是在快堆堆芯中焚烧钚,以及焚烧少量 MA 和长寿命的裂变产物。英国的研究涵盖了堆芯物理、燃料性能建模和燃料循环建模等领域。

3.3.9 美国

在 20 世纪 50～80 年代,美国的液态金属冷却反应堆及其燃料循环研发项目已经积极地进行了近 30 年。美国过去有五个快中子反应堆在运行,积累了丰富的经验,后面又设计了几个快堆,但目前没有正在运营的液态金属冷却反应堆。

EBR-Ⅱ和 400 MWt 快速通量测试设施(FFTF)在 20 世纪 80 年代被广泛用于液态金属冷却反应堆燃料技术的发展。这两个反应堆辐照了超过 13 万根金属燃料棒、超过 5 万根 MOX 棒,以及约 600 种混合铀钚碳化和氮化物燃料。EBR-Ⅱ于 1994 年关闭。FFTF 不是一个增殖堆,而是一个用于测试先进核燃料、材料、部件、核电站操作和维护协议以及反应堆安全设计的 SFR。FFTF 作为美国主要的研究反应堆,于 1982 年到 1992 年期间在华盛顿的汉福德基地运行。它在 1993 年底关闭,自 2001 年以来一直处于退役状态。

美国 SFR 技术项目的关键成就是在 EBR-Ⅱ演示了一种固有安全的一体化快堆(IFR)概念,包括金属燃料制造、EBR-Ⅱ反应堆和热电解再处理厂。通过结合金属燃料(U-Zr 和 U-Pu-Zr)和钠冷却,IFR 设计被证明具有固有安全特性。

通过提供一种燃料,IFR 可以很容易地将热量从燃料传导给冷却剂,并且在相对较低的温度下工作,最大限度地利用了冷却剂、燃料和结构的肿胀。燃料和结构在不正常情况下的肿胀导致系统即使没有操作员的干预也会关闭。

IFR 项目的目标是通过生成钚来提高铀的使用效率,并消除对超铀同位素的依赖。该反应堆是一种在快中子上运行的未经调节的设计,旨在允许对任何超铀同位素进行消耗。IFR 有一个非常有效的燃料循环,基本方案采用电解分离法从废物中去除超铀和锕系同位素,并进行浓缩。然后,这些浓缩燃料在堆内被改造成新的燃料元件。从可用的燃料金属中,钚并未被分离出来,因此没有办法直接在核武器中使用这些燃料金属。同时,钚并未分离出来,不会造成钚的转移。从废物循环中去除较长半衰期的超铀同位素的另一个重要好处是,剩余废物的长期危害变成时间更短的短期危害。IFR 的目标是展示一种抗扩散的闭式燃料循环,将钚与其他锕系同位素一起回收利用。

近年来,美国对快堆(特别是 SFR)重新产生了兴趣。快堆的首要任务是响应第四代反应堆技术路线的可持续性目标,同时反映出其燃烧钚和 MA 的优秀潜能,从而减少轻水堆乏燃料的体积、辐射毒性和衰变热负荷,减少对存放几十年乏燃料地质储存库的需要。作为美国最近的先进燃料循环计划(AFCI)的一部分,一个先进的燃烧反应堆(ABR)已经在计划中。ABR 是一种先进快堆,用于燃烧钚和 MA(从运行的热堆乏核燃料再处理中回收)。因此,在内华达州尤卡山的地质储存库中,可供处置的高水平废物的体积、辐射毒性和衰变热将显著减少。

此类反应堆使用的燃料可包括 MOX 或基于 U-Pu-Zr 合金的金属燃料,燃料燃耗范围为 150～200 GW · d/t。AFCI 正在努力开发水溶液和焦化学工艺。这两种技术都确保了在所有加工阶段都没有分离的钚流。

3.4　氧化物燃料

3.4.1　简介

对于第一代实验、原型和商用 SFR,氧化物燃料一直是其无可争议的燃料选择。在法国、德国和日本,含有高达 30% PuO_2 的 MOX 一直是快堆的燃料。在俄罗斯,高浓缩铀氧化物已被用作 BOR-60、BN-350 和 BN-600 的燃料。英国和美国在他们的实验和原型快堆以及测试设施中都使用了金属燃料和 MOX 燃料。印度的 PFBR-500 也将使用 MOX 作为燃料。

基于以下原因,氧化物燃料将继续作为 SFR 的燃料:

(1) 制造过程简单,工艺步骤少,二氧化铀和 MOX 燃料制造工艺成熟;

(2) 二氧化铀和 MOX 燃料的熔点高且化学稳定性好;

(3) 二氧化铀和 MOX 与钠冷却剂和不锈钢包壳的化学相容性很好；

(4) 具有基于大量堆外和堆内实验模拟偶然和意外条件的二氧化铀和 MOX 燃料辐照数据库；

(5) 废弃二氧化铀和 MOX 燃料再处理的工业规模级经验丰富。

在法国和英国，SFR 燃料循环的所有步骤，包括制造、辐照、再处理和再制造，都已经在工业规模上使用 MOX 燃料进行了演示。日本还拥有针对 JOYO 堆和 MONJU 堆的 MOX 燃料的工业规模制造经验。俄罗斯拥有在 BOR-60、BN-350 和 BN-600 中含高浓缩铀的二氧化铀燃料的高燃耗辐照经验。

3.4.2 制造

在二氧化铀的制造过程中，如果氧铀原子数比恰好等于 2.0，则此时的 UO_2 被认为是符合标准化学比的。如果氧原子缺少或铀原子过量，也就是氧铀原子数比小于 2.0，此时的燃料被认为是亚化学比的燃料（UO_{2-x}）。相反，如果氧铀原子数比大于 2.0，则此时的燃料被认为是超化学比的燃料（UO_{2+x}）。燃料从标准化学比的偏离会影响到燃料自身的扩散行为以及与相邻包壳材料之间的扩散行为；此外，它还会影响到材料的密度、熔点和其他物理性质，以及和温度有关的性质。

二氧化铀和 PuO_2 是同构(氟化钙型面心立方)化合物，可形成无限型固溶体，且具有非常相似的热力学和热物理性质。因此，二氧化铀和 $(U,Pu)O_2$ 的制造工艺相似。氧化物燃料通常以“芯块”的形式使用，并通过粉末冶金工艺制造。“粉末-芯块”路线的主要工艺步骤是：

(1) 氧化粉的制备；

(2) 某些情况下氧化粉的造粒；

(3) 冷颗粒化；

(4) 氢气在大气中高温烧结。

粉末冶金路线的主要问题是“放射性有毒粉尘危害”，这与产生和处理大量非常细小的二氧化铀粉末、高放射性 PuO_2 和次锕系氧化物以及粉末的流动性差有关。钚的同位素，特别是 ^{238}Pu、^{240}Pu、^{241}Pu 和 ^{242}Pu 具有高度的放射性毒性，并与 β-γ 辐射和中子的发射有关。因此，避免铣削和磨削操作，能够处理无灰尘和自由流动燃料材料的制造工艺十分具有吸引力，而这又将促进远程和自动化的燃料制造。

1. 制造 UO_2 和 $(U,Pu)O_2$ 燃料芯块的工业过程

制造二氧化铀和 $(U,Pu)O_2$ 燃料的主要步骤是制备氧化粉，控制直径、长

径比、密度和微观结构(粒径、孔径、形状和分布),检查一端焊接的不锈钢包壳管,然后将另一端塞焊接,以氦气作为填充气体封装。在大多数情况下,二氧化铀轴向覆盖层是燃料棒的一部分,并装载在燃料芯块的两端。然后,燃料棒被绕丝缠绕和组装在六角形容器或外套管,以形成燃料组件。

图3-7总结了以六氟化铀、六水合硝酸铀(UNH)和硝酸钚为原料生产二氧化铀、PuO_2 和$(U,Pu)O_2$ 粉末的工业过程。在一体化干法(IDR)中,只能使用六氟化铀作为原料。采用二铀酸铵(ADU)和碳酸铀铵(AUC)工艺的湿式化学工艺可使用六氟化铀或UNH作为原料。由于IDR和ADU工艺制备的二氧化铀粉末非常精细,不能自由流动,因此需要一个造粒步骤来生产压制原料。只有AUC路线能生产相对较粗和自由流动的二氧化铀粉末,可以直接成球。

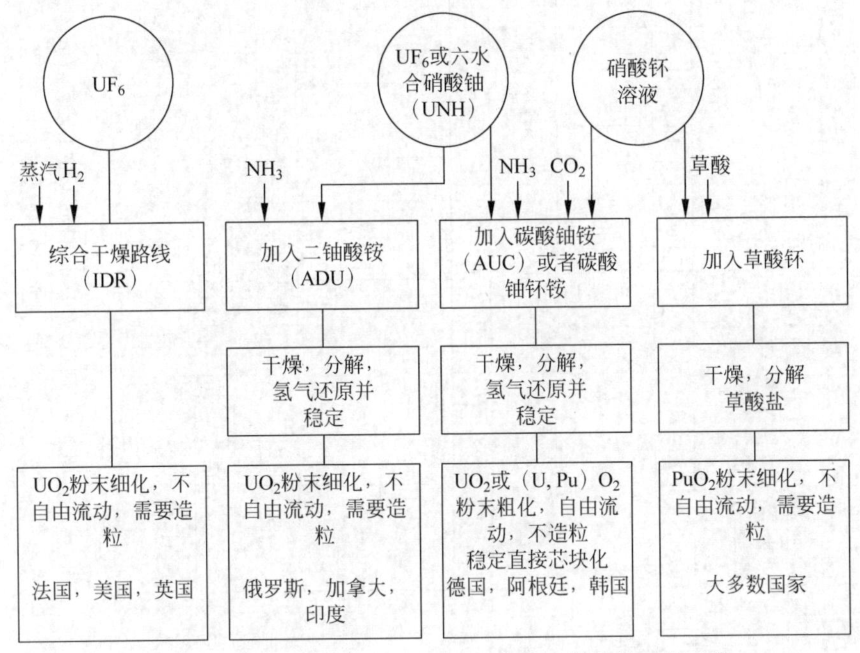

图3-7　生产二氧化铀、PuO_2 和$(U,Pu)O_2$粉末的工业工艺

图3-8总结了工业规模生产$(U,Pu)O_2$ 燃料芯块的工业方法。到目前为止,已经采用了五种工艺,即法国的共溴化(COCA)工艺、比利时和法国的微粉化主混合(MIMAS)工艺、英国的快速无黏结剂工艺(SBR),以及德国的氧化加工(OCOM)和碳酸铀钚铵(AUPuC)工艺。其中,COCA、SBR、OCOM和AUPuC已被用于制造快堆的MOX燃料芯块。MIMAS主要用于制造热堆的MOX燃料。以硝酸钚为原料,采用草酸法制备PuO_2 粉。在600℃下煅

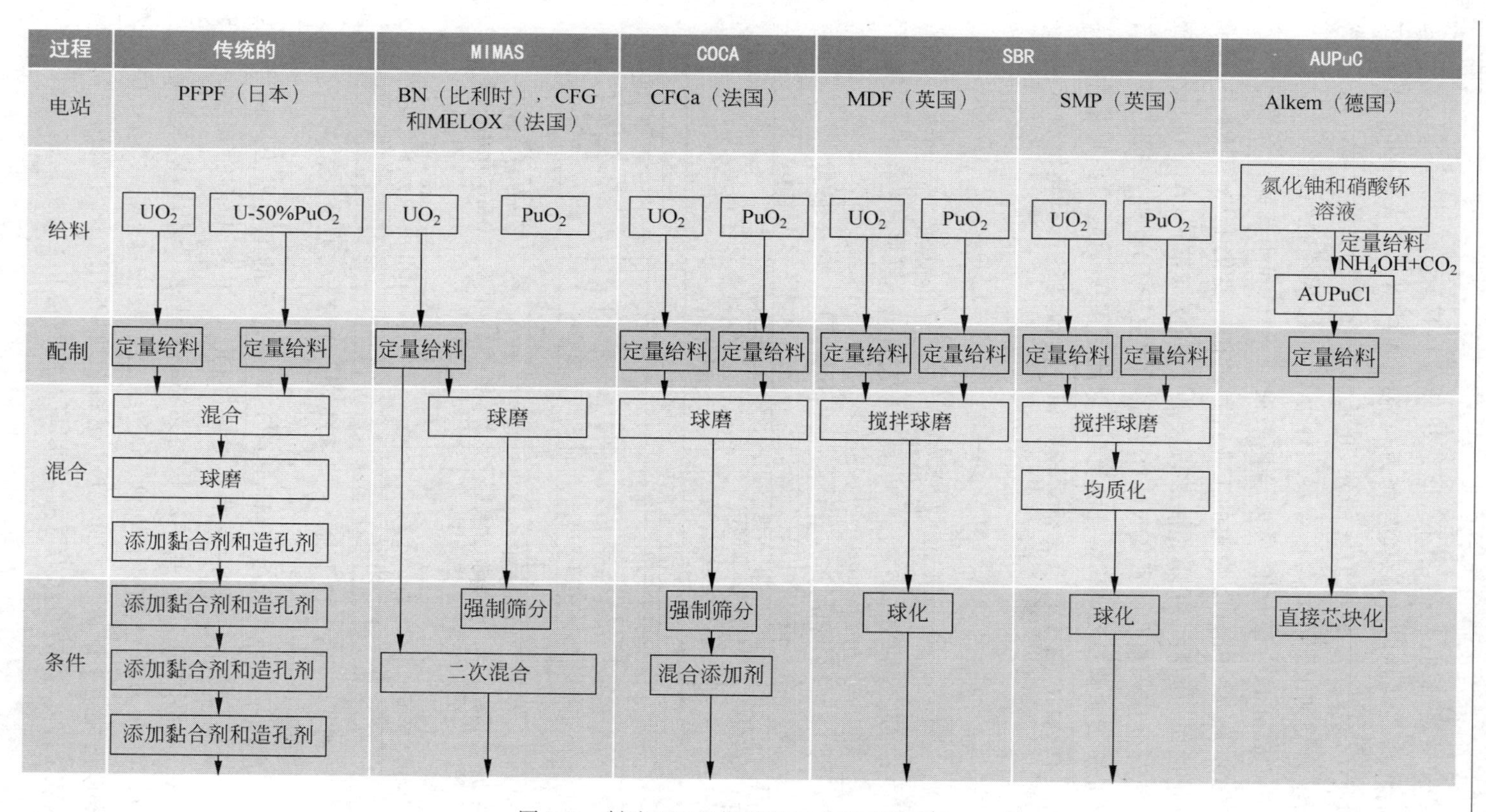

图 3-8　制造 MOX 燃料的工业工艺流程表

（请扫Ⅱ页二维码看彩图）

烧草酸钚时，会产生非常细的 PuO_2 粉末颗粒，需要造粒。常规路线采用机械混合原料粉末，即二氧化铀、PuO_2 或共沉淀$(U,Pu)O_2$，然后进行造粒、冷颗粒化和烧结。这些过程中的挑战是如何获得具有可控密度、氧与金属比、单相微观结构以及钚分布均匀的燃料芯块。

法国CEA的MOX工厂使用COCA工艺，为狂想曲、凤凰堆和超凤凰反应堆制造MOX燃料。COCA过程包括优化球磨，混合二氧化铀和 PuO_2 粉末，然后通过筛子强制挤出润滑的微化粉末，使自由流动的颗粒直接成球和烧结。

Belgo核公司在20世纪80年代，在比利时和法国(MELOX工厂)为LWR和LMR开发和生产MOX燃料。在MIMAS工艺中，单一混合步骤被两步混合步骤取代。在第一步中，纯 PuO_2 原料和一些二氧化铀共同研磨，得到二氧化铀与约30%PuO_2 的混合物，这是MIMAS的基本原理。在第二步中，混合物与从AUC获得的自由流动二氧化铀混合，达到MOX燃料的指定钚含量。在烧结过程中，研磨的二氧化铀和 PuO_2 颗粒之间紧密接触，二者进行了充分的相互扩散，因此在硝酸中具有所需的溶解度。

英国开发了SBR，用于其在MOX示范设施(MDF)中制造LMR的MOX燃料芯块，产量为8 tHM/a。其中，为PFR制造了大约13 t MOX燃料。SBR过程开始于氧化物粉末的磨碎，然后是混合氧化物粉末团块、球形化、冷却颗粒化和烧结。磨碎机在 UO_2-PuO_2 粉末混合物中提供了所需的微观均匀性。塞拉菲尔德MOX工厂使用SBR工艺，为LWR制造MOX燃料，产量为120 t/a。此外，MDF也被用于LMR的MOX燃料制造。

在德国，OCOM和AUPuC工艺是由哈瑙的Alkem开发的，用于SNR-300的一部分MOX燃料制造。Alkem为SNR-300制造了MOX堆芯，但SNR-300没有投入使用。随后，位于哈瑙的MOX燃料制造厂被关闭。AUPuC工艺是AUC工艺的扩展版本，在其中自由流动的$(U,Pu)O_2$ 粉末可以从混合硝酸钚溶液中沉淀下来。因此，不需要在再处理装置中分离钚流。从AUPuC的角度来看，该过程具有防核扩散性，在一定程度上减少了放射性粉尘危害问题，确保了Pu在$(U,Pu)O_2$ 粉末中的均匀分布。因此，其非常有吸引力。

对于MOX燃料制造，日本有一个被称为“钚燃料开发设施”的实验室设施，一个被称为“钚燃料制造设施”的试点工厂以及一个全自动钚燃料生产设施，有足够的能力为MONJU堆和JOYO堆生产MOX燃料。在钚燃料制造设施和钚燃料生产设施中，原料为含有约50%PuO_2 的微波反硝化MOX粉末。将再处理厂的MOX粉末与二氧化铀混合，得到所需 PuO_2 含量的MOX。近年来，日本进一步简化了MOX燃料芯块的制造工艺，基于微波脱硝混合硝酸铀钚溶液，然后直接颗粒化和烧结，如图3-9所示。该过程具有非常不错的特性：

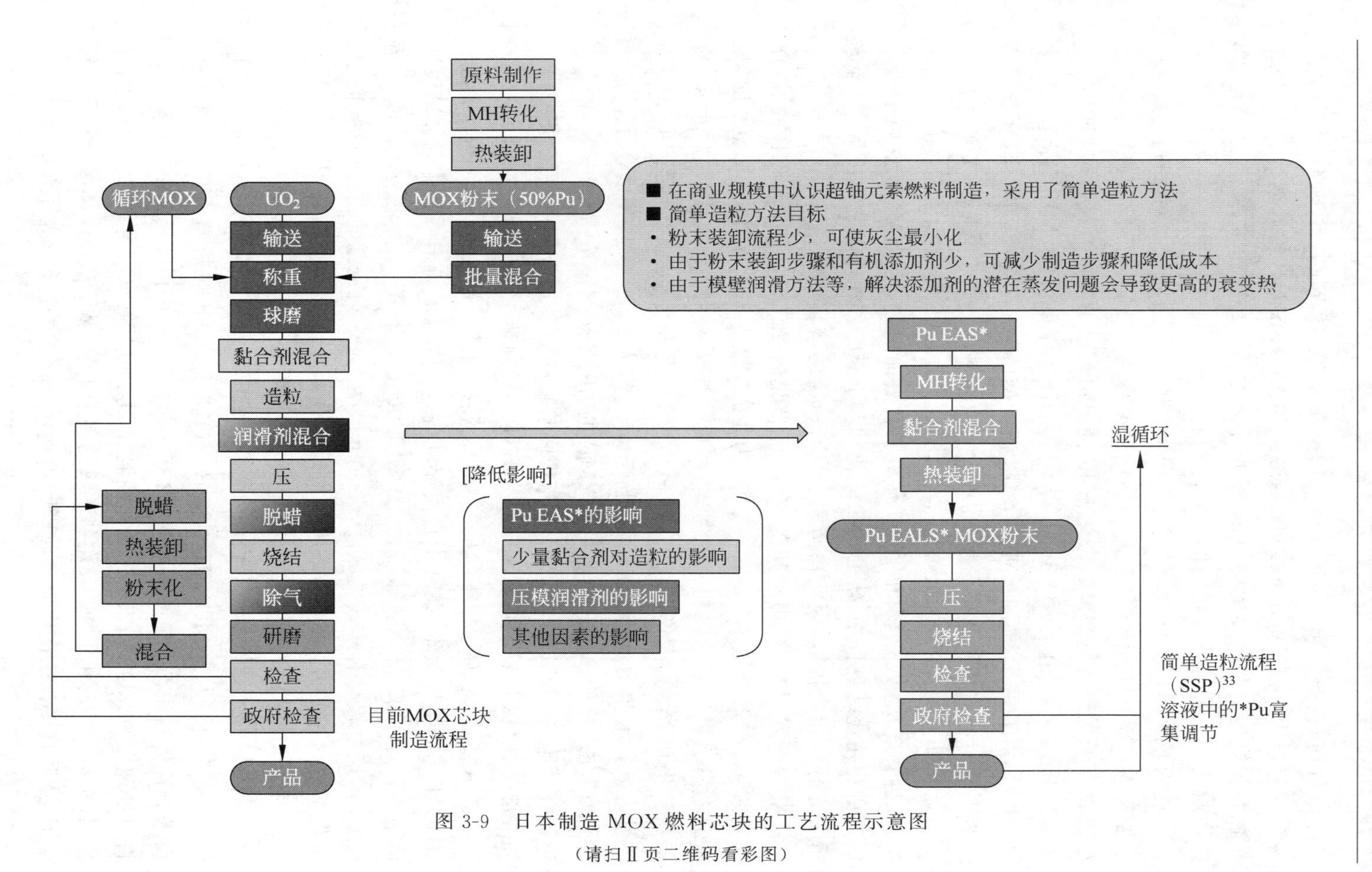

图 3-9　日本制造 MOX 燃料芯块的工艺流程示意图

（请扫Ⅱ页二维码看彩图）

(1) 溶液中的钚富集调节(PuEAS);

(2) 钚没有与铀分离,从防核扩散能力的角度来看,该过程具有吸引力。

除了上述工业 MOX 燃料制造工厂设施外,美国还建立了 5 个试点工厂生产用于 EBR-Ⅱ和 FFTF 堆芯的 MOX 燃料。美国采用经典的粉末颗粒工艺,采用二氧化铀和 PuO_2 粉末进行造粒、冷颗粒化和烧结,在 FFTF 设备中生产了超过 125000 根 MOX 燃料棒。同样,俄罗斯的 Paket/车里雅宾斯克小型设施生产了使用经典粉末冶金路线的实验 MOX 芯块,以及共沉淀颗粒(Granat 工艺)作为 BOR-60 和 BN-600 辐照的原料。Paket 工厂主要使用二氧化铀和 PuO_2 粉末作为原料,使用了一种用于研磨和混合的高能混合器,以及传统的粉末-芯块路线。而在颗粒化过程中,也通过 MOX 粉末的氨共沉淀、微球化和烧结,生产了一些 MOX 燃料芯块。印度已经建立了一个 MOX 试点工厂。该工厂基于二氧化铀和 PuO_2 粉末的吸引剂共磨,然后进行颗粒化。PFBR 500 燃料成分的 MOX 燃料组件已经在该工厂中制造,并正在 FBTR 中进行辐照测试。该工厂还制造了一些含有约 45% PuO_2 的 MOX 燃料组件,用于 FBTR。

2. 溶胶-凝胶工艺

“振动-溶胶”和“溶胶-凝胶微球颗粒化(SGMP)”是用于制造二氧化铀和均匀 MOX 燃料芯块的无尘工艺。迄今为止,这些工艺仅在少数国家的试点工厂规模上使用。在这些过程中,首先,从重金属的硝酸盐溶液开始,通过“氨外/内凝胶过程”制备可自由流动的混合氧化物水合凝胶微球。“氨凝胶”可以通过氨气体和氢氧化铵“外部”实现,也可以通过添加的氨发生器(即六亚甲基四胺(HMTA))实现。图 3-10 和图 3-11 分别显示了用于制备氧化铀水合凝胶微球的铀的氨外凝胶化(EGU)和铀的氨内凝胶化(IGU)工艺。EGU 和 IGU 工艺也可以用于混合铀钚。EGU 和 IGU 流程中的主要步骤如下所述。

(1) 用铀和钚的硝酸盐溶液制备溶胶或溶液。

(2) 在 EGU 过程中,将硝酸钚溶液与尿素和硝酸铵溶液分别按每升 1.0 mol、每升 4.0 mol 和每升 2.5 mol 的比例混合,然后煮沸 30 min 左右。为了提高凝胶的机械稳定性,可以在混合溶液中加入少量的聚乙烯醇(5 g/L)。在 IGU 过程中,铀和硝酸钚溶液与 HMTA 和尿素分别按物质的量比 1.25 和 1.75 混合,冷却至 0℃。尿素可防止溶液过早凝胶化。

(3) 通过振动喷嘴形成液滴。

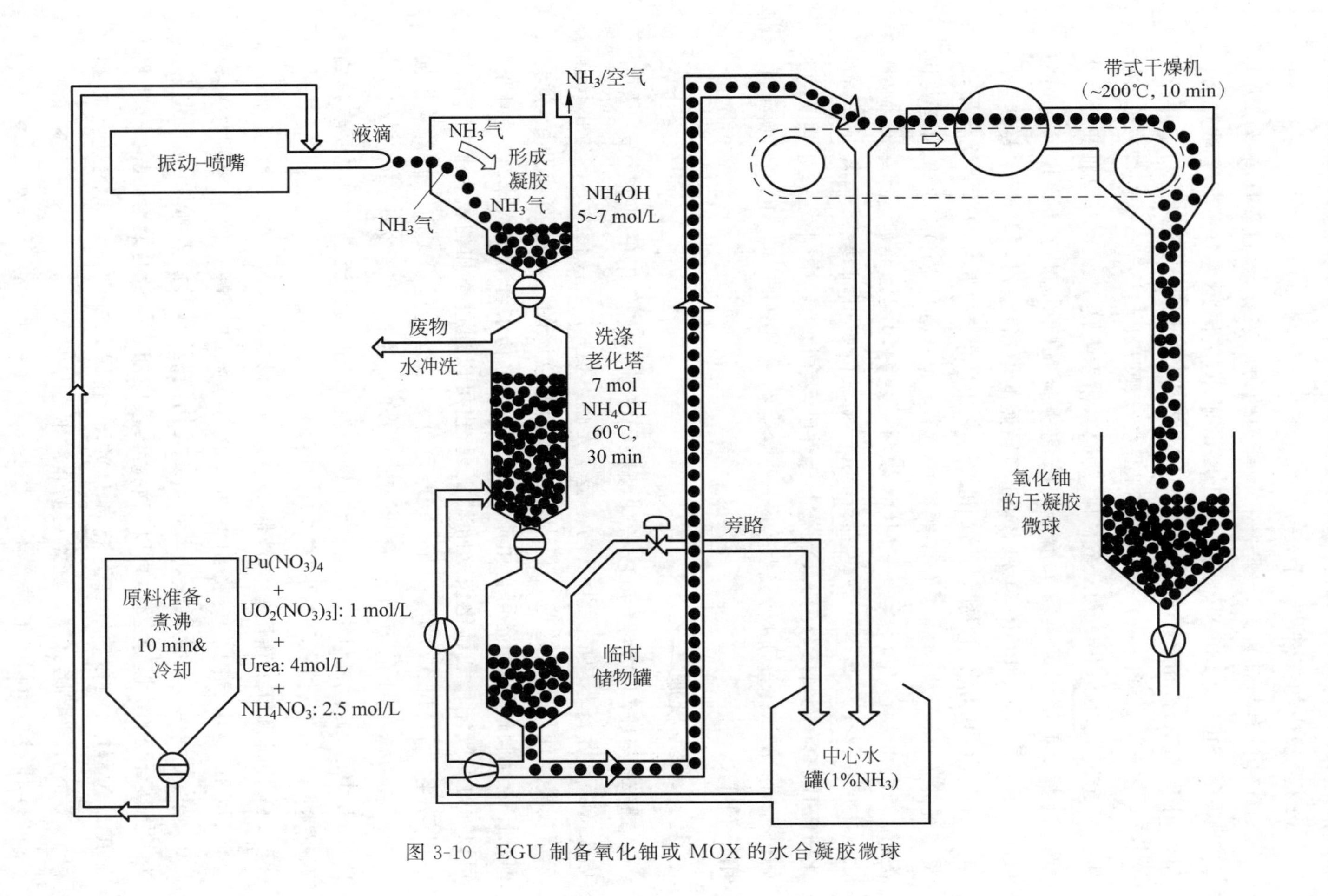

图 3-10　EGU 制备氧化铀或 MOX 的水合凝胶微球

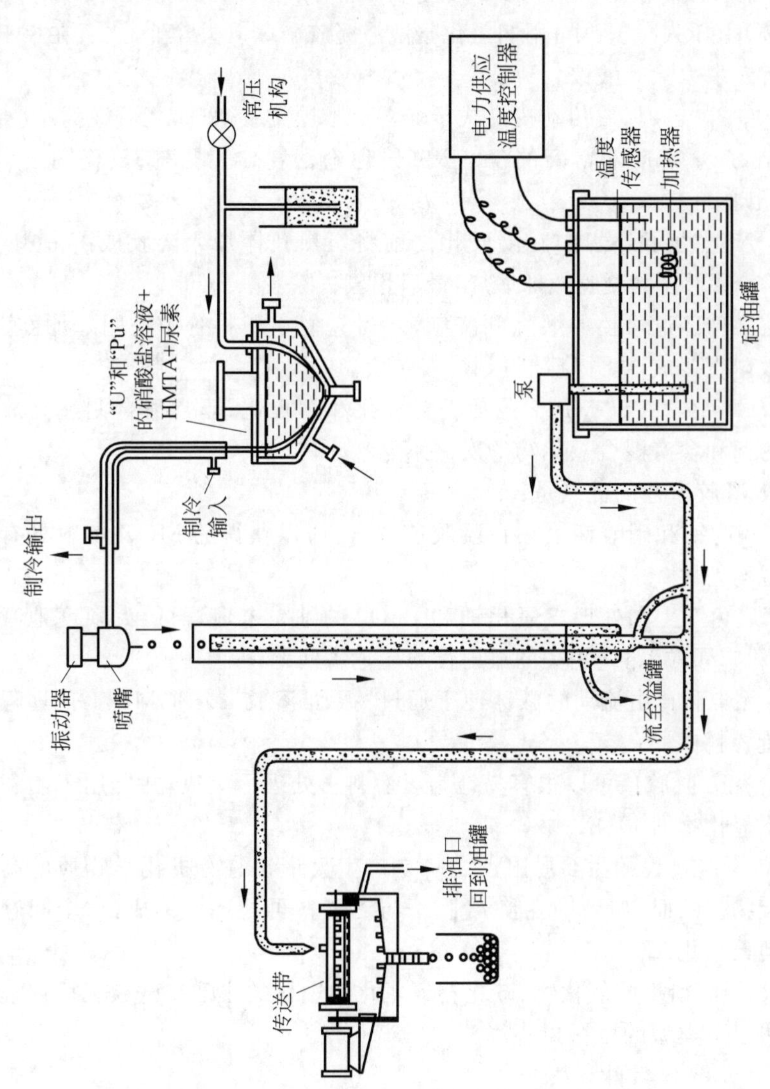

图 3-11　IGU 制备氧化铀和混合氧化铀钚凝胶微球

(4) 液滴在氨气体和氢氧化铵浴(EGU)或(90±1)℃的硅油浴中形成凝胶,(即 HMTA 分解并释放氨,将液滴转化为水合凝胶微球); 在 IGU 过程中,微波加热也可以用来代替硅油。

(5) 凝胶微球洗涤。在 EGU 过程中,凝胶微球用 1%的氨溶液洗涤以去除硝酸铵; 在 IGU 过程中,用四氯化碳洗涤凝胶微球以去除油,之后在 3M 氢氧化铵溶液中去除硝酸铵。

(6) 在 200～250℃传动皮带式干燥器上干燥凝胶微球,之后在约 1600℃控制烧结,产生密度非常高的(大于 99%理论密度)"无孔"二氧化铀或(U,Pu)O_2 微球。

为了产生"多孔"微球,在凝胶化之前将炭黑孔体加入溶胶或溶液中,然后在约 700℃下控制凝胶微球煅烧,最后用氢去除炭黑。

凝胶微球经过可控的煅烧和烧结,之后它们在燃料管中被"振动压实"。将多孔微球直接成球,并烧结得到燃料芯块。

"振动-溶胶"和 SGMP 工艺易于自动化和远程化,非常适合制造高放射性毒性的钚和含有混合氧化物的次锕系燃料。

溶胶-凝胶工艺的优点是:

(1) 因为铀和硝酸钚溶液在凝胶前混合,所以获得的 MOX 燃料具有高度的微观均匀性;

(2) 避免产生和处理二氧化铀和 PuO_2 的细粉末,从而最大限度地减少与常规"粉末颗粒"路线相关的放射性粉尘危害问题;

(3) 无尘和自由流动的微球便于通过"振动-溶胶"或 SGMP 工艺远程和自动制造燃料棒;

(4) 溶胶-凝胶厂可以很容易地与乏燃料再处理厂集成,并可用于制备含有次锕系氧化物的 MOX。

溶胶-凝胶过程的主要局限性之一是产生大量含有有机化学物质的高水平液体废物。然而,如果将溶胶-凝胶厂与乏燃料再处理厂集成,这个问题可以显著地最小化。

溶胶-凝胶衍生的氧化物、碳化物或氮化物燃料微球已在试验工厂规模上用于制造以下类型的燃料棒。

1) 振动-溶胶燃料

在此过程中,将两个或三个不同尺寸(800～1000 μm,80～100 μm 和约 10 μm)的高密度氧化物、碳化物或氮化物燃料微球装载在一端焊接燃料包壳管中,并进行振动压实。通过该工艺可以制备 70%～85%有效密度的燃料棒。在英国,通过振动-溶胶路线为 PFR 制造的几个 MOX 燃料组件最初通过该计划进行了辐照，但后来被放弃了。振动-溶胶元件的限制是在寿期开始时燃料元件线功率的工作下限，关注燃料元件的细馏分分离和包壳破裂情况下的燃料弥散。俄罗斯选择 DDP/DOVITA 工艺，生产了不规则颗粒，克服了溶胶-凝胶衍生微球在振动-溶胶燃料遇到的一些问题。

2）SGMP

在 SGMP 过程中，溶胶-凝胶衍生的多孔或无孔微球直接压实成微球，并在约 1700℃的氢气环境下烧结。无孔微球即使在高压（约 840 MPa）和高温（1700℃）烧结后仍保持其各自的特性，从而形成具有微球边界和“开放”孔隙度的“黑莓”结构。这是因为微球内部的致密化，而不是在烧结过程中它们之间的致密化。这些多孔微球的破碎强度很低，在约 350 MPa 下成球过程中容易分解，产生无微球边界的烧结球。图 3-12 显示了由这些微球制成的无孔和多孔微球以及烧结微球的扫描电镜图片。

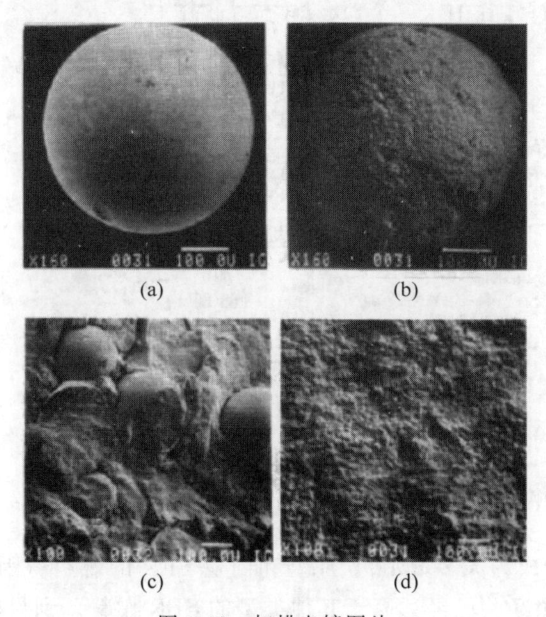

图 3-12　扫描电镜图片

（a）“无孔”微球；（b）“多孔”微球；（c）来自“无孔”微球的烧结微球（显示黑莓结构）；（d）来自“多孔”微球的烧结微球（显示无微球边界）

3. 俄罗斯 DDP/DOVITA 工艺过程

俄罗斯原子反应堆研究所（RIAR）开发了新的方法 DDP/DOVITA，用于从新/乏的二氧化铀和（U，Pu）O_2 燃料制备二氧化铀、PuO_2 和（U，Pu）O_2 燃料，燃料可含有或不含有次锕系。原料（新/乏二氧化铀或（U，Pu）O_2 燃料）在由裂解石墨制成的“氯化器-电解槽”中被熔盐溶解。然后，电精炼的二氧化铀和/或 MOX 沉积在阴极上，形成松散的外壳，经压碎和分级以达到所需尺寸，而后通过振动压实进入燃料棒。图 3-13 显示了用于在阴极上共沉积(U,Pu)O_2的氧化物乏燃料的焦化学生产/再处理示意图。RIAR 试验工厂主要氯反应电解仪设备的直径约为 380 mm，可批量共沉积 30 kg MOX 燃料。图 3-14 显示了主要设备、共沉积的 MOX 和用于振动压实的颗粒状 MOX 的特性。RIAR 采用 DDP/DOVITA 工艺制备了几种 MOX 燃料棒组件，并在 BOR-60 和 BN-600 中成功进行辐照实验。

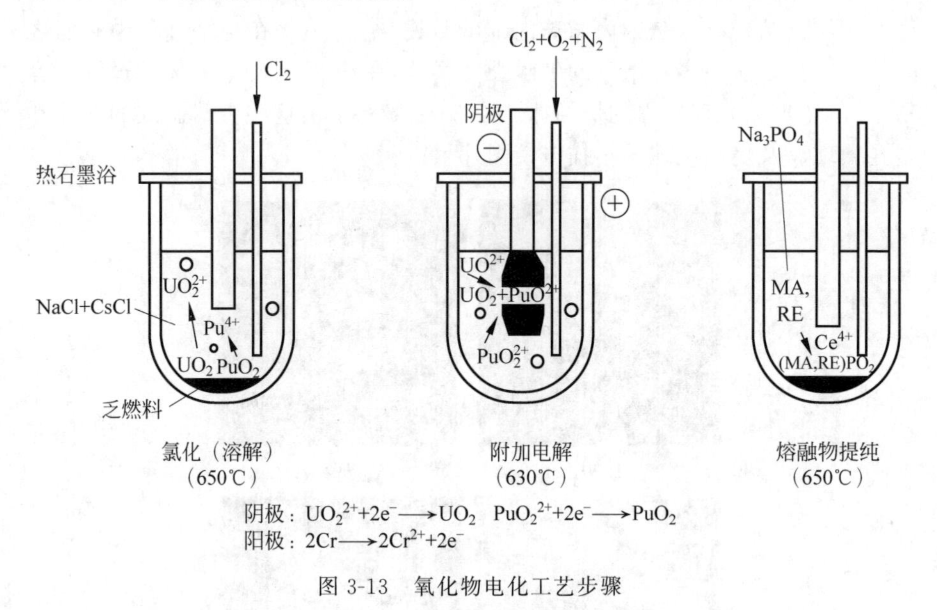

图 3-13　氧化物电化工艺步骤

3.4.3　辐照经验

MOX 已经成为大多数示范、原型和商业 SFR 的燃料。因此，MOX 燃料在快堆中的辐照经验已经远高于其他类型的 SFR 燃料。到目前为止，已有超过 265000 根 MOX 燃料棒在欧洲快堆中被辐照。在俄罗斯的 BN-350 和 BN-600 反应堆中，分别辐照了 1500 根和 2500 根 MOX 燃料棒。此外，在燃耗为 130 GW · d/tHM 的 BN-350 和 BN-600 中，辐照了约 1000 根带振动的包覆 MOX 燃料棒，以及在更高燃耗的 BOR-60 辐照了超过 16000 根带振动的包覆 MOX 燃料棒。在日本，大约有 54000 根燃料棒被辐照，其中，有 61 根棒已经达到 130 GW · d/tHM 的燃耗值，但没有超过 150 GW · d/tHM。此外，世界各地在试验反应堆和原型反应堆中辐照的一些实验燃料棒已经达到了大于

30 kgMOX燃料批次设备
坩埚直径约380 mm

30 kg（U, Pu）O_2
在阴极沉积

(a)

振动填料用的晶粒化的MOX燃料芯块的特性

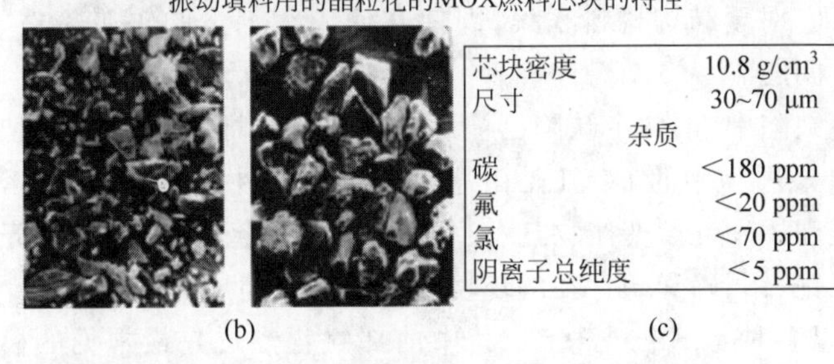

芯块密度	10.8 g/cm^3
尺寸	30~70 μm
杂质	
碳	＜180 ppm
氟	＜20 ppm
氯	＜70 ppm
阴离子总纯度	＜5 ppm

(b)　　　　(c)

图 3-14　氯化槽电解槽设施与 30 kg MOX 燃料批次(a)，共沉积的 MOX(b)和颗粒状 MOX 的振动压实特性(c)

210 GW · d/tHM 的燃耗水平。

快堆堆芯的条件导致了 MOX 燃料的重组。在线产热率为 40 kW/m 及以上的情况下，燃料棒形成了四个明显的区域。最里面的区域是一个中心孔隙，这是由将制造时的孔隙和一些燃料包壳间隙沿温度梯度输送到燃料中心而造成的。

围绕中心孔隙的燃料由致密的颗粒组成，其理论密度至少为 98%，呈径向拉长，称为柱状颗粒区。这些颗粒形成透镜状孔隙，通过燃料从较热的(内部)一侧汽化，并凝结在较冷的(外部)一侧，从而向内移动，使燃料向外移动。透镜状孔隙是由燃料中的大型(大于 5 μm)制造孔隙或初始裂纹发展而来，并在此过程中修复。在这个柱状颗粒区域内也可以观察到钚含量增加的区域。

柱状晶粒外是一个温度足够高的区域，使晶粒通过体扩散而生长，称为等轴晶粒生长区。这一区域扩大的燃料芯块，虽然通常被称为“等轴”，但在温度梯度的方向上略微拉长，其边界总是用气泡和裂变产物包覆物装饰。

等轴晶粒生长区和包壳之间的燃料保留了其原有的微观结构和密度，称为未重组区域。该区域的燃料在低于约 1200℃的温度下运行，其流动性很低，因此，燃料往往保留其大部分原始特性。

1. 燃料失效和辐照行为

为了安全运行，在辐照过程中应保持包壳的完整性。FBR 棒的包壳完整性存在四种主要威胁：

(1) 制造缺陷；

(2) 棒、垫片和包壳层之间的机械相互作用；

(3) 燃料-包壳机械相互作用(FCMI)；

(4) 燃料-包壳化学相互作用(FCCI)。

适当的燃料棒设计，如低有效密度、环形芯块等，在很大程度上克服了 FCMI。然而，对于结构材料来说，即使在使用大剂量的辐照条件下，这也可能成为一个问题。

在上述缺陷中，前两个缺陷已被确定为欧洲快堆中超过 40%快堆故障的原因。FBR 燃料棒中的 FCCI 是由恶劣的操作条件、氧化物燃料密度普遍较低以及氧气和挥发性裂变产物迁移到燃料表面引起的。FCCI 包壳材料的成分主要由在铯、钼、碲和碘存在的环境下氧化的铬组成。

FCCI 以多种形式被观察到，其中前部氧化渗透是最常见的模式。这种渗透的程度受燃料、包壳温度和氧势的影响，但与应力无关。该机制通常被认为是一种裂变产物辅助氧化过程，铯是主要催化剂，尽管在某些情况下已经确定了碲的存在。FCCI 的范围随着燃耗的增加而逐渐增加，但不被认为是限制寿命的因素，因为燃料棒的设计考虑了预期的包壳损耗。值得注意的是，自 20 世纪 70 年代以来，在凤凰、PFR、JOYO 和 FFTF 快堆使用燃料的经验中，只有两次故障专门归因于 FCCI。这种低于预期的失效发生率归因于挥发性裂变产物能够通过吸收多余的氧气并在燃料-包壳间隙中形成氧化物来缓解包壳的氧化。

2. MOX 燃料的辐照能力

从辐照实验和辐照后检查(PIE)中获得的经验表明，即使在严格的高燃耗要求下，MOX 燃料的行为也不是燃料棒寿命的限制因素。证实这一点的主要观察结果如下所述。

(1) 即使在非常高的燃耗条件下，中等的燃料肿胀率，也不会使传热性能显著退化。

(2) 通过适当的燃料棒设计，可以克服 FCMI 和 FCCI 的问题。推荐的设计包括使用合适的线加热功率和增加棒直径，从而导致燃料的表面温度较低，包壳的厚度更大以及氧与金属（O/M）的初始比值较低。

（3）在燃料棒失效的情况下，没有观察到燃料与冷却剂发生重大反应。这些反应可能导致裂变材料的巨大损失或二次失效的快速发展，或故障在组件内传播。

基于 MOX 获得的良好结果，目前认为这种类型的燃料可以达到未来 200 GW·d/tHM 的燃耗目标。

3. 瞬态和事故条件下的燃料行为

目前，已经对 FBR 燃料在事故或非正常情况下的行为进行了多项实验研究。MOX 燃料的安全可靠性能已经在阿贡国家实验室（ANL）的 EBR-Ⅱ进行的广泛测试项目中得到了证实。测试项目总共完成了 57 次试验，包括 100%超高功率的瞬态、多重燃料故障的长期运行和动力熔化试验。这些测试表明，MOX 燃料棒可以在非正常条件下正常运行，对其性能几乎没有影响——特别是破损的燃料棒包壳对设备运行没有明确的影响，而包壳性能的完整性参数是最有效的可靠性参数。

在考虑堆芯优化时，应首先考虑燃料棒直径。因为它主导了大多数其他设计参数，包括易裂变含量、增殖比、比功率和易裂变特定存量。如果设计要求是较高的增殖比，则棒的直径必须较大。然而，该反应堆的比功率将会下降，从而需要更大的燃料存量。从经济性的角度来看，大直径的燃料棒有许多优点。它不仅降低了单位质量燃料的制造成本，而且可以有效地减少由燃耗扩展引起的功率不匹配问题。假设高燃耗燃料的经济最佳外径比过去设计的要大得多，从这个角度进行的设计研究正在具有大直径燃料棒的高燃耗堆芯上进行。

一般认为，由于燃料基体中裂变产物的积累，辐照 MOX 的熔点和热导率随着燃耗量的增加而降低。然而，由于测量值的不确定性较大，很少有辐照后检查的数据使得对这种辐照效应的详细讨论成为可能。

3.5　碳化物和氮化物

3.5.1　简介

MC 和混合铀钚单氮化物（MN）因其密度高、增殖比高（从而缩短倍增时间）、热导率高以及与钠冷却剂的良好化学相容性而被确定为先进的液态金属冷却反应堆燃料。因为 MC 和 MN 的晶体结构（FCC，氯化钠型）及物理和化学性质相似，所以它们属于同一家族。铀和钚的单碳化物和单氮化物可形成无限型固溶体。然而，与混合氧化物燃料相比，单碳化物燃料和单氮化物燃料的经验虽然意义重大，但仍然非常有限。

在20世纪60年代至70年代期间，美国、法国、德国、英国和俄罗斯积极开展了用于快堆的碳化物和氮化物燃料的研究和开发方案，如UC、UN、(U,Pu)C和(U,Pu)N燃料，其最大钚含量为20%。间隙填充钠或氦的碳化物和氮化物燃料已被开发，并成功辐照到高燃耗率(高达20%)。

碳化物燃料的高导热性，可以保证其在线功率约为1000 W/cm的理想传热条件下运行。然而，其固有的高肿胀率需要较大的燃料包壳间隙。如果以氦作为填充气，会导致间隙的热导率较差。为了发挥碳化物燃料的全部潜力，一个重要选项是使用钠作为燃料与包壳之间的填充介质，以提高间隙热导率，实现高线功率运行。然而，由于在燃料制造过程中钠的繁琐处理方式，碳从燃料泄漏到包壳的可能性增加，以及由孔隙存在而导致间隙内的质量减少，氦填充燃料棒比钠填充燃料棒更受青睐。与钠填充燃料棒相比，氦填充燃料棒失效率显著降低。然而，氦填充燃料棒不能在大于600 W/cm的线功率下工作。在俄罗斯，从1965—1971年，MC燃料已在BR-5反应堆中运行，燃耗达到了6.2%。富含钚的MC燃料(70%和55%的PuC)已被用作印度FBTR的燃料。以70%的PuC作为参考燃料的初始混合碳化物堆芯(Mark-Ⅰ)自1985年开始运行，已达到峰值燃耗，且没有任何燃料故障。PuC含量为55%的肿胀混合碳化物燃料芯块(Mark-Ⅱ)也已接受辐照。

大量UN的子组件也成功地在BR-10堆芯中辐照，燃耗达到9%。在BOR-60反应堆中，一些UC、U(C,N)、(U,Pu)C和(U,Pu)N测试组件成功辐照到高燃耗。在美国，近700个含有MC和MN芯块的氦填充和钠填充燃料棒在EBR-Ⅱ和FFTF中成功辐照，达到了10%～20%的高燃耗。这些燃料棒大多数是氦填充间隙的MC芯块。辐照测试的次数有限时，也使用MC燃料棒进行"振动填充"。

在英国的DFR、比利时的BR-2、德国的KNK-Ⅱ、荷兰的HFR，以及日本2号研究反应堆(JRR-2)和日本材料试验堆(JMTR)中，也进行了单碳和单氮燃料棒的辐照实验，但在这些反应堆中，混合碳化物或混合氮化物燃料未被用作燃料。

MC和MN具有相似的密度和热物理性质，在辐照条件下的行为基本相同。从制造的角度来看，氮化物燃料有以下优点：①不反应和自燃；②相对更容易制造，单相MN因为钚形成单氮化物和高氮化铀(UN_2和U_2N_3)是不稳定的，通过在真空或氩气中进行高温(大于等于1673 K)处理，容易分离得到 UN。MN 燃料的主要问题是 ^{14}N 通过(n,p)反应形成放射性 ^{14}C,以及 ^{14}N 对快中子的高俘获吸收率。通过使用 ^{15}N,可以避免 ^{14}C 的问题。然而,^{15}N 的富集过程是昂贵的。

3.5.2　制造经验

由于这些非氧化次锕系化合物是相似的,具有等同结构的、完全相容的物理、化学和热力学性质,因此 MC 和 MN 的合成和固定技术也相似。UC、PuC、(U,Pu)C、UN、PuN 和(U,Pu)N 的制造困难且昂贵,主要原因如下所述。

(1) 工艺步骤的数量比氧化物燃料的数量更多。

(2) 次锕系化合物极易被氧化和水解,并且是粉末形式的自燃物。因此,整个制造需要在密封手套箱内进行,保持在充满惰性气体(氮气、氩、氦等)的环境中,仅包含少量氧气(小于 20 ppm);

(3) 在制造的不同阶段需要严格控制碳含量,以避免形成不需要的金属相,并保持高碳化合物(M_2C_3 和 MC_2)在可接受的范围内。在惰性气体中,高氮化合物(M_2N_3 和 MN_2)在高温(大于等于 1400℃)下会解离成 MN,从而没有任何问题。

表 3-6 总结了碳化物和氮化物燃料与氧化物燃料制造的基本区别。制造 UC、UN、PuC、PuN、MC 和 MN 燃料的两个主要步骤包括:

表 3-6　碳化物和氮化物燃料与氧化物燃料制造的基本区别(M=U,Pu,(U,Pu))

基　准	氧化物	碳化物/氮化物
(1) 制造过程中的主要步骤	(a) 共同铣削的二氧化铀和二氧化钚; (b) 压实; (c) 烧结	(a) 混合二氧化铀、二氧化钚和碳; (b) 制片; (c) 碳热还原; (d) 破碎; (e) 铣削; (f) 压实; (g) 烧结
(2) 手套箱气体	空气	惰性气体:氩气或氮气;小于 20 ppm 的氧气和湿度
(3) 过程控制	(a) O/M; (b) 芯块密度	(a) C/M 或 N/M; (b) 含有 O、C 和 N 的粉末及芯块; (c) 含 MO_2、M_2C_3 和 MC_2 或 MO_2,MN_2 和 M_2N_3 的粉末及芯块; (d) 芯块密度

续表

基　准	氧化物	碳化物/氮化物
(4) (U, Pu) C 制造的附加设备		(a) 高温炉； (b) 氧、氮和碳分析仪； (c) 微量氧和水分监测； (d) 人员安全氧监测仪； (e) 惰性气体系统-一次通过或再循环-净化

(1) 以氧化物或金属为原料制备单碳或单氮化物的颗粒、粉末、夹料或溶胶-凝胶微球；

(2) 制造燃料芯块，将燃料芯块装载到包壳管中，并将颗粒或微球封装或振动填充在燃料包壳管中，然后封装。

1. MC 和 MN 的合成

MC 和 MN 的主要合成方法有：

(1) 电弧熔化直接合成；

(2) 大块金属氢化-脱氢(形成细金属粉末)，然后用甲烷/丙烷和氮气分别渗碳和氮化，分别得到 MC 和 MN 的细粉末；

(3) 在真空/氩气和流动氮气分别进行氧化物的碳热还原，分别用于制备 MC 和 MN。

在这些方法中，氧化物的碳热还原是最具吸引力的大规模生产途径。因此，这种方法在所有与 MC 和 MN 燃料开发相关的实验室中都得到了广泛的研究。在氧化物的碳热还原过程中，起始氧化物需要高度的微观均匀性。否则，碳的局部缺陷和过量将导致不必要的相的形成。必要的均匀性可以通过“干法”实现，包括长时间研磨和混合，然后成球；或者通过“湿化学途径”，通常称为“溶胶-凝胶”过程。在“溶胶-凝胶”过程中，从铀和钚的硝酸盐溶液中制备出含碳的氧化物微球(100～200 μm)。

图 3-15 显示了瑞士保罗谢尔研究所(PSI)的溶胶-凝胶工艺示意图。该工艺用于制造高密度(U,Pu)C 和(U,Pu)N 微球，并制造“振动-溶胶”燃料棒。同时，用氨“内部凝胶”制备水合凝胶微球。

2. 从氧化物碳热合成(U,Pu)C

通过碳热还原生产单碳的整体简化化学方程可以用下式表示：

$$MO_2 + 3C \Longrightarrow MC + 2CO\uparrow \tag{3-1}$$

式中，MO_2 是机械混合或固溶的二氧化铀和 PuO_2。

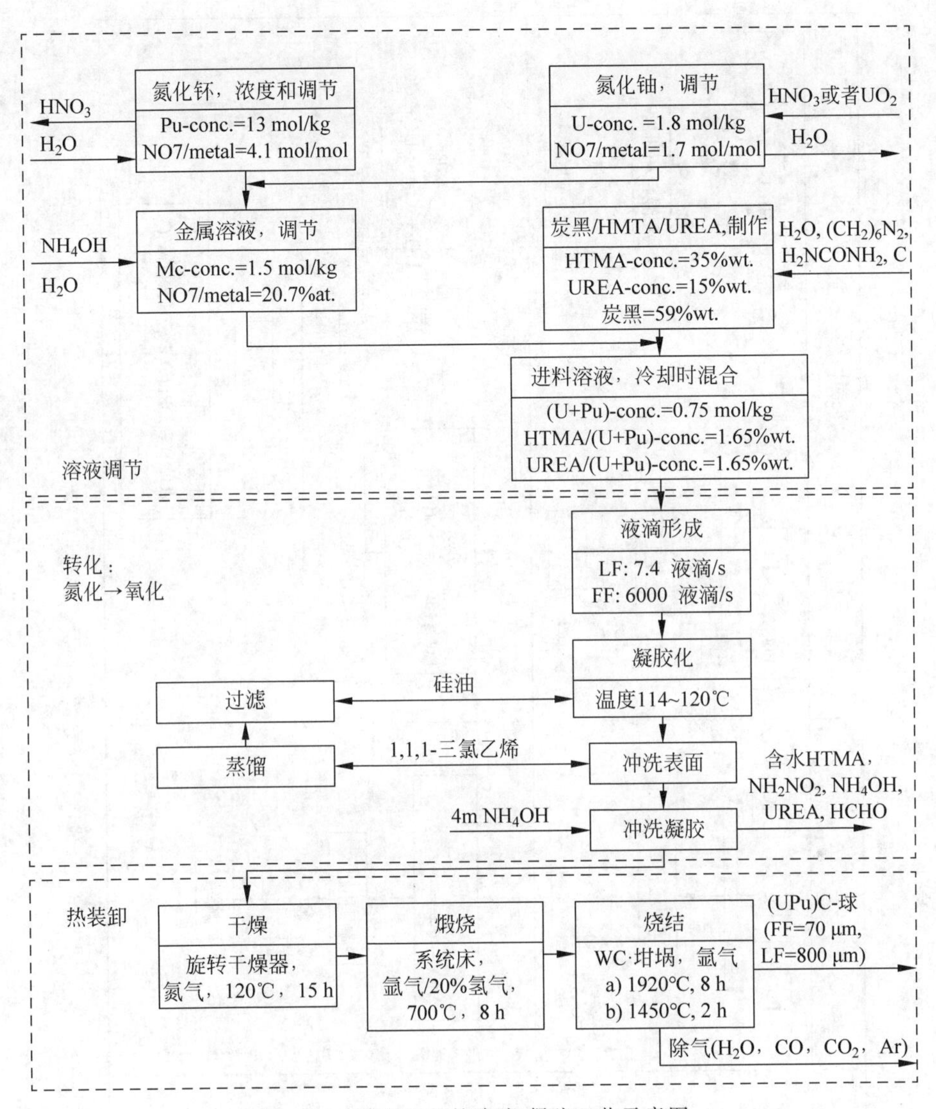

图 3-15　瑞士 PSI 的溶胶-凝胶工艺示意图

图 3-16 总结了从二氧化铀和 PuO_2 粉末开始合成(U,Pu)C 的各种碳热还原技术。在碳热还原过程中,因为一氧化碳的演化不仅是主要的还原机制,而且还控制着该反应的动力学,所以控制一氧化碳的分压非常重要。图 3-17 显示了印度在静态床中通过单步“碳热合成”路线制备 FBTR 的富钚(U,Pu)C 微球的工艺步骤。“静态床单步固态合成”是制备 MC 最简单的方法。在这种方法中,MC 最终产物总是含有 M_2C_3 第二相与残留的氧和氮杂

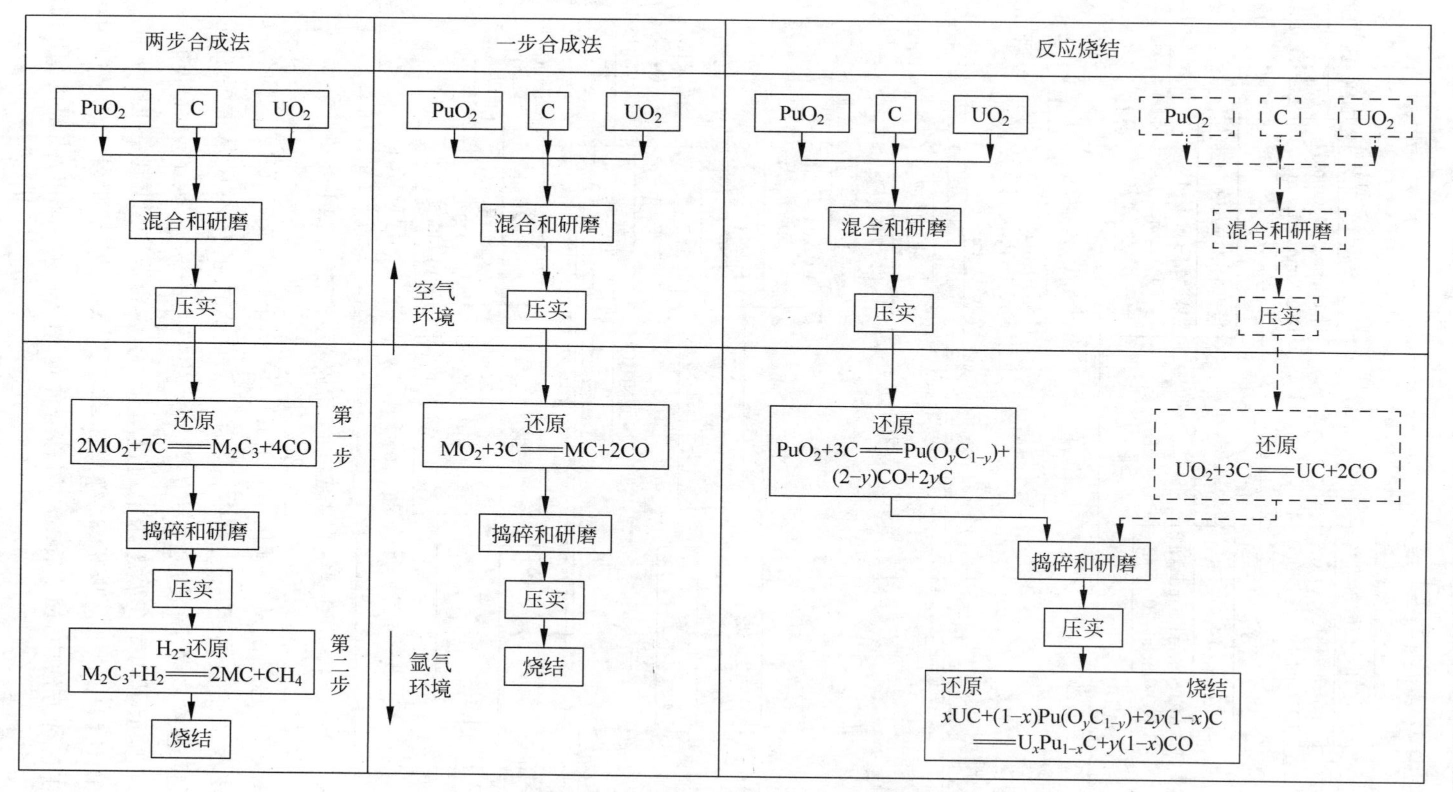

图 3-16　合成(U,Pu)C的不同的碳热还原过程

质。这是因为氧和氮作为碳等价物，在 MC 晶格中取代“C”形成化合物(U，Pu)($O_x N_z C_{1-x-z}$)，其中“x”“z”和它们的总和小于 1.0。

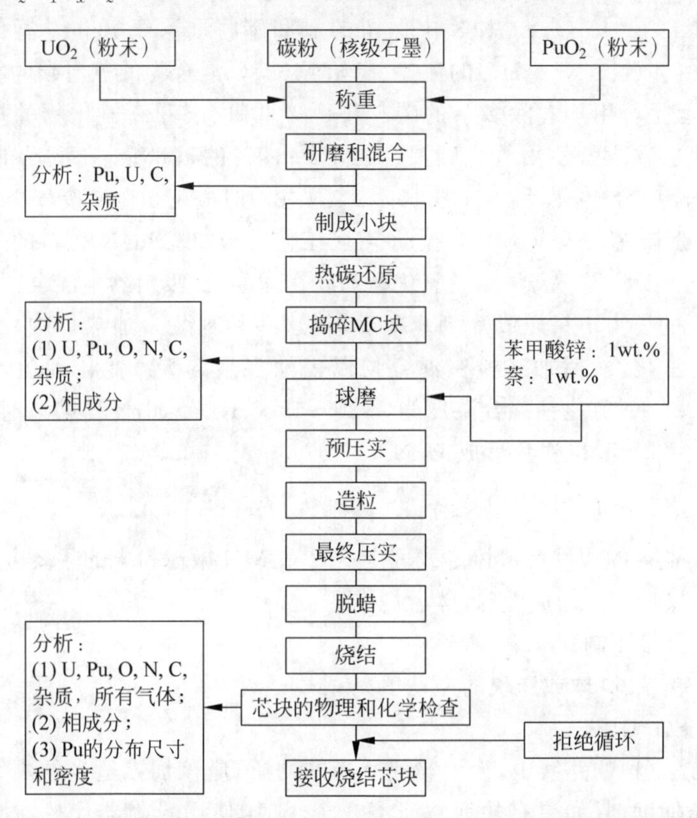

图 3-17　单步“碳热合成”路线制备 FBTR 的富钚(U,Pu)C 微球的工艺步骤

“静态床两步固态合成”是对“静态床单步固态合成”的改进，旨在制备氧和氮含量很低且几乎没有钚挥发损失的单相 MC。与 MC 不同，M_2C_3 中氧和氮的固溶性很小，在较低的碳热温度下很容易形成，从而减少了钚的挥发损失。在第一步中，在相对较低的温度下与过量碳的碳热还原确保只形成 M_2C_3。在第二步中，在约 850℃下碾碎 M_2C_3，研磨，用氢气处理，以便将其还原为 MC，并去除以甲烷形式存在的游离碳。

“反应烧结”过程包括通过碳合成各自的氧化物，并分别制备 UC 和碳氧化物。低温下形成的碳化钚使钚挥发损失最小。在第三步中，将碳化铀和碳化钚粉末混合、压实并进行反应烧结。

3. 从氧化物碳热合成(U,Pu)N

从氧化物开始的 MN 碳热合成的总体化学反应可以用下式表示：

$$MO_2 + 2C + 1/2N_2 \longrightarrow MN + 2CO\uparrow \tag{3-2}$$

在碳热合成中，N_2 起到反应物和载体的双重作用。反应产物具有通用分子式（$MN_{1-x-y}C_xO_y$）。MN 中保留的氧和碳将取决于氮和一氧化碳的分压、反应气体（N_2，N_2+H_2）的流速、起始 MO_2-C 混合物的氧与碳的物质的量比，以及氢是否用于去除多余的碳。获得极低氧、碳和高氮化物的接近单相 MN 的理想方法是使用氧化碳混合物中约 10%的过量碳，在流动的 1500～1600℃ N_2 中合成，然后是 N_2+H_2 和 Ar，并同时应密切监测废气中的 CO 含量。用“粉末-芯块”、SGMP 和振动-溶胶工艺合成（U，Pu）N 燃料的工艺流程如图 3-18 所示。首先，将原料氧化物和碳在球磨机/吸附器中混合，并在 75～150 MPa 的压力下挤压成片剂。随后，将这些片剂装入加热炉中，在氮流中加热进行氮化，然后加入氮氢混合物以去除多余的碳。氮化铀生产温度为 2020～2220 K，氮化铀混合温度为 1820～1920 K。氮化过程结束时，产品在氩气环境中冷却，以避免形成 U_2N_3。

4. MC 和 MN 的固定

以小直径的快堆燃料棒形式固定 MC 和 MN 微球粉末的主要方法有：

(1) 将粉末冷却成微球，然后烧结；

(2) 直接压制；

(3) 颗粒、微球或压块的振动填充；

(4) SGMP。

在方法(1)的路线中，为了实现适当的均质，应该加入适当的黏结剂和适当的烧结辅助剂（如果有的话），研磨几个小时，使用吸附器代替球磨机可显著减少粉末均匀化的研磨时间。然后，将粉末压实成芯块（长径比约 1.6），最好在 60～200 MPa 的双作用压缩机中压缩，随后在 1400～1900 ℃温度范围内的氩-氢气或真空中烧结。最后，在 100～300 MPa 下挤压，在真空或约 1600 ℃的氩气和氢混合物中烧结，得到理论密度为 88%～95%的 MN 颗粒。

在方法(2)的路线中，碳热合成后的 MC 或 MN 烧块直接压实和烧结，从而避免了破碎和铣削步骤。该过程产生密度在 80%～88%理论密度范围内的燃料芯块，减少了氧污染、自燃风险、粉尘产生风险、人员辐射暴露、金属杂质浓度等。

方法(3)与方法(1)相比有几个优点。首先，制造步骤数较少，操作的灵活性最大。对于给定的两种或三种不同大小的颗粒，不同内部尺寸的燃料包壳管都可以振动填充到广泛的有效密度（60%～90%理论密度）。与其他方法不同的是，棒的表面研磨、芯块的无中心研磨和特定棒的模具或模具尺寸

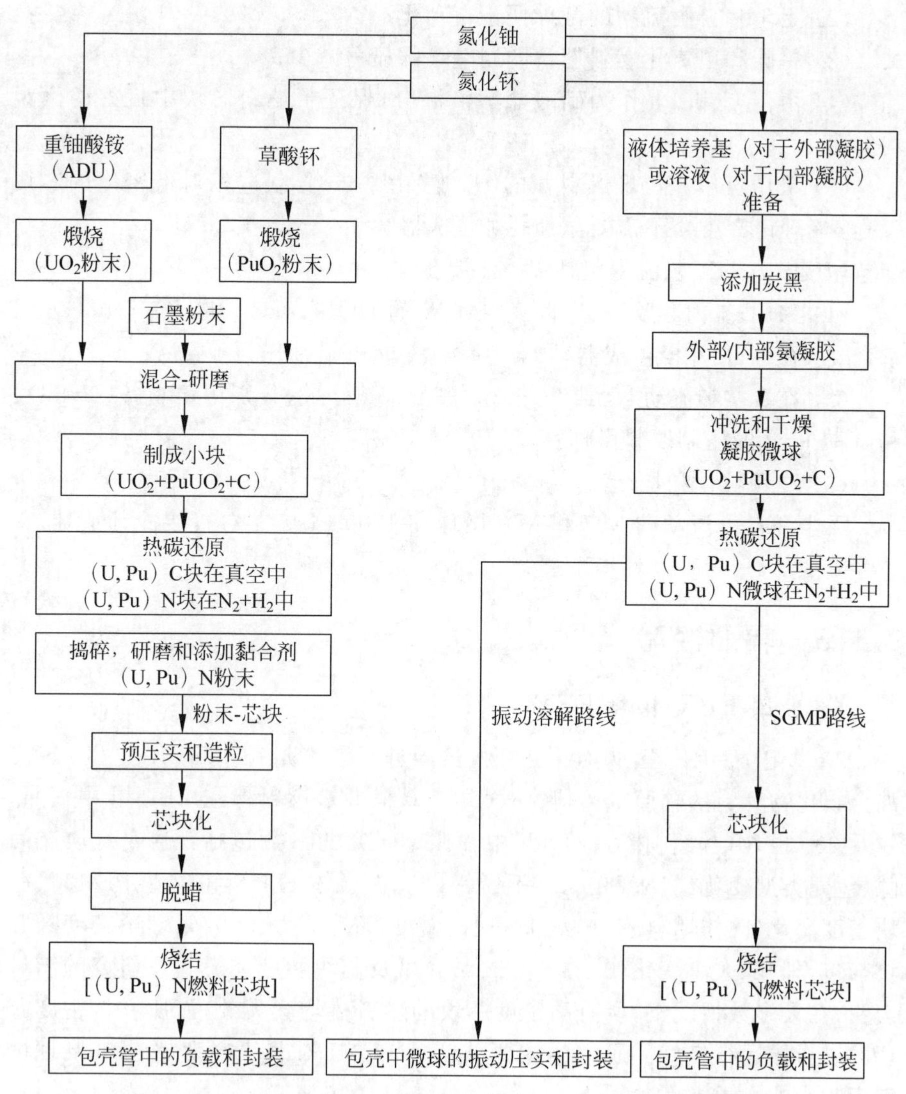

图 3-18　由二氧化铀和 PuO_2 粉末合成(U,Pu)N 的工艺流程图

等所有的问题都不会出现。振动填充路线便于自动化，并避免处理和产生细的、具有高放射性毒性和焦耳热的 MC 粉末和 MN 粉末。

SGMP 工艺是“振动-溶胶”和“粉末-芯块”路线的混合体，其中溶胶-凝胶工艺的制造优势与“芯块-棒”设计的堆内性能优势相结合。SGMP 工艺的优点如下：

(1)“放射性毒性粉尘危害”和自燃性危害最小化；

(2) 无尘和自由流动的微球便于自动化；

(3) 单碳和单氮化燃料芯块的制造步骤显著减少；

(4) 由于 U 和 Pu 作为硝酸盐溶液混合，保证了燃料芯块中良好的微观均匀性；

(5) 采用氦填充快堆燃料棒的“开放”孔隙结构，制造相对低密度的芯块(约 85%理论密度)，不需要添加孔隙形成器。

印度开发的工艺流程包括以下主要步骤：

(1) 采用“氨内凝胶”工艺制备 HMTA 的 UO_3+PuO_2 和 UO_3+PuO_2+C 水合凝胶微球，使用氨生成器，尿素为缓冲液，90℃硅油作为凝胶浴；

(2) 在真空和流动 N_2 或 N_2+H_2 进行碳热合成，分别用于制备(U,Pu)C 和(U,Pu)N 的压制原料微球；

(3) 冷颗粒化和烧结。

无尘和自由流动的 MC 和 MN 微球在 1200 MPa 左右直接冷却成球，在 1700℃的 $Ar+8\%H_2$ 环境下烧结。

3.5.3 辐照经验

1. 美国 EBR-Ⅱ和 FFTF 设施

20 世纪 70 年代至 80 年代早期，美国进行了大量针对 EBR-Ⅱ和 FFTF 混合碳化物燃料的辐照试验研究，大约 470 根 MC 燃料棒在 EBR-Ⅱ中辐照，以及 200 根 MC 燃料棒在 FFTF 中辐照。研究的参数包括：钠或氦填充间隙、包壳类型变化(316、D9、321 不锈钢以及铁素体 HT-9 和镍基 PE-16)、芯块密度变化(固体燃料芯块为 84%理论密度，环形芯块为 97%理论密度)、芯块与包壳间隙大小变化(0.13～0.2 mm)以及芯块和球体燃料。研究的结果表明，在大多数情况下，所有高密度芯块的燃料棒均会失效，而所有低密度芯块的燃料棒运行良好。研究的主要结论是 FCMI 对芯块密度超过 85%理论密度时影响严重。

在 EBR-Ⅱ照射 MC 燃料的过程中，发生了 21 次燃料破裂。其中 15 起破裂发生在 PE-16 包壳燃料。故障的原因是包壳的脆化，往往发生在绕丝包壳下。其余 6 起破裂是在钠填充间隙燃料棒中，但这些结果被认为不太相关，因为重点放在氦填充间隙 MC 燃料上。FFTF 中有一根燃料棒断裂，但没有进行辐照后检查。FC-1 FFTF 实验(一个全尺寸，91 棒 FFTF 组件)达到了目标燃耗。在 EBR-Ⅱ中，覆盖了 316 型不锈钢的 10 根 MC 燃料棒达到了 20%的峰值燃料燃耗率。在这些燃料棒中，有 5 个在达到 12%的燃耗率后，再在 EBR-Ⅱ

中经历了15%的瞬态过载测试。另外13个氦填充间隙燃料棒和3个钠填充间隙燃料棒在EBR-Ⅱ中达到16%的燃耗，没有破裂。FFTFAC-3实验结果表明，在测试中相对较低的温度条件下，芯块燃料和球形燃料在行为上只有微小的差异，两者的表现方式与MC燃料数据库的其余部分一致。

MC燃料容易开裂，虽然碳化物燃料较高的热导率使燃料能够在低温下工作，但其脆性特性无法承受在热梯度下形成的拉伸应力。这种裂纹和由此产生的燃料迁移，如果没有被及时注意到，会导致燃料棒过早失效。因为碳化物燃料肿胀大于氧化物，导致早期燃料/包壳间隙闭合，并且由于它通常在相对较低的温度下运行，燃料蠕变并不能有效缓解包壳应力，所以碳化物燃料故障通常由FCMI引起。因此，MC燃料棒的设计必须包含一个较大的燃料/包壳间隙，并使用低密度燃料，以延迟FCMI的发生。虽然包壳渗碳一直是MC燃料的历史关注点，并且在EBR-Ⅱ辐照的316型不锈钢包壳棒中观察到该现象，但没有燃料故障被归因于这种现象。

为了确定当高于FFTF电厂保护系统设置的范围(115%～125%)时，包壳破裂将出现，EBR-Ⅱ进行了燃耗从0%～12%的辐照。结果表明，FCMI引起了破裂，但最重要的是得到了适合的故障裕量(大约是MC燃料标称线热功率的3倍，达到了氧化物燃料堆芯典型标称线热功率的6倍)。燃料棒实验表明，只有小的包壳应变和少量的液相渗透到包壳。该系列测试的结论是，确定了在燃料瞬态超功率响应中，没有任何东西会阻止或限制MC燃料在快堆中的应用。

EBR-Ⅱ测试还包括辐照超过目标燃耗率的燃料棒，以及一个辐照100天的带有缺陷燃料棒。该燃料棒发生了燃料和冷却剂(假定是冷却剂中的氧气)之间的反应，导致更高的比体积反应产物，引起了缺陷的膨胀和扩大。然而，几乎没有燃料从包壳中释放到冷却剂中。在EBR-Ⅱ中，其他辐射到自然裂口的燃料棒没有表现出这种现象。包壳破裂后，MC燃料似乎运行良好。另一个实验在EBR-Ⅱ中辐照了一个诱导的钠填充间隙出现孔洞的MC燃料棒，旨在模拟辐照过程中钠排出导致的填充钠的孔洞。虽然燃料棒表现出反映局部高燃料温度的微观结构变化，但包壳完整性并没有损失。该实验表明，MC燃料可以承受一定程度的间隙填充钠排出。

MN燃料的辐照性能数据库明显小于MC燃料。与MC燃料相比，MN燃料表现出更少的燃料肿胀，更低的裂变气体释放，并且更容易再处理。然而，在使用天然氮制造的MN燃料中会产生具有生物危险的^{14}C，这对MN燃料的再处理造成了相当大的问题。

如果在高温下运行，MN燃料在简单的启动和关闭瞬态过程中表现出广泛的开裂和破碎。这种开裂现象被认为是在美国辐照试验中发现的早期燃料故障的原因。在燃料棒周围使用金属护罩，以防止燃料破碎后的迁移，在一定程度上提供了这个问题的工程解决方案。然而，美国 MN 燃料规范建议将其燃料峰值温度限制在 1200℃，以减少碎裂，消除使用护罩的需要。关于 MN 燃料的另一个值得关注的问题是，如果不保持氮气过压，它们就会在远低于其熔点的温度下解离。

2. 印度 FBTR 设施

印度的 FBTR 采用独特的高钚含量$(U_{0.3}Pu_{0.7})C$混合碳化物作为燃料，20%冷加工(CW)奥氏体不锈钢 316 作为堆芯结构材料。根据堆外实验、物理化学表征和理论研究，得出了该燃料成分的设计极限为 50 GW · d/t 燃耗，线热功率为 320 W/cm。然而，在 25、50、100 和 155(GW · d/t)的辐照后检查表明，在 400 W/cm 的峰值下，该燃料的燃耗逐渐增加到约 160 GW · d/t。到目前为止，没有发生燃料棒故障，这表明混合碳化物燃料具有优异的性能。

在不同燃耗的实验中，使用非破坏性技术(如 X 射线照相术和中子射线照相术)和破坏性技术，研究了燃料的肿胀。对于较低的工作温度和较高的 Pu 含量，即使在高燃耗下，也可以降低肿胀率。低燃耗的燃料截面的图像显示，从径向开裂模式和辐照后燃料包壳间隙可以明显看出自由肿胀状态。碳化物燃料的自由肿胀率在 1%～1.2%。图 3-19 显示了不同燃耗下，FBTR 燃料棒截面图像的比较。当燃耗超过 50GW · d/t 时，随着燃料包壳间隙的闭合，开裂模式转变为周向，表明肿胀受到限制。随着燃耗的增加，燃料微结构上的孔隙逐渐减少。在 155 GW · d/t 时，燃料中有明显的无孔隙区。这表明，Pu 富集碳化物燃料由于其低熔点，表现出足够的塑性，以适应 FCMI 蠕变状态(70%PuC 混合碳化物的熔点是 2148 K，20%PuC 是 2750 K)。即使在高燃耗条件下，包壳组织也没有显示出任何渗碳的证据。由于裂变气体的释放，燃料棒中的最大气体释放量为 16%，内部压力为 2.09 MPa，这表明即使

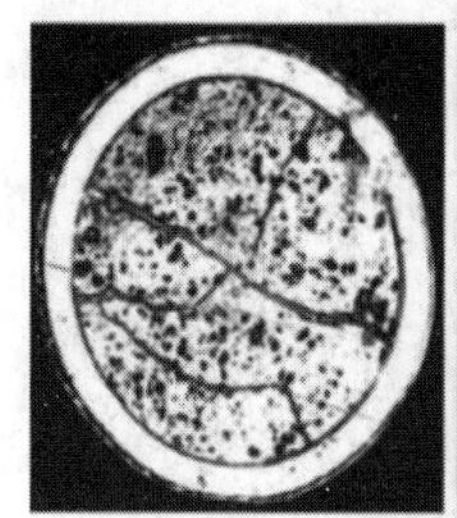
25 GW · dt/BURN-

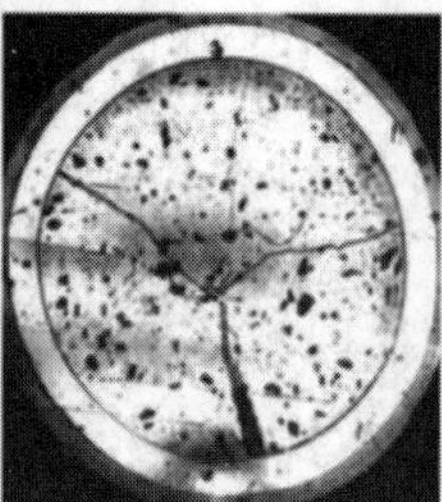
50 GW · dt/BURN-

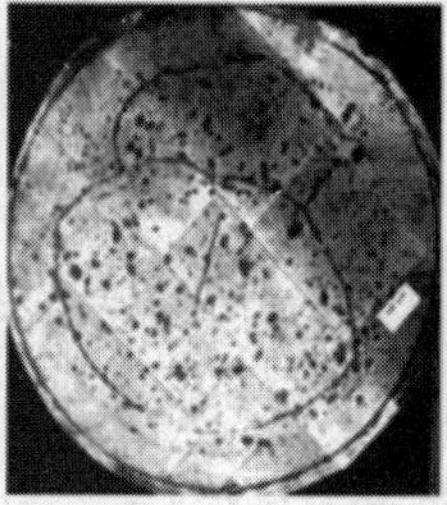
100 GW · dt/BURN-

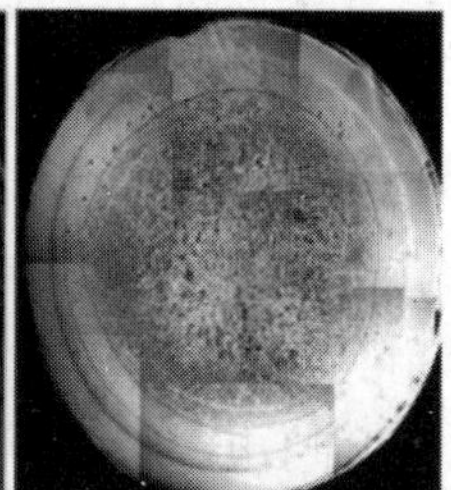
155 GW · dt/BURN-

图 3-19 不同燃耗下 FBTR 燃料棒截面的比较

在 155 GW · d/t 燃耗条件下,碳化物燃料中的裂变气体释放量也较低。

在辐照实验中主要关注的问题是不锈钢 316 六角形外套管和燃料棒尺寸的显著增加,以及其机械性能的退化。超过 100 GW · d/t 燃耗(56 dpa)时,燃料棒尺寸变化显著,155 GW · d/t(83 dpa)时的增长率更快。测量的应变主要来自于不锈钢 316 的空洞肿胀。在 723～803 K 下工作的包壳随着中子位移损伤的增加,强度和延展性降低;而在 673～703 K 下工作的包壳表明,随着中子位移损伤的增加,强度(硬化)增加,延展性降低。透射电子显微镜(TEM)对不锈钢 316 研究显示,在超过 40 dpa 时有广泛空洞形成,在较高的位移损伤下,有富硅型 $M_6C(\eta)$ 和立方 G 相沉淀。

3. 法国、德国、英国和俄罗斯的经验

法国研究表明,(U,Pu)C 燃料棒(有效密度为 71%理论密度)标准差达到 12%,包壳变形为 1%～3%。德国混合碳化物燃料辐照方案(有效密度为 75%理论密度)在 800 W/cm 功率循环和瞬态条件下成功进行了测试。英国的混合碳化物棒照射计划很成功,但有效密度较低(70%理论密度)。振动填充燃料线热功率约为 1000 W/cm,目标燃耗为 100 GW · d/t。根据以上研究的失效燃料棒的分析,可以得出以下结论。

(1) 氦填充间隙(U,Pu)C 燃料棒的性能受到设计参数的强烈影响,特别是燃料有效密度和燃料芯块密度,而棒直径起到了最初的作用。

(2) 包壳破裂的原因是燃料肿胀和渗碳作用导致的包壳延展性损失。只有当施加在包壳上的环向应力是圆周对称和近圆柱对称时,才能容忍 FCMI。长时间的局部应力常导致包壳破裂。

超化学比燃料中的包壳渗碳已经被认为是一个十分重要的问题,在氦填充间隙燃料棒中较少,但在钠填充间隙燃料棒中较多,在超化学比的$(U,Pu)C_{1+x}$中可能发生过度的包壳渗碳。渗碳作用的一般特征是形成 $M_{23}C_6$ 型碳化物。碳从燃料转移到包壳可能导致严重的包壳渗碳问题。碳与不锈钢相互作用的主要驱动力是各种碳化物的生成自由能很低,其中$(FeCr)_{23}C_6$ 型在渗碳过程中起主要作用;$Cr_{23}C_6$ 的平衡碳活性比超化学比碳化铀的碳活性低几个数量级。解离反应为

$$M_2C_3 \longrightarrow 2\,MC + C \tag{3-3}$$

因此,认为可以控制钢包壳的渗碳作用。

对 MN 燃料的包壳渗碳问题的研究尚未达到 MC 燃料的程度。在氦填充间隙 MN 燃料棒的情况下,含有约 3000 ppm O 和 C 的起始燃料,其 C 的转移机制是通过与包壳接触后由燃料扩散,或通过 CO/CO_2 转移。只有当 MN

燃料含有极低的残留氧和碳杂质时，才能消除包壳渗碳问题。只有通过 MN 燃料的氢化-脱化和热碳热氮化，才能做到这一点。

俄罗斯的经验表明，在纯 MN 燃料(O 和 C 含量各低于 0.2%)的情况下，奥氏体不锈钢包壳的渗碳率比低纯度 MN 燃料低 2.5 倍。对于 0.2%～0.5%O 和 0.3%～0.5%C 的 MN 燃料，在燃耗为 8.2%时，氦填充间隙燃料的渗碳深度约为 50 μm。

4. 含少量 MA 的先进燃料

氮化物由于其优越的热和中子特性，是用于快中子反应堆和 MA(如 Np、Am 和 Cm)嬗变的先进燃料的候选材料。氮化物燃料的吸引力主要是由于高热导率(相对于次锕系氧化物)、高锕系元素密度和简单的相平衡——已知在 Np、Pu、Am 和 Cm 体系中只形成面心立方相。使用这种燃料面临的主要问题是需要在 ^{15}N 同位素中富集氮，以避免在反应堆中通过 $^{14}N(n,p)^{14}C$ 反应产生大量的 ^{14}C。

通常，ZrN、TiN、YN 或 AlN 被建议作为氮化物燃料的惰性基质相。目前，已经制造了这些惰性基质燃料的样品，并进行了辐照测试。例如，NpN、(Np、Pu)N、(Np、U)N、AmN、(Am、Y)N、(Am、Zr)N 和(Cm、Pu)N 由 JAERI 通过氧化物的碳热还原制备。在无铀的 Am 和 Cm 的非均质循环中，可以使用固溶体或弥散燃料，即所谓的无铀燃料，以达到 ADS 目标的要求，如在高温和高辐射剂量下的化学和物理稳定性。包含 MA(如 AmN(Y)N、(Zr)N 和(Pu、Cm)N)的氮化物已经使用碳热还原技术合成。碳热还原技术使用 MA 的氧化粉作为原料，富碳条件根据 MA 元件的属性选择，以降低碳化物的稳定性和增加氧化物的稳定性。制备的(Pu，Zr)N 和两相 TiN＋PuN 芯块也已进行辐照测试。(Pu，Zr)N 燃料制造的活动也在瑞士进行，该活动在美国是作为先进燃料循环计划(AFCI)项目的一部分。

3.6 金属燃料

3.6.1 简介

金属燃料于 20 世纪 50 年代最早应用在美国和英国的实验快堆中，由于其易于制造、高导热性、高裂变和较大的原子密度等特性，有利于更高的增殖和使用更小的堆芯。美国的 EBR-Ⅰ使用纯合金铀、U-Zr 和 Pu-Al，费米反应堆使用 U-Mo 合金。英国的 DFR 使用了 U-Mo 合金燃料，也尝试了 U-Cr 合金。金属铀和钚及其一些合金的主要缺点是，其各向异性晶体结构导致了异常辐照生长和肿胀，以及与包壳材料形成低熔点共晶体。随着适当的合金元素的加入，并经过适当的热处理，各向同性相占主导地位，从而提高了尺寸的稳定性。EBR-Ⅱ最初使用 U-5%Fs(Fs 为裂变，一种模拟贵金属裂变产物的混合物(wt.%)：2.4%Mo、1.9%Ru、0.3%Rh、0.2%Pd、0.1%Zr 和 0.01%Nb)堆芯，后来使用 U-Zr 作为燃料。后来，美国提出了 IFR 概念，其燃料的选择为 U-19Pu-10Zr。加入锆可以提高燃料的固相线温度，并提高燃料与不锈钢包壳之间的化学相容性。许多 U-Pu-Zr 燃料棒在 EBR-Ⅱ和 FFTF 中照射至高燃耗(20at.%)。

增殖产物具有高放射性的闭式燃料循环是防核扩散的关键。这种燃料循环利用了 MA(镅、镎、锔)和增殖的钚。从 20 世纪 90 年代至今，轻水堆的乏燃料处理问题已成为进一步使用核能的障碍。乏燃料中的锕系元素，具有几千年的半衰期和高热负荷，这使得找到合适的存储库成为一项艰巨的任务。然而，如果锕系元素可以从燃料中移除并裂变，那么乏燃料的放射性半衰期将减少到百年左右。这样一来，建设存储库的理由将会更加可信，热负荷将会少很多，而存储库的存储量也将会增加。

IFR 概念及其燃料循环是美国基于锕系元素回收计划开发的。IFR 燃料循环，如图 3-20 所示，显示了反应堆乏燃料电精炼和燃料再制造工厂的位置。金属燃料通过真空熔化法和注射铸造法来制备，基于使用熔盐电精炼工艺对其废弃的 U-Pu-Zr 合金燃料进行再处理。熔盐电精炼操作包括以下步骤：

(1) 将含有乏燃料的燃料棒切成碎片，装入容器并放入电精炼池中；

(2) 在 773 K 的温度下加入 $CdCl_2$，将大部分锕系元素、钠和裂变产物以氯化物的形式转移到电解质中(KC1 和 LiC1 的共晶混合物)；

(3) 铀在固体阴极上沉积(树突状沉积)；

(4) 在电解质中达到预定的钚浓度时，在电池中引入镉阴极，沉积钚、剩余锕系元素以及在镉阴极上的铀。

低碳钢(锆、钼或铀也可使用的圆柱形棒)被用作选择性沉积铀的阴极。与 UCl_3 相比，$PuCl_3$ 具有更高的热力学稳定性，这使得钚无法在固体阴极上沉积，除非 $PuCl_3$ 与 UCl_3 的比值大于 2，但这在正常工艺条件下是无法实现的。然而，由于钚在镉中的活度系数比铀低，因此使得铀和钚在液态镉阴极上共沉积。液态镉阴极(铍坩埚中的液体镉)用于 IFR 反应堆燃料循环中的高温过程。

铀和钚在镉阴极上的沉积往往会生长，并使得电极缩短，因此旋转阴极被用来压缩盐/镉表面，从而产生没有树突的沉积物。在该工艺完成后，从电

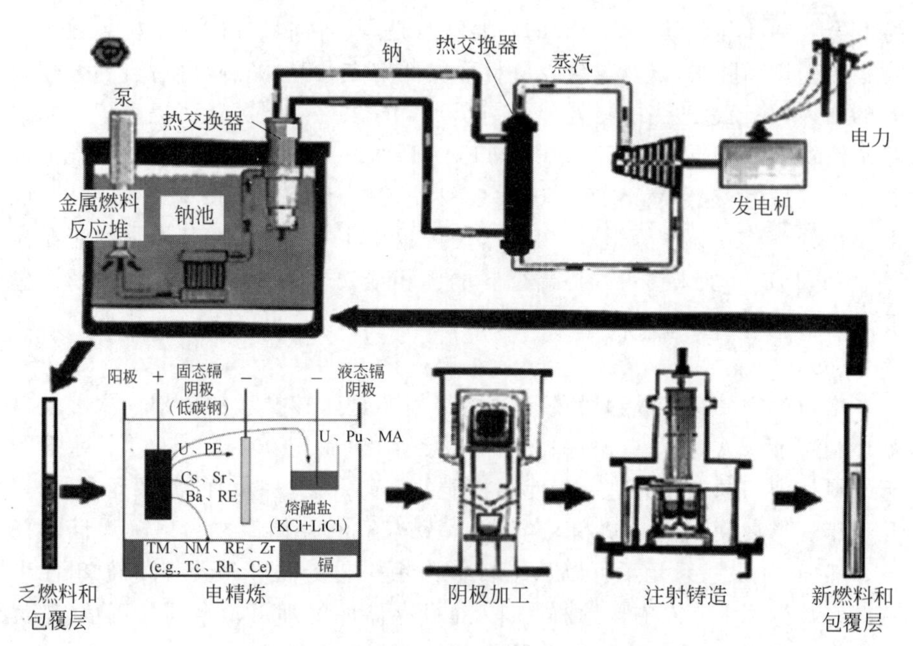

图 3-20 采用金属燃料的 IFR 示意图

(请扫Ⅱ页二维码看彩图)

精炼池中去除阴极沉积物。铀通过蒸馏器从盐(固体阴极)和超铀元素(来自熔融镉)中分离出来,然后熔化。材料的铸锭用于通过注射铸造工艺制造燃料元件。

在日本电力中央研究所(CRIEPI)和 JAERI/JAEA 的合作下,已经在 JAERI/JAEA 的钚设施中进行了金属燃料制造的研发。JAEA 的钚设施已经生产少量 U-Pu-Zr 合金,用于 JOYO 堆的燃料棒辐照试验,并进行金属燃料与钠的相容性试验。法国凤凰堆进行了规模非常小的金属燃料辐照试验。金属燃料的辐照后检查主要在 CRIEPI 和德国国际电联的合作下在德国国际电联进行,而金属燃料棒辐照试验在日本公司进行。自 2007 年以来,韩国开始研发国家核燃料制造技术,各种铸造技术已经在实验室规模上进行了测试;采用真空注铸法和真空辅助重力铸造法制备了 U-Zr 和 U-Zr-Ce(铈作为 Am 的替代品)的棒型样品;对替代制造技术,如用于制造铀棒的连铸法和用于制备球形 U-Zr 粉末的离心法等,也开展了研究。

3.6.2 制造

金属燃料是用各种不同技术制造的。许多技术的不足之处在于它们不能在热室中远程制造，需要特殊的热处理和合金化，以避免由 α 铀的取向导致的过度辐照诱导生长。

铀金属燃料的注射铸造技术发展较早，并被证明是远程制造燃料的最佳方法。图 3-21 显示了钠填充间隙金属（铀/钚和锆）燃料棒的主要部件。燃料芯块的铸造使得在燃料和包壳之间存在间隙。该间隙的大小是为了允许足够的燃料肿胀，以使相互连接的孔隙和气体释放发生。在辐照的早期阶段，燃料肿胀到接触包壳之前，间隙中填充了钠，以进行充分的传热。当相互连接发生时，部分钠离子填充了孔隙。为了适应燃料释放气体的压力，同时容纳置换的钠和燃料棒的轴向肿胀，燃料上方的自由空间大小被设计为保持包壳上的环向应力在可承受的限度内。燃料上方的气体空间最初充满了氦气和氙同位素标记的气体。绕丝承受燃料棒的分离作用和满足液态钠冷却剂的均匀流动要求。

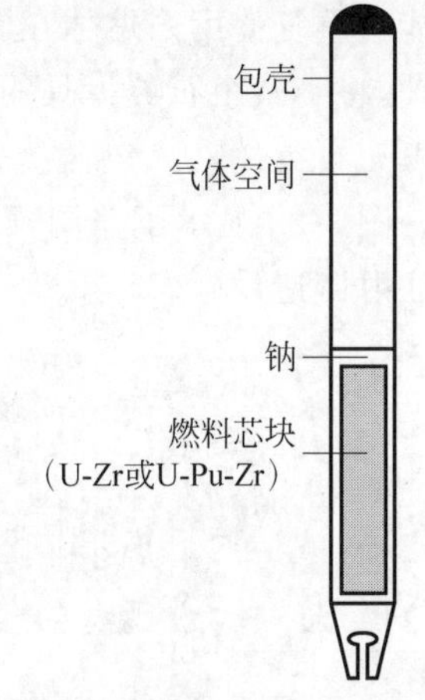

图 3-21　钠填充间隙金属（铀/钚和锆）燃料棒的主要部件

图 3-22 为制造钠填充间隙铀锆燃料和铀锆燃料棒的流程图。燃料芯块是在电磁感应炉中注射铸造的。铜感应炉的电磁场为双频。在高频时，电磁场与石墨坩埚耦合以加热熔体；而在低频时，电磁场与熔体耦合以产生搅拌效果。

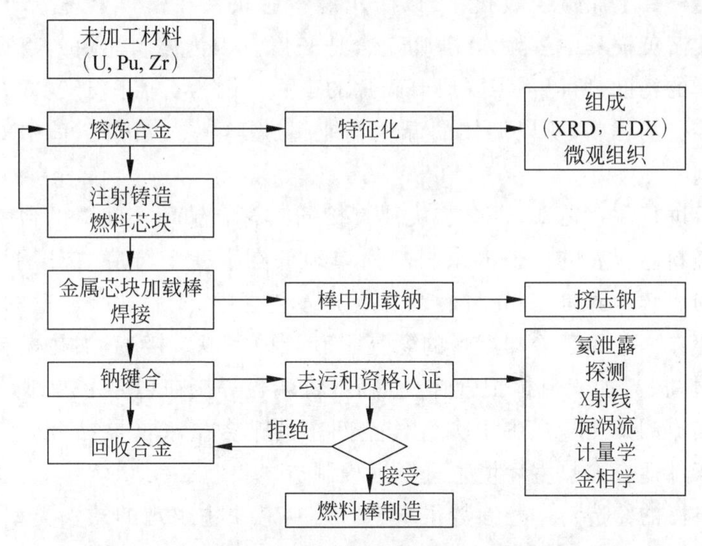

图 3-22　制造钠填充间隙铀锆燃料和铀锆燃料棒的流程

石墨坩埚上涂覆了一氧化钇醇浆，以防止熔体与坩埚发生反应。这些坩埚能够重复使用。熔体在氩气气氛下被加热到约1600℃。然后，抽走电磁感应炉，将100个石英模具的开口端浸在熔体中。电磁感应炉立即用氩气加压，以填充石英模具。包含模具的托盘从熔体中抬起，在这里铸造的燃料立即凝固。图3-23显示了美国阿贡国家实验室(ANL)的U-Zr和U-Pu-Zr金属燃料注射铸造设施。

图3-23 美国阿贡国家实验室的U-Zr和U-Pu-Zr金属燃料注射铸造设施

(请扫Ⅱ页二维码看彩图)

石英模具上涂覆了氧化锆，以防止燃料芯块粘在模具上。冷却后，将燃料芯块从石英模具中去除，并剪切至合适长度。因为燃料芯块的直径反映了石英模具的精度，所以不需要研磨碎片的表面。因为石英在1600℃时会软化到不可接受的程度，所以熔体的温度不能超过1600℃。因此，铀中的锆添加量被限制在10%。

之后进行注射铸造，燃料芯块被直接插入含有钠填充间隙的包壳中。切割金属燃料芯块后的任何多余材料简单地放在下一个铸造中，接下来，装载燃料棒的后续步骤是，首先将燃料芯块放入包壳中，然后加入适量的固体钠。这一步骤在一个用于冷却燃料的氦气手套箱中完成。接着，加热燃料棒使得钠液化，并按需加入氙标记气体。最后，将端盖焊接在包壳上。通过X射线照相和涡流测试测量燃料上方气体空间中的钠含量来推导黏合质量。以上所有步骤都适合在热室环境中进行远程制造。

燃料棒的铸造对一些参数很敏感。燃料芯块中出现的缺陷类型是孔隙、热分裂和短塞。为了避免这些缺陷，需要优化的参数是熔体温度、在燃料喷射前的模具温度、加压速率和氧化锆模具涂层的质量。

注射铸造过程的改进包括寻找更好的模具来取代石英模具和可重复使用的坩埚(比石墨坩埚的使用寿命更长)。其中,一种成功使用的方法是直接铸造入薄锆管中。其依据是,由于锆在辐照过程中迁移到燃料表面,因此性能不会发生改变。燃料和锆管都被放在不锈钢包壳中。氧化铍坩埚在有限的基础上成功地取代了用于熔化燃料的石墨坩埚。

在日本,CRIEPI 建立了一个工程规模注射铸造设施,用于生产 20 kg 的 U-10%Zr 合金。图 3-24 显示了在 CRIEPI 下注铸制备 U-10%Zr 的工艺概述。铀和锆金属在石墨坩埚中熔融,并在 3 kHz 的 30 kW 熔炉中进行感应加热。石墨坩埚内部涂覆钇,以避免熔融金属和石墨之间发生化学相互作用。模具束有 38~72 个一端封闭的二氧化硅模具,内部镀有氧化锆。熔化后,坩埚被移开,硅模具的开口端被放入熔融的金属中。然后,将氩气重新注入容器中,以便将熔融的燃料注入硅模具中。冷却后,剪掉燃料铸件的两端。燃料芯块符合以下规格:直径(5±0.05)mm,长度约 400 mm;密度 15.3~16.1 g/cm^3;Zr(10±1)wt.%;总杂质(C、N、O、Si)<2000 ppm。在 JAEA 和 CRIEPI 的合作下,JAEA 正在建立一个类似的设施,用于 U-Pu-Zr 合金的工程规模实验。

在韩国,U-(5,10,15)wt.%Zr 二元合金和 U-10wt.%Zr-(2,4,6)wt.%Ce 三元合金采用石英管模具组装的注射铸造。U-Zr 和 U-Zr-Ce 棒的直径在 4~7 mm,长度在 200 mm 左右。虽然真空注射铸造已被证明是一种大规模生产金属燃料棒的技术,但仍需要进一步改进,以制造含有 MA 的金属燃料。熔体上的高水平真空可促进 Am 的高蒸汽压力蒸发,使用石英模具可容纳大量长寿命的放射性废物。

为了减少铸造过程中 Am 的汽化,KAERI 设计并安装了一个真空辅助重力铸造系统,如图 3-25 所示。坩埚的上室和模具的下室被分开,以提供两个室之间的压力差。在铸造 U-Zr 棒的过程中,给坩埚室加压,并将模具室抽真空,以便熔体流入模具组件。该系统中坩埚室的高压和坩埚盖可以降低 Am 在惰性气体中的蒸发。KAERI 采用真空辅助重力铸造制备了高质量的 U-(5,10,15)%Zr 和 U-10%Zr-(2,4,6)%Ce。

KAERI 通过离心雾化法制备了球形 U-10wt.%Zr 粉末。与常规铸造的 U-Zr 相比,雾化的 U-Zr 具有更细的晶粒和层状结构。金属燃料的细微结构会增强辐照期间的裂变气体释放速率。可以通过将球形 U-Zr 粉末振动包装到不锈钢衬套或 Zr 护套管中制造金属燃料棒。图 3-26 显示了用离心雾化法制备的 U-10%Zr 粉末的扫描电镜图像。

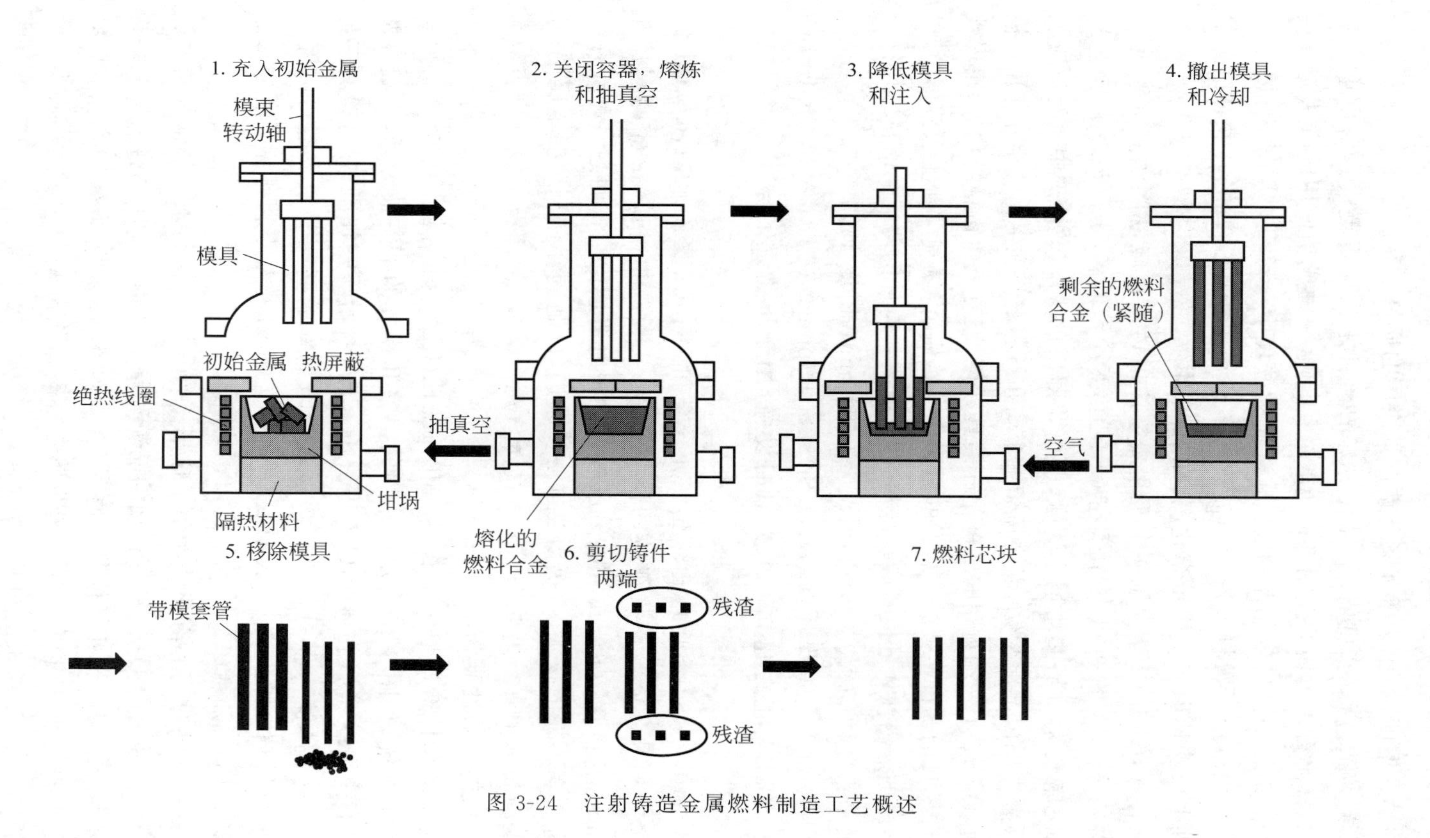

图 3-24　注射铸造金属燃料制造工艺概述

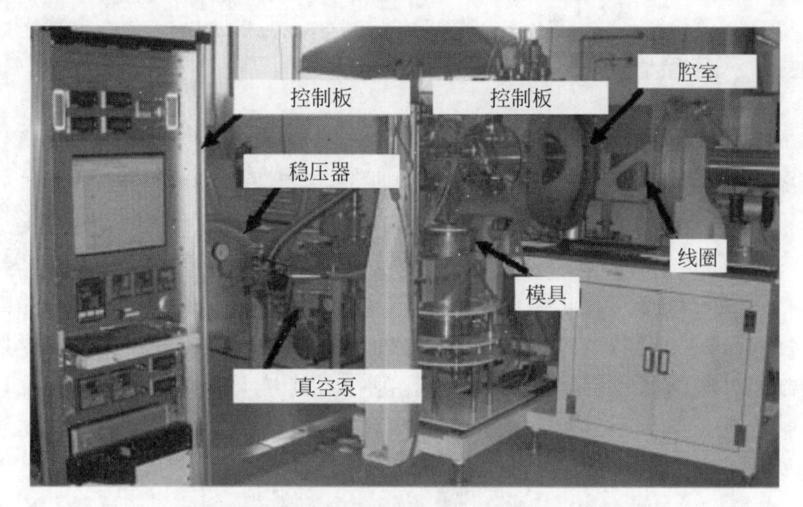

图 3-25 在 KAERI 金属燃料研究设施中安装的真空辅助重力铸造系统
(请扫Ⅱ页二维码看彩图)

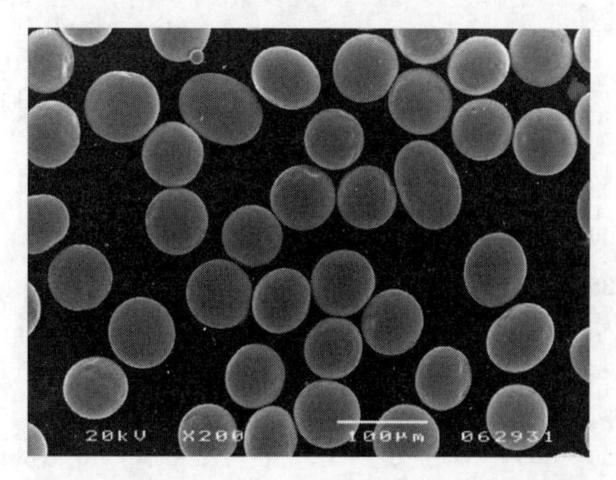

图 3-26 U-10wt.%Zr 粉末的扫描电子显微镜图

因为废模具不是燃料制造过程的副产品,所以连铸法是一种非常适合制造金属燃料的方法。在铀的连续铸造过程中,坩埚中所有带电的铀熔体都被完全萃取,没有任何残留物,得到了质量好的铀棒。制作棒的均匀直径为 13.7 mm,长度为 2.3 m。

印度也推行快堆的金属燃料计划。工程规模的注射铸造设施正在开发中,以促进 U-Zr 燃料芯块的制造。基于钠填充间隙的实验金属燃料棒设计也考虑在 FBTR 中进行辐照测试。

在中国,中国原子能科学研究院也采用注射铸造法工艺制造 U-Pu-Zr 金属燃料,并且已于 2022 年 6 月研发设计了注射铸造炉,计划于 2025 年建立 U-Pu-Zr 金属燃料实验线。

3.6.3　辐照性能

早期的金属燃料设计，如 EBR-Ⅱ的 Mark-ⅠA，无法达到合理的燃耗要求。这些设计试图通过热处理、合金添加和依赖包壳强度来控制燃料的肿胀，但在这些方法中只有部分取得成功，燃料随着燃耗增加产生的肿胀导致了包壳的破裂。然而，在 20 世纪 60 年代末，Mark-Ⅱ燃料设计取得了突破，燃料和包壳之间更大的间隙和更大的气体增压解决了对金属燃料燃耗能力的担忧。研究发现，如果燃料和包壳之间的间隙足够大，那么燃料就可以不受限制地肿胀，直到裂变气泡产生的孔隙相互连接并释放，这一点发生在体积膨胀达到 30%时。在相同的燃料肿胀程度下，相互连接的气泡和气体释放现象与合金成分无关，如图 3-27 所示。

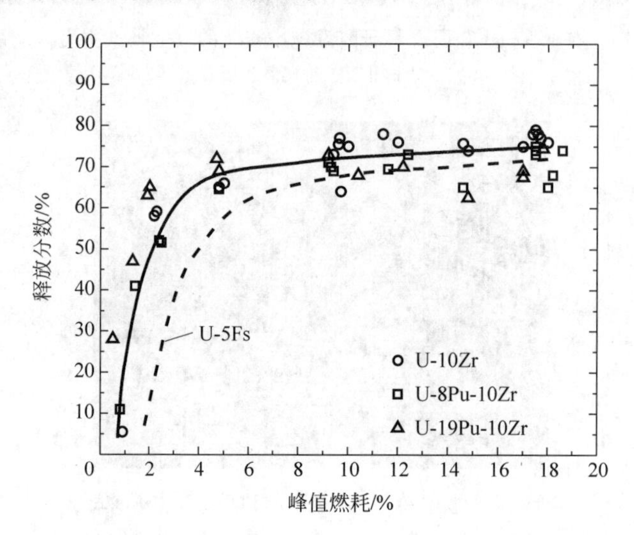

图 3-27　不同成分金属燃料孔隙度连通和气体释放的现象

具有相互连接孔隙的金属燃料的另一个优点是，当发生瞬态现象时，燃料的热膨胀和由温度引起的相变而导致的体积增加不会对包壳产生压力。相反，燃料会流入开放的孔隙中。

约 75%的有效燃料密度将确保燃料接触包壳时形成相互连接的气泡。在 70%、75%和 85%的有效密度下，对 U-Pu-Zr 燃料进行辐照的实验结果表明，当有效密度为 85%时，包壳直径大幅增加。如果由固体裂变产物的积累而导致的开放孔隙率接近，也会实现同样的效果。

Mark-Ⅱ的包壳设计材料从 304L 不锈钢改为退火的 316 不锈钢，Mark-Ⅲ

和 Mark-ⅢA 改为冷制的316不锈钢和D9。最初使用U-5%Fs作为燃料，后来被改为U-Zr，以获得相同的性能而不需要额外的合金元素。

IFR以含有铀、钚和锆的合金U-19Pu-10Zr(成分以wt.%表示)作为燃料。锆提高了燃料的固相线温度，增强了燃料与包壳之间的相容性。

在IFR计划结束时，美国使用铁素体-马氏体HT-9(LMR计划中开发的先进合金)的U-Zr燃料可以达到高达20%的燃耗。在高燃耗下，由于D9奥氏体钢的肿胀比铁素体-马氏体HT-9钢更大，所以HT-9被认为是高燃耗下包壳和管道的最佳候选材料。

当金属燃料肿胀时，燃料芯块的直径和长度会增加。增加的长度始终小于由各向同性肿胀所预测的长度增加值。这种差异归因于较热的燃料中心和较冷的外围之间肿胀行为的差异。钠填充间隙对燃料棒的热导率有很大的影响。最初，钠在燃料和包壳之间的间隙上提供了一条导热路径。随着燃料中孔隙的形成，燃料的热导率减小，直到孔隙互连，裂变气体被释放出来。然后，钠进入开放孔隙中，增加热导率。这种现象是用仪器在燃料棒上测得的。

辐照的U-Pu-Zr金属燃料出现燃料成分再分配，以及增强燃料/包壳之间的镧系裂变产物相互扩散。这两种现象可能导致在燃料中形成较低熔点的区域，并使包壳明显变薄。然而，在燃耗为20%，包壳峰值温度为590℃的U-Pu-Zr燃料中，没有观察到HT-9包壳的变薄。研究人员使用实验模拟的方法研究了金属燃料成分再分配现象。结果表明，Zr耗尽区的形成在U-Pu-Zr中比在U-Zr中更为明显，且与温度有关(图3-28)。

在正常条件下，燃料区域会形成低固相线Zr耗尽区，且温度不会超过局部固相线。然而，它们在温度低至675℃的仿真瞬态条件下熔化，导致奥氏体不锈钢包壳破裂。Zr在燃料/包壳界面的有利影响以各种方式表现。随着温度的变化，区域边界沿燃料芯块的长度而变化。随着合金组分在径向温度梯度中重新排列，边界的形成与时间有关。这些区域内的孔隙率随组分和晶体相的出现而变化。考虑到燃料的非均匀性，燃料的热导率很难计算。但是燃料的平均热导率可以作为决定燃料性能的关键参数。

3.6.4 瞬态条件下和包壳破裂后的行为

对金属燃料堆芯进行的测试和分析，证明了其在一系列瞬态条件下的安全性能，这些瞬态条件包括EBR-Ⅱ反应堆在液态钠冷却剂流动停止后，在没有SCRAM和没有人工干预时自动停堆的工况。金属燃料被证明是非常稳固的，因为在所有的瞬态条件之下，燃料继续运行直到其燃耗极限。试验的

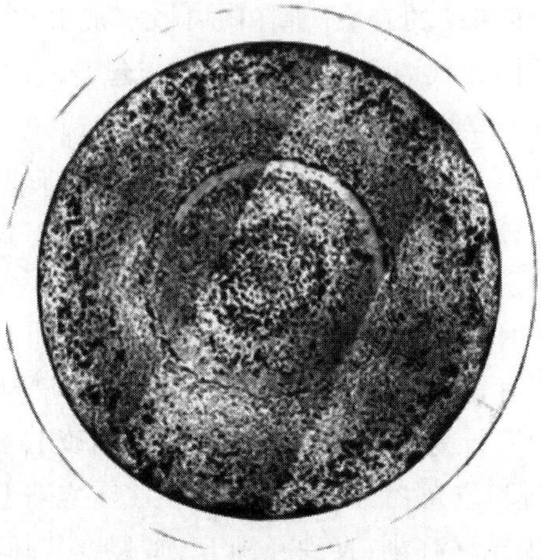

U-19Pu-10Zr FUEL, L/L_0=0.49,
10% BU

图 3-28　U-19Pu-10Zr 元素在 10％燃耗时的横向金相截面

一个重要结果是,在包壳肿胀之前,燃料具有显著轴向肿胀。如果在运行的反应堆中发生功率瞬变,这种轴向肿胀将降低反应性,并往往使反应堆关闭。试验的另一个重要结果是,现代设计的金属燃料棒显示出大约 4 倍标称功率的故障阈值(在测试中使用相对较快的瞬态过载条件下)。来自这些瞬态试验和大量以前在反应堆瞬态测试设施(TREAT)中的金属燃料瞬态试验的相关数据被用于瞬态过载条件下燃料行为模型的开发和验证。

金属燃料包壳界面处镧系元素堆积产生的问题之一是有可能在包壳附近形成低熔点合金,在过温事件中可能导致包壳失效。通过将辐照的燃料棒在热室内加热可以研究这一现象。结果表明,即使在将燃料辐照到 17％燃耗和加热到 725℃的 7 h 后,也没有发现液相形成的证据。

同时,还进行了辐照实验来评估金属燃料在包壳破裂后的行为。这些实验采用 316 不锈钢、D9 和 HT-9 钢作为 U-Zr 和 U-Pu-Zr 的燃料包壳。在包壳破裂时,间隙内的钠随裂变产物(主要是 ^{133}Cs)排出。试验结果表明,没有发生进一步的反应,也没有任何燃料被冲掉。随着间隙内钠的排出,燃料的温度也会升高。温度的升高加速了镧系元素裂变产物向包壳界面的扩散。镧系化物对包壳的渗透深度比在未破坏的燃料棒上观察到的要大。用 HT-9 钢包壳的 U-Pu-Zr 燃料棒在热室中加热以模拟流量丧失事故的测试,也表现出较大的安全裕度。

3.6.5　含 MA 的金属燃料

一般来说，金属燃料具有较高的热导率，适应高密度锕系的能力，以及直接进入热处理和再制造设施的能力。一般选择锆作为合金元素，因为含锆的合金燃料已完成制备和再加工的工作。在金属成分中加入锆提高了合金固体温度，提供了对燃料包壳相互作用的抵抗力，为辐照时提供了尺寸的稳定性，并有可能提供了在超铀元素燃料中无 ^{238}U 的负多普勒系数。此外，弥散在锆基体中的金属燃料也表现出优异的抗辐照性。

MA+RE 含量低的金属燃料已在法国凤凰堆中完成了辐照试验。JRC-ITU 制备了 U-19Pu-10Zr、U-19Pu-10Zr-2MA-2RE、U-19Pu-10Zr-5MA 和 U-19Pu-10Zu-5Zr-5MA-5RE 四种合金，在不同燃耗下辐照并封装，低燃耗(2.4at.%)的燃料棒于 2004 年 8 月从堆芯移出，并进行无损辐照后的检查。对于 SUPERFACT 1，制备了 MA 含量为 2%Np、2%Am、45%Np 和 20%Np+20%Am 的燃料。对 MA 燃料热性能的研究还将包括熔化试验和高燃耗行为的研究。

在全球核能合作伙伴(GNEP)项目的技术示范部分，旨在通过改变从乏燃料中分离出来的超铀元素来证明闭式燃料循环。如图 3-29 所示，设想通过快堆进行多次循环，以燃烧最初从轻水堆乏燃料中分离出来的超铀元素。在最初的技术演示中，由于 SFR 是目前可用的最成熟的快堆技术，因此假设 SFR 将被用作燃烧乏燃料的反应堆。

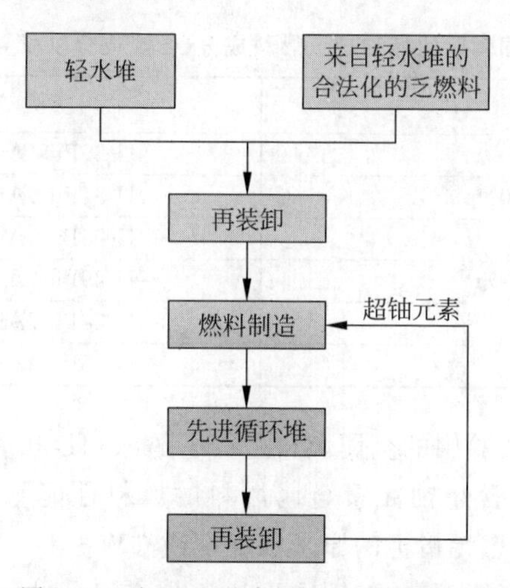

图 3-29　在 GNEP 中提出的核燃料循环

美国超铀元素燃料开发计划的重点是对为 SFR 设计的金属和氧化物燃料进行制造、辐照和辐照后检查。除了开发超铀元素燃料，美国还计划开发初始先进燃烧器反应堆的堆芯材料和启动燃料(含铀和钚，但不含 MA)。

快堆所需的嬗变燃料在许多方面不同于传统的热堆燃料和快堆燃料。嬗变燃料由五种重金属元素(U、Pu、Am、Np、Cm)混合而成，而不是传统燃料中典型的一种或两种(铀和/或钚)。与铀和钚相比，嬗变燃料中使用的重金属元素具有很大不同的热力学性质，因此在制造过程中必须考虑到它们对燃料性能的影响。在含镅和锔燃料辐照期间产生的大量氦气需要通过燃料设计来限制或容纳燃料肿胀，并避免燃料棒的过度增压。最终的超铀元素燃料形式必须适应不同的重金属元素以及相关裂变产物杂质的比例和含量。值得注意的是，快堆嬗变燃料所需的成分和同位素多变性比常规燃料要多。

考虑到上述差异，很明显，快堆嬗变燃料并不是以前常规燃料的简单扩展。因此，需要深入地研究和开发方案，以进行开发、测试和最终确定新的嬗变燃料解决方案。

美国进行了含有 MA 的金属燃料的辐照试验。两个辐照实验的组成列于表 3-7。实验 AFC-1B 中的低增殖燃料成分用于基于加速器的转化；实验 AFC-1F 中的低增殖燃料成分用于基于反应堆的转化。这两个实验在美国爱达荷国家实验室的 ATR 中辐照到 4%～8%的燃耗水平，相当于裂变密度为 $(2.7\sim6.8)\times10^{20}$ 裂变/cm^3。在 ATR 中，还进行了两个具有相同燃料成分的伴生实验，预计它们将进行更高达 30%～40%的燃耗辐照。

表 3-7　在美国辐照的标称含三燃料成分(合金成分以质量百分数表示)

实验 AFC-1B	实验 AFC-1F
Pu-12Am-40Zr	U-29Pu-4Am-2Np-30Zr
Pu-10Am-10Np-40Zr	U-34Pu-4Am-2Np-20Zr
Pu-40Zr	U-25Pu-3Am-2Np-40Zr
Pu-12Am-40Zr	U-29Pu-4Am-2Np-30Zr
Pu-60Zr	U-28Pu-7Am-30Zr
—	U-25Pu-3Am-2Np-40Zr

美国对低燃耗实验中的金属燃料进行了 AFC-1B 和 AFC-1F 的辐照后检查实验。结果表明，含超铀元素金属燃料的燃料性能与裂变密度关联得最好，而不是通常用作燃耗指标的原子损耗率或 GW·d/t。原子损耗率的燃耗度量与裂变密度成正比，其比例因子取决于裂变组分的密度。裂变组分密度由燃料成分和辐照系统中子谱确定。在热中子谱中，只有 ^{235}U、^{239}Pu 和 ^{241}Pu

等裂变同位素被作为裂变组分；而在快中子谱中，所有锕系元素都被作为裂变组分。在AFC-1F实验中辐照的嬗变燃料裂变密度比U-xPu-10Zr燃料要低得多。使用裂变密度作为燃耗指标，消除了在评估裂变损伤时的成分依赖性，并为相关燃料性能参数提供了一种可参照的标准。

辐照后检查表明，AFC-1F燃料的裂变气体释放、径向肿胀和微观结构演化与U-Pu-Zr燃料一致。实验AFC-1F中含锕系元素的金属燃料在等效裂变密度下表现出与U-Pu-Zr燃料非常相似的辐照性能。

关于快堆使用的金属燃料，已经有了一个丰富的数据库。早期对金属燃料性能的担忧已经得到了解决。通过在金属燃料中使用简单的设计，实现了高燃耗，并保持有效密度在70%～75%的范围内，在燃料包壳接触之前，会发生孔隙的相互连接和气体释放。在辐照和未辐照样品上的广泛相容性实验表明，液相渗透不是问题。U-Pu-Zr燃料棒已经在实验中无故障运行到燃耗20%。同时，在开发金属燃料的过程中，研究人员观察到了一些积极现象。有人担心，金属燃料相对较高的热膨胀和相变会导致包壳在经过瞬变时失效。然而，在试验观察到，燃料流入开放孔隙，而不是对包壳形成压力。在瞬变后，堆芯运行到燃料的正常燃耗极限。

另一个完全出乎意料的积极现象是，在处理设施中进行测试时，金属燃料在严重瞬态状态下的行为。燃料中残留的裂变气体导致燃料在包壳失效前转向轴向肿胀。这种轴向肿胀导致了一个强烈的负反应性反馈，而这将导致在一个过功率的瞬态事件中关闭反应堆。

最后，也是最重要的是，金属燃料的高热导率导致燃料中心线温度低，从而导致存储焓低。在冷却剂丧失事件中，堆芯的温升最小，反应性的增加由于热膨胀而终止，没有人为或机械干预。这种行为在EBR-Ⅱ主泵停转中得到了证明。

美国对金属燃料的大部分开发工作于1992年终止。然而，日本的开发工作仍在继续进行。最近，美国在GNEP的框架内重新启动了对金属燃料的开发研究。该方案正在考虑将金属燃料和陶瓷燃料用于反应堆燃料来燃烧钚和MA。由于上述讨论的现象，未来的快堆应继续考虑使用金属燃料。同时，由于易于远程再处理和制造，热处理的发展也还在继续。值得注意的是，金属燃料将是MA的首选，因为在热再处理过程中金属燃料合金可能与MA共沉积。简而言之，金属燃料的现状可以概括如下。

(1) 制造：金属燃料制造相对容易和简单。然而，有必要为含超铀元素的金属燃料发展远程制造能力。为了减轻Am的损失，可以采用真空辅助重力铸造法。在第一阶段，必须建立一个工程规模的制造设施，批量为几千克的超铀元素材料。基于获得的经验，未来可能会建立工业规模的工厂。

(2) 性能：金属燃料的堆性能和数据库很少。有必要增加关于含 MA 的燃料特性数据库。同样，也有必要通过开发和共享来表征和测量有无 MA 的辐照金属燃料的特性。

(3) 辐照测试和鉴定：开发商业用金属燃料需要快堆、辐照测试设施和辐照后检查的热室。

3.7 热物理性质

3.7.1 简介

核燃料在动力反应堆中的性能很大程度取决于其热物理性质及其随温度和辐照作用的变化。燃料设计、性能建模和安全性分析需要关于熔点、热导率、热膨胀系数等堆外性能的实验数据。影响燃料堆外性能的变量是燃料的成分、温度、密度、微观结构和化学比(O/M、C/M、N/M)。这些性质也随辐照而变化。因此，了解这些特性及其随辐照的变化对燃料的设计和安全性分析至关重要。

评价燃料的热性能需要考虑燃料的熔点和热导率。这两者在决定燃料熔化的功率和工作的额定线功率方面起着至关重要的作用。熔点取决于燃料成分、化学比和燃耗。核燃料的热导率影响温度分布，而温度分布又影响几乎所有重要的过程，如裂变气体释放、肿胀、晶粒生长等，并限制线功率。在辐照过程中，热导率的变化与裂变气泡的形成、孔隙率、裂变产物的积累和燃料化学比的变化相关。锕系燃料的比热容在模拟正常和瞬态条件下的热传导和计算热力学性质时也是必需的。

通过热膨胀系数(CTE)可以计算燃料和包壳在温度变化时产生的应力。如果燃料和包壳的热肿胀变化很大，则在热循环过程中会积累应力，导致包壳变形。因此，需要对燃料的 CTE 数据进行精确评估。燃料和包壳的热膨胀系数之差决定了当燃料元件运行时燃料与包壳间隙的状态。在安全分析中，需要热膨胀数据来确定间隙热导率，从而确定存储的能量。

3.7.2 氧化物的热物理和热力学性能

1. *熔点*

二氧化铀的熔点比 PuO_2 更高。MOX 燃料的熔点介于纯二氧化铀和 PuO_2 之间。偏离化学比法和燃耗法可以用来确定熔点。许多研究人员测量

了二氧化铀和 PuO_2 的熔点，国际原子能机构对二氧化铀和 PuO_2 的熔点的推荐值分别为 $T_m(UO_2)=(3120\pm30)$K 和 $T_m(PuO_2)=(2701\pm35)$K，推荐温度的不确定度约为 1%。

Manara 等测量了二氧化铀的熔点，结果为(3147±20)K。此外，二氧化铀熔点与压力的关系式为

$$T_m(UO_2)=3147+9.29\times10^{-2}P(\text{MPa}) \tag{3-4}$$

上述关系式在 10～250 MPa 的压力范围内有效。

1）钚含量的影响

MOX 燃料固相线和液相线不一致。未辐照 MOX 燃料的固相/液相线温度 T_S/T_L 可以由 Adamson 关联式确定：

$$T_S(\text{K})=3120.0-655.3y+336.4y^2-99.9y^3 \tag{3-5}$$

$$T_L(\text{K})=3120.0-388.1y-30.4y^2 \tag{3-6}$$

其中，y 是 PuO_2 的摩尔分数。当燃料中 PuO_2 摩尔分数为 0～0.6 时，固相线温度的不确定度为±30 K，液相线温度的不确定度为±55 K。当 PuO_2 摩尔分数在 0.6 以上时，固相线和液相线温度的不确定度分别为±50 K 和±75 K。

利用 Adamson 和 Konno 的表达式，可得到 UO_2-PuO_2 二元体系的固相线和液相线温度，如表 3-8 所示。

此外，Konno 等还给出了 Am 对快堆 MOX 燃料熔点的影响。固相线和液相线温度的下降有如下关系

$$\Delta T_S=-(1206-782y)X_2 \tag{3-7}$$

$$\Delta T_L=-(560-141y)X_2 \tag{3-8}$$

其中，X_2 为 Am 的质量分数。

表 3-8　UO_2-PuO_2 二元体系的固相线和液相线

PuO_2 摩尔分数	Adamson，1985		Konno，2002	
	固相/K	液相/K	固相/K	液相/K
0	3120	3120	3138	3138
0.05	3088	3101	3113	3121
0.10	3058	3081	3089	3103
0.15	3029	3061	3065	3085
0.20	3002	3041	3041	3067
0.25	2976	3021	3017	3049
0.30	2951	3001	2994	3030
0.35	2928	2980	2971	3011

续表

PuO_2 摩尔分数	Adamson,1985		Konno,2002	
	固相/K	液相/K	固相/K	液相/K
0.40	2905	2960	2949	2991
0.45	2884	2939	2926	2971
0.50	2864	2918	2904	2950
0.60	2826	2876	2861	2907

2）化学比的影响

Konno 等详细研究了化学比对熔点的影响。固相线和液相线温度随 O/M 比和 PuO_2 分数的变化关系如下：

$$T_S = -(1000 - 2850y) \times (2.00 - O/M) \tag{3-9}$$

$$T_L = -(280 - 5000y^3) \times (2.00 - O/M) \tag{3-10}$$

其中，y 为 Pu 分数（Pu/(Pu＋U)）。上述关系在 O/M 比为 1.94～2.00 时有效。

3）燃耗的影响

一些学者研究了燃耗对二氧化铀和 MOX 燃料熔化温度的影响。其数据如图 3-30 所示。他们建议通过将二氧化铀和 MOX 燃料的熔化温度降低 0.5 K/(MW·d/kgHM)来修正燃耗。

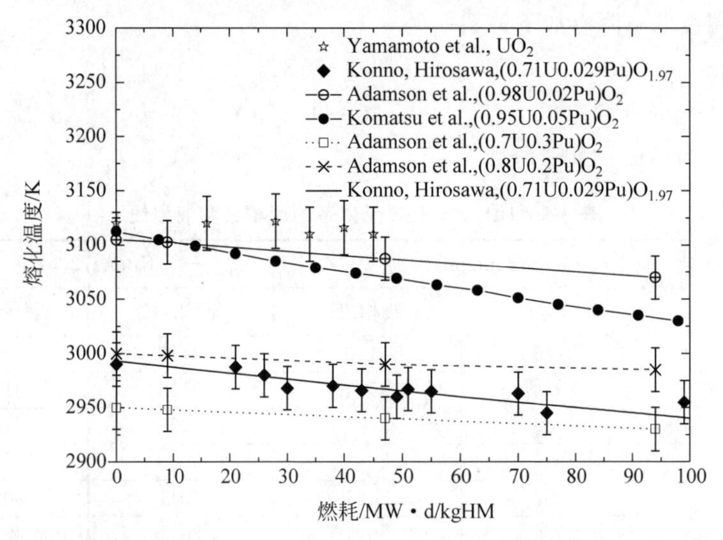

图 3-30　燃耗对不同 PuO_2 含量的二氧化铀和 PuO_2 燃料熔化温度的影响

Konno 等测量了辐照氧化物燃料的熔化温度,并提供了以下关联式:

$$T_S = -(1.06 - 1.43y)Bu + 0.0008[(1.06 - 1.43y)/0.66]^{1.5}Bu^2 \tag{3-11}$$

$$T_L = -(0.50 - 0.38y)Bu \tag{3-12}$$

其中,y 为 Pu 分数(Pu/(U+Pu));Bu 为单位为 GW·d/t 的燃耗。MOX 燃料的 Pu 分数低于 0.4 时,不确定度为 16.8 K。

2. 热导率

1) 固体的热导率测量

固体的热导率可以通过两种方法测量:

(1) 根据通过样品的平稳热流(稳态),直接给出 k;

(2) 对试样表面施加非平稳热流(瞬态),通过测量试样的温度变化,得到热扩散率 α。而热导率 k 则进一步由热扩散系数的测量值得到,即

$$k = \alpha\rho c_p \tag{3-13}$$

其中,ρ 为材料密度;c_p 为在恒压下的定压比热容。

由于第二种方法更通用,需要更小的试样,它已成为测定 $T>600$ K 热导率的标准方法。对于较低的温度,则一般采用第一种方法。

2) 温度的影响

对氧化物燃料的化学比组成详细比较表明,二氧化铀和 MOX 的热导率具有可比性。亚化学比组成下,氧化物燃料的热导率和熔点更高。对于 $(U_{0.8}Pu_{0.2})O_{2-x}$,Martin 建议使用下列关系式,热导率是温度和 x 的函数:

$$k_{100} = (0.037 + 3.33x + 2.37 \times 10^{-4}T)^{-1} + 78.9 \times 10^{-12}T^3 \tag{3-14}$$

上述公式在 500~2000℃的温度范围有效。

图 3-31 显示了标准化学比和亚化学比的混合氧化物热导率的变化。在低于 1000 K 条件下,O/M 的影响比在 3000 K 左右的高温下更为显著。

Inoue 提出的快堆 MOX 燃料(Pu 含量高达 20%)热导率新方程如下:

$$k_{100} = \{1/[(0.06059 + 0.2754 \times (2 - O/M)0.5 + 2.011 \times 10^{-4}T)]\} + (4.715 \times 10^9/T^2)\exp(-16361/T) \tag{3-15}$$

其中,k_{100} 是完全致密的 MOX 燃料的热导率;T 是温度。数据值与计算值之间的标准偏差为 0.20 W/mK(绝对)或 6.2%(相对)。

这个新方程已被证明预测效果很好,推荐用于典型的 FR-MOX 燃料芯块燃料棒热分析。其良好的预测结果是通过比较 JOYO 堆燃料实验结果得到的(温度最高到 1850 K)。

对于完全致密的 MOX 燃料,Carbajo 等得出以下表达式:

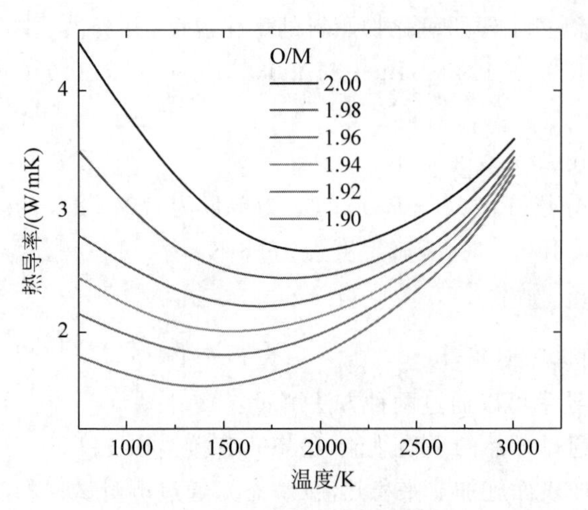

图 3-31　标准化学比和亚化学比混合氧化物燃料的热导率

（请扫Ⅱ页二维码看彩图）

$$k_{100} = 1.158[1/(A + Ct) + (6400/t^{5/2})\exp(-16.35/t)] \quad (3\text{-}16)$$

其中，$A(x) = 2.85x + 0.035$，$C(x) = (-0.715x + 0.286)$，$t = T/1000$。上述方程的不确定度估计在 700～1800 K 时为 7%，在 3100 K 时增加到 20%。

亚化学比的氧化物燃料的热导率的温度关系如图 3-32 所示。结果表明，不同学者测量的 FR-MOX 的热导率相当一致。

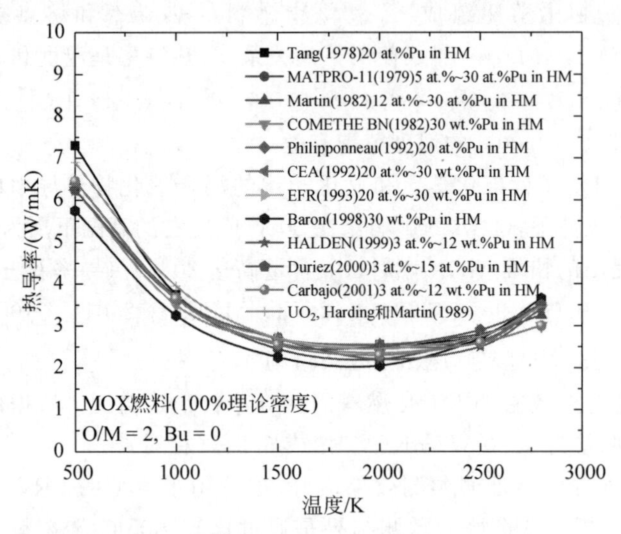

图 3-32　不同学者的二氧化铀和 MOX 燃料的热导率(高达 30%的 Pu)

（请扫Ⅱ页二维码看彩图）

对于超化学比氧化物和$(U_{0.8}Pu_{0.2})O_{2+x}$，Martin 推荐使用以下关系式$(0.00<x<0.12)$：

$$k_{100}=(0.037+1.67x+2.37\times10^{-4}T)-1+78.9\times10^{-12}T^3 \tag{3-17}$$

标准化学比燃料的热导率最高。在与化学比偏差相同的情况下，超化学比燃料的热导率低于亚化学比燃料。含有一定氧过量的超化学比氧化物燃料的热导率与缺氧量为该氧过量值一半的亚化学比氧化物燃料的热导率基本相等。图3-33显示了不同温度下UO_2-15%PuO_2的热导率随O/M比的变化。

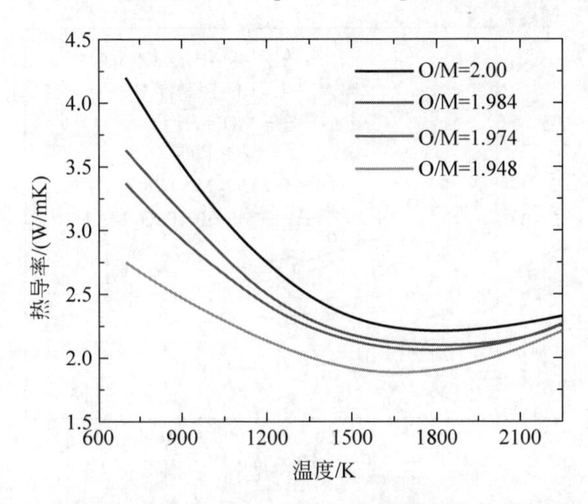

图3-33　不同温度下UO_2-15%PuO_2的热导率随O/M比的变化

（请扫Ⅱ页二维码看彩图）

3）添加Pu的影响

在二氧化铀中加入少量的PuO_2，会降低热导率。然而，在3%～15%含量的PuO_2并不会进一步降低热导率。如果PuO_2的质量增加超过15%，那么MOX燃料的热导率也会额外下降。Washinton 建议，20%Pu化学比混合氧化物燃料的热导率比相应的二氧化铀燃料低5%。Inoue 指出，在氧化铀中加入20%的钚可使其热导率降低5%～8%。在低温条件下，添加PuO_2对热导率的影响更为明显。

Vasudeva Rao 等测定了UO_2-21%PuO_2和UO_2-28%PuO_2成分的热导率。上述成分(96%理论密度；O/M=2.00)的热导率可以用以下关系表示：

$$k(UO_2\text{-}21\%PuO_2)=4.935+0.0061T\times10^{-6}T^2+3.255\times10^{-9}T^3 \tag{3-18}$$

$$k(UO_2\text{-}28\%PuO_2)=8.752-0.0116T+8.632\times10^{-6}T^2-2.348\times10^{-9}T^3 \tag{3-19}$$

从上述研究中可以看出，热导率在给定的温度下对 Pu 含量很敏感，并随着 Pu 含量的增加而降低。

图 3-34 显示了 Sengupta 等得到的 UO_2-44%PuO_2 的热导率随温度变化的函数。结果表明，热导率随温度的升高而降低，并遵循 $1/(A+BT)$关系。在 1000℃下，UO_2-44%PuO_2 的热导率为 1.80 W/mK，10%UO_2-30%PuO_2 的热导率为 2.33 W/mK。上述成分的热导率可以用以下关系式表示：

$$k=1/(-0.61+1.42\times10^{-3}T-3.93\times10^{-7}T^{2})\tag{3-20}$$

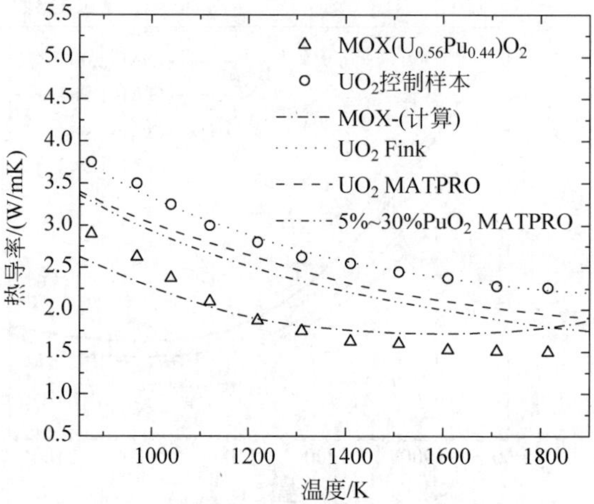

图 3-34　UO_2-44%PuO_2 热导率随温度的关系

4）孔隙率的影响

孔隙和其他缺陷一样，会散射声子，降低热导率。在文献中有许多关于孔隙率对热导率影响的描述。为了进行精确的推导，必须知道孔隙的形状和分布。其中，最常用的是麦克斯韦-奥伊肯提出并得到 Carbajo 推荐的方程：

$$k_{M}=[(1-P)/(1+\beta P)]k_{100}\tag{3-21}$$

其中，P 为孔隙率；β 为常数 2。

5）燃耗的影响

燃耗对 MOX 燃料热导率的影响不显著。Martin 和 Philipponneau 提供的公式以及 Gibby 和 Schmidt 获得的未辐照 MOX 燃料的热导率如图 3-35 所示。结果表明，辐照至 35 GW · d/t 的混合氧化物燃料的热导率与这些公式和未辐照燃料的数据库基本一致。该测量的误差为 10%～20%。由于辐照过程中密度和比热容的微观变化会给测量值产生较大的误差，因此，燃耗影响，主要是裂变产物积累的影响，表现得并不明显。在 2200 K 以上，燃耗对热导率的影响可以忽略不计。

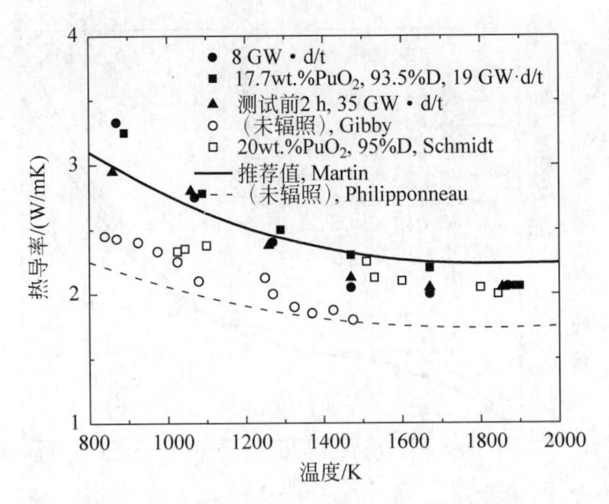

图 3-35　不同燃耗和温度下 MOX 燃料的热导率

3. 比热容

对于二氧化铀和 PuO_2 的混合物，固体的比热容可通过结合每个成分的比热容与其质量分数来确定。例如，固体 MOX($(U_{1-y}Pu_y)O_2$)燃料的比热容表示为

$$c_p(T,y)=(1-y)c_p(T,UO_2)+yc_p(T,PuO_2) \tag{3-22}$$

其中，y 为 PuO_2 的摩尔分数。

根据文献调研，在 1800 K 温度以下，MOX(或 PuO_2)燃料的比热容略大于二氧化铀燃料的比热容。纯二氧化铀、PuO_2、MOX 的比热容如图 3-36 所示。当温度超过 1800 K 时，情况正好相反，二氧化铀燃料比 MOX 燃料具有更大的比热容。温度和燃料组成是影响比热容的主要变量。Ogard 和 Leary 以及 Marcon 的研究表明，MOX 燃料的 O/M 变化的影响可能更为显著，其标准化学比在所有温度下都具有最低的比热容，偏离标准化学比组成会导致更高的比热容。这些比热容的不确定度约为 5%。

Kandan 等对富钚的(U,Pu)O_2 固溶体进行了比热容测量。从图 3-37 可以看出，固溶体的比热容与使用 Carbajo 等的方程计算出的比热容一致，最大偏差为 4%。这些富钚的 $U_{(1-y)}Pu_yO_2$ 固态溶液在 298～1800 K 温度范围内的比热容符合诺伊曼-科普(Neumann-Kopp)的摩尔加性规律。测量的辐照燃料比热容与新燃料比热容的偏差为±10%，因此旧燃料热导率的显著降低主要是由于热扩散系数的降低。

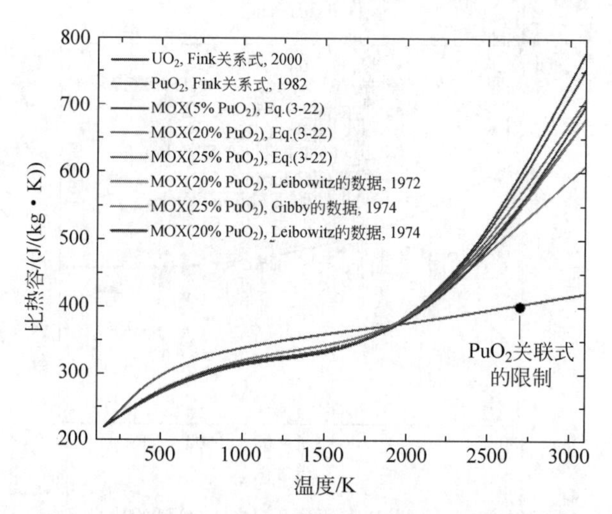

图 3-36　UO_2、PuO_2 和 MOX 的比热容与温度的关系

（请扫Ⅱ页二维码看彩图）

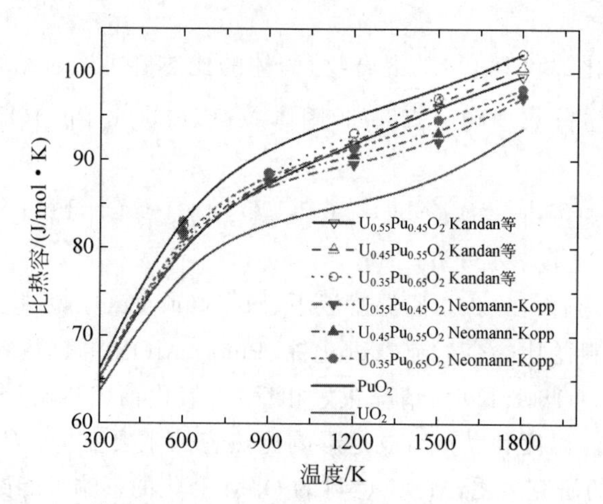

图 3-37　Kandan 等测量的(U,Pu)O_2 固溶体的比热容与由 Neumann-Kopp 定律计算出的比热容的比较

（请扫Ⅱ页二维码看彩图）

4. 热膨胀系数

二氧化铀和 PuO_2 在低温范围内的热膨胀系数相同，如图 3-38 所示，纵坐标为长度变化分数 $\Delta L/L_0$。然而，在高温（大于 300℃）下，PuO_2 具有较高的热膨胀系数。

Martin 整理了现有的关于二氧化铀和(U,Pu)O_2 的热膨胀率的数据，以

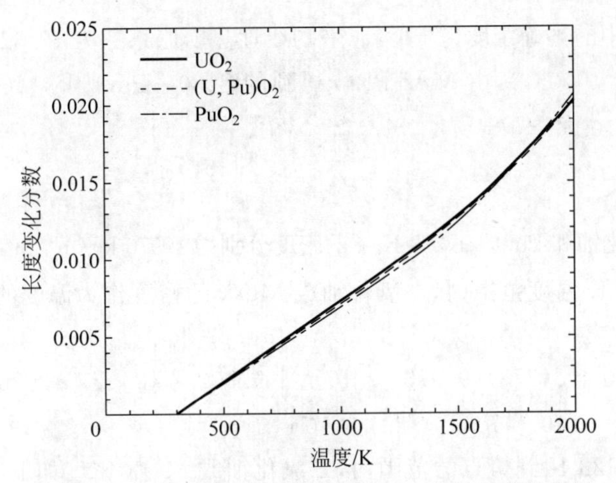

图 3-38　UO_2、PuO_2 和$(U_{0.8}Pu_{0.2})O_{2+x}$ 的热膨胀曲线

建立并推荐了适合反应堆使用的数值，在此基础上推导出了如下关于二氧化铀或 MOX 燃料热膨胀率的计算公式。

对于 $273\ K<T<923\ K$，热膨胀系数 $\alpha(T)$ 为

$$\alpha(T)=9.828\times10^{-6}-6.39\times10^{-10}T+1.33\times10^{-12}T^2-1.757\times10^{-17}T^3 \tag{3-23}$$

对于 $923\ K<T<3120\ K$，

$$\alpha(T)=1.1833\times10^{-5}-5.013\times10^{-9}T+3.756\times10^{-12}T^2-6.125\times10^{-17}T^3 \tag{3-24}$$

温度分别为 300～1273 K，1273～2273 K 和 2273～2929 K 时，热膨胀系数的误差值分别为 $\pm0.11\times10^{-6}$，$\pm0.22\times10^{-6}$，$\pm1.1\times10^{-6}(K^{-1})$。

$(U,Pu)O_2$ 的热膨胀系数接近于二氧化铀值。标准化学比 $(U,Pu)O_2$ 和亚化学比 $(U,Pu)O_{1.94}$ 燃料的室温热膨胀系数分别约为 $10.5\times10^{-6}K^{-1}$ 和 $13\times10^{-6}K^{-1}$。

O/M 对 $(U,Pu)O_{2+x}$ 的热膨胀系数的影响取决于

$$\alpha_{(U,Pu)O_2+x}=\alpha_0(1-5.1x) \tag{3-25}$$

其中，α_0 是相同钚含量的 $(U,Pu)O_2$ 的热膨胀系数。该关系仅对 20%PuO_2-UO_2 混合物成立，O/M 比为 1.94<O/M<2.01。

UO_2-44%PuO_2 的线性热膨胀系数由膨胀计测定，百分比 $(\Delta L/L)$ 也可以通过以下关系表示为温度的函数：

$$(\Delta L/L)\times100=-0.071+0.001\times T-1.692\times10^{-7}\times T^2+2.018\times10^{-10}\times T^3 \tag{3-26}$$

上述值中的不确定度为±6%。平均线性热膨胀系数为 $12.52\times10^{-6}/K^{-1}$（环境温度为 1000℃），由 MATPRO 得到的含 30% PuO_2 的 MOX 的平均热膨胀系数为 $10.65\times10^{-6}/K^{-1}$。

5. 密度

纯二氧化铀和 PuO_2 在 273 K 下的密度分别为 10970 kg/m³ 和 11460 kg/m³。在 273～923 K 温度范围内，二氧化铀或 MOX 的密度作为温度的函数由以下公式给出：

$$\rho(T)=\rho(273)(9.9734\times10^{-1}+9.802\times10^{-6}T-2.705\times10^{-10}T^2+4.391\times10^{-13}T^3)^{-3} \tag{3-27}$$

温度在 923 K 到熔点的范围内，二氧化铀或 MOX 密度如下所示：

$$\rho(T)=\rho(273)(9.9672\times10^{-1}+1.179\times10^{-5}T-2.429\times10^{-9}T^2+1.219\times10^{-12}T^3)^{-3} \tag{3-28}$$

在 273 K，二氧化铀和 PuO_2 混合物的密度变化根据线性定律得

$$\rho(\mathrm{kg/m^3})=10970+490y \tag{3-29}$$

其中，y 是 PuO_2 的摩尔分数。

UO_2-20% PuO_2 燃料的密度通过以下公式计算：

$$\rho(\mathrm{kg/m^3})=11080[1+2.04\times10^{-5}(T-273)+8.7\times10^{-9}(T-273)^2]^{-1} \tag{3-30}$$

基于上述公式，UO_2-20% PuO_2 燃料的密度在 T_S 时为 9889 kg/m³，T_L 时为 9865 g/m³。在整个温度范围内，密度值的推荐不确定度为 1%。

熔化过程中密度的变化是反应堆操作中需考虑到的实际问题，因为它可能导致燃料的故障。液体二氧化铀在熔点的密度合理值为(8.74±0.016)g/cm³。熔化后的体积膨胀率约为 10%。对于(U,Pu)O_2，也可以假设有一个类似的值。

最后，燃耗也会通过孔隙率的变化来影响密度。在低燃耗(小于 15 GW·d/t)时，密度随燃料致密化过程而增加；在高燃耗时，由于燃料肿胀，密度降低(孔隙率增加)。

6. 硬度

UO_2-20% PuO_2 和 UO_2-30% PuO_2 芯块的硬度与温度图如图 3-39 所示。为了进行比较，纯二氧化铀的硬度值也显示在同一图中。将数据点拟合后，使用三次多项式表达如下：

$$H(\mathrm{kg/mm^2}) = A + BT + CT^2 + DT^3 \tag{3-31}$$

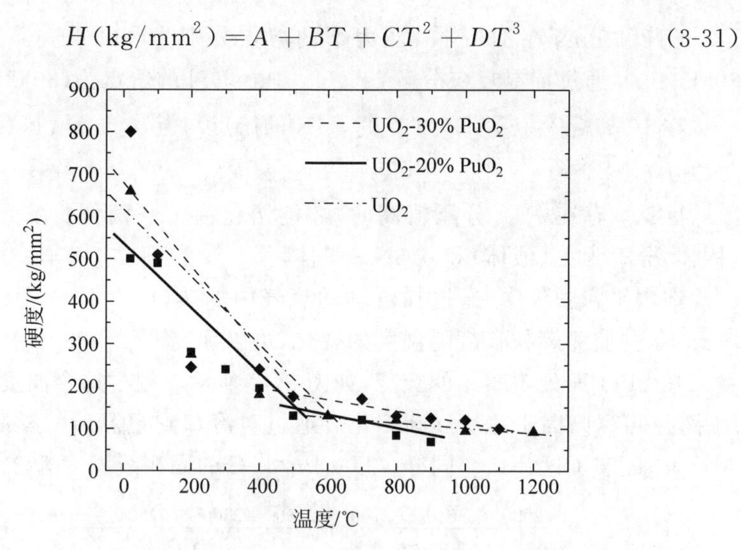

图 3-39　UO_2、UO_2-20%PuO_2 和 UO_2-30%PuO_2 微球的硬度随温度变化图

其中，T 是温度，A、B、C 和 D 是常数。上述组合的多项式常数如表 3-9 所示。从图 3-39 可以看出，对于混合氧化物，硬度值在 400℃以下时急剧下降，在 400℃以上是缓慢下降的。

表 3-9　UO_2、UO_2-20%PuO_2 和 UO_2-30%PuO_2 组成的多项式常数

组　成	A	B	C	D
UO_2	522.13	−1.46	0.0018	-8.79×10^{-7}
UO_2-20%PuO_2	683.85	−2.33	0.003	-1.24×10^{-6}
UO_2-30%PuO_2	767.95	−2.65	0.0036	-1.60×10^{-6}

3.7.3　碳化物和氮化物的热物理和热力学性能

先进的陶瓷燃料，如碳化物和氮化物，与氧化物燃料相比具有更高的热导率和更低的熔点。混合碳化物燃料的热导率随温度的升高而增加，比氧化物燃料具有明显的优势。

1. 熔点

Matzke 测出纯 UC 的熔点为(2780±25)K，Nickerson 等获得的纯 UC 熔点为(2638±165)K。PuC 的熔点为(1875±25)K(PuC 周期性分解)。U_2C_3 和 Pu_2C_3 的熔点分别为 2100 K 和 2285 K。$(U_{0.8}Pu_{0.2})C$ 和 $(U_{0.8}Pu_{0.2})_2C_3$ 的固相线温度分别为(2750±30)K 和(2480±50)K。

UN 和 PuN 在 1bar N_2 压力下的熔点分别为(3035±40)K 和(2843±30)K(PuN 通过周晶反应分解)。$(U_{0.8}Pu_{0.2})N$ 的熔点为(3053±20)K。

在 $10^{-8} \leqslant P_{N2} \leqslant 7.5\times10^5$ 时,UN 的熔点与氮气的蒸气压(Pa)关系为

$$T_m(K) = 3055 \times P_{N2}^{0.02832} \tag{3-32}$$

UN 只有在 P_{N2} 分压值高时,才能熔化为 UN 液体;在低 P_{N2} 下,UN(固体)分解为 U(液体)和 $0.5N_2$(气体)。

在水平膨胀仪中,通过在流动的氩气中加热 $(U_{0.45}Pu_{0.55})C$ 燃料芯块到 2283 K,并监测燃料长度随温度的变化,可以确定 $(U_{0.45}Pu_{0.55})C$ 燃料的固相线。在 2193 K 处观察到的突变,如图 3-40 所示。超过这个温度,观察到高收缩率,这可以归因于芯块逐渐熔化。通过对冷却到室温后的样品的目视和金相检查,证实了这一点。同样,$(U_{0.3}Pu_{0.7})C$ 的固相线温度为 2148 K。

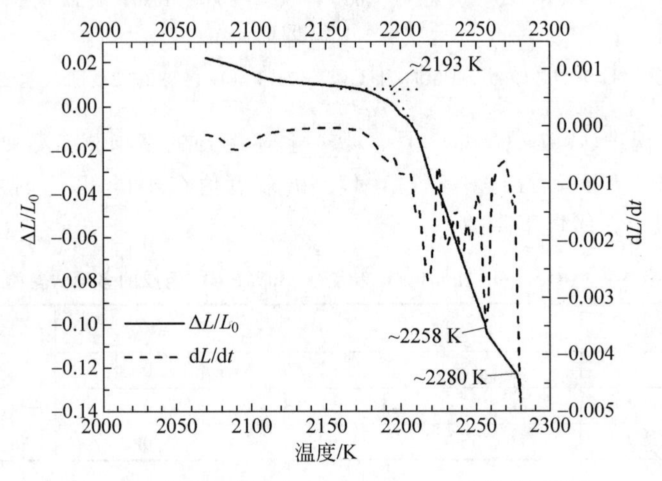

图 3-40　由膨胀仪测定 $(U_{0.45}Pu_{0.55})C$ 燃料的固相线

2. 热导率

UC、PuC 和(U,Pu)C 的热导率受以下几个因素的影响:制造方法、杂质、化学比(C/M 或 N/M)、Pu 分数、高相、微观结构、辐照效应和测量方法等。

UC、PuC 和 $(U_{0.8}Pu_{0.2})C$ 芯块的热导率如图 3-41 所示。随着温度从环境温度上升到 400℃,MC 的热导率下降。交叉阴影区域表示传导模式中的不确定性。在温度低于 700℃时,$(U_{0.8}Pu_{0.2})C$ 的热导率比 UC 大约低 20%;在 500℃以上时,$(U_{0.8}Pu_{0.2})C$ 的热导率与温度正相关,且热导率接近于 2000℃以上的 UC。

大多数研究人员认为,氧浓度低于 2500 ppm 时,对热导率没有显著影

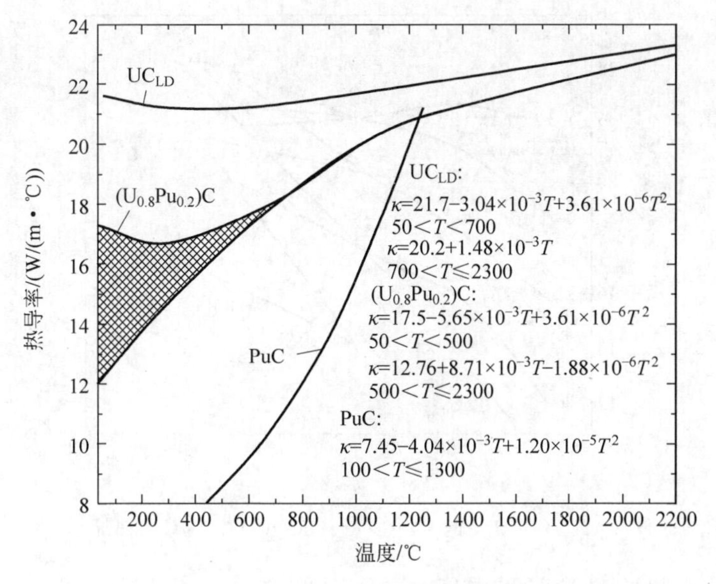

图 3-41　UC、PuC 和(U,Pu)C 的热导率公式

响。Bates 和 Wheeler 等对 2%(约 0.3%燃耗)到 17%(约 2.0%燃耗)范围的氧浓度进行了全面研究。对于含有约 2%和 17%的氧气的 UC,研究显示,在 1200℃的热导率分别为 18～20 W/(m·℃)和 15～18 W/(m·℃),在 1000℃的热导率分别为 18～19 W/(m·℃)和 12～13 W/(m·℃)。图 3-42 总结了不同含量的 Pu 的 UC、PuC 和(U,Pu)C 的热导率。热导率随燃料中 Pu 含量的增加而减小。Storms 发现,含 M=$U_{0.8}Pu_{0.2}$ 的低氧含量 MC+M_2C_3 的热导率在 500～1500 K 时为 17～19 W/(m·K),几乎呈线性变化。这意味着在 600 K 左右用钚取代 20%铀的效果相当强,但在 1600 K 附近相对较弱(图 3-42)。在约 500℃以上,UC 热导率的不确定性为±10%,(U,Pu)C 为±15%,温度低时不确定性更高。

研究人员采用瞬态激光闪烁法,在 0.133 Pa 的真空中,测量了 FBTR 中混合碳化铀钚燃料的热扩散系数。MK-Ⅰ($U_{0.3}Pu_{0.7}$)C 和 MK-Ⅱ($U_{0.45}Pu_{0.55}$)C 燃料的密度分别为(90±1)%和(86±2)%理论密度。利用测量的线性热膨胀数据的平均系数对密度值进行了温度校正,以计算每个温度下的热导率。如图 3-43 所示,两种燃料的热导率随温度的升高而增加。在 1100 K 左右,MK-Ⅰ燃料的热导率几乎与 MK-Ⅱ的相同,但 MK-Ⅰ的密度高于 MK-Ⅱ。混合碳化物燃料的热导率随 PuC 含量的增加而减小,但随温度和密度的增加而增加。PuC 的影响很大,这就解释了为什么 1100 K 以下时 MK-Ⅰ燃料的热导

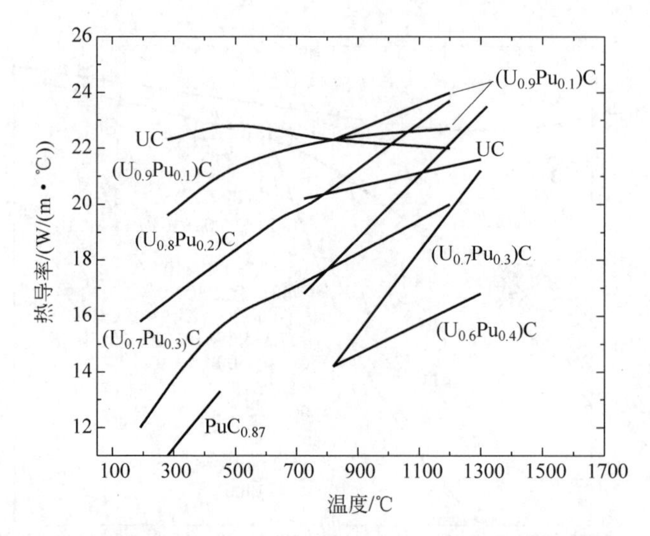

图 3-42 不同含量的 Pu 的 UC、PuC 和(U,Pu)C 的热导率

率较低。在超过 1100 K 的温度时,MK-Ⅰ的热导率大于 MK-Ⅱ。这可能是由于在 MC 中,PuC 作为一种缺陷结构(PuC_{1-x})存在,并有助于电子热传递。所以 MK-Ⅰ(含 70%PuC)的热导率大于对 MK-Ⅱ(含 55%PuC)的热导率。然而,在平均工作温度下,MK-Ⅰ和 MK-Ⅱ燃料具有几乎相同的热导率。

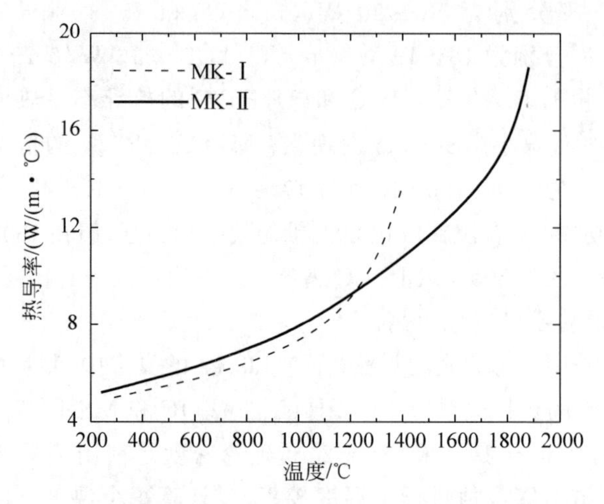

图 3-43 MK-Ⅰ和 MK-Ⅱ FBTR 燃料的热导率与温度的函数关系

氮化物的情况比碳化物简单,因为氧和化学比的大偏差都没有发挥重要作用。UN 的热导率已由不同的研究者确定。Washinton 为 UN 的热导率 κ_{UN} 推荐使用以下关系式:

$$\kappa_{UN}(W/mK)=10.55+0.02T-5.96\times10^{-6}T^2,$$
$$200\leqslant T\leqslant1800℃ \tag{3-33}$$

与UC相比，UN在低温（小于600℃）下的热导率更小，而$T>1000$℃时$\kappa_{UN}>\kappa_{UC}$。Pu含量对PuN与PuC热导率的影响不同。对于PuC，在低温下Pu含量对热导率的影响比在高温下更强，但对PuN，这种情况很难发生（图3-44）。

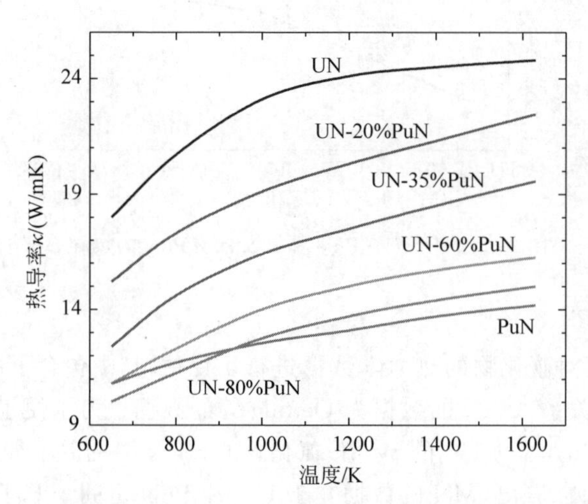

图3-44　不同Pu含量的(U,Pu)N燃料芯块的热导率的温度依赖性

PuN的热导率κ_{PuN}与温度的关系由以下公式给出：

$$\kappa_{PuN}(W/m/K)=7.73+1.34\times10^{-2}T-9.5\times10^{-6}T^2,$$
$$200\leqslant T\leqslant1500℃ \tag{3-34}$$

(U,Pu)N的热导率随Pu含量的增加而降低。在1000 K和1500 K时，含约1wt.%氧的芯块的热导率比通常含0.1～0.2wt.%氧的氮化物芯块分别低9%～10%和12%～13%。图3-45给出了两种候选燃料，UN-55%PuN和UN-20%PuN的热导率。

MC和MN燃料的热导率结果汇总如下：

(1) MC和MN燃料的热导率随温度升高而增大，然而，实验结果存在明显的散点(±20%)；

(2) MC和MN燃料的热导率随着钚含量的增加而降低；

(3) MC的热导率随着M_2C_3和氧含量的增加而降低，随着燃料芯块密度的增加而提高；

(4) 对于(U,Pu)N，在所有温度下，Pu含量约为50%时热导率最小。

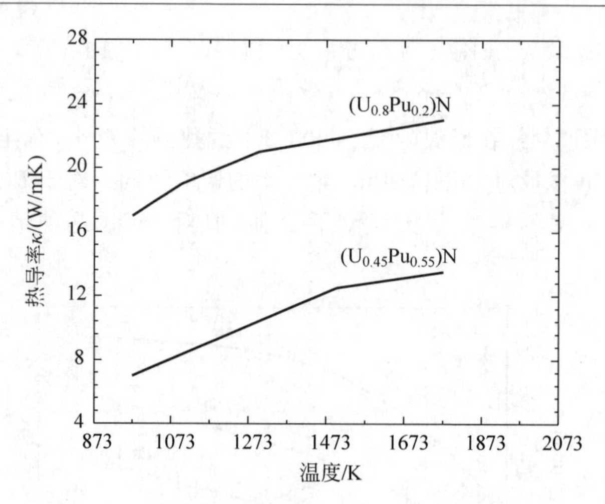

图 3-45　UN-55%PuN 和 UN-20%PuN 的热导率

3. 比热容

Holley 等对碳化物的热力学数据进行了评估,其中包含了所有锕系元素的 c_p 与 T 的关系,U_2C_3 的数据为 Oetting 等的数据。为了便于比较,图 3-46 给出了 PuC、Pu_2C_3 与 UC 的 c_p 值,氮化物的 c_p 与 T 的关系如图 3-47 所示。从图 3-47 中可以看出,MN 的数据介于 UN 和 PuN 之间。基于类似的原理,可以认为 MC 的值应该介于 UC 和 PuC 之间。

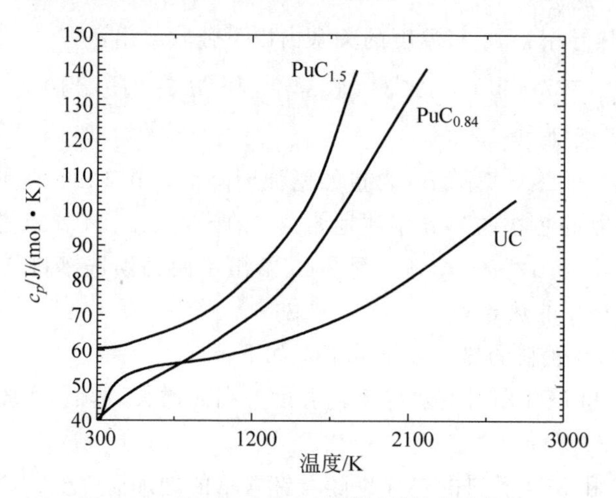

图 3-46　UC、PuC 和 MC 燃料芯块的比热容

实验 c_p 值通常用 4 或 5 个拟合参数:

$$c_p(\mathrm{J/(mol \cdot K)}) = a + bT + cT^2 + dT^3 + e/T^2 \tag{3-35}$$

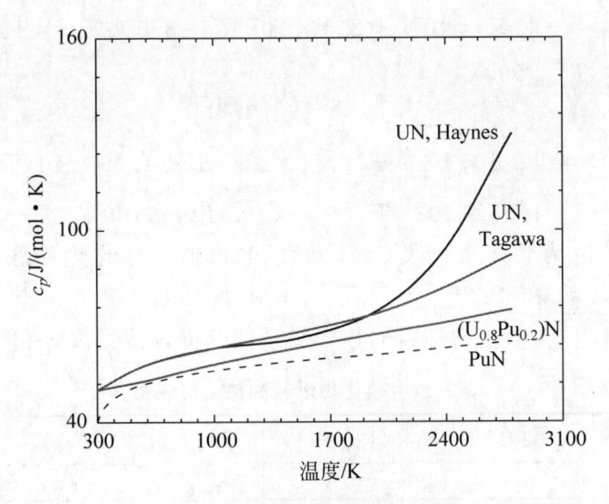

图 3-47　PuN、MN 和 UN 燃料芯块的比热容
（请扫Ⅱ页二维码看彩图）

上述碳化物和氮化物比热容的系数见表 3-10。

表 3-10　碳化物和氮化物比热容的系数

燃料	T_{max}/K	a	b	c	d	e
UC	2780	50.984	2.57×10^{-2}	-1.87×10^{-5}	5.72×10^{-9}	-6.19×10^{5}
U_2C_3	1670	75.354	-2.39×10^{-2}	2.07×10^{-5}	0	-1.45×10^{6}
$PuC_{0.85}$	1875	57.876	-1.45×10^{-2}	7.71×10^{-6}	8.62×10^{-9}	-6.55×10^{5}
Pu_2C_3	2285	78.037	-3.99×10^{-2}	3.52×10^{-5}	0	-1.09×10^{6}
UN	2628	54.15	2.28×10^{-3}	4.37×10^{-6}	0	-6.82×10^{5}
PuN	—	50.2	4.19×10^{-3}	0	0	-8.37×10^{5}
MN	1800	45.38	1.09×10^{-2}	0	0	0

4. 热膨胀系数

大部分碳化物数据是在 1960 年和 1970 年之间确定的。研究人员用膨胀计和 X 射线衍射分别得到了 U_2C_3 和 UC 的膨胀系数。UC 和 U_2C_3 之间膨胀的显著差异导致 UC+U_2C_3 系统存在相当大的内应力。

UC 热膨胀系数由以下关系式表示：

$$\Delta L/L_0=-2.01\times10^{-4}+1.004\times10^{-5}T+1.17\times10^{-9}T^2,$$
$$20℃<T<2000℃ \tag{3-36}$$

类似地，$PuC_{0.85}$ 和 U_2C_3 的热膨胀系数可以用以下关系式来描述：

$PuC_{0.85}$，

$$\Delta L/L_0 = -4.01\times10^{-4} + 8.3\times10^{-6}T + 3.0\times3.0\times10^{-9}T^2,$$
$$20℃ < T < 900℃ \tag{3-37}$$

U_2C_3,

$$\Delta L/L_0 = 12.6\times10^{-4} + 1.077\times10^{-5}T - 1.69\times10^{-9}T^2 + 1.55\times10^{-12}T^3,\quad 20℃ < T < 1700℃ \tag{3-38}$$

其中,T 的单位为℃。对于 UC,1000℃和 2000℃时的热膨胀系数分别为 $11.2\times10^{-6}℃^{-1}$ 和 $12.4\times10^{-6}℃^{-1}$。对于 PuC,900℃时热膨胀系数为 $10.9\times10^{-6}℃^{-1}$。碳化物燃料的热膨胀系数的推荐值见表 3-11。

表 3-11　碳化物燃料的热膨胀系数

材　料	CTE×$10^{-6}℃^{-1}$(25℃)	平均 CTE×$10^{-6}℃^{-1}$(25～1000℃)
UC	10.1	11.2
PuC	8.5	10.8
(U,Pu)C	8.8	11.9
U_2C_3	10.7	10.6
Pu_2C_3	12.9	14.9
$(U,Pu)_2C_3$	9.6	11.2

U_2C_3 和 UN 优先保持标准化学比,不易与氧气结合。它们分别与 Pu_2C_3 和 PuN 混合组成合金,可导致混合含 Pu 的 M_2C_3 和 UN 的热膨胀系数增加。与 U_2C_3 和 UN 相比,在 UC 和二元结构 MC+M_2C_3 中,Pu 的影响被以下因素掩盖:

(1) 合金组分 PuC_{1-x} 中的 C 缺陷;

(2) 在 MC 相中不同质量的溶解氧;

(3) 在二元结构 MC+M_2C_3 中 M_2C_3 沉淀的尺寸分布不同。

在真空条件下,MK-Ⅰ燃料$(Pu_{0.7}U_{0.3})C$从室温到 873 K 的热膨胀系数与 T 之间的关系可以用下式表示:

$$\Delta L/L_0 = -16.59\times10^{-4} + 4.17\times10^{-6}T + 4.60\times10^{-9}T^2 \tag{3-39}$$

在 300～1800 K 之间的热膨胀系数$(\Delta L/L_0)\times100$可以用以下公式确定:

$$\Delta L/L_0\times100 = -0.3333 + 7.1528\times10^{-4} + 7.6889\times10^{-7}T^2 + 2.249\times10^{-10}T^3 \tag{3-40}$$

MK-Ⅱ中$(Pu_{0.55}U_{0.45})C$的热膨胀系数与温度的关系如图 3-48 所示。对于 MK-Ⅱ和 MK-Ⅰ燃料,300～1800 K 之间的热膨胀系数平均值分别为 $11.6\times10^{-6}K^{-1}$ 和 $13.8\times10^{-6}K^{-1}$。因此,MK-Ⅰ燃料的热膨胀系数高于 MK-Ⅱ燃料,这是由于 MK-Ⅰ燃料中含有较高含量的 Pu。

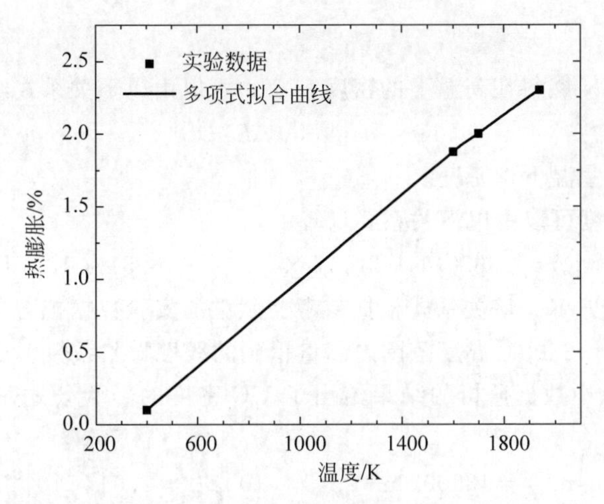

图 3-48　$(Pu_{0.55}U_{0.45})C$ 颗粒的热膨胀随温度的函数

氮化物的情况没那么复杂。氧很难溶于 UN 和 PuN。在制造 UN 时，通常避免使用氮化物。虽然现有的氮化物实验数据很少，但相对一致。MN 与 MC($M=U_{0.8}Pu_{0.2}$)的膨胀曲线如图 3-49 所示。在相同 Pu 含量下，氮化物的膨胀系数低于碳化物。

UN 的线性热膨胀系数 α 可以由以下关系式计算：

$$\alpha(K^{-1})=7.096\times10^{-6}+1.409\times10^{-9}T$$

$$(298\ K<T<2523\ K) \tag{3-41}$$

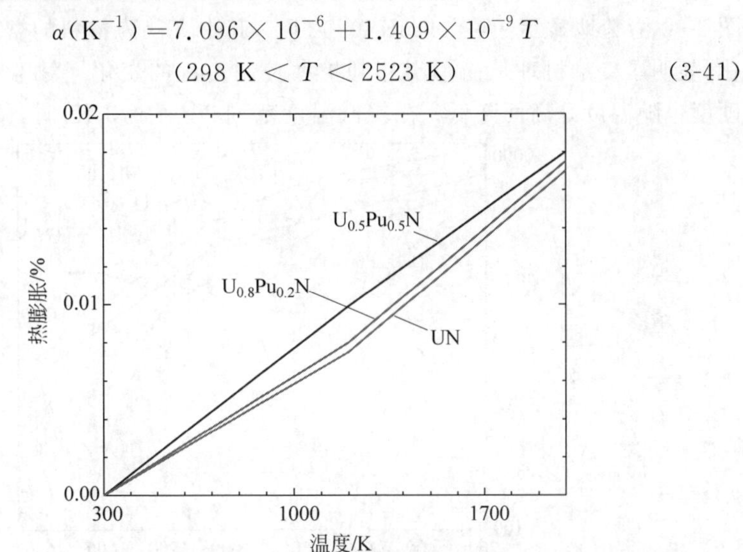

图 3-49　UN、PuN 和 MN 颗粒的热膨胀曲线

(请扫Ⅱ页二维码看彩图)

5．密度

UC 和 UN 燃料在高温下的密度 $\rho(T)$，可以由以下关系式给出：

$$\rho(T)=\rho_0[1+(\Delta L/L_0)]^{-3} \tag{3-42}$$

其中，ρ_0 为在室温下的密度。

UC 的密度可以由以下关系式计算：

$$\rho(T)(\mathrm{kg/m^3})=13630(1-3.117\times10^{-5}T-3.51\times10^{-9}T^2) \tag{3-43}$$

其中，T 为温度，K。该关系式根据参考文献中的实验数据拟合导出。实验数据是通过在 0～2800℃温度范围内测量得到的线性膨胀系数。

参考文献中数据分析的结果给出了 UC 密度的经验公式，UC 密度随温度降低得较多：

$$\rho(\mathrm{kg/m^3})=13500(1-2.13\times10^{-5}T-2.04\times10^{-8}T^2) \tag{3-44}$$

在 298 K≤T≤2523 K 时，UC 的 TD：

$$\rho(\mathrm{kg/m^3})=14420-0.2779T-4.897\times10^{-5}T^2 \tag{3-45}$$

$(U_{0.8}Pu_{0.2})C$ 和 $(U_{0.8}Pu_{0.2})N$ 芯块的密度分别为 13.58 g/cm^3 和 14.32 g/cm^3。

6．硬度

在印度，混合碳化物和氮化物的硬度已经得到了广泛的研究。FBTR MK-Ⅰ和 MK-Ⅱ燃料的硬度-温度变化如图 3-50 所示。对于 MK-Ⅰ燃料，图 3-50 清楚地显示了在 1123K($0.52T_m$，其中 T_m 为材料的熔点)斜率的变化，表明了变形机理从简单滑移到扩散控制过程的变化。对于 MK-Ⅱ燃料，硬度也随温度升高而降低；在较低温度范围(小于 973 K)时，硬度降低比在

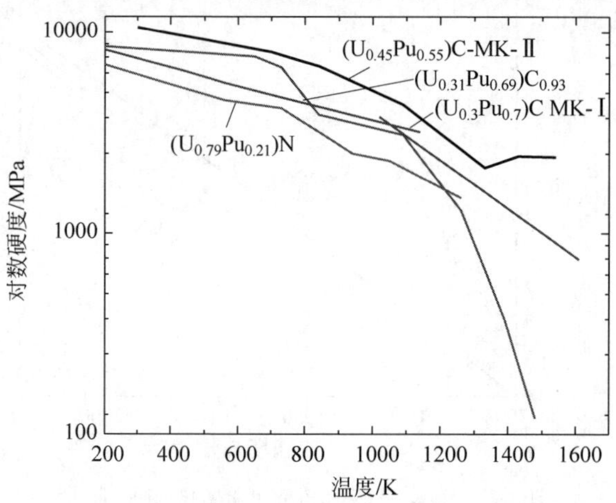

图 3-50　MK-Ⅰ和 MK-Ⅱ燃料的硬度随温度的变化

（请扫Ⅱ页二维码看彩图）

较高温度时更小。然而，在该燃料中并未观察到急剧的转变。

洛斯阿拉莫斯(Los Alamos)国家实验室通过实验测得的69%PuC硬度与含有70%PuC(MK-Ⅰ)的数据在1100 K范围内非常一致。硬度的微小变化归因于样品之间的组成、二相倍半碳化物相和孔隙率的差异。MK-Ⅱ燃料在所有温度下的硬度数据均高于MK-Ⅰ燃料，这可能是由于MK-Ⅱ燃料的熔点高于MK-Ⅰ。MK-Ⅱ燃料的硬度高于含有70%PuC的MK-Ⅰ或含有20%PuC的硬度可能是由于固溶体硬化；超过1300 K时硬度增加可能是由于微观结构在高温下的变化和氧化作用的影响或综合效应。UN、PuN和$(U_{0.7}Pu_{0.3})N$的热硬度数据如图3-51所示。

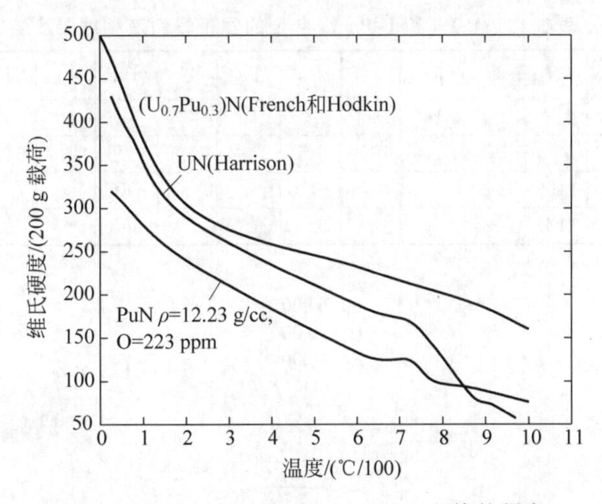

图3-51　UN、PuN和$(U_{0.7}Pu_{0.3})N$芯块的硬度

3.7.4　金属燃料的热物理和热力学性能

1. 熔点

Pu(熔点为640℃(913 K))是Th、U、Pu、Am、Np中熔点最低的元素，Np的熔点接近于645℃(918 K)。U的熔点为1405 K。U-15%Pu的固相线温度和液相线温度分别为1249 K和1335 K。一些重要的U-Pu-Zr合金的固相线和液相线温度见表3-12。对于U-20%Pu合金，每增加1%的锆，燃料的固相线温度增加约13℃。U-Pu和U-Pu-Fs合金的固相线和液相线温度见表3-13。在U-Pu体系中，根据Farkas等的工作，随着Zr的增加，固相线和液相线的温度均增加，如图3-52所示。

表 3-12　U-Pu-Zr 合金的固相、线液相线温度和维氏硬度

特性	U		U		U		U	
	Pu	Zr	Pu	Zr	Pu	Zr	Pu	Zr
wt. %	11.1	6.3	15	6.8	15	10	18.5	14.1
at. %	10	15	13.6	14.3	12.9	22.5	15	30
液相线/℃	1200		1240		12.5		1290	
固相线/℃	1120		1105		1155		1170	
25℃时的维氏硬度	470		440		540		410	

表 3-13　U-Pu 和 U-Pu-Fs 合金的固相线和液相线温度

特性	U	U	Pu	U	Pu	Fs	U	Pu	Fs	U	Pu	Fs
wt. %		90	10	80	10	10	75	15	10	60	20	10
at. %		90	10	69.9	8.7	21.4	65.5	13.1	21.4	61.1	17.5	21.4
液相线温度/℃	1133	1060			1010			1000			990	
固相线温度/℃	1133	1025			910			865			820	

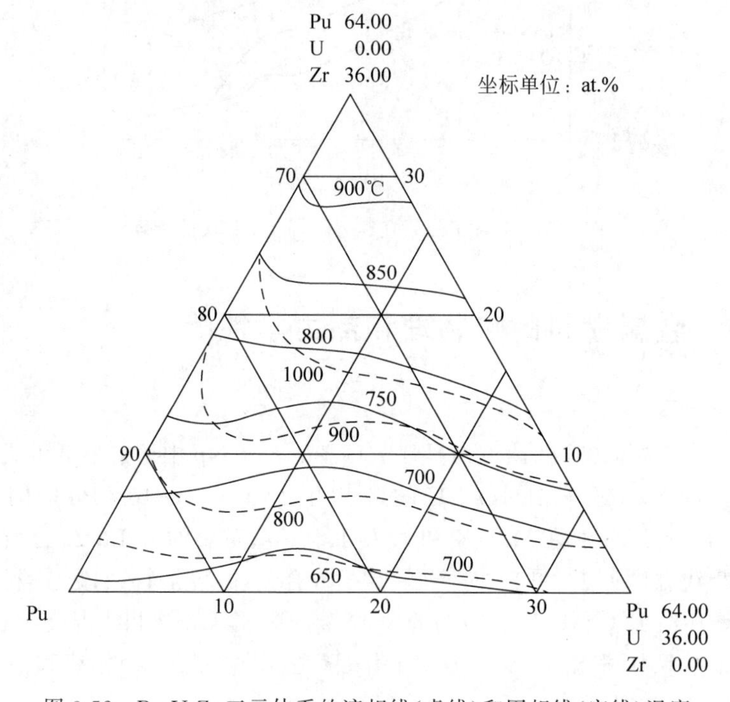

图 3-52　Pu-U-Zr 三元体系的液相线(虚线)和固相线(实线)温度

2. 热导率

纯铀在 293～1405 K 范围内的热导率可以使用以下关系式进行估算，精度为±10%：

$$\kappa(\mathrm{W/mK}) = 22 + 0.023(T - 273) \tag{3-46}$$

Zr 合金在 300～1000 K 的温度范围内的热导率采用 Takahashi 等获得的实验数据。图 3-53 显示了 300～1400 K 温度范围内金属铀和铀锆合金的热导率。在 U-72.4at.%Zr 的 δ 相合金中，U-Zr 合金的热扩散系数和热导率均为最小值。

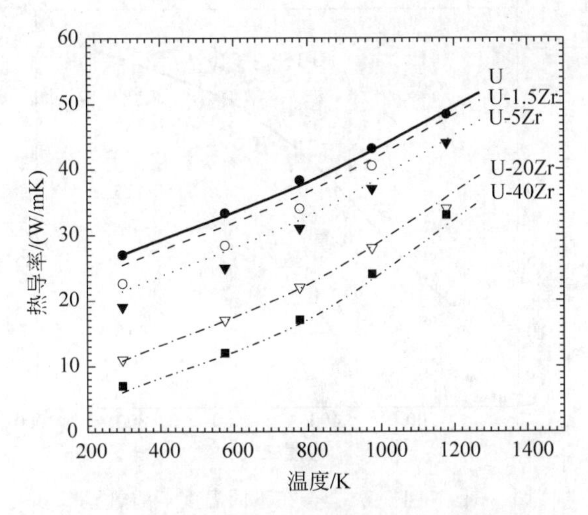

图 3-53 金属铀和铀锆合金的热导率与温度的关系

ANL 开发了预测富铀(U>50%)情况下 U-Zr 合金热导率的关系式。这包括来自 Touloukian 等和 Takahashi 等的 U-Zr 数据，以及来自 Fink 等的 Zr 数据。公式如下：

$$\kappa_{\mathrm{Zr\text{-}U}} = [1-(1-x_{\mathrm{Zr}})^{0.5}]\kappa_{\mathrm{Zr}} + (1-x_{\mathrm{Zr}})^{0.5}[x_{\mathrm{Zr}}\kappa_{\mathrm{c,U}} + (1-x_{\mathrm{Zr}})\kappa_{\mathrm{U}}] \tag{3-47}$$

式中，x_{Zr} 是 Zr 的质量分数；κ_{U} 是铀的热导率；κ_{Zr} 是 Zr 的热导率；$\kappa_{\mathrm{c,U}}$ 是由合金效应引起的热导率修正。

U-Pu-Zr 合金的热导率数据很少。Farkas 等在 100～900℃温度范围内测定了 U-15%Pu-15%Zr 的热导率，如图 3-54 所示。在 100℃时，U-15%Pu-15%Zr 的热导率为 11.1 W/(m·℃)，在 900℃时上升至 30.1 W/(m·℃)。同样地，对于 U-15%Pu-25%Zr 合金，它从 100℃时的 9.2 W/(m·℃)上升到 900℃时的 26.01 W/(m·℃)。在 110～892℃范围内测量了 U-15%Pu-

6.8%Zr 挤压试样的热导率,该热导率从 12.7 W/(m·℃)增加到 31.7 W/(m·℃)。在转变温度以上,材料变得足够柔软并发生变形。为反映这种变形的影响,对这个温度范围内的测量值进行了调整。Ogata 给出了 U-Pu-Zr 燃料热导率的如下关系式:

$$\kappa(\mathrm{W/mK}) = 16.309 + 0.02713T - 46.279A_z + 22.985{A_z}^2 - 53.545A_p \tag{3-48}$$

其中,$T<1173$ K,$A_p<0.16$,$A_z<0.72$,A_p 和 A_z 分别是 Pu 和 Zr 的原子质量分数; T 是温度,单位为 K。

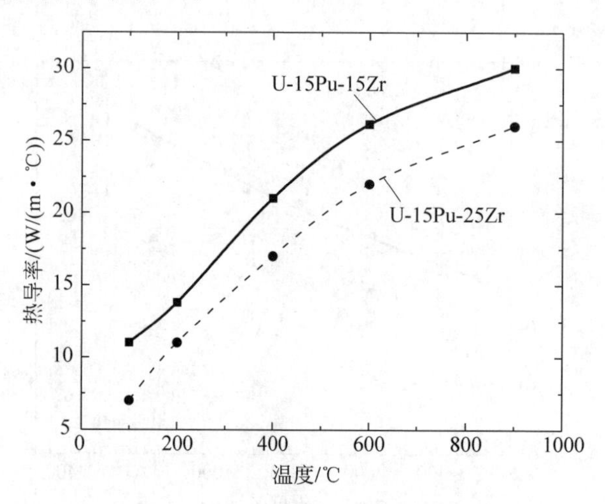

图 3-54　U-Pu-Zr 合金在不同温度下的热导率

U-Pu-Zr 合金的热导率也可以用以下关系式表示:

$$\kappa(\mathrm{W/mK}) = a + bT + cT^2 \tag{3-49}$$

其中,$a=17.5\times(1-2.23\times W_{Zr})/(1+1.61\times W_{Zr})-2.62\times W_{Pu})$

$b=0.0154\times((1+0.061\times W_{Zr})/(1+1.61\times W_{Zr})+0.9\times W_{Pu})$

$c=9.38\times10^{-6}\times(1-2.7\times W_{Pu})$

式中,这里,W_U、W_{Pu} 和 W_{Zr} 分别为 U、Pu 和 Zr 的质量分数。

对于 U-15Pu,热导率为

$$\kappa(\mathrm{W/(mK)}) = 10.6225 + 0.17479T + 5.5811\times10^{-6}T^2 \tag{3-50}$$

其中,T 为温度,单位为 K。

对于含孔隙的燃料,采用以下修正因子:

$$f(p) = (1-p)/(1+2.5p) \tag{3-51}$$

其中,p 为孔隙率,

$$\kappa(T,p) = f(p)\times\kappa(T,100\%\ \text{理论密度}) \tag{3-52}$$

3. 比热容

293～942 K范围内铀的比热容用以下公式计算：

$$c_p(\mathrm{J/(kg\cdot K)})=104.82+5.3686\times10^{-3}T+10.1823\times10^{-5}T^2 \tag{3-53}$$

在942 K≤T≤1049 K时，

$$c_p=176.4\ \mathrm{J/(kg\cdot K)} \tag{3-54}$$

在1049 K≤T≤1405 K时，

$$c_p=156.8\ \mathrm{J/(kg\cdot K)} \tag{3-55}$$

研究人员使用激光闪烁量热法测定了U-Zr合金的比热容。对未受辐照燃料的比热容测量是具有代表性的，并与从诺伊曼-科普定律估计的值一致。富铀合金的比热容在870 K以下表现出正常的温度依赖性，而富锆合金的比热容在650 K以上有一个小的峰值。U-Zr合金在870～970 K时观察到比热容异常，这与预测的合金相变一致。在相变以上且1100 K以下的温度，U(γ)-Zr(β)相的比热容为31～36 J/(mol·K)。

关于U-Pu-Zr三元合金的热力学数据有限。Farkas等测定了在25～1150℃温度范围内U-12.23%Pu-21.8%Zr(at.%)的比热容，并给出了以下关系式：

在25～650℃的温度范围内，α(U)+(U,Zr)的二元合金：

$$\Delta H(T)(\mathrm{J/(mol\cdot K)})=-6833.1+18.76T+0.0129T^2 \tag{3-56}$$

$$c_p(T)(\mathrm{J/(mol\cdot K)})=18.76+0.0258T \tag{3-57}$$

温度范围为25～650℃，α(U)+γ(U)：

$$\Delta H(T)(\mathrm{J/(mol\cdot K)})=8560.1+14.15T+0.01265T^2 \tag{3-58}$$

$$c_p(T)(\mathrm{J/(mol\cdot K)})=14.15+0.0253T \tag{3-59}$$

15%Pu-10%(wt.%)的比热函数由Savage得出：

$$c_p(T)(\mathrm{cal/(g\cdot atom\cdot ℃)})=6.36+0.00636T\quad(25\sim600℃) \tag{3-60}$$

$$c_p(T)(\mathrm{cal/(g\cdot atom\cdot ℃)})=3.79+0.00623T\quad(650\sim150℃) \tag{3-61}$$

U-10%Pu-10%(wt.%)的比热与温度的函数关系式如下：

$$c_p(T)(\mathrm{cal/(g\cdot atom\cdot ℃)})=2.69+0.0131T\quad(100\sim500℃) \tag{3-62}$$

$$c_p(T)(\mathrm{cal/(g\cdot atom\cdot ℃)})=-3.52+0.0176T\quad(600\sim800℃) \tag{3-63}$$

10%Pu的比热(wt.%)关系式如下：

$$c_p(T)(\mathrm{cal/(g\cdot atom\cdot ℃)})=4.40+0.0117T\quad(100\sim550℃) \tag{3-64}$$

$$c_p(T)(\mathrm{cal/(g\cdot atom\cdot ℃)})=-58.3+0.0100T\quad(600\sim700℃) \tag{3-65}$$

4. 热膨胀系数

与氧化物或碳化物相比，金属燃料的热膨胀系数较大。无结构的 α 铀的线性膨胀与温度的关系式为

$$L(T)=L_0(1+14.8.10-6T+5.5.10-9T^2) \quad (3\text{-}66)$$

三元 U-Pu-Zr 的热膨胀系数如表 3-14 所示。可以看出，金属燃料的热膨胀系数相对较高。转化温度以上的热膨胀系数比低温时高出 25%左右。

表 3-14 U-Pu-Zr 合金的热膨胀系数

组成/wt. %	U-17.2Pu-14.1Zr
膨胀系数×10^{-6}/℃(环境到转化)	18.2
转换范围/℃	596～665
膨胀/%	0.58
膨胀系数×10^{-6}/℃(转化为 950℃)	22.3

U-Pu-Zr 合金的热膨胀系数与其组成的关系如下：

$$\alpha 10^{-6}(\mathrm{K}^{-1})=19.41+12.67C_{\mathrm{Pu}}-13.37C_{\mathrm{Zr}} \quad (3\text{-}67)$$

其中，C_{Pu} 和 C_{Zr} 分别为 Pu 和 Zr 的原子质量分数。

利用上述关系，U-15%Pu 的热膨胀系数为

$$\alpha 10^{-6}(\mathrm{K}^{-1})=21.3 \quad (3\text{-}68)$$

U-15Pu-10Zr 在 298 K＜T＜900 K 的情况下，热膨胀系数为 17.6×10^{-6} K^{-1}，T＞900 K 时的热膨胀系数为 20.1×10^{-6} K^{-1}。

5. 密度

铀的密度与温度的函数由以下关系式给定：

在 273 K≤T≤942 K(α 相)时，

$$\rho(\mathrm{kg/m^3})=19.36\times10^3-1.03347T \quad (3\text{-}69)$$

在 942 K≤T≤1049 K(β 相)时，

$$\rho(\mathrm{kg/m^3})=19.092\times10^3-0.9807T \quad (3\text{-}70)$$

在 1049 K≤T≤1405 K(γ 相)时，

$$\rho(\mathrm{kg/m^3})=18.447\times10^3-0.5166T \quad (3\text{-}71)$$

在 0.1 MPa 和 1405 K≤T≤2100 K 时的液态铀密度，

$$\rho(\mathrm{kg/m^3})=20332-2.146T \quad (3\text{-}72)$$

处于熔点的液态铀密度为 16500±80(kg/m^3)。在温度范围 650～950℃内，密度由如下关系式给定：

$$\rho(\mathrm{kg/m^3})=17567-1.451T \quad (3\text{-}73)$$

U-Pu-Zr 和 U-Pu-Fs 合金的密度与组分的关系，分别见表 3-15 和表 3-16。

表 3-15　U-Pu-Zr 合金的密度

特　　性	U		U		U		U	
	Pu	Zr	Pu	Zr	Pu	Zr	Pu	Zr
wt. %	11.1	6.3	15	6.8	15	10	18.5	14.1
at. %	10	15	13.6	14.3	12.9	22.5	15	30
25℃时密度/(g/cm^3)	16.8		16.6		15.8		14.8	

表 3-16　U-Pu-Fs 合金的密度

特性	U	U	Pu	U	Pu	Fs	U	Pu	Fs	U	Pu	Fs
wt. %		90	10	80	10	10	75	15	10	60	20	10
at. %		90	10	69.9	8.7	21.4	65.5	13.1	21.4	61.1	17.5	21.4
25℃时密度/(g/cm^3)	19.1	18.7			16.8			16.5			16.8	

U-15Pu-10Zr(wt. %)密度与温度的函数由以下关系式给出：

$$\rho(\mathrm{g/cm^3}) = 15.8/[1.0 + 0.0000018(T - 298)]^3,\quad 298\ \mathrm{K} < T < 868\ \mathrm{K} \tag{3-74}$$

$$\rho(\mathrm{g/cm^3}) = 15.3235/[1.0 + 0.00000074(T - 868)]^3,\quad 868\ \mathrm{K} < T < 938\ \mathrm{K} \tag{3-75}$$

$$\rho(\mathrm{g/cm^3}) = 15.0/[1.0 + 0.000020(T - 938)]^3,\quad 938\ \mathrm{K} < T \tag{3-76}$$

6. 硬度

图 3-55 显示了纯 U、U-10%Zr 和 U-Pu-Zr 合金以及一些常见的包壳材料的硬度与温度之间的曲线图。在燃料中，纯 U 在 600℃的低温范围内硬度最低，而在 650～700℃的温度范围内，U 的硬度有较大增加。硬度的突然增加是由于 β 相的形成。在进一步加热后，随着 γ 相的形成，硬度急剧下降。研究发现，γ 相非常柔软，硬度值下降到约 1 kg/mm^2。向 U 加入 10%Zr 后，硬度值增加约 20%。Tokar 研究了 U-15%Pu-7%Zr 三元燃料的热硬度行为。三元合金的硬度值在 500℃以下高于 U 和 U-10%Zr 合金，但在 600℃以上，该组合物的硬度最低。

从图 3-55 也可以看出，奥氏体钢的硬度在所有温度下都是最小的，HT-9 等铁素体-马氏体钢的硬度比 D9 高出 30%左右，镍合金 718 的硬度最高。

一般来说，蠕变率与硬度成反比，即硬度越高，蠕变率就越低。由于镍基

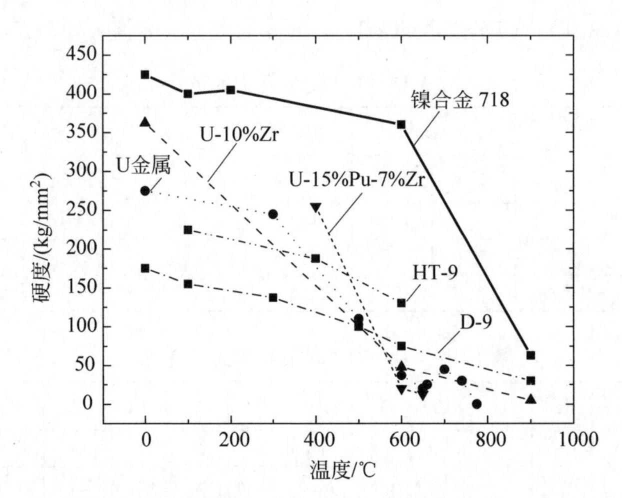

图 3-55 U、U-10%Zr、U-15%Pu-7%Zr 合金及常见包壳材料的硬度与温度曲线

合金的硬度都高于 U、U-10%Zr 和 U-Pu-Zr 合金，这表明，由 FCMI 引起的包壳失效的可能性非常小，因为燃料很容易在与包壳接触时蠕变，而不是破裂。例如，在反应堆工作温度为 600℃ 下，包壳的硬度值为 360 kg/mm^2，U-15%Pu-7%Zr 燃料的硬度值仅为 40 kg/mm^2。这意味着燃料在接触包壳时可以很容易蠕变，而不会损坏包壳。

对于像 HT-9 这样的铁素体-马氏体合金，在低温范围内，包壳比燃料成分更软。然而，在 500℃ 以上，HT-9 硬度要大于燃料的硬度。在 600℃ 下，HT-9 的硬度为 130 kg/mm^2，而 U-10%Zr 和 U-15%Pu-7%Zr 合金的硬度分别为 45 kg/mm^2 和 40 kg/mm^2。这再次表明，硬度值有足够的裕度来避免 FCMI。D9 包壳是该研究中覆盖的包壳材料中最软的，它比 550℃ 下的 U-10%Zr 和 U-15%Pu-7%Zr 合金更柔软。通过比较 600℃ 下的硬度值，可以看到 D9 的硬度仅略高于燃料硬度。

3.7.5 含 MA 燃料的热物理性质

1. 含 MA 的氧化物

在先进燃烧器模式的快堆中可以使用 MA 以及铀和钚作为燃料。许多 MA 的半衰期为 14.4 年，它的子核素 ^{241}Am 随着时间的推移在 MOX 燃料中积累。因此，研究人员必须知道 MA 的热行为。

AmO_{2-x} 和 NpO_2 的热导率，以及 UO_2、PuO_2 和 $(U_{0.8}Pu_{0.2})O_{2-x}$ 的热导率，如图 3-56 所示。NpO_2 在 873～1473 K 的热导率介于二氧化铀和

PuO_2之间。在所研究的温度范围内，AmO_{2-x}和NpO_2的热导率随温度的升高而降低。AmO_{2-x}和NpO_2的热导率对温度的依赖性与二氧化铀、PuO_2和$(U_{0.8}Pu_{0.2})O_{2-x}$相似。在900～1770 K的温度范围内，用激光闪烁法测定了Am-MOX和Np-MOX的热导率，得到了归一化的热导率，如图3-57所示。

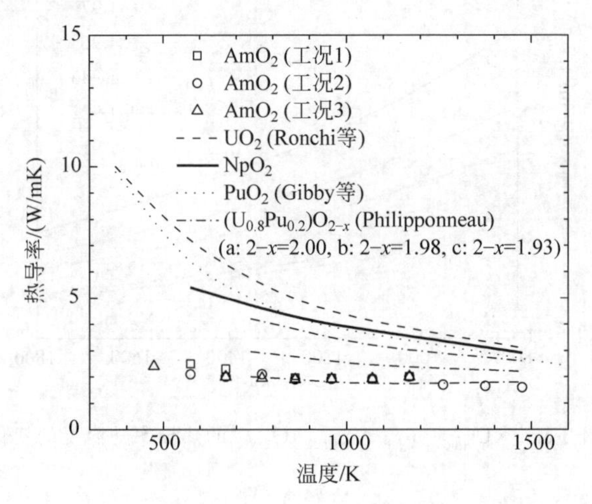

图3-56 AmO_{2-x}和NpO_2，以及二氧化铀、PuO_2和$(U_{0.8}Pu_{0.2})O_{2-x}$的热导率

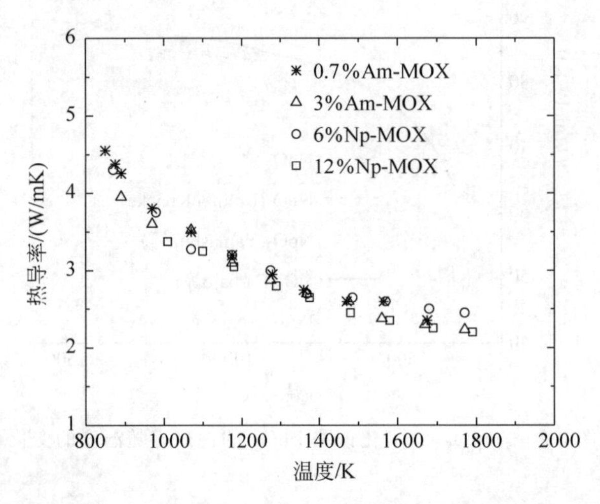

图3-57 (U、Pu、Np)O_2和(U、Pu、Am)O_2固溶体在900～1770 K温度下的热导率

具有不同O/M比的2%Am-MOX的热导率与温度的关系如图3-58所示。该图利用修正的麦克斯韦-奥伊肯关系，将热导率归一化。该图表明，

2%Am-MOX 的热导率随温度的升高而降低。O/M 对热导率的影响较大，尤其在低温区域。采用滴式量热法测定 NpO_2 的比热容，发现其略大于二氧化铀，比 PuO_2 小约 7%(图 3-59)。

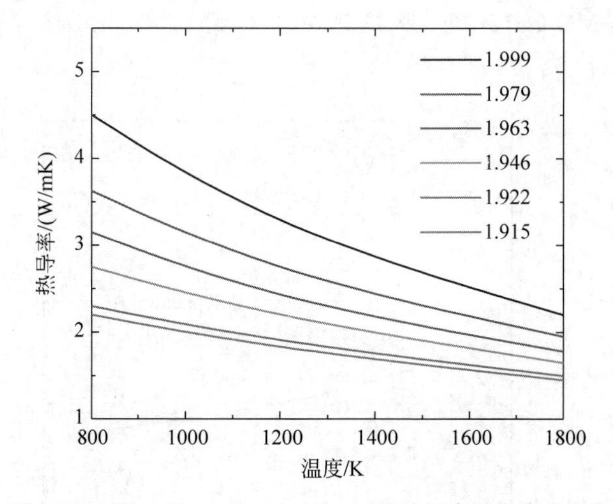

图 3-58　$(U_{0.68}Pu_{0.30}Am_{0.02})O_{2-x}$ 的热导率随温度的变化

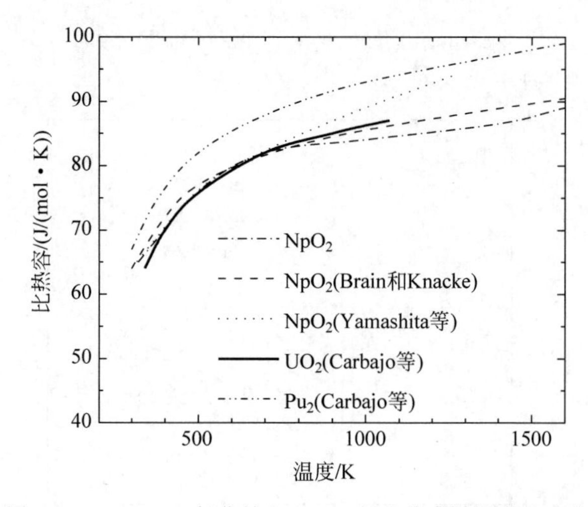

图 3-59　NpO_2、二氧化铀和 PuO_2 的比热容随温度的变化

2. 含 MA 的 MN 燃料

氮化物燃料由于其优越的热力学和中子特性，是快堆中 MA 如 Np、Am 和 Cm 嬗变的候选燃料。

含锕系元素的单氮化物(UN、NpN、PuN 和 AmN)的热物理和热力学性质在燃料设计和燃料行为评估中是必不可少的。研究表明，UN、NpN 和 PuN 的热导率随温度的升高而逐渐增加，而由于电子贡献的减少，随着 MA 组分的原子序数的增加而降低(图 3-60)。单氮化物的固溶体的平均值热导率表现出与两组分氮化物相似的温度依赖性。不同 Zr 含量下 ZrN、PuN 和 (Pu、Zr)N 的热导率如图 3-61 所示。UN、NpN、PuN 和 AmN 的线性热膨胀系数如图 3-62 所示。AmN 和 PuN 的热膨胀系数相近，且大于 UN，而 NpN 的热膨胀系数与 UN 几乎相同。AmN 和 NpN 以及 UN 和 PuN 的比热容如图 3-63 所示，AmN 的比热容略小于 UN、NpN 和 PuN。

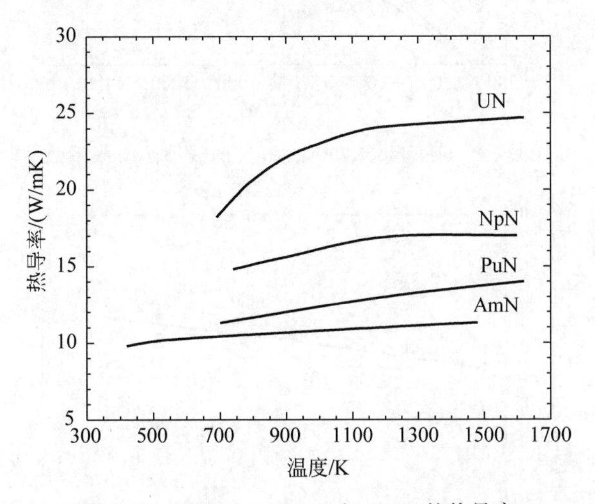

图 3-60　UN、NpN、PuN 和 AmN 的热导率

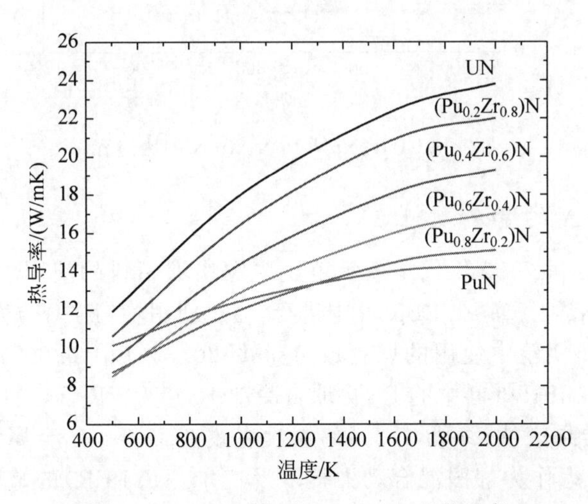

图 3-61　ZrN、PuN 和(Zr、Pu)N 的热导率

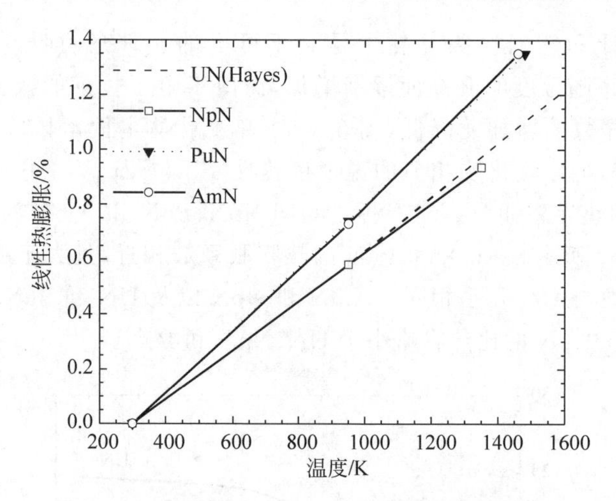

图 3-62 UN、NpN、PuN、AmN 的线性热膨胀系数

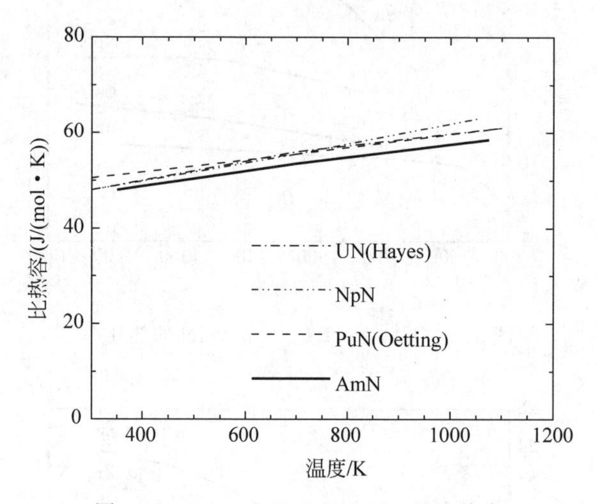

图 3-63 UN、NpN、PuN、AmN 的比热容

3. 含 MA 的金属燃料

美国在 20 世纪 90 年代早期示范了含镅快堆燃料的使用。作为 IFR 计划的一部分，X501 实验在 EBR-Ⅱ中进行，通过使用均匀循环方案来示范 MA 的燃烧。X501 实验中使用的燃料成分是 U-20.3%Pu-10.0%Zr-2.1%Am-1.3%Np，标准 IFR 燃料中的 Pu 提取自冷却 10 年 LWR 乏燃料。X501 实验的有限 PIE 结果表明，添加 1.2%的镅没有改变 U-Pu-Zr 金属燃料的行为。金属燃料被考虑作为韩国混合动力提取反应堆（HYPER）的嬗变燃料，燃料芯块考虑使用 U-TRU-Zr，包壳材料为 HT9。

未辐照的 U-TRU-Zr 合金的热导率 k_{100} 可以表示为温度和合金成分的函数：

$$k_{100}=17.5[(1-2.23W_z)/(1+1.61W_z)-2.62W_p]+\\ 1.54\times10^{-2}[(1+0.061W_z)/(1+1.61W_z)+\\ 0.9W_p]T+9.38\times10^{-6}(1-2.7W_p)T^2 \quad (3\text{-}77)$$

式中，T 为开尔文温度；W_p 和 W_z 分别为 TRU 和锆的质量分数。

图 3-64 显示了 U-Zr、Pu-12Am-40Zr 和 U-29Pu-4Am-30Zr 合金的热导率。图 3-65 比较了 U、Pu、Np、Am、Cm 的热导率，它们的热膨胀系数比较如图 3-66 所示。

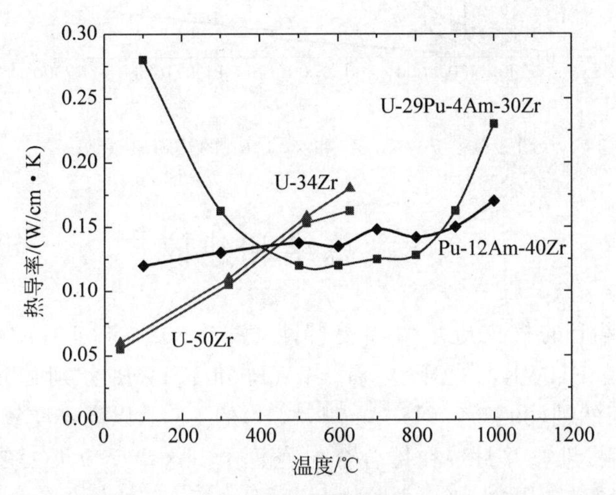

图 3-64　U-Zr、Pu-12Am-40Zr 和 U-29Pu-4Am-30Zr 合金的热导率
（请扫Ⅱ页二维码看彩图）

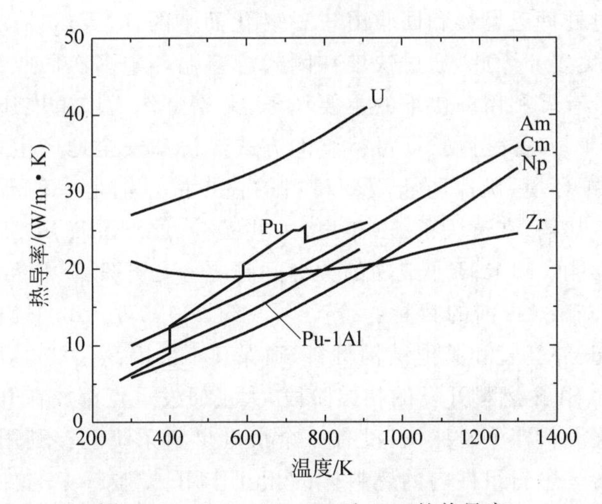

图 3-65　U、Pu、Np、Am 和 Cm 的热导率

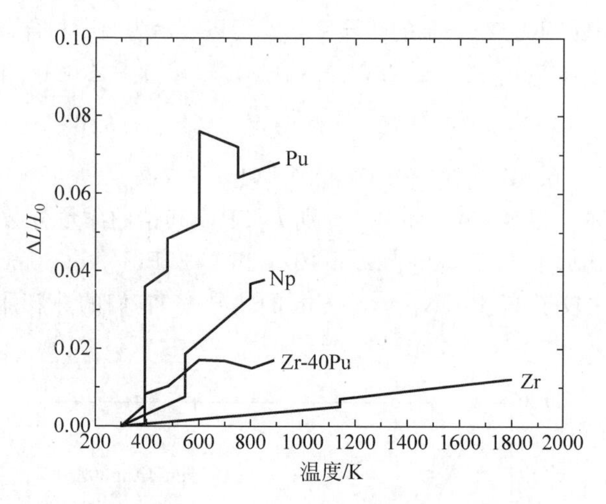

图 3-66　Pu、Np、Zr 和 Zr-40Pu 的热膨胀系数

3.8　总结和建议

目前世界上的核反应堆大多是热堆，截至 2022 年，LWR 约占总数的 90%，其次是 PHWR，占 6% 左右。LWR 和 PHWR 分别使用含有小于 5% ^{235}U 和天然铀(99.3% ^{238}U+0.7% ^{235}U)的 LEU，以高密度氧化铀芯块的形式作为燃料，堆叠并封装在锆合金包壳管中。这些反应堆大多以"一次通过"模式使用燃料。在这种开式燃料循环中，小于 1% 的铀作为燃料被反应堆使用，大部分 ^{238}U 被留在 ^{235}U 浓缩厂的尾矿或乏燃料中。人们普遍认为，通过在快堆中再处理乏燃料和回收由 ^{238}U 转化而来的钚，天然铀的利用率可以提高 60 倍或更多。因此，通过快堆在闭式燃料循环中多次回收钚，可确保天然铀资源的最有效利用。快堆的主要任务，无论是作为增殖堆还是作为燃烧堆，或者两者兼顾，都是以长期可持续的方式经济和安全地产生核能，同时管理核废物，保护环境，确保防止裂变材料的核扩散。钠是一种已经被证明和接受的快堆冷却剂，在过去的 50 年里，一些实验、原型和商用 SFR 表现出了令人满意的性能。SFR 商业成功的关键问题之一是开发钚基燃料(有或没有 MA)，实现高燃耗(目前的目标：20at.% 或约 200 GW · d/tHM)，并为燃料组件开发包壳、外套管和其他结构材料，确保其不会因高达 200 dpa 的辐射破坏而失效。在 SFR 燃料开发的初始阶段，大量研发重点都放在开发可以实现高燃耗的单根燃料棒上。然而，没有一个快堆燃料系统能够利用单根燃料棒的高燃耗能力。燃料组件内的燃料棒的相互作用、燃料棒束与外套管的相互

作用,以及外套管的弯曲和膨胀与单根燃料棒的燃耗能力同样重要。事实上,当需要处理大量燃料的能力时,所有过去和现有的快堆燃料系统都受到了外套管弯曲的限制。在过去的50年里,有许多障碍需要克服,尤其是包壳和外套管材料的快中子辐照损伤。开发高性能的包壳和外套管材料迫切需要国际共同的努力。

SFR应提供非常高的灵活性,以使反应堆在钚和MA燃烧模式下运行,或通过增殖来维持和增加钚存量。根据MOX燃料实验的结果,一般可以认为,如果能够改进燃料组件和燃料棒的结构材料,未来大型200 GW·d/tHM的商业快堆的目标燃耗可以实现。除此之外,由于SFR在适应不同燃料类型和成分方面的灵活性,可能有助于燃烧和减少MA的数量。钚管理的一个重要问题是保证钚不扩散,同时允许可持续地使用核能。SFR和闭式燃料循环相关的燃料制造、反应堆和再处理工厂的集中建造,促进了防核扩散。钚的中子和伽马辐射同位素即^{238}Pu、^{240}Pu、^{241}Pu和^{242}Pu作为有效的屏障,提供防核扩散能力。

根据近50年的经验,对SFR燃料的现状和进一步发展得出以下结论。

(1) MOX是SFR的参考燃料。混合氧化物或MOX燃料在法国、英国和日本已经达到成熟,包括：工业规模制造；大型辐照数据库为高燃耗燃料和实验燃料棒应用提供了支撑；工业规模再处理已被证明有效可行。事实上,MOX燃料的制造实际上是二氧化铀(HEU或自然U)燃料制造,因为二氧化铀和PuO_2是同构的,可形成无限型固溶体,具有非常相似的热力学和热物理性质。然而,由于钚的高放射毒性,需要远程和自动化操作,因此,MOX燃料的制造是在屏蔽手套箱中进行的。MIMAS(Belgo-核)和SBR(英国)仍然是生产MOX燃料的参考方法,尽管它们与放射性有毒粉尘危害有关。RIAR开发的DDP工艺,基于乏MOX燃料芯块的振动压缩,是一种制造快堆MOX燃料棒的先进技术。与DDP类似,DOVITA工艺已开发出来,用于制造含有MA的MOX燃料。无尘振动溶胶和SGMP工艺也是制造MOX燃料的先进技术。SGMP工艺是溶胶-凝胶法和常规颗粒化工艺的混合体,其具有无尘、易于自动化和脱除、确保优良的微观均匀性等优良特性,并可定制生产可控密度和微观结构的MOX芯块。

(2) MC和MN属于同一类的非氧化物高级陶瓷燃料。在印度FBTR,混合碳化物作为燃料表现出高燃耗率(160 GW·d/tHM)。然而,MC和MN燃料的制造更加困难和昂贵,并且在MN燃料的情况下,它们与高温性、再处理和^{14}C的问题有关。

(3) 金属燃料是SFR的先进燃料,从高增殖率和低倍增时间的角度来看，其效率非常高。金属燃料与热电解后处理和注射铸造相结合，是反应堆、燃料制造和后处理设施的首选燃料。金属燃料很容易以工业规模进行远程制造。在 EBR-Ⅱ中进行的测试，表明金属燃料堆芯可以在冷却剂流量损失和失热阱条件下维持和/或关闭自身，没有堆芯损坏。这种固有的安全特性是由于金属燃料的高导热性，而不是混合氧化物燃料的低导热性和高燃料温度。然而，尽管在日本、韩国和印度正在进行研发工作，金属燃料方面的经验主要仅限于美国。

（4）SFR 的目标之一是燃烧 MA。在 MOX、MC、MN 和金属燃料中引入少量（1%～5%）的 MA，难度不大，且对性质和性能没有显著影响。然而，需要远程、自动化和高度屏蔽的设施来处理含 MA 燃料。

（5）燃料结构材料的辐照损伤是高燃耗 SFR 燃料面临的主要挑战。随着包壳和外套管材料从奥氏体合金（304、316、316CW、改性 316CW-Ti）转变为极低肿胀的马氏体合金 HT-9，燃料性能有所改善。氧化物弥散增强（ODS）合金正在进一步改进。如果要选择一项最有助于成功开发快堆燃料的工作，那无疑将是来自几个国家的包壳和外套管结构材料合作开发计划。

（6）需要对 MOX、MC、MN、金属燃料和奥氏体钢、改性奥氏体合金（包括 HT-9 和 ODS 钢）等燃料和结构材料的堆外和堆内性能评估和辐照测试进行国际数据库的建立和合作研究。还需要国际合作来有效利用世界上极少数在运行和将运行的 SFR，如 BOR60、BN-600、BN-800、JOYO 和 FBTR 等，用于开发先进的燃料和燃料组件结构材料。

参考文献

[1] 徐銤，许义军. 快堆热工流体力学[M]. 北京：原子能出版社，2011.

[2] 刘建章. 核结构材料[M]. 北京：化学工业出版社，2007.

[3] 周振慰. 含绕丝燃料组件内铅铋冷却剂流动特性的数值分析[D]. 合肥：中国科学技术大学，2014.

[4] ALDERMAN C J，PITNER A L. Transient testing of long-lifetime mixed-oxide liquid-metal reactor fuel[J]. Trans. Amer. Nucl.，1988，56：382-383.

[5] ARAI Y，MORIHIRA M，OHMICHI T. The effect of oxygen impurity on the characteristics of uranium and uranium plutonium mixed nitride fuels[J]. J. Nucl. Mater.，1993，202：70-78.

[6] ARAI Y，OKAMOTO Y，SUZUKI Y. Thermal conductivity of NpN from 740 to 1600K[J]. J. Nucl. Mater.，1994，211：248.

[7] ARAI Y，SUZUKI Y，IWAI T，et al. Dependence of the thermal conductivity of

(U,Pu)N on porosity and plutonium content[J]. J. Nucl. Mater. ,1992,195: 37.

[8] BALDEV R. An overview of R&D on fast reactor fuel cycle[J]. International Journal of Nuclear Energy Science and Technology,2005,1(2-3): 164-177.

[9] BALDEV,R,KASIVISWANATHAN K V,VENUGOPAL V,et al. Post-irradiation examination of mixed (Pu,U) C fuels irradiated in fast breeder reactor [R]. Vienna: IAEA,1998.

[10] BALDEV R. Presented in the technical meeting: characterization and quality control of nuclear fuels[C]//CQCNF-2009,Hyderabad,Feb. 2009.

[11] BATTE G L,HOFMAN G L. Run-beyond-cladding-breach (RBCB) test results for the integral fast reactor (IFR) metallic fuels programme[C]//Proc. Int. Fast Reactor Safety Mtg. Snowbird,Utah,Ameri. Nucl. Soc. ,1990,La Grange Park,IL,207-221.

[12] BAUER T H, WRIGHT A E, ROBINSON W R, et al. , Behaviour of modern metallic fuel in TREAT transient overpower tests[J]. Nucl. Techn. , 1990, 92: 325-352.

[13] BAUER T H,HOLLAND J W,WRIGHT A E. Late-stage accident behaviour of a highly disrupted LMR oxide fuel bundle[J]. Trans. Amer. Nucl. Soc. ,1992,66: 317-318.

[14] BLANK H. Nonoxide ceramic nuclear fuels[J]. Mater. Sci. and Techn. ,1994,10: 191-357.

[15] BREITUNG W,REIL K O. The density and compressibility of liquid (U,Pu)-mixed oxide[J]. Nucl. Sci. Eng. ,1990,105 (3): 205-217.

[16] BRIGGS L L, CHANG L K, HILL, D J. Safety analysis and technical basis for establishing an interim burnup limit for Mark-Ⅴ and Mark ⅤA fueled subassemblies in EBR-Ⅱ[R]. Argonne National Laboratory,1995.

[17] BYCHKOV A V,SKIBA O V,VAVILOV S K,et al. Overview of RIAR activity on pyro-process development and application to oxide fuel and plans in coming decade [C]//Proc. of the workshop on Pyrochemical separation, Avignon, France, 14-16, March 2000.

[18] CARBAJO J J, YODER G L, POPOV S G, et al. A review of thermophysical properties of MOX and UO_2 fuel[J]. J. Nucl. Mater. ,2001,299: 181-198.

[19] CHANG L K,KOENIG J F,PORTER D L. Whole-core damage analysis of EBR-Ⅱ driver fuel elements following SHRT programme[J]. Nucl. Eng. Des. ,1987,101: 67-74.

[20] CHANG Y. Technical rationale for metal fuels in fast reactors[J]. Nucl. Eng. Des. , 2007,39: 161-170.

[21] COHEN A B, TSAI H, NEIMARK L A. Fuel/cladding compatibility in U-19Pu-10Zr/HT9-clad fuel at elevated temperatures [J]. J. Nucl. Mater. , 1993, 204: 244-251.

[22] CRAWFORD D C, LAHM C E, TSAI H, et al. Performance of U-Pu-Zr fuel cast into zirconium molds[J]. J. Nucl. Mater. ,1993,204: 157-164.

[23] CRAWFORD D C, PORTER D L, HAYES S L. Fuels for sodium cooled fast reactors: US perspective[J]. J. Nucl. Mater. ,2007,371: 202-231.

[24] DOUGLAS E, RANDALL S F, DOUGLAS L P, et al. A US perspective on fast reactor fuel fabrication technology and experience. Part Ⅰ: metal fuels[J]. J. Nucl. Mater. ,2009,389: 458-469.

[25] DURIEZ C, ALESSANDRI J P, GERVAIS T, et al. Thermal conductivity of hypostoichiometric low Pu content (U, Pu)O_{2-x} mixed oxide[J]. J. Nucl. Mater. , 2000,277: 143-158.

[26] LAHM C E, KOENIG J F, PAHL R G, et al. Experience with advanced driver fuels in EBR-Ⅱ[J]. J. Nucl. Mater. ,1993,204: 119-123.

[27] FERNANDEZ A, MCGINLEY J, SOMERS J, et al. Overview of past and current activities on fuels for fast reactors at the Institute for Transuranium Elements[J]. J. Nucl. Mater. ,2009,392: 133-138.

[28] FINK J K, PETRI M C. Thermo physical properties of uranium dioxide/Report ANL/Re-97/2[R]. Argonne National Laboratory, 1997.

[29] GANGULY C, HEGDE P V, JAIN G C, et al. Development and fabrication of 70% PuC-30 % UC fuel for the Fast Breeder Test Reactor in India[J]. Nucl. Technol. ,1986,72: 59.

[30] GANGULY C, HEGDE P V, JAIN G C. Fabrication of ($Pu_{0.55}$ $U_{0.45}$)C fuel pellets for the second core of the fast breeder test reactor in India[J]. Nucl. Technol. ,1994, 105: 346.

[31] GANGULY C, HEGDE P V, SENGUPTA A K. Status of (U, Pu) N fuel development in BARC, advanced fuel for fast breeder reactors: fabrication and properties and their optimization[R]. IAEA, Vienna, 1988.

[32] GANGULY C, HEGDE P V, SENGUPTA A K. Preparation, characterisation and of evaluation of out-of pile properties of (U, Pu) N fuel pellets[J]. J. Nucl. Mater. , 1991,178: 234-241.

[33] GANGULY C, LINKE U, KAISER F. Characterization of (U, Ce)O_2 prepared by sol-gel microsphere pelletization process[J]. Metallograph, 1987,20: 1-14.

[34] GANGULY C. Sol-gel microsphere pelletization for the fabrication of conventional and advanced fuels[J]. Metals, Mat. Processes, 1990,14: 253.

[35] GARNER F A. Irradiation performance of cladding and structural steel in liquid metal reactors[J]. Mater. Sci. and Techn. ,1994,10: 419-543.

[36] GOLDEN G H, PLANCHON H P, SACKETT J I, et al. Evolution of thermal-hydraulics testing in EBR-Ⅱ[J]. Nucl. Eng. Des. ,1987,101: 3-12.

[37] GRACHEV A F. Experience and prospects of using fuel elements based on vibrocompacted oxide fuel[C]//International Scientific and Technical Conference, Nuclear Power and Fuel Cycles(NFEC-1). Moscow-Dimitrovgrad, 2003: 35-37.

[38] HAYES S L. Material property correlations for uranium mononitride. Ⅰ. Physical

properties[J]. J. Nucl. Mater. ,1990,171: 262-270.

[39] HAYES S L, THOMAS J, REDDICORD K. Material property correlations for uranium mononitride[J]. J. Nucl. Mat. ,1990,171: 262.

[40] HAYES S, THOMAS J, REDDICORD K. Material property correlations for uranium mononitride[J]. J. Nucl. Mat. ,1990,171: 300.

[41] HOFMAN G L,HAYES S L,PETRI M C. Temperature gradient driven constituent redistribution in U-Zr alloys[J]. J. Nucl. Mater. ,1996,227: 277-286.

[42] HOFMAN G L,PAHL R G,LAHM C E,et al. Swelling behaviour of U-Pu-Zr fuel [J]. Metallurgical Transactions,1990,21: 517-528.

[43] HOFMAN G L, WALTERS L C, BAUER T H. Metallic fast reactor fuels[J]. Progress in Nuclear Energy,1997,31: 83-110.

[44] HOFMAN G L, WALTERS L C. Metallic fuels for fast reactors[J]. Materials Science and Technology,1994,10A.

[45] HOLLEY J C E,RAND M H,STORMS E K. Chemical thermodynamics,Part 6, The actinide carbide[R]. IAEA,Vienna,1984.

[46] IAEA. Status and trends of nuclear fuels technology for sodium cooled fast reactors [R]. Vienna: IAEA, 2011.

[47] International Atomic Energy Agency. Advanced fuel for fast breeder reactors-fabrication and properties and their optimization[R]. Vienna: IAEA,1988,IAEA-TECDOC-466.

[48] International Atomic Energy Agency. Advanced fuel technology and performance: current status and trends[R]. Vienna: IAEA,1990,IAEA-TECDOC-577.

[49] International Atomic Energy Agency. Fast reactor database; 2006 update[R]. Vienna: IAEA,2006,IAEA-TECDOC-1531.

[50] International Atomic Energy Agency. Status of liquid metal cooled fast reactor technology[R]. Vienna: IAEA,1999,IAEA-TECDOC-1083.

[51] International Atomic Energy Agency. Status and advances in MOX fuel technology [R]. Vienna: IAEA,2003,IAEA-TRS-415.

[52] International Atomic Energy Agency. Thermodynamics of nuclear materials[R]. Vienna: IAEA,1968,651.

[53] International Atomic Energy Agency. Thermophysical properties of materials for nuclear engineering[R]. Vienna: IAEA,IAEA-THPH,2008,36.

[54] International Atomic Energy Agency. Thermo physical properties of materials for water cooled reactors[R]. Vienna: IAEA,1997,IAEA-TECDOC-949.

[55] International Atomic Energy Agency. Utilization of particle fuels in different reactor concepts[R]. Vienna: IAEA,1983,IAEA-TECDOC-286.

[56] International Atomic Energy Agency. Validity of inert matrix fuel in reducing Pu amounts in reactors[R]. Vienna: IAEA,2006,IAEA-TECDOC-1516,55.

[57] INOUE M. Thermal conductivity of uranium-plutonium oxide fuel for fast reactors

[J]J. Nucl. Mater. ,2000,282: 186-195.

[58] INOUE T,TANAKA H. Recycling of actinides produced in LWR and FBR fuel cycles by applying pyrometallurgical process[C]//Proc. GLOBAL-1997,Yokohama, Oct. 1997: 646-652.

[59] KEISER D D,PETRI M C. Interdiffusion behaviour in U-Pu-Zr fuel versus stainless steel couples[J]. J. Nucl. Mater. ,1996,240: 51-61.

[60] KRAMER J M,BAUER T H. Fuel damage during off-normal transients in metal-fueled fast reactors[C]//Proc. Int. Fast Reactor Safety Mtg,Snowbird,Utah,1990.

[61] KRAMER M,LIU Y Y,BILLONE M C,et al. Modeling the behaviour of metallic fast reactor fuels during extended transients [J]. J. Nucl. Mater. , 1993, 204: 203-211.

[62] LAHM C E,KOENIG J F,BETTEN P R,et al. EBR-Ⅱ driver fuel qualification for loss-of-flow and loss-of-heat-sink test without SCRAM[J]. Nucl. Eng. Des. ,1987, 101: 25-34.

[63] LAHM C E,KOENIG J F,PAHL R G,et al. Experience with advanced driver fuels in EBR-Ⅱ[J]. J. Nucl. Mater. ,1993,204: 119-123.

[64] LAHM C E,KOENIG J F, SEIDEL B R. Consequences of metallic fuel cladding liquid phase attack during over temperature transient on fuel element lifetime[C]// Proceedings of International Fast Reactor Safety Meeting,Snowbird,Utah,1990.

[65] LEE B O. Analysis on the temperature profile and the thermal conductivities of the metallic and the dispersion fuel rods for HYPER[C]//Proc. KNS,May 2001.

[66] LEGGETT R D, WALTERS L C. Status of LMR fuel development in the United States of America[J]. J. Nucl. Mater. ,1993,204: 23-32.

[67] LIU Y Y,TSAI H, BILLONE M C, et al. Behaviour of EBR-Ⅱ Mk-V-type fuel elements in simulated loss-of-flow tests[J]. J. Nucl. Mater. ,1993,204: 194-202.

[68] LYON W F,BAKER R B,LEGGETT R D. Performance analysis of a mixed nitride fuel system for an advanced liquid metal reactor[C]//Proc. LMR: A Decade of LMR Progress and Promise,Washington,D. C,Nov 11-15,1990.

[69] MAJUMDAR S, SENGUPTA A K, KAMATH H S. Fabrication, characterization and property evaluation of mixed carbide fuels for a test fast breeder reactor[J]. J. Nucl. Mater. ,352,2006: 165-173.

[70] MASON R E, HOTH C W, STRATTON R W, et al. Irradiation and examination results of the AC-3 mixed carbide test [J]. Trans. Am. Nucl. Soc. , 1992, 66: 215-217.

[71] MASSIH A R. Swedish nuclear power inspectorate report [R]. SKI report, 2006: 10.

[72] MATSUI T, OHSE R. Thermodynamic properties of uranium nitride, plutonium nitride,uranium-plutonium mixed nitride[J]. High Temperature-High Pressures, 1987,19: 1.

[73] MILES K J. Metal fuel safety performance[C]//Proc. Int'l Topical Mtg. in Safety of Next Generation Fast Reactors, Seattle, WA, May 1-5, 1988.

[74] MINATO K, AKABORI M, TAKANO M, et al. Fabrication of nitride fuels for transmutation of minor actinides[J]. J. Nucl. Mater., 2003, 320: 18-24.

[75] MIZUNO T, NIWA H. Advanced MOX core design study of sodium cooled reactors in current feasibility study on commercialized FR cycle systems in Japan[J]. Nucl. Techn., 2004, 146: 155-163,

[76] MULFORD R N R, SHELDON R I. Density and capacity of liquid uranium at high temperatures[J]. J. Nucl. Mater., 1998, 154: 268-275.

[77] NEUHOLD R J, WALTERS L C, LEGGETT R D, et al. High reliabilty fuel in the US[C]//Proc. of the Int'l Conf. on Reliable Fuels for Liquid Metal Reactors, Tucson, AZ, September 7-11, 1986.

[78] PITNER A L, BAKER R B. Metal fuel test programme in the FFTF[J]. J. Nucl. Mater., 1993, 204: 124-130.

[79] PORTER D L, LAHM C E, PAHL R G. Fuel constituent redistribution during the early stages of U-Pu-Zr irradation[J]. Metallurgical Transactions, 1990, A 21A: 1871-1876.

[80] ROGOZKIN B D. Mononitride mixed fuel for fast reactors[C]//Proc. Tech. Comm. Mtg. Obninsk, 1994.

[81] ROSS S, GENK E. Thermal conductivity correction for uranium nitride fuel between 10 and 1923 K[J]. J. Nucl. Mater., 1988, 151: 313.

[82] SACKETT J I. Operating and test experience with EBR-Ⅱ, the IFR prototype[J]. Progress in Nuclear Energy, 1997, 31, 1/2: 111-129.

[83] SENGUPTA A K. Important out-of-pile thermophysical properties of uranium-plutonium mixed carbide fuels for a fast breeder test reactor[R]. Studies on Fuels with Low Fission Gas Release. IAEA, Vienna, 1997, IAEA-TECDOC-970, 125.

[84] SHPILRAIN E E, FOMIN V A, KACHALOV V V. Density and surface tension of liquid uranium[J]. Teplofizika Vysokikh Temperatur, 1988, 26 (5): 892-900 (in Russian).

[85] SOFU T, KRAMER J M, CAHALAN J E. SASSYS/SAS4A-FPIN2 liquid-metal reactor transient analysis code system for mechanical analysis of metallic fuel elements[J]. Nucl. Techn., 1996, 113: 268-279.

[86] STRATTON R W. Fabrication processes, design and experimental conditions for the joint U. S.-Swiss mixed carbide test in FFTF (AC-3 Test)[J]. J. Nucl. Mater., 1993, 204: 39-49.

[87] TILL C E, CHANG Y I, HANNUM W I. The integral fact reactor — an overview [J]. Progress in Nuclear Energy, 1997, 31: 3-11.

[88] TSAI H, NEIMARK L A, ASAGA T, et al. Behaviour of mixed-oxide fuel elements during an overpower transient[J]. J. Nucl. Mater., 1993, 204: 217-227.

[89] UKAI S, FUJIWARA M. Perspective of ODS alloys application in nuclear environments[J]. J. Nucl. Mater. ,2002,307-311: 749-757.

[90] WALTERS L C. Thirty years of fuels and materials information from EBR-Ⅱ[J]. J. Nucl. Mater. ,1999,270: 39-48.

[91] WRIGHT A E,DUTT D S,HARRISON L J. Fast reactor safety testing in TREAT in the 1990s[C]//Proc. Int'l Fast Reactor Safety Mtg. Snowbird,Utah,1990.

[92] YAMAMOTO K, HIROSAWA T, YOSHIKAWA K, et al. Melting temperature and thermal conductivity of irradiated mixed oxide fuel[J]. J. Nucl. Mater. ,1993, 204: 85-92.

第4章 液态金属冷却反应堆结构材料

4.1 简　介

近年来,关于LMR燃料和燃料循环方案的研发活动开始复苏。除了部分国家的方案外,还有正在进行的国际倡议方案,包括INPRO、GIF和GNEP等。

到目前为止,LMR的燃料开发活动仅限于少数几个国家,即美国、法国、英国、俄罗斯、哈萨克斯坦、韩国、日本、印度、中国和德国。自20世纪50年代以来,世界各国已经建造和运行了24个LMR,并积累了大约400堆年的反应堆运行经验。虽然美国最初在EBR-Ⅱ和FFTF中进行了一个非常庞大的快堆计划,但该计划在20世纪80年代末90年代初停止了。类似的情况也发生在英国,DFR和PFR已经退役,快堆计划也已经停止。德国(KNK、SNR-300)和哈萨克斯坦(BN-350)的快堆计划也已停止。法国的超凤凰堆和凤凰堆已经退役。尽管BR-10反应堆也已经退役,但俄罗斯的快堆计划在BOR-60和BN-600、BN-800、BN-1200反应堆中仍然非常活跃。

快堆可分为两类:冷却剂入口温度相对较低(280~320℃)的"第一代"反应堆,入口温度相对较高(360~380℃)的"第二代"反应堆。EBR-Ⅰ、DFR、BN-350和BOR-60快堆被认为是第一代反应堆的典型例子。

目前,只有6个LMR被认为是正在运行或能够运行的,分别是俄罗斯的BOR-60、BN-600和BN-800,中国的CEFR,日本的JOYO,以及印度的FBTR。三座新的快堆正在建设中,分别是印度的PFBR、俄罗斯的BN-1200和中国的CFR-600。

虽然INPRO、GIF和GNEP等各种国际组织努力设想在西方国家重新部署快堆,但目前仍主要是在俄罗斯和亚洲进行。根据从正在进行的方案中获得的广泛经验,各国正在努力改善快堆的安全特性和燃料利用问题。

快堆的经济性强烈依赖于获得在快中子谱中运行所需的高富集燃料的最大燃耗。虽然增加裂变产物积累、燃料重组和其他因素存在一些限制,但燃料组件的寿命主要是由包含燃料和支持燃料组件的结构合金等限制决定。其中一些限制在本质上是可操作的,例如辐射引起的变形阻碍冷却剂流动,在两个组件之间产生不良的相互作用或引起去除组件所需的不可接受的力。

然而,最重要的限制来自于燃料包壳的失效,这将导致燃料或裂变产物释放到冷却剂中。虽然这样的失效可能来自燃料包壳与液态金属冷却剂接触或高运行温度等机制,但失效的主要原因是结构合金材料中的变化:物理性质、尺寸或形状、长期暴露在非常严酷的核环境中所导致的变化等。

受辐射诱导退化影响的结构成分可分为两大类。首先是长期存在的、基本上不可更换的结构组件,例如围绕和支撑堆芯的结构部件。其次是包含和支持燃料本身的结构组件。后者暴露在最艰苦的核环境中,当燃料达到目标燃耗或预计即将发生故障时,它们被更换。因此,先进的 LMR 燃料循环的关键问题之一是,如何开发当燃耗≥20%时能够不失效的燃料组件,该值大约是目前使用奥氏体不锈钢可达到燃耗的两倍。图 4-1 显示了一个具有代表性的 LMR 燃料棒和燃料组件的基本结构图。只有当结构组件的性能,包括包壳和外套管(包盒)材料,满足非常高的辐射剂量要求时,才能实现高燃耗。为了延长使用寿命,包壳和外套管是 LMR 燃料组件中最关键的结构。

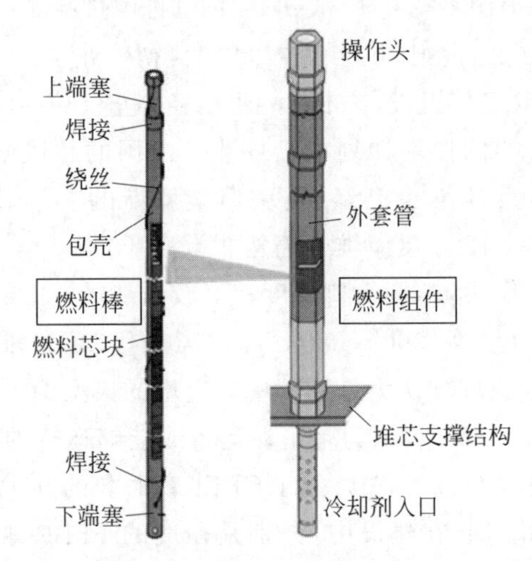

图 4-1　典型的 LMR 燃料棒和燃料组件的基本结构图

(请扫Ⅱ页二维码看彩图)

除了高温(300～700℃)和有时很高而且变化的应力外,燃料组件将经历强烈的辐照损伤,同时还会经历液态金属(如钠、铅)腐蚀、燃料和裂变产物的化学相互作用,所有影响会在 2～4 年的停留时间内累积。

世界各地的研究机构已经开发了不同种类的合金钢用于 LMR 燃料包壳和燃料组件结构部件,包括外套管、端塞、金属绕丝等。最初,美国采用了退火后的 304 不锈钢,但在英国使用时发现了空洞肿胀。这表明,304 钢很容易发生肿胀(空洞肿胀将在 4.2 节中进行描述)。此后,美国和其他国家采用冷加工(CW)奥氏体不锈钢,通常是 AISI 型 316 或一些其他的稳定材料,作为包壳、外套管和结构材料。

最初采用 300 系列奥氏体不锈钢是因为其在高温下良好的长期力学性能,与钠良好的化学相容性,以及在接触金属、氧化物、碳化物、氮化物和惰性基体燃料时的稳定性。然而,300 系列奥氏体不锈钢在超过 50～100 dpa 剂量辐射时会发生极度肿胀,从而导致了替代不锈钢的发展。在这些钢中有奥氏体不锈钢、D9,一种用钛稳定的 15Cr-15Ni 钢。然而,这些钢中空洞肿胀的问题仍然存在,特别是在较高的辐照剂量下,与未稳定的 300 系列钢的抗肿胀能力相比,可能增加了 40～50 dpa。

在英国和美国,针对沉淀硬化(PH)高镍合金,如 Nimonic PE-16 和 Inconel 706,已经开展了研究。这种合金具有优越的强度和抗蠕变能力以及较低的肿胀性。然而,由于镍是嬗变氦的主要来源,也是伽马素相的主要成分,这些合金受到强烈的氦脆化和相不稳定性的影响,后者涉及在相对较高温度下的晶界沉淀。

为了减少肿胀问题对燃料组件性能的影响,许多国家研究了铁素体合金和铁素体-马氏体合金。与奥氏体钢相比,这些合金具有更高的热导率和较低的热膨胀系数,这两种特性在燃料组件的设计中都非常有用。关于这些合金的数据也显示,它们的肿胀度比奥氏体钢要低得多,这使得它们作为包壳材料具有很强的吸引力。这些合金在高温下也不会发生氦脆化和奥氏体不锈钢所经历的蠕变延展性的降低。另外,在 550～600℃以上,铁素体-马氏体合金的抗蠕变抗性很差,可能通过碳损失进一步退化。

此外,在较低的辐照温度下,辐照会引起这些铁素体材料的冲击强度和断裂韧性损失以及延展性-脆性转变温度(DBTT)的升高。在欧洲、美国、俄罗斯和日本,不同种类的铁素体和铁素体-马氏体合金已被考虑用于 LMR 实验燃料组件的包壳和包覆材料。虽然铁素体钢和铁素体-马氏体钢在辐照下表现出较高的抗空洞肿胀能力,但在 550℃以上蠕变强度的损失极大地限制了它们的高温性能。这些钢在高温下的低强度和不良的热蠕变限制了它们在包壳管上的应用。法国(EM10)和俄罗斯(EP-450)的铁素体-马氏体钢已成功地用作反应堆中燃料组件的包壳材料。

目前正在开发的先进合金是 ODS 铁素体或铁素体-马氏体合金,它们包含 Y_2O_3 和/或二氧化钛小颗粒的精细分布,通常是纳米团簇,在非常高的工作温度下非常稳定。这些 ODS 合金具有高热导率、低热膨胀系数、低空洞肿胀等良好性能。然而,对于 ODS 合金,可制造性是主要问题。在考虑这些合金作为包壳材料应用之前，必须建立工业和可重复规模的制造。到目前为止，ODS合金仅在一个采用粉末冶金工艺的试验工厂规模上制造。其他合金中涉及的内部氧化制备仅在实验室规模内制备。

本章在4.1节介绍了LMR燃料组件结构材料的现状和发展前景(特别是燃料包壳和外套管材料)之后，4.2节将讨论在快堆中使用的结构材料辐照损伤的起源和性质。4.3节总结在不同国家用于LMR的包壳材料和外套管材料的选择和化学成分，并重点介绍已证明的经验和性能。4.4节总结用于生产LMR燃料组件的制造技术。奥氏体和铁素体不锈钢锭的生产采用传统的熔铸方法，而ODS钢锭目前主要采用粉末冶金工艺。4.5节着重于介绍开发易于与液态金属冷却剂兼容的钢的必要性。4.6节总结正在进行以提高ODS钢性能的研究。4.7节进行小结和介绍对未来工作建议。

4.2　液态金属冷却反应堆堆芯结构材料辐照损伤

4.2.1　强中子环境造成的辐照损伤

辐照损伤是指由辐射作用而产生间隙原子以及在点阵中相应位置留下空穴，在晶体中造成永久的缺陷，从而引起材料物理性质的永久变化。在反应堆复杂的环境中，有强烈的光子、带电粒子和中子场，每一个场都具有宽泛的能量。这些辐射类型都可能导致结构材料的变化。然而，一般来说，不仅是结构材料，还有不同反应堆的堆芯、覆盖层、反射器、安全壳等，都经历了不同的辐照损伤后的平衡。

在裂变反应堆中，中子的能量范围横跨接近10个数量级，但给定能量范围主要随冷却剂类型的不同而变化，其次是燃料类型。中子会产生两种类型的损伤，一种是较低能量(嬗变)，另一种是较高能量(原子位移)。对于位于快堆堆芯和近堆芯区域的结构合金，主要的损伤是高能中子与金属原子的碰撞，造成大于95%的位移损伤。与水冷反应堆相比，在奥氏体，特别是铁素体合金辐照的快堆中，嬗变只是损伤的次要原因。在快堆中，带电粒子场和光子场不会显著增加原子位移，但其主要影响的是组分的内部加热，通常表现为伽马加热。

与轻水堆或重水冷却的"坎杜"重水堆(CANDU)相比，快堆的中子通量谱对合金尤为重要。这种重要性的主要来源不是来自中子谱分布(由冷却剂、结构材料和燃料类型的选择形成)，而是来源于非常高的中子通量。在快堆中使用金属冷却剂不仅是基于它们优越的冷却特性，而且是基于它们在导致中子损失大部分能量的碰撞中有着相对较低的效率。这导致形成了一个中子谱，它包含了一个相当有限的中子能量范围。特别是，不含有低能量的热中子。低能量中子的缺失减少了结构成分和冷却剂中子的"寄生"俘获，从而增强了在^{238}U中钚的制造。因为快堆最初的目的是增殖以燃烧更多的燃料，所以尽量减少非燃料组件中的寄生中子俘获是一个主要要求。

然而，热中子的缺失使^{235}U中每个中子的积分截面降低了约 1/400。为了保持给定的功率密度，需要燃料富集增加大约一个数量级（3%～25%或更多），中子通量增加约 2 个数量级。因此，对于给定的燃料燃耗，快堆中的包壳损坏的概率将是轻水堆包壳的约 100 倍。损坏概率的增加导致了快堆中的置换驱动过程，而这个过程在轻水堆的包壳中进行的速率要低得多，而且往往可以忽略不计。

图 4-2 描述了辐照效应所产生的重要现象的示意图，其中宏观现象主要有空洞肿胀、辐照蠕变和辐照脆化。如图 4-2 所示，当具有足够能量的中子与原子发生碰撞，使原子离开平衡位置时，就会发生位移过程。在许多情况下，转移到最初移位原子的能量足以导致随后的原子-原子碰撞，从而在一个小体积中产生移位原子的"级联"。这些移位的原子通常停留在间隙位置，称为间隙原子。如果大部分或所有移位原子迁移到其他移位原子留下的空位中，那么对金属晶体结构的损害可以忽略不计。然而，一些重要比例的空位间隙对不发生重组。晶格空位-间隙缺陷对通常称为弗仑克尔对，且弗仑克尔对是晶

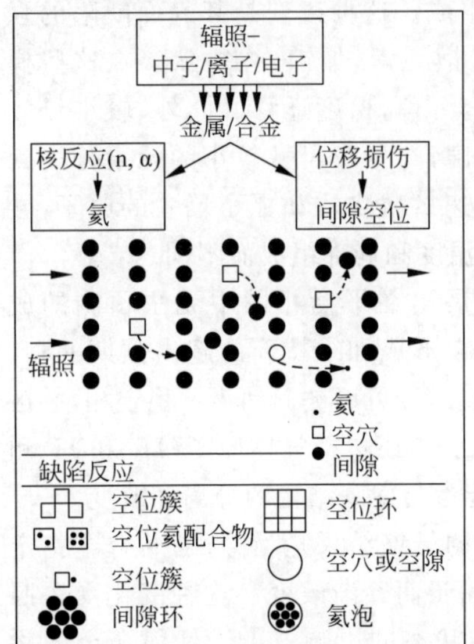

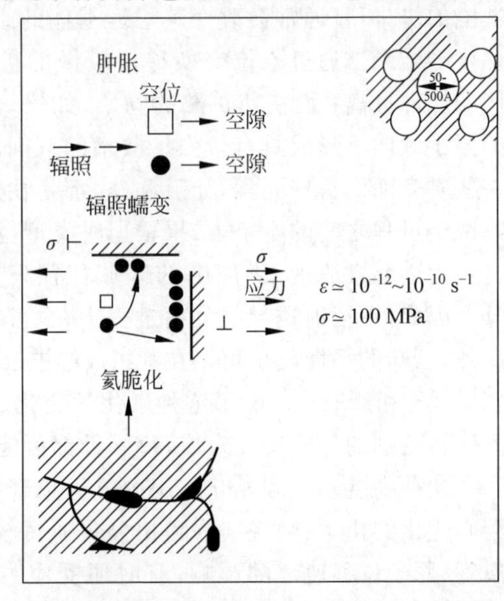

图 4-2　辐照效应所产生的重要现象的示意图

体缺陷，能够改变金属的性质。

空位（较慢）和间隙（较快）都是可移动的缺陷，但移动的速度有很大的不同，并通过不同的原子机制迁移到各种预先存在的或辐射诱导的微观结构阱。这些缺陷为合金的微观结构的延伸变化提供了驱动力。

一般来说，幸存间隙的级联扩散迅速，构建一维或二维的阱，而空位有产生和成长为三维阱的可能。正是这种空位团和间隙团之间的维度不匹配，为一种称为空洞肿胀的现象奠定了基础。空洞肿胀是一个体积不守恒的过程。位错周围的应变场导致更容易产生间隙，而不是空位增强了空洞肿胀。这种分隔倾向增加了空位团变大的机会。

缺陷流动和各种阱之间的分隔使得位错的迁移率大大增强，导致了辐照蠕变现象。辐照蠕变是指由辐照引起的热蠕变速率增加的现象，或在没有热蠕变的条件下产生蠕变的现象。前一种现象称为辐照加速的蠕变，后一种现象称为辐照引起的蠕变。辐照蠕变是一个体积守恒的过程，在较低温度下，其发生的速率比热蠕变要大一个量级。肿胀和辐照蠕变不是独立的过程，而是缺陷产生、迁移和寻阱过程中产生的两个密切相关的现象。肿胀和辐照蠕变耦合的过程可以导致结构材料体积、尺寸和形状的显著变化。

微观结构阱的位移、迁移、聚集和产生，导致了强大的驱动力来改变材料的先前存在的微观结构。此外，系统中还引入了新的扩散模式，特别是那些与间隙运动相关的模式。最后，所有发展中的微观结构特征不仅可以作为点缺陷的阱，而且通常会改变其附近基体的组成。这种改变是其表面缺陷的强梯度的结果。通过空位交换移动较慢的扩散元素，如镍，往往默认在这些梯度的底部分离；而快速扩散的物质，如铬，会向高梯度迁移。此外，较小尺寸的原子倾向于形成具有较强扩散率的双间隙，这导致尺寸较小的元素分离到一些阱表面。一些元素，如磷和硅，都是快速扩散物质和更小尺寸的原子，导致两个过程之间的竞争，结果根据阱类型、温度和局部组成而不同。

由于元素流动，阱周围的区域往往发展出在平衡相图中无法预测的成分。因此，在辐射诱导的分离过程中，也可以形成和维持新的超出预期的相。此外，已知的平衡相也可以在其组成中被改变，或可以被驱动为不稳定相，并被辐射诱导相所取代。除了这种微化学变化之外，还包括气体原子（He 和 H）和固体转变剂的二阶转变效应，每一种都可能参与微观结构的分离和改变。

这种高度动态和相互作用的过程集合的最终结果是，针对初始合金指定精心优化的化学、微观结构和相分布通过辐照而逐渐改变。这种变化受辐照温度、原子位移速率的影响，有时还受应力状态的影响。由于任何合金的物理、尺寸和机械性能都是其微观结构和微观化学的直接结果，因此合金的工程性能将会发生改变，通常对合金的预期服役任务不利。

新的脆化形式往往是微观化学和微观结构变化的结果。这种性质的改变也受到晶体结构的强烈影响，奥氏体铁基或高镍（面中心立方体）合金比铁素体（体中心立方体）合金更容易肿胀和辐照蠕变，但每种合金都有独特类型的脆化。

当描述中子辐照时，为了研究损伤过程的本质，需要选择合适的参数。传统的做法是用某个能量阈值以上的通量来描述中子通量，最常见的阈值是 1.0 MeV、0.5 MeV 和 0.1 MeV（对快堆最有用）。然而，这个方法还不够灵活，无法充分关联来自不同谱系环境的数据。中子谱随燃料类型（金属与氧化物）和冷却剂类型、局部燃料与冷却剂的比值、反应堆位置，包括与控制棒的接近程度、堆芯边界（泄漏）和其他因素而变化。因此，在任何给定位置，中子通量谱的位移效率往往存在显著差异，在一个给定的位置上的位移率也可以随时间的变化而变化。

由于辐照损伤的主要驱动力是原子的位移，因此最好的参数是所有中子能量与合金中每个元素的所有同位素的综合碰撞响应，并受所有可能导致位移的核过程的影响。因此，"dpa"或"每个原子的位移"现在普遍被用于描述积累的暴露辐照量。100 dpa 的剂量表示材料中的每个原子平均被置换了 100 次。这个参数没有解决对最初移位的原子重组的生存能力。dpa 的概念明确忽略了嬗变的影响，但在快堆大多数情况下，钢的嬗变是可以忽略的，至少在前 60～100 dpa。

空洞肿胀是指结构材料在受到位移照射时形成的高密度的微观空洞，导致结构材料体积的宏观增加，如图 4-3 所示。这些空洞是晶格中具有晶体学面的真空填充的孔，最容易在一个狭窄的温度范围内（$(0.3\sim0.5)\times T_{\mathrm{m}}$，其中

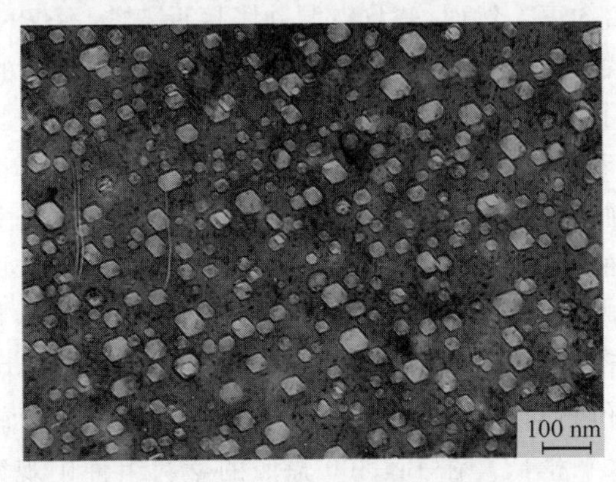

图 4-3　空洞肿胀

T_m 是熔点)成核和生长。不锈钢的这个范围包括液态金属冷却反应堆的堆芯材料运行温度。

肿胀过程对很多材料和环境变量非常敏感,主要表现在孵育期或加速肿胀开始之前的短暂期。图 4-4 展示了微观空洞可以使得宏观组件体积变大的能力。右侧辐照的 20%CW316 管的体积增加了约 33%;在 EBR-Ⅱ快堆中,在 510℃下辐射至约 80 dpa 后,应变约 10%;左边显示了一个未辐照的管以供比较。瞬态完成后,奥氏体合金将以普遍稳态或约 1%dpa 的"末端"速率肿胀,而铁素体合金将以约 0.2%dpa 肿胀。

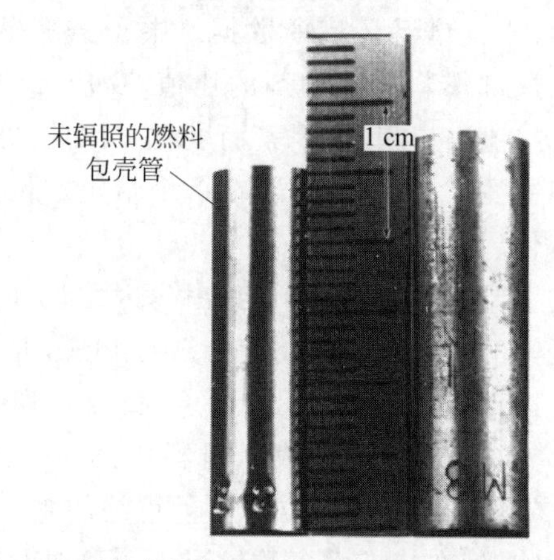

图 4-4　部件容积内微观空洞产生宏观变大的能力

在没有物理约束的情况下,空洞肿胀产生了质量和应变的各向同性分布。然而,当受到约束时,质量的分布会向无约束或更少受约束的方向转移。这种质量的转移是由对约束的肿胀所产生的应力完成的,激活了辐照蠕变的过程,使质量远离约束。然而,一旦空洞肿胀接近 5%,不仅尺寸发生肿胀,而且肿胀开始影响物理和力学性能的所有方面,以及辐照蠕变的行为和结果。

图 4-5 显示了在 FFTF 中辐照到最大约 90 dpa 的两个组件中观察到肿胀的结果。可以看出,覆盖 HT-9 铁素体-马氏体合金的燃料棒尚未形成空洞,因此没有因肿胀而扭曲;而覆盖 D9 的燃料棒不仅长度增加,而且由于绕丝和邻近燃料棒的肿胀-蠕变相互作用而显著变形。燃料棒阵列顶部表面高度空间的变化反映了肿胀的差异,其不仅是由于组件中子通量和辐照温度的变化,也是由于所采用的两种钢中成分的相对差异。图 4-5 中 D9 组件顶部的一些燃料棒在其他燃料棒之上。这是因为这些燃料棒是由较高肿胀热钢制备的,它们的磷水平稍低。在 BN-600 辐照的燃料组件中观察到类似的高度变化,如图 4-6 所示,对应硅规格内有微小变化。这是由两个名义上相同的热

钢之间的硅含量的微小变化引起的。

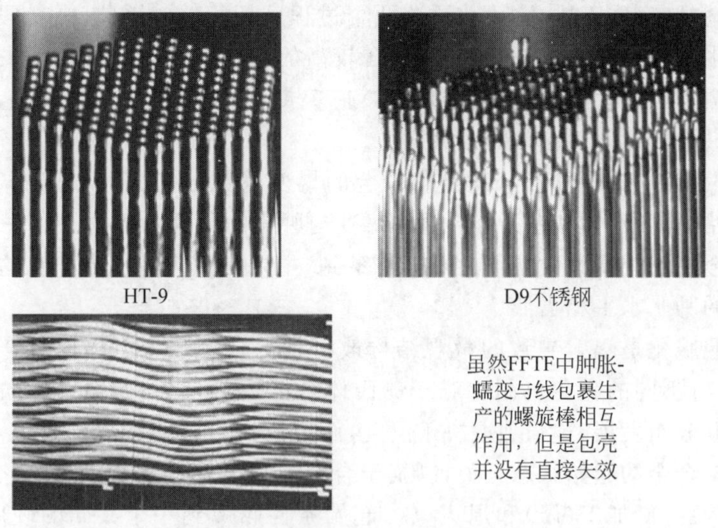

图 4-5 在 FFTF 中辐照到最大约 90 dpa 的两个组件中观察到肿胀的结果

图 4-6 在 BN-600 中辐照的 EI-847 燃料棒肿胀引起的棒长度的变化

图 4-5 中所示的燃料棒变形是肿胀和辐照蠕变共同作用的结果。辐照蠕变是由位错或位错环上的点缺陷的优先吸收导致的，这些环的伯格斯向量相对于局部应力状态是有利的。这一过程将质量从通常应变的各向同性分布转向由应力状态和伯格斯载体可用分布决定的方向。局部辐照蠕变速率与局部剪切应力水平(来自外部和内部来源)和 dpa 速率成正比，但蠕变很少表现出对材料和环境变量的直接敏感性，除了可变性强烈依赖于肿胀率。

辐照开始后，辐照蠕变就会发生，而且肿胀开始后，蠕变速率就会快速增加，并与肿胀率成正比，这反映了这两个过程密切相关。因此，蠕变假设了对空洞肿胀的所有参数都敏感。然而，在较高的肿胀时，蠕变开始“消失”，随着肿胀的增加，总尺寸应变(蠕变加肿胀)速率永远不能超过 0.33%dpa，这一水平代表最大或稳态肿胀率的三分之一。

在没有肿胀的情况下，铁素体合金的蠕变系数约为奥氏体钢的一半，但肿胀开始后，奥氏体和铁素体合金的蠕变与肿胀的比例是相同的。铁素体-马氏体合金中的蠕变消失现象尚未被观察到，主要是因为迄今为止在这些合金中达到的肿胀水平相当低。

辐照脆化是辐射导致的微观结构改变的另一个后果。根据合金及其辐照条件，有不同的脆化机制。对于奥氏体合金，辐照驱动微观结构向各种组分的平衡分布发展，这强烈取决于温度，而对于 dpa 速率的依赖较弱。这种平衡状态与合金的起始状态无关，以至于合金在充分辐照后可以忽略它的初始条件。因此，冷加工(硬)和退火(软)起始条件收敛到一个共同的硬度水平，通常是中等硬度，主要取决于辐照温度。在大约 500℃以下，辐射诱导的微观结构成分密度的增加通常会使屈服强度增加，同时也会导致延展性的降低。燃料棒包壳剩余的延展性是决定燃料棒使用寿命的一个重要标准。延展性的损失是由于材料工作硬化能力降低，塑性不稳定性增加。

在较高的温度下，还会发生其他形式的脆化。一种形式是氦脆化，在基体中形成的嬗变诱导的氦原子迁移到晶界，并在晶界处聚集形成氦气泡。氦气泡被认为是腔核，应力诱导的腔生长通过空位扩散发生。晶界处的裂纹是由于晶界处空腔相互连接。

另一种形式的高温脆化存在于镍基合金中。因为合金中大多数氦的来源是镍的同位素，所以在高镍合金中形成更多的氦，经常在晶界上聚集。此外，这些合金的强度来自于基体中伽马质相和配质相的形成，但这些相通常在晶界处消失。在某些条件下，通过镍偏析的辐射诱导生长发生在晶界上，导致晶界非常脆弱。

AISI300 系列合金特别容易发生迟发形式的脆化，在辐照后处理过程中会产生极端的脆化。当空洞肿胀接近 10%(大致独立于辐照温度)时，一组复杂的机制(包括空洞之间的应力集中，镍分离至空洞表面，减少堆积断层基体的能量和马氏体起始温度的改变)导致马氏体不稳定基体的撕裂模量降低到零。而在钠的作用下，各种过程的温度依赖性通常阻止了极端脆化的发展，但一旦该成分从反应堆中移除，脆化就会被最小的物理损伤激活。然而，一旦肿胀超过 15%～20%，在钠的温度下就会发生失效，特别是，肿胀和辐照蠕变引起的变形需要高的退出负荷,导致对邻近组件和支撑结构的机械干扰。图 4-7 显示了一个极端脆化及其后果。这些 12X18H9T(18Cr-9Ni-Ti)燃料组件外套管位于 BOR-60 反射器和覆盖区域,无法从堆芯提取出来。除了由肿胀引起的尺寸增加外,还发生了明显的弯曲,产生了运动阻力和高回收负荷。

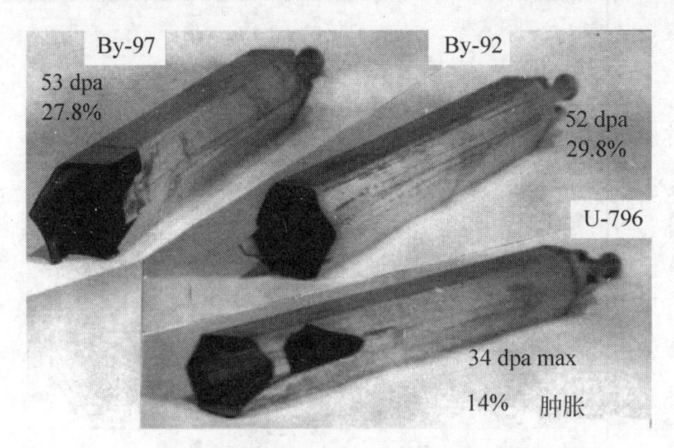

图 4-7　由肿胀引起的严重脆化

铁素体合金并不是特别容易出现上述的脆化形式,主要是因为在没有大量镍的合金中,氦的生成率较低,而且尚未明显观察到肿胀。然而,另一种形式的脆化在铁素体合金中占据主导地位。众所周知,铁素体合金在较低的温度下,由于韧性-脆性转变而容易失效。辐射诱导的微观结构成分密度的急剧增加往往导致延展性-脆性转变温度向铁素体组件的工作温度范围移动。此外,铁素体和铁素体-马氏体合金在辐照过程中形成的一些相表现得相当脆弱,需要开发产生很少甚至不产生这些相的合金。

4.2.2　影响燃料性能的其他过程

与辐照损伤过程没有直接相关,但可能会影响 LMR 中燃料组件性能的其他过程如下所述。

(1) 在热钠中运行,导致结构材料的腐蚀或侵蚀。但如果钠冷却剂的纯度得到适当的控制,通常不会造成较大影响。

(2) 在燃料棒中释放的裂变气体,会导致燃料棒的内部压力增加。通过在燃料棒的顶部或底部提供足够的静压室体积,可以减少这个潜在问题的发生。但由于燃料棒长度的增加有一些限制,保证钢包壳在高温时有足够强度非常重要,特别是在更高的燃耗和更长的使用寿命的情况下(参见 4.2.3 节中的包壳管设计标准)。

(3) 由铯、碲和碘等挥发性裂变产物对包壳的内部腐蚀或晶界的侵蚀。

这个问题在目前的燃料温度和燃耗值下通常不重要。但随着燃料燃耗的增加，燃料-包壳化学相互作用可能是最重要的损伤因素，见图 4-8，凤凰堆燃料棒金属相腐蚀的最高测量深度随燃耗增加而总体增加。

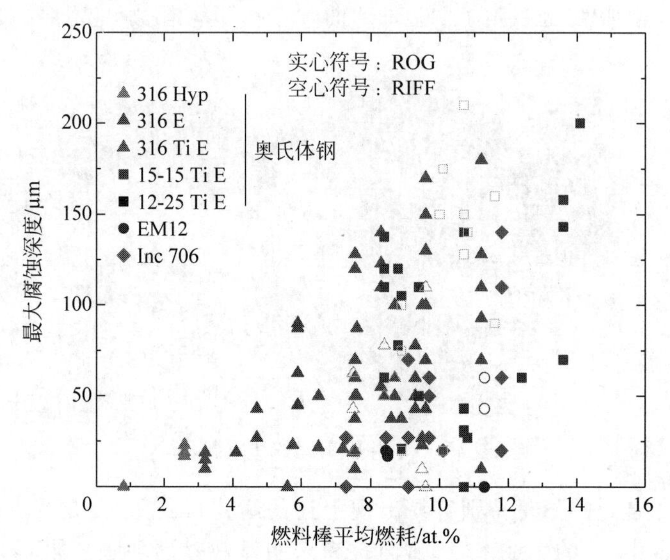

图 4-8 凤凰堆燃料棒金属相腐蚀的最高测量深度
（请扫Ⅱ页二维码看彩图）

（4）在非常高的燃耗水平下，固体裂变产物填充了燃料中的所有空腔，导致高刚性的芯块和坚硬的燃料包壳相互作用，使得包壳变形。

4.2.3 包壳管的设计标准

包壳管的主要设计标准是确保包壳不被破坏，导致裂变产物或燃料释放到冷却剂中。其次，包壳层在运行期间和拆卸过程中都应保持完好无损。为了实现这些目标，对燃料组件的要求如下：

（1）燃料棒之间有足够的间距，使冷却剂保持足够的流量，充分排出热量从而不使燃料过热；

（2）由辐照引起的变形应在辐照结束时易于进行处理。

由于空洞肿胀，包壳层的长度和直径都会增加。此外，整个组件的辐照剂量和温度梯度会导致包壳层的弯曲，从而干扰它们附近的包壳层或堆芯约束结构。这可能导致不可接受的退出载荷，从而使得肿胀引起灾难性失效，如图 4-7 所示。

包壳的肿胀导致了包壳轴向和径向的膨胀和弯曲。在裂变气体压力下产生的蠕变,燃料-包壳机械相互作用或辐照诱导硬化,可能间接导致冷却剂流动区域的收缩,使得包壳过热和最终失效。考虑到制造工艺与作为工程和运行的实用性所施加的限制,一套一般的设计标准已经设计出来,见表 4-1。需要指出的是,不同国家(不同的钢和设计)的标准值可能不同,见表 4-1 和表 4-2。

表 4-1　包壳设计标准

包　壳	设计标准
1. 热点中壁温度(稳态条件)	小于 700℃
2. 热点中壁温度(瞬态条件)	小于 800℃
3. 主+次应力大小	小于屈服强度
4. 径向增加: (1) 从维护几何形状的角度来看,允许冷却 (2) 允许由肿胀而导致的包层脆化现象	 小于 7% 小于 3%
5. 热蠕变应变	小于 0.2%
6. 累积蠕变断裂损伤系数(CDF) (1) 正常的操作条件 (2) 储存和乏燃料处理	 小于 0.2～0.3 小于 1

表 4-2　外套管的设计标准

<table>
<tr><th>外　套　管</th><th>设计标准</th></tr>
<tr><td colspan="2">外套管的设计标准取决于堆芯控制系统的类型：非能动(俄罗斯的 BN 反应堆、FFTF、JOYO 堆、MONJU 堆、SNR)和能动(EBR-Ⅱ、狂想曲堆、凤凰堆、超凤凰堆)。一般来说,限制外套管性能的因素是弯曲、长度变化和肿胀,但它们的值对于不同的堆芯设计是不同的
外套管长度变化和弯曲的限制取决于燃料处理机和反应堆内存储系统的能力,也取决于对反应性的影响；对外套管膨胀的限制,与外套管完整性保持的可能性有关</td></tr>
<tr><td>(1) 顶部弯曲</td><td>10～17 mm</td></tr>
<tr><td>(2) 最大自由弯曲</td><td>8.5～30 mm</td></tr>
<tr><td>(3) 跨平面宽度的最大增加</td><td>燃料组件之间的间隙值</td></tr>
<tr><td>(4) 主+次应力大小</td><td>小于屈服强度</td></tr>
</table>

4.3　液态金属冷却反应堆包壳和其他结构材料的选择

目前,LMR 重点关注的候选燃料包壳材料和其他结构材料包括奥氏体不锈钢、铁素体-马氏体不锈钢和 ODS 合金等。耐高温、抗辐照、耐腐蚀以及强韧性是包壳材料主要关注的性能。奥氏体不锈钢由于具有较好的高温力学性能、辐照稳定性、抗液态金属腐蚀性、与燃料相容性以及焊接性、易于加工制造、价格便宜等优势，成为快堆包壳材料和其他结构材料的候选材料。相较于奥氏体不锈钢，铁素体-马氏体不锈钢具有更为优异的抗辐照肿胀性能，以及良好的抗应力腐蚀开裂能力、低的热膨胀系数以及高的热导率等优点，被选作快堆燃料包壳和其他结构材料的候选材料。ODS 合金优异的高温力学性能和抗辐照性能使其成为最具有发展潜力的第四代核能系统候选包壳材料和其他结构材料。

4.3.1 快堆中的燃料组件

快堆 BN-600、PFBR、超凤凰堆和 FBTR 的燃料组件如图 4-9～图 4-12 所示。包壳管和外套管是燃料组件的关键结构材料。在 LMR 中使用的材料见表 4-3，其化学成分见表 4-4。

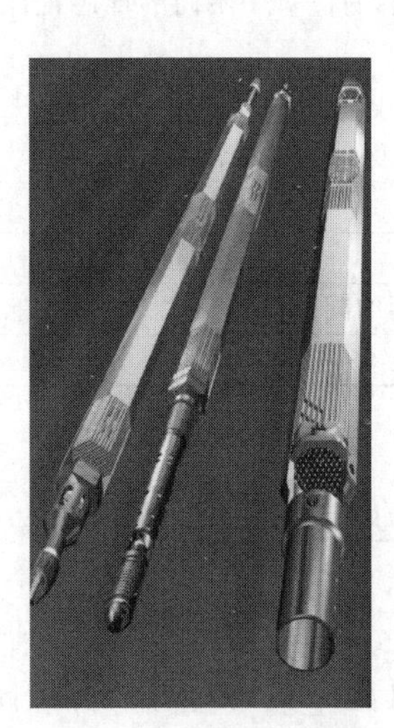

图 4-9 BN-600 的燃料组件

（请扫Ⅱ页二维码看彩图）

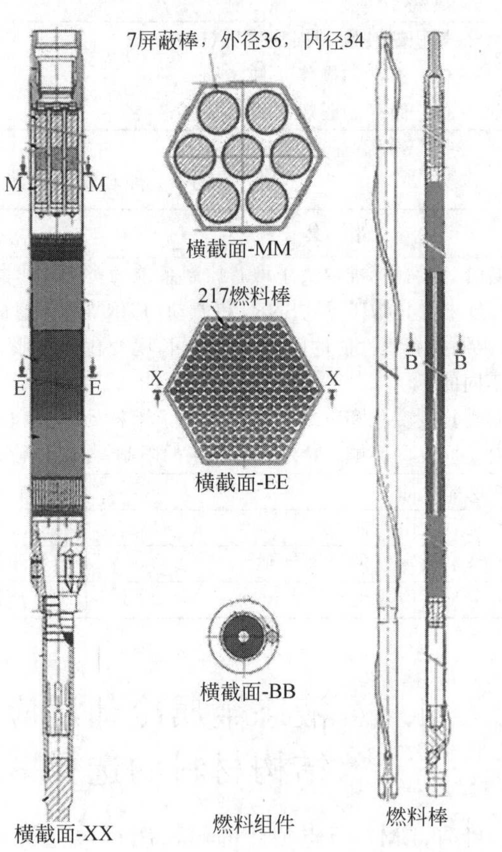

图 4-10 PFBR 的燃料组件

（请扫Ⅱ页二维码看彩图）

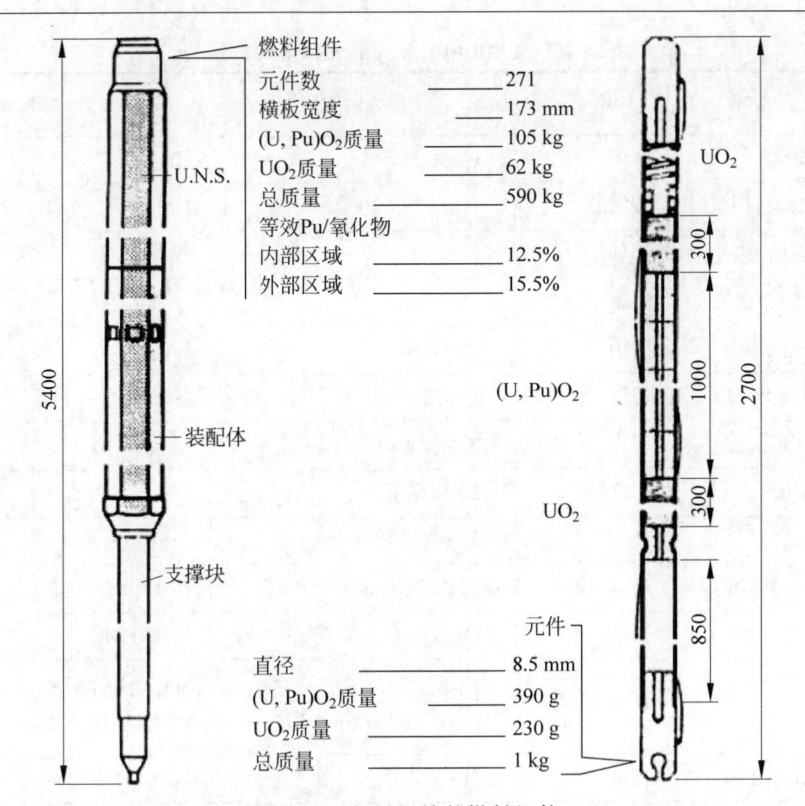

图 4-11　超凤凰堆的燃料组件

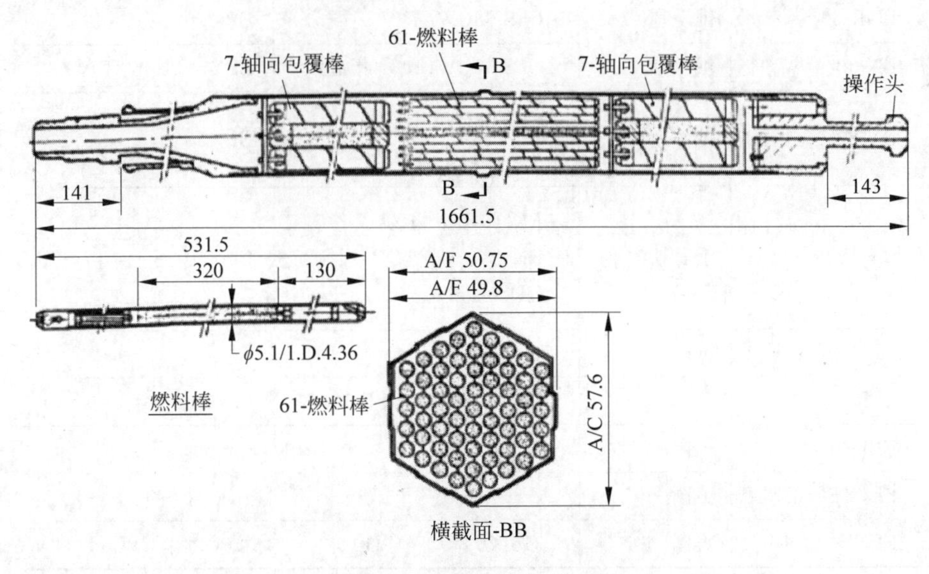

图 4-12　FBTR 的燃料组件

表 4-3　LMR 中的包壳和外套管的材料

反应堆	国家	包壳材料	外套管材料
CEFR	中国	ChS-68CW	EP-450
EFR	欧洲	ALM1 或 PE16	EM10 或 Euralloy
狂想曲堆	法国	316	—
凤凰堆	法国	15-15 Ti	EM10
超凤凰堆	法国	15-15 Ti	EM10
KNK-Ⅱ	德国	1.4970	1.4981
FBTR	印度	316(CW)	316 L(CW)
PFBR	印度	20% CW D9	D91
JOYO 堆	日本	316(20% CW)	316(20% CW)
MONJU 堆	日本	PNC 316(20% CW)	PNC 316(20% CW)
JSFR	日本	ODS	PNC-FMS
BN-350	哈萨克斯坦	EI-847 ChS-68CW(1987 年起)	16Cr-11Ni-3Mo EP-450(1987 年起)
KALIMER	韩国	HT9	HT9
BR-10	俄罗斯	EI-847	18Cr-9Ni-Ti
BOR-60	俄罗斯	ChS-68CW	EP-450
BN-600	俄罗斯	ChS-68CW(1987 年起)	EP-450(1987 年起)
BN-800	俄罗斯	ChS-68CW-Ⅰ阶段 EK-181-Ⅱ阶段	EP-450
BN-1200	俄罗斯	EK-164CW-Ⅰ阶段 EK-181-Ⅱ阶段 ODS-Ⅲ阶段	EP-450
DFR	英国	铌	—
PFR	英国	STA 铌锰合金 PE 16	PE16/ FV448
EBR-Ⅱ	美国	316	—
费米(Femi)堆	美国	Zr	—
FFTF	美国	316(20% CW),HT9	316(20% CW),HT9

表 4-4　LMR 中堆芯结构材料的典型组成　（单位：wt. %）

合金	C	Cr	Ni	Mo	Si	Mn	V	Nb	Ti	P	S	N	B	其他
奥氏体不锈钢														
304 不锈钢	0.05	18	10	0.3	0.4	1.5	—	—	—	—	—	—	—	—
316 不锈钢	0.05	17	13	2	0.6	1.8	—	—	—	—	—	—	0.002	—
日本														
PNC 316	0.055	16.0	14.0	2.50	0.80	1.80	—	0.08	0.10	0.028	—	—	—	—
PNC 1520	0.06	15.5	20.0	2.50	0.80	1.90	—	0.11	0.25	0.025	—	—	—	—
法国														
316 Ti	0.05	16	14	2.5	0.6	1.7	—	—	0.4	0.03	—	—	—	—
15-15 Ti	0.1	15	15	1.2	0.6	1.5	—	—	0.4	0.007	—	—	0.005	—
15-15 Ti_{opt}	0.1	15	15	1.2	0.8	1.5	—	—	0.4	0.03	—	—	0.005	—
15-15 Ti mod	0.085	14.9	14.8	1.46	0.95	1.50	—	—	0.50	0.007	—	—	0.004	—
美国														
D9	0.052	13.8	15.2	1.50	0.92	1.74	—	—	0.23	0.003	—	—	—	—
D9I	***	13.5	15.5	1.8～2.22	0.8	2.0	—	—	0.25	0.025～0.04	0.005～0.01	0.005	0.004～0.006	—
ASTM A771	0.03～0.05	12.5～14.5	14.5～15.5	1.5～2.5	0.5～1.0	1.65～2.35	—	0.05 max	0.1～0.4*	0.04 max	0.01 max	—	—	—
印度														
D9(PFBR)	0.035～0.050	13.5～14.5	14.5～15.5	2.0～2.5	0.50～0.75	1.65～2.35	—	0.05 max	5.0C～7.5C	0.02 max	0.01 max	—	—	—
D9I	0.04～0.05**	13.5～14.5	14.5～15.5	2.0～2.5	0.7～0.9	1.65～2.35	—	0.05 max	0.25	0.025～0.04	—	—	0.004～0.006	—

续表

合金	C	Cr	Ni	Mo	Si	Mn	V	Nb	Ti	P	S	N	B	其他
德国														
1.490	0.1	15	15	1.2	0.4	1.5	—	—	0.5	—	—	—	0.005	—
英国														
FV548	0.09	16.5	11.5	1.4	0.3	1	—	0.7	—	—	—	—	—	—
俄罗斯														
EI-847	0.04～0.06	15～16	15～16	2.7～3.2	<0.4	0.4～0.8		<0.9		<0.02				
ChS-68	0.05～0.08	15.5～17	14.0～15.5	1.9～2.5	0.3～0.6	1.3～2	0.1～0.3	—	0.2～0.5	<0.02	—	—	0.002～0.005	—
EK-164	0.05～0.09	15～16.5	18～19.5	2～2.5	0.3～0.6	1.5～2	0.15	0.1～0.4	0.25～0.45	0.01～0.03			0.001～0.005	0.15Ce
镍基合金														
PE16	0.13	16.5	43.5	3.3	0.2	0.1	—	—	1.3	—	—	—	—	1.3Al
INC706	0.01	16	40	0.02	0.09	0.4	—	3	1.5	—	—	—	—	—
12RN72HV	0.1	19	25	1.4	0.4	1.8	—	—	0.5	—	—	—	0.0065	—
合金	C	Cr	Ni	Mo	Si	Mn	V	Nb	Ti	P	S	N	B	其他
铁素体-马氏体合金														
英国														
FI	0.15	13.0	0.47	—	0.30	0.45	—	—	—	—	—	—	—	—
FV607	0.13	11.1	0.59	0.93	0.53	0.80	0.27	—	—	—	—	—	—	
CRM-12	0.19	11.8	0.42	0.96	0.45	0.54	0.30	—	—	—	—	—	—	—
FV448	0.10	10.7	0.64	0.64	0.38	0.86	0.16	0.30	—	—	—	—	—	—
法国														
F17	0.05	17.0	0.10	—	0.30	0.40	—	—	—	≤0.008	≤0.008	0.020	—	—

续表

合金	C	Cr	Ni	Mo	Si	Mn	V	Nb	Ti	P	S	N	B	其他
EM10	0.10	9.0	0.20	1.0	0.30	0.50	—	—	—	≤0.008	—	—	—	—
EM12	0.10	9.0	0.30	2.0	0.40	1.00	0.40	0.50	—	≤0.008	≤0.008	—	—	—
T91	0.10	9.0	<0.40	0.95	0.35	0.45	0.22	0.08	—	≤0.008	≤0.008	0.050	—	—
德国														
1.4923	0.21	11.2	0.42	0.83	0.37	0.50	0.21	—	—	—	—	—	—	—
1.4914	0.14	11.3	0.70	0.50	0.45	0.35	0.30	0.25	—	—	—	0.029	0.007	—
1.4914 mod	0.16~0.18	10.2~10.7	0.75~0.95	0.45~0.65	0.25~0.35	0.60~0.80	0.20~0.30	0.10~0.25	—	—	—	0.010 max	0.0015 max	—
美国														
HT-9	0.20	11.9	0.62	0.91	0.38	0.59	0.30	—	—	—	—	—	—	0.52 W
403I	0.12	12.0	0.15	—	0.35	0.48	—	—	—	—	—	—	—	—
日本														
PNC-FMS	0.2	11	0.4	0.5	—	—	0.2	0.05	—	—	—	0.05	—	—
俄罗斯														
EP-450	0.1~0.15	12~14	<0.3	1.2~1.8	<0.6	<0.6	0.1~0.3	0.25~0.55	—	—	—	—	0.004	—
EK-181	0.1~0.2	10~12	<0.1	<0.01	0.3~0.5	0.5~0.8	0.2~1	<0.01	0.003~0.3				0.003~0.006	1~2 W 0.05~0.3Ta
ChS139	0.18~0.2	11~12.5	0.5~0.8	0.4~0.6	0.2~0.3	0.5~0.8	0.2~0.3	0.2~0.3	0.003~0.3				0.003~0.006	1~1.5 W

注：Fe 平衡（***）调整为 TM(C+N)=5,（**）调整为 Ti/C=4~5,（*）靶 Ti=0.25%。

4.3.2　液态金属冷却反应堆结构材料的早期历史

肿胀对许多运行变量都很敏感,其中对辐照温度最敏感,其次是 dpa 率,然后是应力大小。第一代快堆(如 EBR-Ⅰ,DFR)的入口冷却剂温度相对较低,为 270～280℃。虽然在 BR-5(后来的 BR-10)反应堆中,入口温度为 375℃,但在第一次堆芯负载(1959—1964 年)时辐照剂量较低。这些条件都倾向于能减少当时未知的肿胀现象。当肿胀在相对较低水平时,在 DFR 中发现了肿胀,研究人员急于寻找其他反应堆的肿胀。EBR-Ⅱ是第二代反应堆,入口温度为 370℃,在相对容易肿胀的 304 不锈钢中迅速发现了两位数的肿胀大小。最初,这些研究集中在封闭控制棒和安全棒的容易回收的管道上。然而,与燃料棒相比,这些管道可以在相对较低的温度下工作。

EBR-Ⅱ的运行开始于 1964 年,并没有预料到会出现肿胀和辐照蠕变现象。直到 1967 年才发现肿胀,1969 年奥氏体钢才出现辐照蠕变现象。在此期间,其他几个第二代 LMR 还处于设计阶段。因此,这些现象在较晚时期的发现并没有造成严重的问题。然而,在 EBR-Ⅱ中,蠕变和肿胀的发现导致需要对燃料组件的设计和钢进行重大改变。在 BN-600 中,在反应堆调试前修正了堆芯项目参数,在 BN-350 收到关于外套管钢(16Cr-11Ni-3Mo)肿胀的新数据后,最大燃耗值(10^{-7} at. %)有了很大程度的降低。

对 EBR-Ⅱ燃料组件中肿胀和辐照蠕变现象影响的分析发表于 1979 年。表 4-5 总结了在初始 Mark-1A 中为生产 Mark-Ⅱ燃料组件所做的更改。这些变化的目的是增加富集,并适应富集增加的各种后果,以及考虑辐照蠕变和肿胀对燃料棒设计的影响。

表 4-5　Mark-1A 和 Mark-Ⅱ燃料的比较

特　征	Mark-1A	Mark-Ⅱ
富集度/at. % ^{235}U	52.5	67.0
燃料棒长度/mm	343	343
燃料棒直径/mm	3.65	3.30
燃料体积/m^3	3.6×10^{-6}	2.9×10^{-6}
燃料包壳径向间隙/mm	0.152	0.254
包壳壁厚/mm	0.229	0.305
包壳外径/mm	4.42	4.42
包壳材料	304L(退火)	316(退火)
元件长度/mm	460	612
增压容积/m^3	0.67×10^{-6}	2.41×10^{-6}

在最初的 Mark-1A 中，裂变气体大部分被保留在燃料中，而 Mark-Ⅱ的设计允许燃料肿胀的发生，裂变气体的释放更有效。燃料组件的外套管由304不锈钢制成，成型后未进行热处理。外套管的边角保留了15%的冷加工，与在平面上相比，这可减少边角的肿胀。这些外套管的中平面温度在400～415℃范围内，压力差为28～123 kPa。燃料处理困难可能是由于肿胀差异和蠕变所引起的弯曲以及肿胀所引起的变大。

令人惊讶的是，EBR-Ⅱ中的燃料组件弯曲从来没有超过1 mm，燃耗率甚至高达8%，原因如下所述。

(1) 相邻的组件提供了约束，从而产生了相反的应力。这种应力通过辐照蠕变产生的反向弯曲，倾向于抵消差异肿胀的影响。

(2) 组件位置的定期变化，包括它们的旋转，后者倾向于扭转整个组件的通量梯度的影响。

除了外套管面的弯曲外，外套管的膨胀也发生在蠕变和肿胀之中。因为在反应堆运行过程中保持了密切的监测，所以这种扭曲并没有对燃料处理造成任何困难。外套管的膨胀需要限制在1 mm以下。在堆芯中间的外套管变形程度比在外围的外套管高。

燃料包壳尺寸的改变有可能会导致组件中流动的堵塞。为了防止这种可能性，最初设计的304 L合金在Mark-Ⅱ燃料组件中被更改为316。因为研究表明，316的肿胀度较低。

与燃料故障或损坏相关的其他观察结果如下所述。

(1) Mark-1A 经历了更强的燃料-包壳机械相互作用。在 Mark-Ⅱ设计中，由于最小的燃料-包壳机械相互作用，经历了低蠕变应变和高燃耗。

(2) 燃料棒的长度变化遵循直径变化的趋势，这是各向同性肿胀的直接结果。

(3) Mark-1A(304L)和 Mark-Ⅱ(316)的所有断裂本质上都是晶粒间的。

上述的观察结果预示了许多在后期的合金开发工作中需要解决的问题。具体来说，冷加工和其他热机械加工条件以及合金成分的作用将是非常重要的。

4.3.3 奥氏体不锈钢及其对液态金属冷却反应堆辐照的响应

辐照引起的工程后果，如空洞肿胀、辐照蠕变和脆化，是非常严重的，因为这些影响了堆芯组件在反应堆中的停留时间，从而决定了 LMR 的可实现燃耗和随之产生的经济可行性。316 不锈钢或与之相近的等效钢在 LMR 的早期堆芯中使用最为广泛,因为研究表明,与 304 不锈钢相比,使用 316 不锈钢后,肿胀倾向于延迟开始。

研究人员很早就认识到,肿胀差异的主要决定因素是 316 不锈钢的镍含量高于 304 不锈钢。在离子轰击下的模拟研究表明,这种高镍含量下增加肿胀阻力的特性适用于广泛的合金和镍含量,但这些研究尚无法回答肿胀率和/或瞬态肿胀如何受到镍含量的作用或影响。离子研究还表明,当镍含量超过 35%~40%时,肿胀也会随着镍含量的增加而增加。首次提出的在原型和商业合金里中子诱导肿胀的综合比较也显示镍含量具有相同影响。

图 4-13(a)显示了在 EBR-Ⅱ退火条件下,温度、中子通量和镍含量对 Fe-15Cr-Ni 三元合金空洞肿胀的影响。图 4-13(b)显示了在 EBR-Ⅱ辐照条件下,中子通量、温度和镍含量对 Fe-15Cr-Ni 三元合金肿胀的影响。Garner 等后来表明,镍含量的影响只表现在瞬态肿胀中,最小肿胀可能发生在大范围(30%~50%),这取决于环境和镍以外元素的成分变化。虽然在给定剂量下对镍含量的依赖性很强,但镍的主要作用是确定在约为 1%dpa 下的稳态肿胀开始之前的瞬态肿胀状态的持续时间。肿胀与镍含量的关系通常是非单调的。镍含量为 10%~40%时,这些简单合金的瞬态肿胀状态逐渐增加,导致在给定的中子通量或 dpa 水平下的肿胀减少。然而,铬的影响是单调的,增加铬会导致更短的瞬态,因此在所有镍含量的情况下都有更高的肿胀。由于需要提供足够的耐蚀性,所以需要减少铬以减少肿胀受到的限制。在复杂度增加的含溶质合金中观察到相似的镍和铬的肿胀趋势。

Garner 等还表明,溶质添加的主要影响仅表现在瞬态持续时间。然而,随着研究人员越来越了解主要元素和次要元素对肿胀的影响,关注的焦点是使用 316 不锈钢作为 304 不锈钢的低肿胀替代品。在快堆的温度范围内,在退火的 316 不锈钢中观察到剂量超过约 50 dpa 的高水平的空洞肿胀,并观察到肿胀会产生微小变化。研究人员花了好几年时间才确定大部分的变化是由次要元素产生的相对较小的变化引起的,特别是在决定这些次要元素分布和化学活性的热机械处理中。

有各种原因阻止使用更高含量的镍来实现低肿胀(比如镍成本,更高含量镍的中子寄生俘获,辐射引起的相不稳定,生成更多的氦),所以最初使用的方法是修改 316 不锈钢的组分与修改镍以外元素的化学成分。

如图 4-14 所示,许多早期研究表明,冷加工到 15%~30%的水平时,显著延迟了 316 和 304 不锈钢的肿胀,因此大多数成分修改也涉及冷加工材料的使用。图 4-15 显示了冷加工合金化学成分的改变对 316 合金空洞肿胀的典型改善。

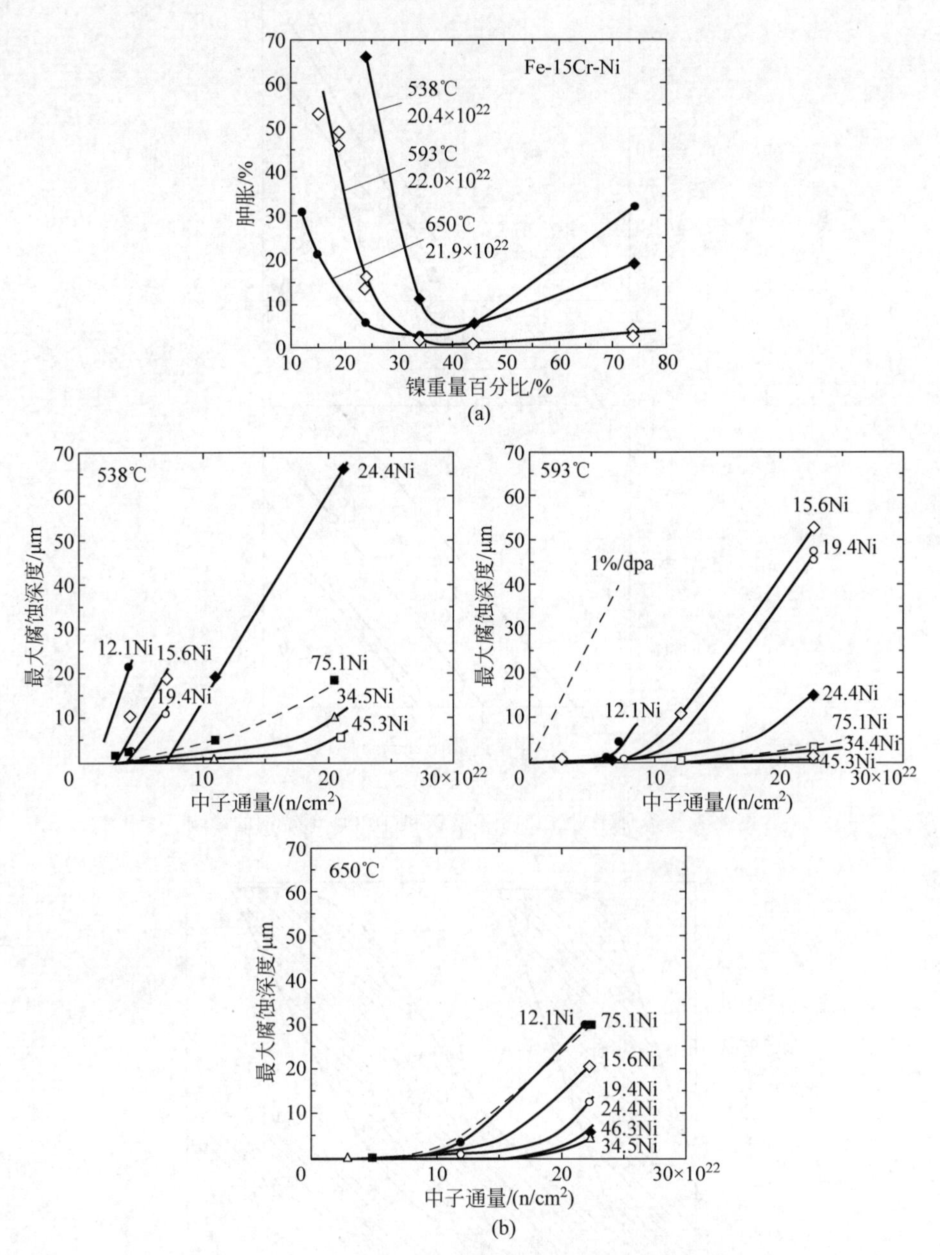

图 4-13　(a) 温度、中子通量和镍含量对肿胀的影响；
(b) 中子通量、温度和镍含量对肿胀的影响

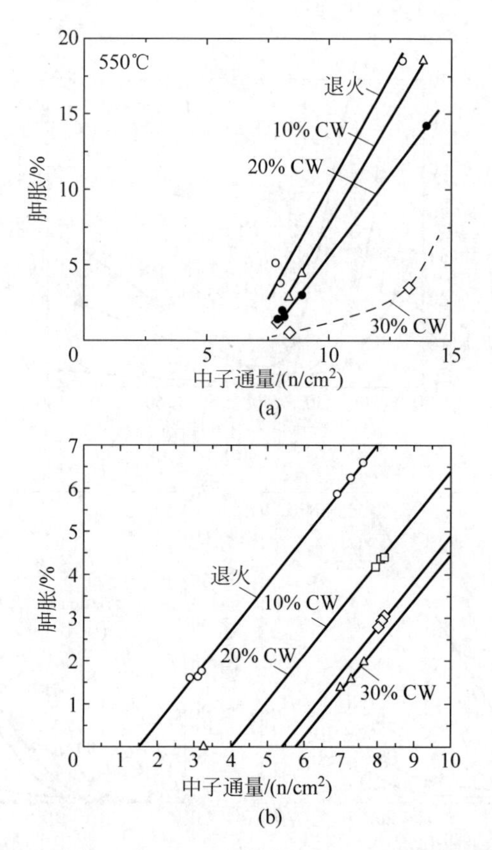

图 4-14　冷加工对(a)316 不锈钢和(b)304 不锈钢的影响

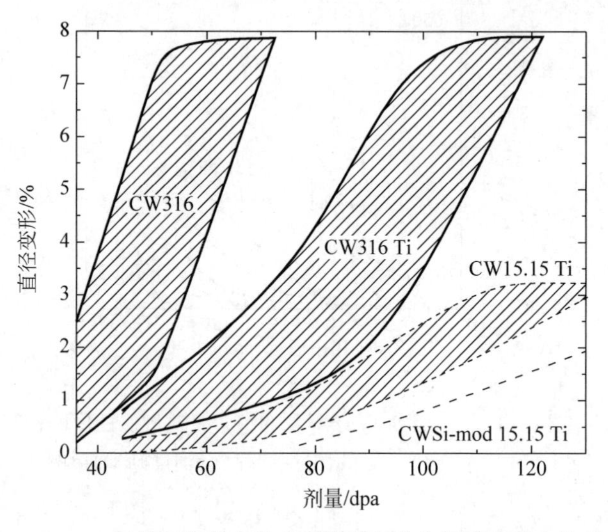

图 4-15　316 不锈钢化学成分改变所引起的空洞肿胀阻力的改善

在讨论减少肿胀的同时而不牺牲其他属性(如延展性)之前,考虑肿胀过程的性质是有必要的。一般来说,奥氏体不锈钢在573～973 K的温度范围内形成空洞,(n,α)反应产生的氦往往会加速空洞成核过程。空洞的形成和生长对几乎所有的冶金变量都很敏感,如化学成分、温度变化和辐照参数(如通量、剂量率、辐照温度、应力状态以及辐照变量随时间的变化,特别是在温度变化中)。肿胀和通量的关系可以描述为一个低肿胀率(通常为零)的瞬态周期,然后加速到约为1% dpa的线性或近线性肿胀率,通常称为"稳态肿胀",如图4-16所示。肿胀的大多数参数敏感性只在瞬态状态的持续时间内表现出来。向稳态的过渡取决于下面几个因素。

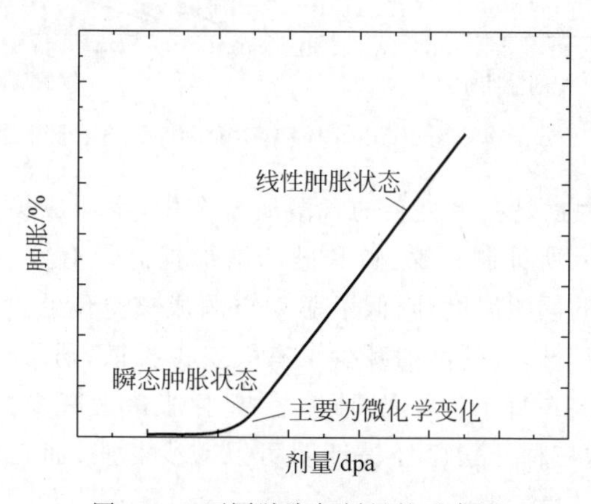

图4-16　不同肿胀与剂量的示意图

(1) 第一个因素是需要发展一个中等密度的"滑动"位错网络(约10^{10} cm^{-2})。一个"无固着"环主导的微观结构会使空洞成核水平降低,但不支持高肿胀率的发展。在退火状态下辐照的简单无溶质奥氏体合金中,向稳态肿胀的转变与固着辐射产生的位错环微观结构的不断裂以及随后的滑动位错网络的发展有关。在冷加工金属中,位错网络已经存在,但密度过高,不允许空洞成核。在这种情况下,位错网络必须通过松弛和重新排列,以达到与经过退火的金属相同的密度。

(2) 第二个因素是在无溶质的简单Fe-Cr-Ni三元合金中,如果所有环由相对低密度的大环组成,则有利于无固着-滑动变换。如图4-17所示,Okita等已经表明,随着dpa速率的逐渐降低,瞬态下的肿胀率也降低了,在某些条件下趋近于零;降低dpa率会更容易形成被破坏的环状微结构。Garner等表明,在某些不利于简单Fe-Cr-Ni三元合金的空洞形核的条件下,冷加工材料比退火材料肿胀得更快,因为松弛高密度的冷加工位错比Frank环的成核和断裂更快。值得注意的是，这些合金在辐照之前或辐照期间都没有发生沉淀。

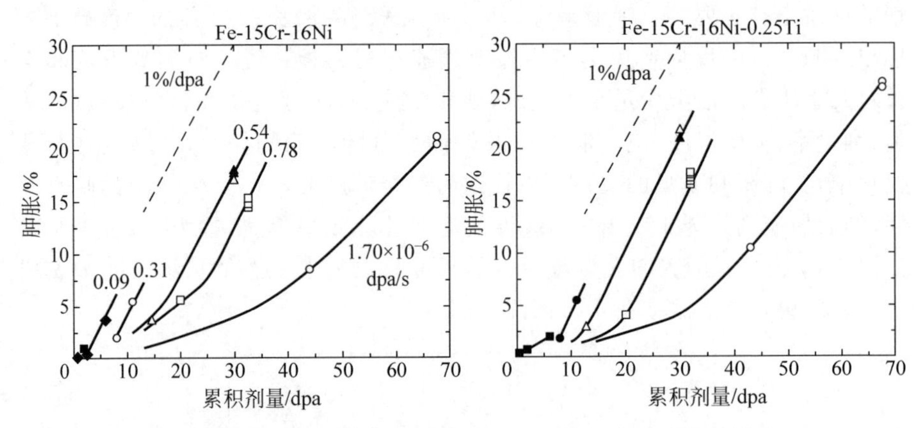

图 4-17　dpa 速率对 FFTF 中简单三元和四元合金肿胀的影响

(3) 第三个因素是在更复杂的含溶质合金中，空洞成核过程被硅和磷等高扩散元素的加入所抑制。镍、磷和硅的增加提高了有效的空位迁移率，实际上提高了合金的同源温度，降低了驱动空洞成核空位的过饱和。镍的增加提高了有效空位扩散，铬的增加减少了有效空位扩散，通常导致较短的瞬态，因此增加了肿胀。在每个原子级别上，引起肿胀最大减少的元素依次为磷、硅，然后是镍。这三种元素已经被证明可以减少肿胀，而它们在溶液中并不起沉淀作用。

(4) 第四个因素是在辐照下，各种辐射诱导的偏析过程倾向于将镍、磷、和硅浓缩到沉淀物中，从而从溶液中去除它们，使合金基体回到更接近于同质的"较冷"状态，从而达到更高的成核状态。产生这种基质溶质水平降低的机制已被描述为"微化学演化"或相分解。在没有其他溶质的情况下，形成的相通常是非平衡的伽马-质数相 Ni_3Si。当加入碳、碳化元素(Ti、Zr、Nb、Hf)等溶质和 Mo 等金属间形成元素时，析出物的范围和复杂性大大增加。平衡相、近平衡相和非平衡相都受到辐射驱动的分离过程的影响，这些过程竞争性地去除基质溶液中的 Ni、P 和 Si 元素，一些阶段刚开始时比其他阶段更稳定，但由于分离的结果，后来又返回到其他阶段。

这种微化学演化的复杂性及其对材料和环境变量的依赖为合金改性提供了方法，以抵抗富含镍、硅和磷的相的形成，从而延缓了高肿胀率的发生。对于大多数商业奥氏体合金来说，微化学演化是决定瞬态状态持续时间的主要因素。在组成空间中没有一个单一的路径可以有效地延长肿胀的瞬态，但大多数国家的方案已经集中到略高的镍、硅和磷含量，与不同含量的碳化物形成元素相平衡。特别重要的是正确平衡碳和碳化物形成元素,尤其是钛。氮、硼等元素会影响碳的活性及其沉淀速率和路径。

4.3.4　奥氏体钢成分改变的析出控制基础

如表 4-6 所示,300 系列奥氏体不锈钢在辐照过程中形成的析出相有三类可以参与微化学演化。

表 4-6　300 系列奥氏体不锈钢在辐照过程中形成的析出相

辐射增强/延迟相	辐射修饰相	辐射诱导相
M_6C、Laves 相、$M_{23}C_6$、MC、σ、χ	M_6C、Laves 相、M_2P	$M_6Ni_{16}Si_7$（G）、Ni_3Si（γ'）、MP、M_2P、M_3P

第一类相包括辐射增强或辐射延迟的热稳定相。在这一类中,热老化过程中形成的沉淀相要么在较低的温度下更快产生且更丰富,要么在反应堆辐照期间较高的温度下更少产生。无论是在热老化期间或在反应堆辐照过程中产生的,这些阶段的组成几乎相同。这类相包括 M_6C、$M_{23}C_6$ 和 MC 碳化物以及 σ 和 χ 金属间化合物。

第二类相包含辐射修饰的热相,其中辐照产生的成分不同于热老化过程中产生的成分。这类相包括 M_6C、拉弗斯(Laves)相和 M_2P。

第三类相包含辐射诱导相。这些相仅由反应堆辐照产生,包括 $Ni_3Si(\gamma')$,G 相 $M_6Ni_{16}S_{i7}$ 硅化物,针形 MP、M_3P 或 M_2P 磷化物。

高密度的小沉淀物,如磷化物和 TiC 的形成也被认为可以增强点缺陷的重组,从而延迟空洞肿胀的开始。此外,细沉淀也被认为可以通过为氦提供高的下沉密度,降低氦的局部含量来延迟肿胀的发生,从而延迟空洞的成核。然而,这种机制的影响最终被持续的辐射诱导分离所抵消,最终导致磷酸物和 TiC 的溶解以及富含镍和硅的相的沉淀,从而加速空洞的成核和生长。已有多个研究表明,通过延长引起磷酸物溶解所需的中子辐照时间,就可以延长肿胀的潜伏期。添加钛可以生成和维持更稳定的磷化盐。

研究发现,钛的加入在减少空洞肿胀方面是非常有效的。因此,钛稳定的奥氏体钢(316Ti 和 15-15Ti)被选作法国快堆凤凰堆和超凤凰堆燃料组件的参考结构材料。钛也是美国开发的 D9 合金中重要的合金添加剂。这些钛改性钢大部分是在冷加工条件下使用。

在图 4-15 比较了几种包壳材料的性能,清楚地显示了从不稳定的 316 到 316Ti、15-15Ti 和硅改性的 15-15Ti 钢变化时所获得的提高。图 4-15 中这四种合金的主要差异是由于肿胀的初始剂量的差异较大。甚至在没有碳的情况下,溶液中钛的存在抑制了空洞肿胀,如 Fe-15Cr-16Ni 原型合金所示,在较高的温度条件下,添加 0.25%的 Ti 会显著降低空腔密度。当碳也存在时,空腔密度进一步降低,特别是在较高的温度下,这是由于精细 MC 碳化物的存在。

Ti/C 比值在决定奥氏体钢 DIN 1.4970 的辐照行为中起着重要作用。当 Ti/C 比低于标准化学比成分时,获得了最大的肿胀阻力。这种现象的原因是自由迁徙的碳与形成分散完好 TiC 颗粒之间的协同相互关系。在没有钛的情况下,碳被捕获在大的 $M_{23}C_6$ 沉淀物中,不能用于空位俘获。细 TiC 颗粒通过反冲溶解不断溶解,因此只要钢不稳定,就会发生俘获。图 4-18 显示了 Ti/C 比率的影响,中子和离子辐照中都表明,在 20%CW316SS 中添加 Ti 可以抑制空洞肿胀。

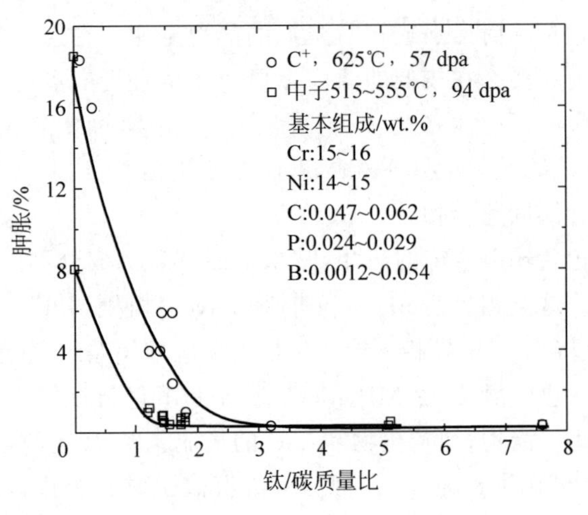

图 4-18　Ti/C 比率的影响

铌的作用类似于钛,其中细 NbC 沉淀的存在使得奥氏体钢具有抗空洞肿胀的能力,特别是在其沉淀的温度范围内。

当其他溶质,如 Ti、Si 和 Nb 存在时,添加磷的影响更为明显。图 4-19 和图 4-20 显示了 316Ti 和 316TiP 不锈钢的肿胀随剂量的变化。可以看出,磷的加入增加了冷加工钛稳定 316 不锈钢的肿胀阻力,特别是当与添加碳化物形成元素结合时。图 4-19 还显示了施加应力对加速空洞肿胀发生的作用。

温度、应力、dpa 速率等辐射变量对空洞肿胀的影响不仅表现为位错微结构的变化,还表现为对沉淀物微结构发展的影响。剪切应力减少了 Frank 环的断裂和滑移网络的发展,而拉伸应力则有利于促进晶格肿胀的相的发展。金属间相经常导致 2%～3%的明显肿胀。金属间相对时间而不是 dpa 速率

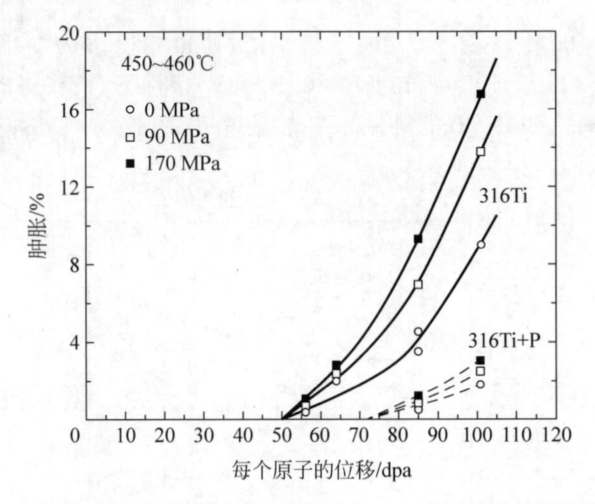

图 4-19　环向应力和磷添加对两种钛改性 316 不锈钢辐射肿胀的影响

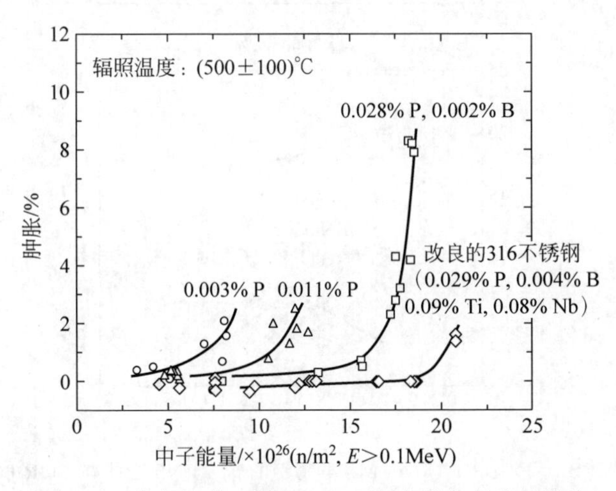

图 4-20　磷含量对 20％CW316 不锈钢肿胀行为的影响

相当敏感，但较低的 dpa 速率需要更长的时间才能达到给定的 dpa 水平，从而提高了它们形成的概率。

辐射诱导相如伽马相和 G 相会随着 dpa 速率的增加而显著增多。辐射修饰相受其组成和其发展速率与 dpa 速率的比值影响很大。在更复杂的商业合金中，dpa 速率对位错和析出变化的影响可能会影响瞬态肿胀状态的持续时间。

对在 BN-350 和 BOR-60 中辐照的奥氏体不锈钢进行的研究表明，当 dpa 速率降低时，空洞肿胀增加。这些钢的肿胀行为如图 4-21 所示。在每个反应堆中，样品经历了相似的温度和 dpa 水平，但在 BOR-60 和 BN-350 中分别进行

了 10^{-7} dpa/s 和 1.58×10^{-6} dpa/s 的辐照，速率相差约为 3 倍。在 $11.5\times10^{22}\,n/cm^2$ 和 $11.9\times10^{22}\,n/cm^2$（$E>0.1$ MeV）条件下，所获得的通量几乎相同。在 6 种钢中，BOR-60 的肿胀水平都显著升高，这与当 dpa 速率降低时，空洞肿胀增加的结果一致。

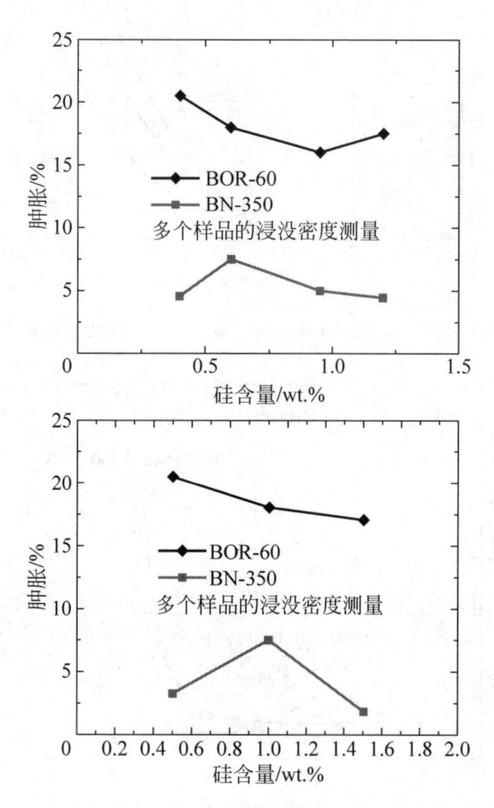

图 4-21　Fe-16Cr-15Ni-3Mo 不锈钢的 Si-Ti-Nb 变体在 BOR-60 和 BN-350 中辐照的肿胀行为

（请扫Ⅱ页二维码看彩图）

4.3.5　铁素体合金及其对液态金属冷却反应堆中辐照的响应

虽然奥氏体合金得到了广泛的研究，但对铁素体和铁素体-马氏体合金的研究仍较少。高度肿胀的奥氏体在最大燃耗时达到 200～250 dpa 时会失效，而铁素体和铁素体-马氏体合金有着较低的肿胀行为，被选作快堆燃料包壳和其他结构材料的候选材料。

虽然学界决定继续开发和优化这类传统合金，然后开发新的弥散强化合金,在更高的温度下提供所需的强度。但不幸的是,随着反应堆的退役,可用于进行新的高剂量辐照的快堆的数量已经减少,从而限制了进行这种测试的速度。

研究人员假设关于奥氏体钢对辐照的反应所获得的许多结果也可能适用于铁素体合金,在没有更大的数据库的情况下,可以预测某些方面的潜在行为。例如,之前的研究表明,奥氏体不锈钢的成分变量和一些环境变量,如 dpa 速率的基本肿胀行为可以使用非常简单的不添加任何溶质的典型合金来确定。EBR-Ⅱ对简单奥氏体合金和简单铁素体合金的肿胀数据实际上是在同一实验中得到的,在实验过程中,这两种类型的样品通常并排放置。如图 4-22 所示,简单的 Fe-Cr 二元合金表现出与 Fe-Cr-Ni 三元合金基本相同的行为。首先,观察到 Fe-Cr 二元合金是以双线性孵育为主的肿胀行为,但稳态肿胀率仅为约 0.2%dpa,约为奥氏体合金的五分之一。其次,在铬含量范围为 6%～12%时,其瞬态状态并不强烈依赖于铬含量,特别是在 400～450℃的辐照温度范围内。在 6%～12%Cr 范围外,瞬态状态的持续时间增加,并随温度的升高而增加。后来在更高剂量下收集的数据显示,这些 Fe-Cr 二元合金的肿胀开始温度最终会上升到高达 600℃。

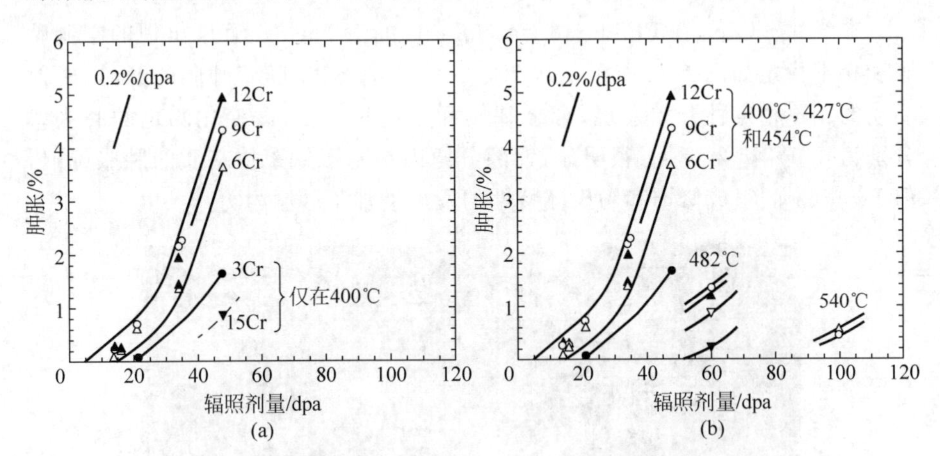

图 4-22　在 EBR-Ⅱ中观察到的 Fe-Cr 二元合金的辐照肿胀

这些相同的合金随后在 FFTF 中以大约三倍的 dpa 速率进行辐照。如图 4-23 所示,Fe-Cr 二元合金最终会以与在 EBR-Ⅱ中观察到的相同的 dpa 速率肿胀,但经过更长的瞬态状态。长瞬变的原因是 FFTF 有更高的 dpa 率且 FFTF 的氦生成率要低得多,与 EBR-Ⅱ产生的金属燃料相比,反映出具有中子谱特征的氧化物燃料更柔软。与含镍奥氏体相比,无镍铁素体合金产生氦的质量要小得多,因此推测空洞成核更加困难,这提高了它们对氦生成速率的敏感性。

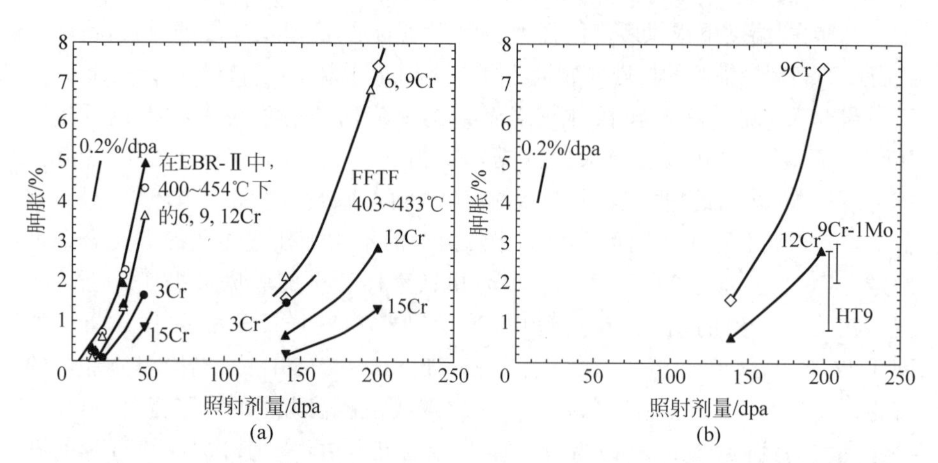

图 4-23　在 EBR-Ⅱ和 FFTF 中(425±25)℃范围内观察到的 Fe-Cr 二元合金的肿胀

图 4-23 还显示了在 9Cr-1Mo 和 HT9 构建的加压管中，在 FFTF 中相应二元合金中观察到的肿胀范围。商业合金的肿胀范围导致了肿胀在 0～200 MPa 的环向应力范围上的应力依赖性。

在约 425℃下，在 FFTF 辐照至 208 dpa 的 HT9 加压管中出现的空洞肿胀和相不稳定如图 4-24 所示。从图中的沉淀中看出，随着肿胀的开始，辐射驱动的相不稳定性开始发展，合金基质开始退化，由密度变化测定的肿胀率分别为 0.9%和 2.6%。很明显，大部分原因是基于铁素体基质的肿胀延迟，但 Fe-12Cr 的组成修饰和马氏体特性的发展增加了肿胀阻力。

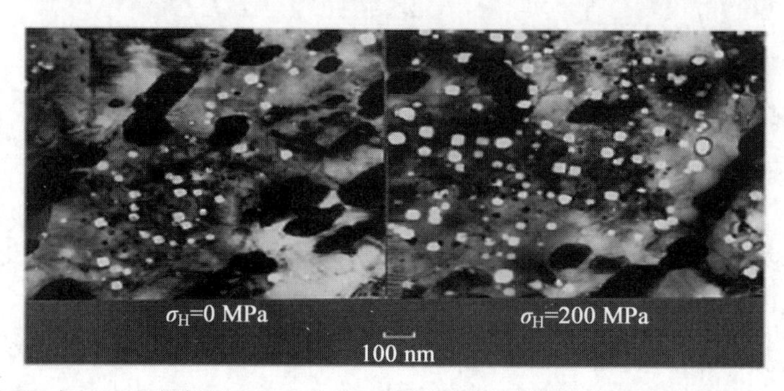

图 4-24　在 FFTF 照射至 208 dpa 的 HT9 加压管中出现的空洞肿胀和相不稳定

研究发现，虽然铁素体合金有较低的肿胀率，但如果有足够的辐照剂量，就会最终加速肿胀。瞬态持续时间明显取决于组成、温度、氦生成速率、应力和 dpa 速率，后者至少在简单的二元体系中是如此。图 4-25(a)显示在 BR-10 和 BN-350 2 个快堆中，辐照的 EP-450 的平均肿胀速率。dpa 速率是俄罗斯商业合金 EP-450 肿胀的一个重要决定因素，平均肿胀率是通过将显微镜测量的肿胀除以 dpa 来确定的。值得指出的是，在最低通量反应堆中观察到最高的肿胀率。图 4-25(b)还显示了在 BN-350 中两种情况下(89 dpa,352℃和 46 dpa,420℃)典型的空洞微观结构。

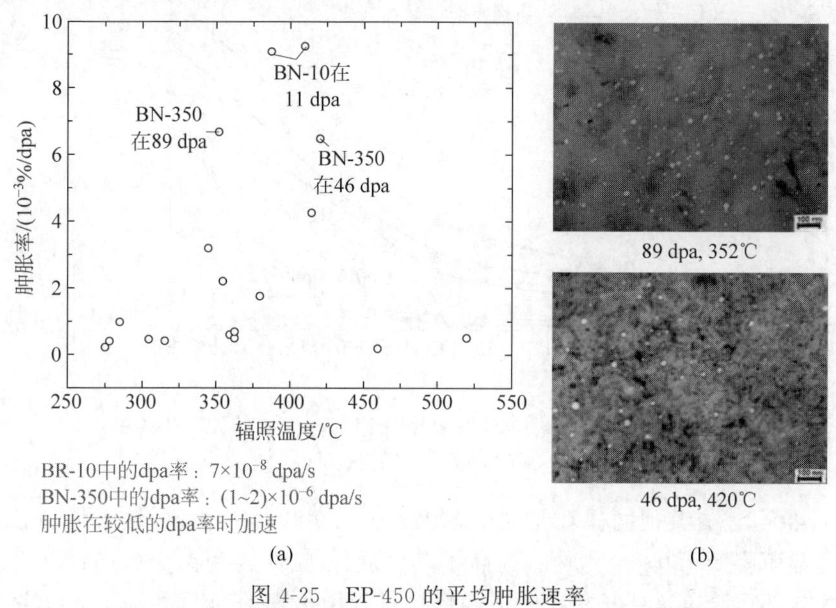

图 4-25　EP-450 的平均肿胀速率

(请扫Ⅱ页二维码看彩图)

图 4-25 中数据的另一个值得注意的特征是，在检测范围(270～540℃)的所有温度下都观察到空洞，这表明，商业铁素体合金的有限肿胀温度范围可能需要重新评估。

在这一点上，本书只关注铁素体和铁素体-马氏体合金的潜在肿胀和辐照蠕变，主要是因为它们可能解决燃耗所导致的肿胀限制，这是本书目前关注的问题。使用高铬铁氏体合金作外套管材料时，即使在高剂量辐照下，由于肿胀≤0.5%，表现出良好的尺寸稳定性。例如在 PFR 中，132 dpa 时的 FV448 钢(10.7Cr-0.6Mo-0.6Ni-V-Nb)，以及在凤凰堆中，142 dpa 时的 EM10 钢(9Cr-1Mo-0.2Ni)和 115 dpa 时的 1.4914 钢(12Cr-0.5Mo-0.7Ni-V-Nb)。FFTF 中 HT-9 在 450℃和 155 dpa 的肿胀，平均约为 0.3%，证实了对肿胀的总阻力。然而，值得注意的是，155 dpa 样品的一些区域已经达到 1.2%的肿胀，在 208 dpa 时观察到 2.6%的肿胀(图 4-24)，这说明在 150～200 dpa 以上的剂量范围内有加速肿胀的可能性。在 BOR-60、BN-350、BN-600 照射的 EP-450 外套管和包壳的辐照后检查证实了其高抗肿胀性。对于 EP-450 钢，

辐照蠕变不高于 $0.4\times10^{-6}(\mathrm{MPa}\cdot\mathrm{dpa})^{-1}$，损伤剂量为 160 dpa 时的肿胀变形不超过 0.5%，见图 4-26。

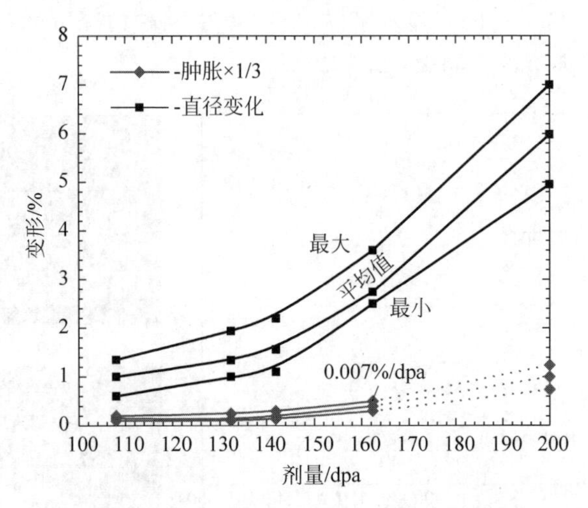

图 4-26 BOR-60 中高燃耗燃料组件的 EP-450 包壳的肿胀和蠕变应变

（请扫Ⅱ页二维码看彩图）

然而，还有其他同样重要的考虑因素。与奥氏体钢相比，铁素体-马氏体合金显著降低了其断裂韧性，提高了其延展性-脆性转变温度（DBTT），增加了失效的风险。这些材料在制造和焊接过程中出现的问题也需要加以考虑。冷却剂和燃料的化学相容性也还有未解决的问题。

目前研究的重点是开发具有改良的高温强度、良好的可制造性和优异的可焊性的铁素体-马氏体（回火马氏体）合金。这需要开展广泛的研究，通过适当的热机械处理来减少辐射引起的 DBTT 变化。关于辐照燃料的处理要求，外套管材料的 DBTT 值应低于 200℃。为了实现这一目标，需要适当地控制成分和热处理，以开发抗脆性失效的微观结构。

在先进的快堆堆芯材料中，铁素体-马氏体合金 HT9（12Cr-1Mo-V-W）、EM10（9Cr-1Mo）、EM12（9Cr-2Mo-V-W）、T91（9Cr-1Mo-V-Nb）、DIN1.4914（10.5Cr-0.6Mo-V-Nb）、FV488（10Cr-0.7Mo-W-V-Nb）和 EP-450（13Cr1-2Mo-Nb-V-B）看起来很有前景。这些合金的化学成分见表 4-4。

虽然回火马氏体、稳定的 12Cr-0.5Mo-0.7Ni-V-Nb1.4914 铌合金在铁素体/奥氏体转化温度 1098 K 时几乎没有氦脆化，但其辐照诱导的 DBTT 增加是其在堆芯材料中应用的重要障碍。

在奥氏体化（1323～1398 K）和回火（约 1023 K）条件下的双相铁素体-马氏体（30%～40%铁素体）EM12（9Cr-2Mo-0.3Ni-V-Nb）合金与其他铁素体合

金的比较表明，EM12 钢通常具有最高的 DBTT。此外，已知 9Cr 钢在 673～873 K 中等温度老化时发生回脆，而这是燃料包壳的日常工作温度范围。因此，辐照的脆化和老化效应可以增加 DBTT 值，使其更接近或高于燃料处理温度。虽然辐照实验表明，EM12 钢在 100 dpa 时不会肿胀，其辐照蠕变率略低于 CW316 不锈钢，但其因机械强度（尤其是在 873 K 以上）会因为在钠中丢失碳而进一步降低。因此 EM12 钢作为包壳材料并不是非常有吸引力。

铁素体-马氏体 12Cr-1Mo-0.6Ni-V-HT9 钢已被用作 FFTF 中高燃耗测试燃料的燃料包壳和外套管材料。在 811 K 下，1.8×10^{24} n/m^2（$E>0.1$ MeV）后，12Cr-1Mo-0.6Ni-V-HT9 钢没有出现肿胀；在 1.0×10^{27} n/m^2（$E>0.1$ MeV）后，表现出良好的蠕变和抗拉强度，延展性大于 7%。当铁素体合金含有奥氏体不锈钢时，可以发生各种元素与铁素体合金的交换，这取决于两种合金中给定元素的相对活性。在 923 K 条件下，在 EM12 钢中观察到高达 70%的广泛脱碳。

研究人员进行了在 BN-350 和 BN-600 辐照下的 EP-450 钢的力学性能的研究，已获得以下结果。

(1) 在低温范围内（290～370℃），即使在低损伤剂量（2～10 dpa）下，也可观察到钢的最大辐照硬化。随着剂量的增加，辐照硬化程度降低，在剂量超过 60 dpa 时，合并到较高温度辐照材料的强度值范围。在中等（370～450℃）和高（450～560℃）辐照温度下，硬化效应在 10～15 dpa 的剂量范围内已经达到饱和，因此在高损伤剂量下其硬化效应不会有显著变化。

(2) EP-450 钢在辐照温度大于 370℃ 辐照下的残余延展性不低于 3%，在室温下不低于 1%。

(3) 在低温辐照下，冲击强度下降最大；当剂量在 10～20 dpa 以上时，观察到钢性能的恢复。在 80～90 dpa 剂量下，不同温度下辐照的钢的使用值大致相似。在燃料组件外套管中最危险的部分的脆性转变温度不超过 130℃，而在所有其他部分的 DBTT 温度都较低。

BN-800 反应堆的燃料组件外套管采用 EP-450 钢，有充分理由认为 EP-450 钢外套管不会限制燃料更高的燃耗。BOR-60、BN-350 和 BN-600 辐照的 EP-450 钢包壳的辐照后检查结果表明，钢结构具有相对稳定性和在 160 dpa 的损伤剂量下具有较高的抗肿胀能力。限制钢在 BN 反应堆中作为燃料包壳的主要因素是其在高温下强度不足。为了排除由高温下强度不足和燃料棒中的腐蚀过程而造成的包壳损伤，最大包壳初始辐照温度必须限制在 650℃。作为用于承受约 140 dpa 辐照剂量的包壳材料，高温强度复合合金 12%Cr 钢 EK-181 和 ChS-139 正在考虑中。冶金工业已有生产 EK-181 和 ChS-139 钢的成熟技术，薄壁管的生产正在部署中。最重要的是，这些钢与 EP-450 钢的不同之处在于，它们额外加入了碳、氮、钨、钽和少量铬(表 4-4)。与 EP-450 钢相比，这些金属的加入提供了强化相的稳定性、抗再结晶过程的能力，并提高了高温强度特性(图 4-27)。从图 4-27 可以看出，由 EP-450、EK-181 和 ChS-139 钢制成的包壳管在试验温度为 670℃的单轴拉力下，EK-181 和 ChS-139 钢管发生破裂所需的时间比 EP-450 钢多 1～2 倍。BOR-60 辐照 EK181 标本的研究结果($T_{辐照}$＝320℃，损伤剂量 8 dpa)证明辐照标本保持了可接受的冲击强度和延展性水平。

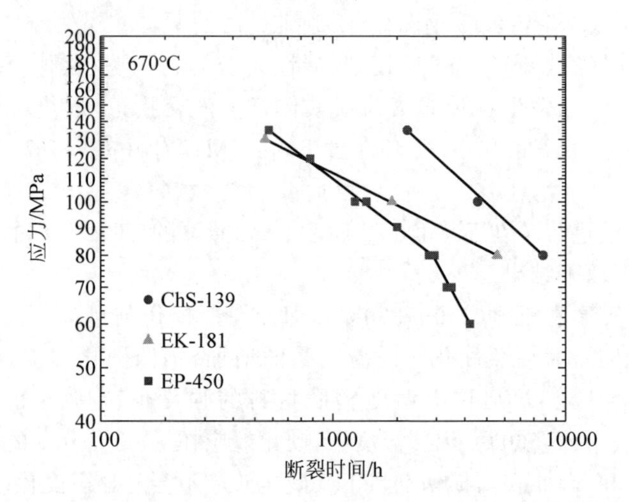

图 4-27　由 EP-450、EK-181 和 ChS-139 钢制成的包壳管在试验温度为 670℃的单轴拉力下的长期强度

(请扫Ⅱ页二维码看彩图)

4.3.6　ODS 合金的开发

如前所述，传统的高铬铁素体-马氏体合金，如改性的 9Cr-1Mo 和瑞典山特维克集团 HT9，或还原活化钢，如 F82H、美国橡树岭国家实验室 9Cr-2W-V-Ta、EUROFER 和 JLF-1，在 100 dpa 的辐照下表现出抗肿胀性。然而，在超过 800 K 的铁素体-马氏体合金中，蠕变强度的明显损失限制了其高温性能，将这一极限提高到更高的温度并保持铁素体-马氏体合金固有优势的一种方法是使用 ODS 合金。这种合金的高温强度是通过包含弥散在铁素体或回火马氏体基体中的高密度小 Y_2O_3 和/或二氧化钛粒子的微观结构获得的。中国、日本、欧洲、俄罗斯和美国正在开发和研究用于核裂变和聚变的 ODS 合金。目前商用 ODS 产品的使用数量有限，可用的商业合金包括来自国际镍公

司(INCO)的 MA956,美国特殊金属公司和德国金属星球有限公司的 PM2000。尽管人们对由 INCO 开发的 MA957 用于核应用感兴趣,但目前还没有商业规模生产这些合金。表 4-7 给出了一些 ODS 合金的化学成分。

表 4-7　一些 ODS 合金的化学组成

元素	12Y1	12YWT	MA956	MA957	PM2000
C	0.045	0.05	0.03	0.03	0.01
Mn	0.04	0.06	0.06	0.09	0.11
P	<0.001	0.019	0.008	0.007	<0.002
S	0.002	0.005	0.005	0.006	0.0021
Si	0.03	0.18	0.05	0.04	0.04
Ni	0.24	0.27	0.11	0.13	0.01
Cr	12.85	12.58	21.7	13.7	18.92
Mo	0.03	0.02	<0.05	0.03	0.01
V	0.007	0.002			
Ti	0.003	0.35	0.33	0.98	0.45
Co	0.005	0.02	0.03		0.01
Cu	0.01	0.02			0.01
Al	0.007		5.77	0.03	5.10
B	0.004			0.009	<0.0003
W	<0.01	2.44			0.04
Zr	0.003				<0.01
N	0.017	0.014	0.029	0.044	0.0028
O	0.15	0.16	0.21	0.21	0.25
Y	0.20	0.16	0.38	0.28	0.37

4.3.7　液态金属冷却反应堆燃料组件包壳材料和其他结构材料开发历史

参与 LMR 开发的国家时而采取了与其他国家相同的路径,时而采取了不同的路径。本节总结了一些代表性国家的经验和目前正在进行的活动。

1. 中国

随着 CEFR 的推进,在 20 世纪 90 年代,我国开始了 LMR 燃料组件结构材料的研究和开发。基于已发表的信息和经验,中国原子能科学研究院选择了类似于 D9 的约为 20%冷加工的钛改性 316 不锈钢,作为第一代燃料组件的结构材料。

实验包壳管是与上海宝钢集团合作生产的。堆外试验包括室温至 650℃的拉伸试验，550～700℃的高温蠕变试验以及在 550～700℃范围的高温进行 10000 h 的 1%蠕变断裂试验。随后，包壳管在 BOR-60 钠环境下进行温度为 330～550℃、剂量至 18 dpa 的中子辐照试验(通量为 1.8×10^{15} n/(cm^2·s)。环拉拉伸试验结果表明，辐照后的力学性能没有恶化。

中国钢研科技集团有限公司、中国有研科技集团公司和北京科技大学正在进行 ODS 合金的开发。该 ODS 合金具有 13Cr-2.2Ti-1.5Mo-0.5YO_2O_3 成分，已完成制备并受 He 和 Fe 离子束辐照。

中国原子能科学研究院支持中国科学院金属研究所开发了用于燃料组件的 CN-FMS 铁素体-马氏体钢和用于堆本体设备的 316 KD 不锈钢。为了提高耐辐照性能，CN-FMS 采用复合强化思路，促进 MX 相析出，实现 MX+$M_{23}C_6$ 联合强化。为了提高耐辐照性能，CN-FMS 使用了以下方案：

(1) 控制 Cr_{eq} 当量，形成全马氏体组织，消除 δ-铁素体；

(2) 降低镍含量，控制硼含量，减少氦形成；

(3) 引入预变形，引入高密度位错，抑制辐照肿胀；

(4) 形成高密度(大于 10^{15} m^{-2})、细小的析出相(MX、$M_{23}C_6$)。

600～700℃蠕变和持久测试结果显示，CN-FMS 钢高温持久性能高于 T92 钢，630℃/50000 h 强度推测值高于 110 MPa，最高使用温度推测值可达 635℃以上。

中国科学院金属研究所通过 C、N、P、H 对组织和性能的影响规律研究，研制出了控碳控氮型 316 KD 不锈钢。通过晶粒度、铁素体对合金性能的影响规律的研究，确定了组织技术要求，发展了模铸、电渣重熔、均质化及递进式固溶处理的集成技术，消除了 δ-铁素体，保证耐晶间腐蚀性能，实现 40～65 mm 厚板晶粒级差 2 级控制。工程化钢板已经用于快堆堆容器、堆内 9 种构件的制造，累计供货 10000 余吨。多规格 ER316KD 不锈钢焊材成功应用于首台及第二台的 CFR-600 的焊接制造，累计供货 110 余吨。

2. 法国

法国的 ODS 项目从狂想曲反应堆的辐照开始，然后是凤凰堆和超凤凰反应堆的辐照。法国方案的重点主要是奥氏体和铁素体-马氏体合金。结果表明，钛的加入能提高 316 不锈钢的抗肿胀能力。因此，15Ni-15Cr-Ti(称为 15-15Ti 钢)开发并应用于凤凰反应堆中，并超过了 100 dpa 的目标燃耗。

在 15-15Ti 钢中加入硅进一步提高了抗肿胀性。使用硅改性的 15-15Ti，与无硅的 15-15Ti 相比，最大燃料棒变形降低至约 42%。同时，采用应力和非应力样品，系统研究了 673 K、约 100 dpa 时磷对肿胀的影响。结果表明，磷能显著降低钢的肿胀，表现为肿胀孵化剂量大幅增加，空洞密度降低。磷也降低了辐照下的蠕变应变。

磷作为一种杂质元素，被认为是实现抗肿胀性的重要合金元素。Seran 等指出，法国 15-15Ti 的熔炼炉中含有 0.03％的磷，而早期加热中使用的是 0.005％的磷。在法国快堆辐照计划中，含有 0.035wt.％P 的燃料棒的中子剂量为 147 dpa。

在凤凰堆中辐照的奥氏体和铁素体-马氏体钢包壳结果总结在图 4-28 中，显示了燃料棒包壳随剂量变化的最大直径（$\Delta\phi/\phi$）变形。燃料棒包壳材料从 SA316 到 CW15-15Ti 的替换，使组件寿命增加了 3 倍。这种收益可以归因于制造路线，主要是冷加工，以及化学成分、镍/铬的变化，和 C、Ti、Si 等少量元素含量的优化。在未来，通过磷的添加、多重稳定（Ti、Nb、V 的添加）等小幅度的改性，可以改善奥氏体钢的性能。这些元素稳定了初始的位错网络，并延迟了辐射诱导的偏析，导致 Ni、Si 和 Ti 富集相形成 G 相和空洞。

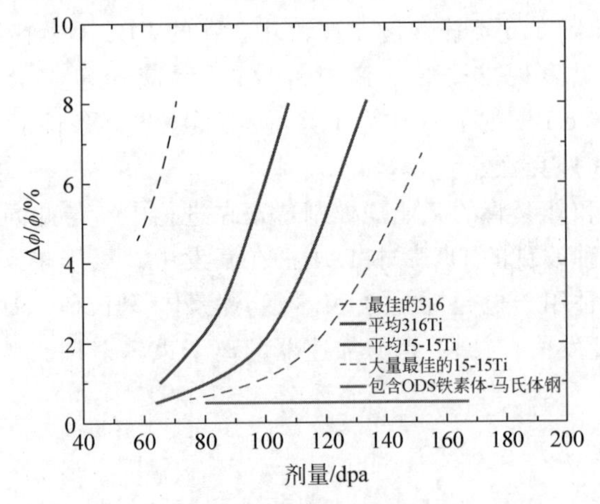

图 4-28　在凤凰堆中辐照的奥氏体和铁素体-马氏体钢包壳的最大变形

（请扫 Ⅱ 页二维码看彩图）

在铁素体-马氏体钢上进行的实验比在奥氏体钢上进行的实验要少。铁素体-马氏体钢主要作为样品和外套管，在凤凰堆中辐照。马氏体 EM10 钢（9Cr-1Mo）被认为是辐照钢中最稳定的一种。它在高剂量下的肿胀也可以忽略不计，且它的 DBTT 仍然远低于反应堆运行温度。因此，将铁素体-马氏体钢 EM-10 用作凤凰堆和超凤凰堆的外套管材料。

然而，9Cr 马氏体钢的低强度及其在高温下的热蠕变变形仍然限制其仅在最高温度为550℃的外套管中使用。对于未来的SFR,9Cr马氏体钢将用于外套管,目前正在开发的ODS合金也可能用于燃料棒包壳。

为开发Fe-9-18Cr-ODS材料,并达到150～200 dpa的高剂量,相关研发活动正在进行中。马氏体和铁素体的ODS合金也都正在开发中。与马氏体ODS相比,铁素体ODS具有更高的DBTT和更好的耐腐蚀性。CEA自2007年起与法国电力集团和阿尔法集团合作开发一种新的ODS铁素体-马氏体合金。这些新的ODS合金已与其他ODS(如MA956、MA957)作为拉伸或冲击样品,在凤凰堆的实验设备中引入。与ASTRID和SFR包壳相比(高于150 dpa),凤凰堆的最大剂量较低(17 dpa)。然而,这一剂量足以比较ODS合金辐照下的力学行为,并研究不同参数(Cr含量、钇含量、制造路线)对力学性能和微观结构演化的影响。

3. 印度

印度LMR燃料组件结构材料方案的重点主要集中在316不锈钢及其改进版本D9上。FBTR包含了在20%CW条件下由316不锈钢制成的燃料组件。使用20%CW 316不锈钢包壳管和外套管的FBTR燃料组件,在燃耗为155 GW·d/t时表现出了令人满意的性能,对应的包壳最大位移损伤为86 dpa。500MWe PFBR正在建设中,将使用20%CW条件下的D9型不锈钢作为燃料包壳和外套管。

D9包壳管和外套管的工业规模制造正在进行中。与此同时,对于PFBR未来的堆芯,一种改良的D9版本D9I正在开发中。对于未来的商业复合材料,正在开发一种用于包壳材料的ODS钢,铁素体-马氏体T91也正在作为一种外套管材料开发。1.7MV坦德加速器的离子束辐射用于先进结构材料的发展研究。

4. 日本

图4-29总结了在日本SFR中使用的堆芯部件材料。316型不锈钢是日本快堆计划中燃料包壳和外套管的早期选择。对高燃料燃耗的要求促进了先进的奥氏体不锈钢的发展,它能够承受约150 dpa的中子损伤和150 appm的转化产生的氦。在日本进行的广泛研究表明,通过增加0.003wt.%～0.03wt.%的磷,显著降低了20%CW316不锈钢的空洞肿胀。对于20%CW316SS,钛的有益作用趋于饱和,Ti/C的比值在2以上。

基于这些发现,日本采用了Fe-16Cr-14Ni-2.5Mo-0.06C-(0.7～0.8)Si-0.025P-0.004B-0.1Ti-0.1Nb,即PNC316。性能分析表明,在MONJU堆中,当燃料燃耗峰值为131000 MW·d/t,快中子通量为$2.3\times10^{27}\ nm^{-2}$时,

PNC316 不锈钢燃料棒可以达到令人满意的性能。

PNC316 的进一步开发是将镍含量从 14%增加到 20%，将钛含量从 0.10%增加到 0.25%。第二代先进钢的标称成分为 Fe-15Cr-20Ni-0.25Ti-0.1Nb-2.5Mo-06C-0.025P-0.004B，即 PNC1520。这种钢在 FFTF 和 JOYO 快堆中被辐照到高达 210 dpa。在大于 773 K 的温度下，含磷、硅和钛的冷加工奥氏体钢即使在 210 dpa 后仍表现出明显的肿胀抑制。抑制肿胀的最佳硅含量为 0.8wt.%。只有在这个硅含量下，镍含量的增加才有利于抑制肿胀。

	实验 JOYO 堆 MK-Ⅱ堆芯 100 MWt →MK-Ⅱi 堆芯 140MWt 	原型 MONJU 堆 	商业化 JSFR
包壳管	PNC316(MK-Ⅱ)→PNC1520(MK-Ⅲ)	PNC316	ODS 铁素体钢
绕丝	PNC316(MK-Ⅱ)→PNC1520(MK-Ⅲ)	PNC316	PNC-FMS
外套管	PNC316(MK-Ⅱ)→PNC1520(MK-Ⅲ)	PNC316	PNC-FMS (不同的焊接)
峰值剂量	—	约 115 dpa	约 250 dpa
热点温度	—	948 K	973 K

图 4-29　日本 SFR 计划中的堆芯部件材料
(请扫Ⅱ页二维码看彩图)

在 1990 年年底，日本启动了用于燃料棒包壳管的 ODS 铁素体合金的研发活动，以承受高达 250 dpa 的位移损伤和高达 973 K 的温度。作为商用快堆可行性研究的一部分，日本最初同时选择了 12Cr-ODS 和 9Cr-ODS 钢(作为外套管的主要候选材料)。日本在实验堆中进行了 ODS 材料的辐照试验。堆芯材料辐照设备对材料试样中的大量 ODS 钢进行了辐射。采用温度控制的材料试验设备对加压管试样进行了堆内蠕变断裂试验。结果表明，在达到 20 dpa 和 196 个等效满功率天时，辐照对蠕变断裂强度的影响可以忽略不计。为了确定 ODS 钢的辐照行为，从而判断其对燃料包壳的适用性，在 BOR-60 中使用振动填充的 MOX 燃料对 ODS 包壳燃料棒进行了辐照。在 RIAR 和 JAEA 的合作计划下，共有 18 个带有 ODS 合金的燃料棒在 BOR-60 中连续三次辐照。最大燃耗为 11.9%，最大剂量为 51 dpa。在 9Cr-ODS 包壳特殊微观结构变化区域附近，有一个燃料棒发生破裂。机械合金法制造 ODS 包壳过程中存在复杂的不均匀性效应，辐照实际温度高于计划温度，可能导致特殊的微观结构变化。为提高 ODS 各向同性,日本将继续发展 ODS 包壳制造技术。

5. 韩国

在韩国,SFR 燃料的研发活动于 2007 年开始,重点是将金属燃料和铁素体-马氏体合金作为燃料组件的结构材料。韩国已开发了一种 92 级合金(9Cr-0.5Mo-1.8W-VNb)作为燃料包壳的候选材料,采用了真空诱导熔化法制备 92 级合金实验锭,之后进行 200℃热轧、1050℃正火 1 h 和 750℃回火 2 h 处理。这些合金的堆外力学性能令人满意。在此基础上,采用熔化、热锻、热挤压、冷轧和热高温等方法制造了钢包壳管。

6. 俄罗斯

在俄罗斯,BOR-60 是 LMR 燃料和结构材料辐照测试的主要测试反应堆,但来自其他快堆的性能数据也具有非常丰富的信息。这些分别是 BR-5(1959 年服役,1973 年升级到 BR-10,2006 年退役),在哈萨克斯坦(苏联)的 BN-350 原型 LMR(1990 年退役)和目前在运行的 BN-600。

俄罗斯开发耐辐照材料的第一个复杂方案旨在获得燃耗不低于 10%的材料。在该方案框架中测试了以下钢:不同热机械处理状态下的奥氏体钢——08-Cr-16Ni-11Mo3、08-Cr-16Ni-11Mo-3Ti、06-Cr-16Ni-15Mo-3Nb(EI847)、06-Cr-16Ni-15Mo-3Nb-B(EP172)、06-Cr-16Ni-15Mo-2Mn-2Ti-V-B(ChS68);铁素体-马氏体钢——1-Cr-13Mo-2Nb-V-B(EP450)、05-Cr-12Ni-2Mo、16-Cr-12Mo-W-Si-V-Nb-B(EP823),以及含 30%~40%镍的高镍合金。1987 年,俄罗斯决定在 BN-350 和 BN-600 反应堆中分别使用 ChS68CW 和 EP-450 作为燃料包壳和外套管的标准材料。

目前,对于 BN 型反应堆,改进的奥氏体钢和铁素体-马氏体钢,包括那些由粉末冶金法生产的 ODS 钢,被认为是进一步增加燃料燃耗的很有前途的结构材料。

俄罗斯以采用早期设计和研究充分的 EI-847 钢(表 4-4)为基础开发新型奥氏体钢,用硼(0.003%~0.008%)对 EI-847 钢进行改性,得到了 EP-172 钢。EI-847 钢也被用于开发 ChS-68 钢,除了硼之外,ChS-68 钢还掺杂了硅和钛,有利于改善钢在辐照下的行为。新型 EK-164 钢的镍含量较高,采用了钛、铌、钒、硼、硅、磷、铈等金属。在相同条件下对奥氏体钢进行的模拟实验表明,EK-164 钢的肿胀倾向较小。

抗辐照钢的设计考虑了以下控制其肿胀的结构因素:

(1) 由合金(主要是 Ni)和杂质元素(C、Nb、Ti、B、Si 等)的基质固溶体浓度确定固溶因子,形成了扩散特性变化的“点缺陷-杂质”复合物;

(2) 相不稳定因子，表现为沉淀颗粒的形成，其性质、组成、体积分数、形态和定位在许多方面控制着孔隙成核和生长过程；

(3) 当冷加工增加点缺陷位错下沉的密度时，大大延迟了密集孔隙的形成。

控制肿胀的结构因素是相互关联和相互影响的。因此，通过优化这些因素，解决了提高奥氏体钢辐照抗性的问题。该试验的结果表明，基于上述因素的方法可以大大减少奥氏体钢的肿胀。

目前实验和标准的 BN-600 燃料组件用于验证以下奥氏体钢包壳的性能：ChS-68 钢(约 90 dpa)、EK-164 钢(高达约 110 dpa)。奥氏体钢在高损伤剂量下可能因燃料肿胀而受到限制。因此，材料科学家的工作主要集中在研究实际上不肿胀的 12%Cr 钢。目前获得的研究结果表明，EK-181 和 ChS-139 型的高温强度钢作为包壳材料在 BN 反应堆中具有良好的应用前景。为了达到约 180 dpa 的损伤剂量，12%Cr ODS 钢正在开发中。通过用钇和分散的氧化钛颗粒加强基质，可以获得所需的更高的蠕变特性和长期强度。同时，在 EP-450 钢的基础上开发了 ODS 铁素体-马氏体钢的制造工艺。大范围的工作集中在掌握铁素体-马氏体 ODS 钢及其焊接件的燃料棒包壳的制造工艺和复杂的堆外研究。从 2010 年开始，ODS 样品在 BN-600 反应堆中受到材料辐照，损伤剂量约为 140 dpa。

7. 美国

美国快堆的开发活动从 20 世纪 60 年代随着 EBR-Ⅱ的调试而开始。在 EBR-Ⅱ和后来的 FFTF 中，美国对各种燃料结构材料进行了广泛的辐照测试。

最初的结构材料选择是奥氏体 316 不锈钢，约 20%冷加工，以取代最初用于 EBR-Ⅱ并计划用于 FFTF 的 304 不锈钢，但在发现空洞肿胀后没有用于 FFTF。美国的包壳和外套管开发计划的目的是以 20%冷加工 316 为参考材料，提供改进的燃料组件结构材料。

在初始阶段，利用带电粒子模拟和 FFTF 辐照技术研究了各种奥氏体合金、铁素体合金和 PH Fe-Ni 合金。研究了肿胀、辐照蠕变、辐射相稳定性和辐照对力学性能的影响，最终研究了奥氏体合金 D9，一种用钛稳定的 15Cr-15Ni 不锈钢。同时，对 PH 合金、D-66(类似于 Nimonic PE-16)和 D-68(Inconel-706)进行了详细的评估，但后来作为候选合金而舍弃。

铁素体类包括商用的 HT-9 合金。与参考的冷加工 316 合金相比，铁素体合金的肿胀率大大降低。因此，HT-9 合金被用于 FFTF 的包壳和外套管材料。而 HT-9 在高温蠕变强度、低温断裂韧性和对燃料-包壳化学相互作用的敏感性方面存在一定的局限性。通过在子堆芯中插入一组燃料组件，HT-9在FFTF中进行了广泛的测试，但合金的高温弱点要求堆芯功率从400 MW下降到280 MW。测试剂量高达155 dpa时，组件表现很好。

在美国计划接近结束时，一些ODS合金也被确定为先进的候选结构材料。MA957得到了最多的关注，已经发表了适量的数据。美国后来启动了一些针对各种ODS合金的项目，但这些项目由于缺乏研究其辐射性能的反应堆而受到阻碍。

4.4 液态金属冷却反应堆燃料组件部件的制造技术

LMR燃料组件的结构组件(包括燃料包壳管和外套管)的严格规范，要求仔细选择制造工艺，并在整个材料加工步骤中建立严格的质量控制和保证制度。低杂质含量、所需的微观结构、相等的尺寸公差和接近零缺陷的产品质量，是作为燃料包壳和外套管产品的一些关键要求。

结构材料制造的第一步是制备钢锭。奥氏体和铁素体不锈钢钢锭通过“熔化和铸造”的方法制备。目前，制造ODS钢锭由粉末冶金工艺使用铁素体钢、Y_2O_3和二氧化钛作为原料。钢锭制备后的工艺步骤大多是常见的，包括热挤压、高温循环和拉伸。

4.4.1 铸锭的制造

1. 熔炼方法(用于奥氏体和铁素体不锈钢)

国际公认的熔化方法包括电弧炉熔化(EAF)、空气感应熔化(AIM)和真空感应熔化(VIM)。根据不同的合金成分，这些方法可作为不同合金的初级熔化技术。初级熔炼技术有助于控制合金元素和杂质的成分，并精炼主要组分。初级熔化技术之后是二次精炼技术，如真空感应精炼(VIR)、真空电弧重熔(VAR)、电渣精炼(ESR)、氩氧脱碳(AOD)或真空氧脱碳(VOD)，具体取决于可容忍的微量元素和气体杂质的含量。

改良的D9，作为印度LMR的主要包壳和外套管材料，严格的成分控制通过VIM和VAR的组合来实现。VIM比AIM更可取，因为AIM不能直接控制回收的熔体中钛的含量。钛在空气中很容易氧化，然后流失到矿渣中。VIM采用硫和磷含量合适的低碳钢废料，以及不同等级的纯(高达99.8%)Cr、Ni、Mo、Ti、Nb等元素。

VIM在真空条件下进行，电源频率在500～2500 Hz。C、Si、Mn、P含量在改性的D9材料中保持在规定的范围内，以获得所需的机械性能和抗空洞肿胀的能力。在熔化过程中加入纯石墨，以增加碳的含量。通过在熔体中加入三氧化二铁来限制碳的上限，以便根据熔体温度以CO或二氧化碳的形式去除C。在VIM过程中，通过添加纯Si来控制Si在规定范围，通过添加电解级锰(98.5wt.%)来控制锰的组成。由于蒸汽压相当高，需要尽量避免在真空中添加锰。在化学成分的最终调整中，只在高氩气压力下添加。以低碳钢废料为初始装料，磷含量约为0.03%。改性的D9含有0.025wt.%～0.04wt.%范围的磷(含量较高)。因此，在VIM中加入含有26%磷的铁磷。改良后的D9中的硼含量建议在40～60 appm。在熔体中加入硼可以通过加入含有18%硼的铁硼来完成。但是，一旦加入，任何方法都不能从熔体中降低硼的含量。因此，必须准确地估计熔体中的初始硼含量。

之后采用VAR对一次熔化的钢锭进行二次精炼。消耗性电极在真空下逐步熔化，以达到期望的具有较低的N、H和O含量的钢锭质量。VAR本质上降低了球状氧化物所包含的含量。

316LN和304LN不锈钢通常作为反应堆组件的结构组件。这些等级的钢主要是通过AIM和ESR生产。根据反应堆的运行经验，考虑到耐腐蚀性的要求，确定了不锈钢中Cr、Mo和C的含量。生产费用的组成取决于低磷和低碳级低碳钢废料的选择。初始熔体加入纯度99.9%的球状Ni和Mo。

316LN和304LN不锈钢设计规定了C和N含量的下限，以确保机械性能与304LN和316LN等级相匹配。同时，规定了C含量的上限，以确保在焊接过程中不会发生敏化。N的上限设为0.08wt.%，主要是考虑到可焊接性，以尽量减少机械性能中的散射。加入含65wt.%铬的低碳铬，保持了铬含量。同时，在熔体中使用含65wt.%铬和3.25wt.%氮的高氮铁铬来控制含氮较高的不锈钢中的铬。

一次AIM钢锭制作成消耗性电极，之后在干燥空气中进行二次ESR。在304LN和316LN级的不锈钢中，ESR操作主要是为了达到规定的硫化物(a型)等级。ESR后得到的钢锭与N_2和H_2基本保持相同的化学性质。然而，硫化物含量显著下降，这是316LN和304LN不锈钢焊接过程中主要关注的问题。ESR中的精炼是通过保持合适的预熔渣的组成来进行的。预熔渣主要由氟化钙、氧化钙和氧化铝组成，本质上是进行还原反应。脱硫主要取决于炉渣中氧化钙的含量，而氟化钙和氧化铝分别为熔体提供了流动性和电阻率。在商业上，根据一次钢锭质量，氟化钙、氧化钙和氧化铝以70∶15∶15、60∶20∶20或33∶33∶33的比例使用。熔体上方的干燥空气有助于防止氢气在正常大气中被吸收。

2. ODS钢的粉末冶金路线

到目前为止，铁素体和铁素体-马氏体类型的ODS钢已经在法国、日本和俄罗斯以实验室规模(约 10 kg)或试验工厂规模(约 1 t)生产。制造过程包括两个步骤：

(1) 根据粉末冶金路线先制备钢锭,然后制造母管；

(2) 母管与包壳管的冷轧。

按照实验室规模(10～30 kg)制备钢锭和母管的工艺流程图如图 4-30 所示。

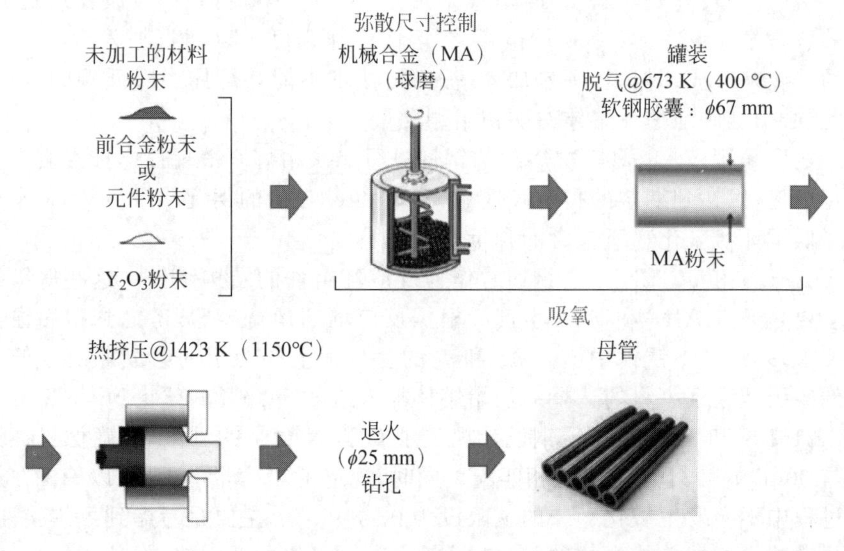

图 4-30　通过粉末冶金路线制造 ODS 钢母管的工艺流程图
(请扫Ⅱ页二维码看彩图)

该工艺包括由铁素体钢雾化的氩气粉末和 Y_2O_3 在吸附器或球磨机中进行机械合金化。之后,原料粉末筛分至 150 μm,将粉末混合物放入低碳钢罐中,在 673 K 脱气,然后在 1423 K 热挤压并退火。在固结过程中发生了纳米氧化物颗粒团簇的沉淀。接着对挤压棒进行机械加工和钻孔,从而生产母管。然后对母管进行多次冷轧循环,如图 4-31 所示,获得所需外径和壁厚的包壳管。

日本开展了 1 t 规模的 ODS 钢生产。该工艺包括机械合金化原料铁素体不锈钢和钇粉在 1 t 容量的球磨机中进行处理,然后使用热等静压技术压制。之后在商业 5600 t 压机中热挤压。采用每根外径约 65 mm、内径 48 mm、长 10 m 的母管,生产了外径约 8 mm、内径 7.5 mm、长 2 m 的约 100 根包壳管。

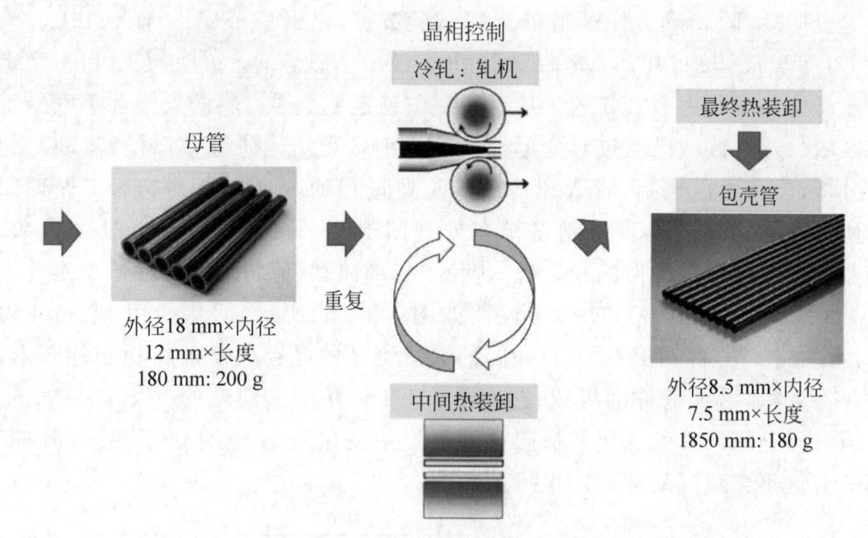

图 4-31　从母管生产 ODS 包壳管的多阶段堆积热处理循环
（请扫Ⅱ页二维码看彩图）

4.4.2　锻造

对于不锈钢，锻造是一个主要的工作步骤。锻钢比用其他方法生产的钢更坚固，更有韧性，具有相当大的抗疲劳性。二次铸件熔化不锈钢锭的原铸件结构非常粗糙，即使在最好的二次熔化过程中，不锈钢中存在的各种合金元素和微量杂质也会分离。锻造使得晶粒结构细化，从而提高了最终产品的物理性能。适当的设计可以使晶粒流朝向主应力的方向。在这个过程中，材料经历了受控制的塑性变形，晶粒拉长或流动，产生类似纤维的结构。这种晶粒流动增加了金属在流动方向上的强度。该方法在快堆中的应用是制造需要较高强度与质量比的组件。

可加工性是指材料易于通过可塑性流动成形，包括所有其他特性，如锻造性、可转性、可塑性和成形性（钣金加工）。可加工性是一个重要的参数，不仅受到材料的微观结构、应用温度、应变率和应变的影响，还受到变形区应力状态的影响。

加工图是材料在微观结构机制方面对所施加工艺参数响应的明确表示，由功耗和不稳定图的叠加组成。这些图基于动态材料模型（DMM）开发。这种金属材料的图显示了安全的加工温度和应变率，也可能包含应避免的流动不稳定和开裂的状态。

根据冷、暖和热工作区域的压缩试验数据，已经生成了 304L、316L、304 和 D9 等奥氏体钢，9Cr-1Mo 和改性 9Cr-1Mo 等铁素体钢的加工图和不稳定性图。这些图称为 DMM 图。从这些图中确定了上述材料的安全和不安全工作区域。这些区域已通过对变形样品的详细微观结构研究、对材料流动行为的分析，以及通过轧制、锻造和挤压等工业过程的验证并得到确认。处理图中所预测的“安全”处理机制是指在处理图中的一个窗口中选择处理参数。参数的条件保证了变形的稳定性，避免了局部流动、剪切带等各种不稳定性。

316L 不锈钢的 DMM 稳定性图如图 4-32(a)所示，活化能用 kJ/mol 表示。图 4-32(b)将 0.15 s^{-1} 时变形的锻造制品的晶粒度叠加在稳定性图上。图 4-32(c)显示了锻件的极限拉伸强度(UTS)随锻造温度的变化。在“稳定区域”内，晶粒尺寸的变化和极限拉伸强度的变化最小，这保证了温度和应变率的变化不会对产品性能产生显著影响。

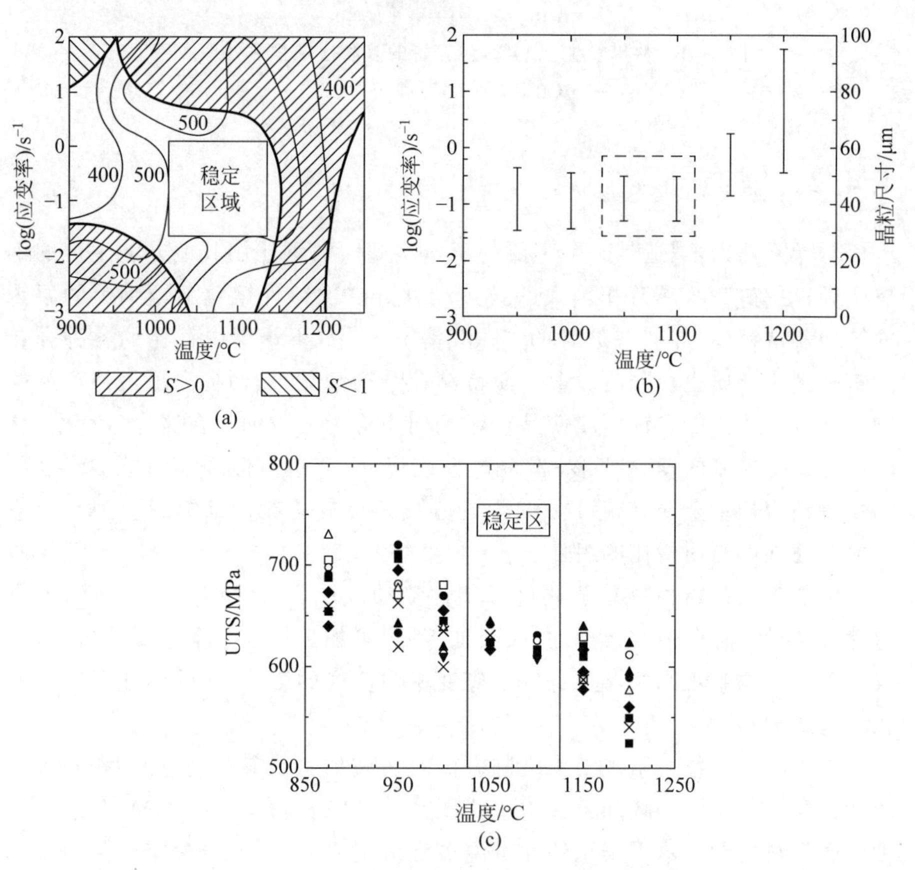

图 4-32　316L 不锈钢的 DMM 稳定性图

4.4.3　无缝管的制造

不同尺寸的无缝管被用作快速增殖反应堆燃料组件中的包壳和结构组件。管状产品的关键质量要求有：合适的尺寸公差、限定的化学性质、良好的表面光洁度、高清洁度和材料可靠性。

这些要求使得无缝管的制造商必须拥有特殊的制造和测试设备、基础设施、专业知识，以及最重要的是，广泛的加工经验。在工艺流程表的每个阶段，即钢坯制备、热肿胀、钢坯热挤压成空心、冷轧/冷拉伸到成品尺寸、清洗、溶液退火和矫直，必须注意严格遵守加工参数，以获得所需质量的产品。

用于燃料组件的结构材料含有大量的合金元素，如 Mo、N、Ni 和 Ti。这导致热延展性的降低，同时流动应力的增加，使得热工作特性较差。为了达到所需的性能，必须仔细控制变形过程中的微观结构发展，并避免缺陷和流动不稳定性。在所有的机械加工方法中，大块金属加工阶段，即锻造、滚动和挤压是最重要的，有两个原因。首先，在这一阶段，金属发生了重大的微观结构变化，这些变化对后续的加工步骤有深远的影响。其次，鉴于散装金属加工的材料吨位很大，任何加工技术的改进都会对制造的整体生产率产生倍增的影响。

在挤压过程中，钢坯与容器和模具的相互作用产生了较高的压缩应力，有效减少了钢锭在一次破裂过程中材料的开裂。一个容量为 40 kN 的典型挤压压力机如图 4-33 所示。管道的生产可以从空心钢坯开始，或者通过双步挤压操作，首先穿透实心钢坯，然后挤压。冲压速度是一个重要的参数，因为在高温挤压的情况下，需要较高的冲压速度。0.4～0.6 m/s 通常用于挤压不锈钢。

开发设计和优化大块金属加工工艺的技术需要付出很多努力。最终目标是在制造环境中，在可重复的基础上制造具有可控微观结构和性能的组件，没有宏观结构或微观结构缺陷。据观察，热加工过程中产生的缺陷通常会导致冷加工变形。因此，在热机械加工过程中，优化加工参数对得到无缺陷产品非常重要。

许多研究都是为了通过物理或数学模型来优化不锈钢的加工参数。这些研究促进了人们对热变形机理的理解。对于 D9 钢，在 900～1250℃的温度范围内的加工图如图 4-34 所示。此过程图中显示了安全和不安全(阴影)域，材料在安全区域变形。挤压的应变率通常为 1～10 s^{-1}。由于高温，即大于 900℃，较高的挤压速度导致高应变率，在 5～10 s^{-1}。虽然 D9 的工作范围很宽，但由于可达到的染色率范围较窄，所以挤压温度的选择变得至关重要。

图 4-33　典型挤压压力机

（请扫Ⅱ页二维码看彩图）

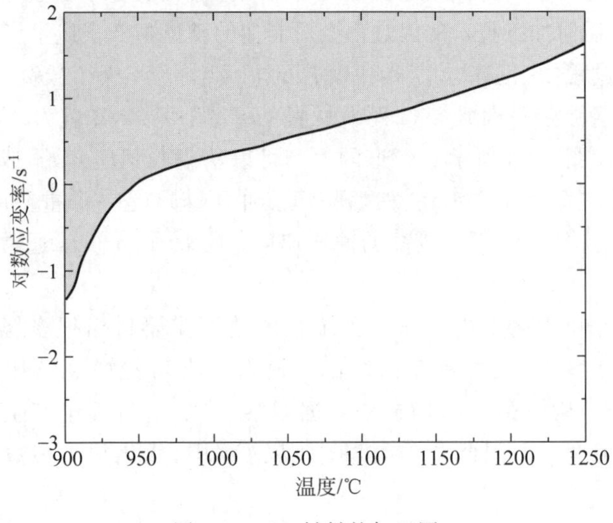

图 4-34　D9 材料的加工图

4.4.4　冷轧

冷轧是一种相当复杂的管成形操作，金属经历一系列的小的增量变形，导致直径和厚度的减少。因为它具有由直径与厚度比值控制的高尺寸精度和有利的纹理发展，所以得到广泛应用。

图4-35显示了冷轧的过程。上下模具a绕轴b旋转，轴b前后移动，通过凹槽d校准管的外表面芯轴f和执行件e的内表面，然后使管g滚动。内表面由对称心轴（由水平轴抬起）校准，

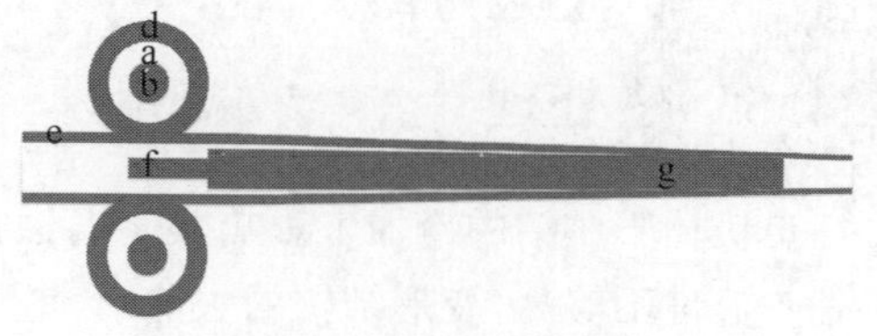

图4-35　冷轧示意图
（请扫Ⅱ页二维码看彩图）

其沿滚动方向（"轮廓"）的直径是控制最终管质量的参数之一。外表面由两个具有非轴对称凹槽的模具形成，它们位于一个前后移动的"鞍座"中。模具的旋转和平移由齿条和小齿轮系统同步，使模具槽和对称心轴之间做滚动而不滑动的运动。不锈钢冷轧操作中最常见的问题是边缘裂纹、波纹和小滑块缺陷。如果在冷锻零件中观察到内部裂纹，将影响使用中部件的性能。

图4-36显示了用于制造无缝不锈钢制造管和六角形外套管的双辊式轧机和模具布置。其中，图4-36(a)表示用于制造无缝不锈钢管的两辊型轧机，图4-36(b)表示用于不锈钢管生产的两辊轧机（全环型），图4-36(c)表示无缝不锈钢管的三辊轧机模具布置，图4-36(d)表示六角形外套管的模具布置。

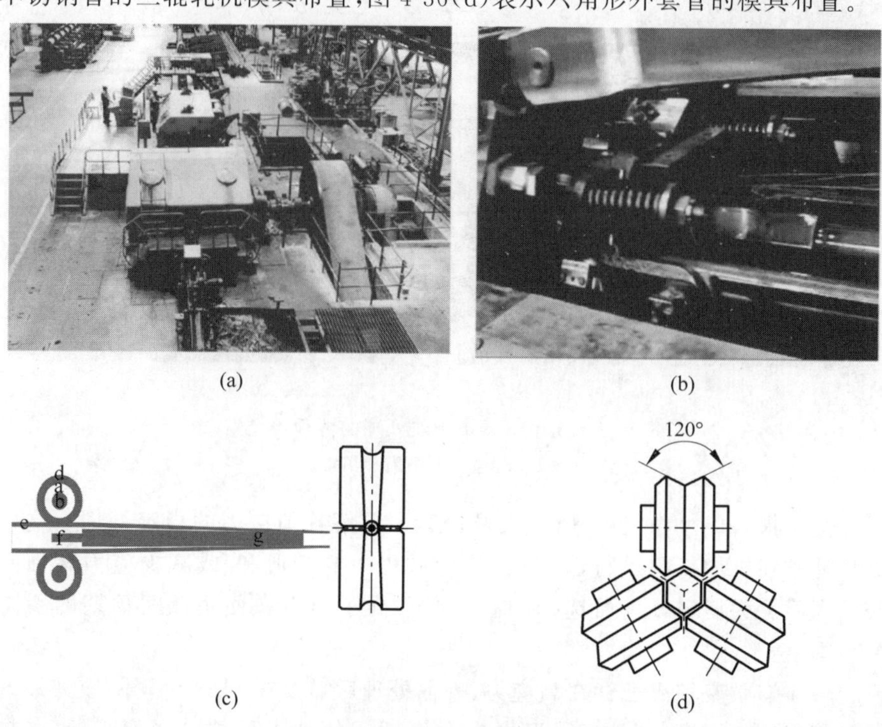

图4-36　双辊式轧机和模具布置
（请扫Ⅱ页二维码看彩图）

4.4.5　热处理

奥氏体不锈钢的冷加工影响其耐腐蚀性和机械性能。在热处理期间，如果加工温度不够高，变形结构的去除可能不完整。对奥氏体不锈钢部件进行了三次高温循环：

(1) 在 773 K 或更低的相对较低温度下进行处理(精加工前)，去除残余应力并提高尺寸的稳定性；

(2) 在 123 K 进行热处理以消除硬面处理后的应力；

(3) 在 1131 K 或以上进行溶液退火，恢复成型和焊接部件的机械性能和耐腐蚀性。

多种熔炉可用于不锈钢部件的退火和应力消除。这些操作可以在开放的或受控的气体(裂解的氨或氢气)环境中。使用光亮退火避免了酸洗的必要性，至少在最后阶段的热处理中是首选。图 4-37 显示了通常用于不锈钢管热处理的两种熔炉类型。其中，图 4-37(a)是燃气退火炉，图 4-37(b)是使用裂氨的光亮退火炉。

(a)

(b)

图 4-37　用于不锈钢管热处理的两种炉类型

(请扫Ⅱ页二维码看彩图)

为了提高尺寸稳定性，研究人员进行了缓解峰值应力的稳定处理。这种处理通常在机加工前进行，以防止装配过程中的变形和/或减少应力腐蚀开裂的风险。为稳定处理而选择的温度必须高于组件在使用期间预期的瞬态峰值温度。

由于有效基板界面存在高应力，硬面处理后需要在 1123 K 消除应力。如果处理温度不够高，则由于硬面合金和不锈钢的肿胀系数与之不匹配，在热循环过程中可能会发生开裂。

1311 K 及以上的热处理用于充分缓解组件的应力，以恢复机械和耐腐蚀性能，特别是超过冷加工的最大允许水平时。这种溶液退火处理用于快堆组件的包壳和结构材料的冷轧和其他冷加工操作。通过优化加热和冷却速率的方式，可使产品的扭曲最小。在每个冷加工阶段后，试管被切割到适当的长度，彻底脱脂和溶液退火，使材料适合进一步加工。加热和冷却循环是固定的，以恢复所需的机械性能，同时防止碳化物沉淀。

600～823 K 范围内的高温不会导致影响机械性能重大的冶金变化，除非时间过长。然而，碳化铬在 700 K 以上的温度下可能会发生沉淀，特别是在冷加工材料中。在温度 823～1123 K 范围内的热处理并不能去除所有应力，如果涉及不锈钢焊接金属，则由于焊接金属中存在潜在的相变，应避开这些温度。这些温度下的焊缝金属会导致碳化物、δ 和其他熔化相的沉淀。在 1123 K 以上去除应力是有利的，因为在这个温度下，碳化物（如果有的话）将溶解，而且约 95% 的 δ 铁素体将转化为奥氏体。在这些温度下，高温下的热处理也会使冷结构重结晶，通常会提高延展性和韧性。

4.4.6　清洁（除气、酸洗和脱脂）

在热处理前需要特别注意准备材料，以避免从污染/不洁净的表面收集碳。由于碳的吸附，耐腐蚀性能受到严重影响。对于此问题，建议进行以下清洁操作。

(1) 挤压后，使用 HF(40%)、硝酸(63%)和水（比例 4∶10∶86）的混合溶液进行脱气。如果需要，则同样的溶液也可用于酸洗。本操作之后，分别在冷和热（60℃）脱矿物质水中进行清洗。

(2) 清洗后（使用油基润滑剂时）：使用碱脱脂（“磷酸三钠＋葡萄糖酸钠＋氢氧化钠”的混合物）清洗，然后冷水冲洗内外表面（工业水，总溶解固体为 400 ppm w/w），最后在热（60℃）脱矿物质水中清洗，从而确保进行彻底的清洁。

4.4.7　制造过程中的质量控制

在组件的生产过程中进行以下质量控制试验：外观和尺寸检查，金相和颗粒间腐蚀试验，机械试验（拉伸、弯曲、压平、膨胀/膨胀和硬度试验），水压试验，无损试验（超声波、涡流）和化学成分检查分析。

1. *尺寸公差*

表 4-8 给出了 PFBR D9 材料的六角形外套管和包壳管的典型尺寸公差。

表 4-8　D9 材料的外套管和包壳管的典型尺寸公差

方　　向	六角形,无缝	圆形,无缝
内侧	宽度 A/F124.9±0.3	直径 5.70±0.02
外侧	宽度 A/F131.6 最大	直径 6.60±0.02
壁厚	3.2±0.3	0.43
长度	3000	名义为 2650
堆芯半径(内侧)	3±0.5	—
直线度,最大	1/2500 mm 或更高	0.25/500
相隔一米的任意两个横截面之间的扭曲	5°max 扭曲	—

2. 微观结构

冶金对粒径、粒间冲击和碳化物沉淀要求很严格。晶粒度根据 ASTME-112 进行测试,并在最终冷加工前保持在 7～9 的范围内。根据 ASTMA-262practiceA,对成品管进行腐蚀测试,以验证没有可见的碳化物沉淀。为了减少辐射脆化,并对液态钠有更好的耐腐蚀性,清洁度是钢的首要要求。D9 材料评级很严格,如表 4-9 所示。这是通过选择特殊的炼钢工艺(如 VAR 和 ESR 熔化)得到的。

表 4-9　D9 材料所包括的等级

包括类型	硫化物型	氧化铝型	硅酸盐型	球状型
薄	1/2	0	0	1/2
重	1/2	0	0	1/2

3. 室温和高温下的机械性能

为了确保在高温下使用期间的性能具有高可靠性,除了室温测试外,还在 540℃下进行拉伸测试。D9 材料在室温和高温下的部分机械性能要求见表 4-10。硬度根据 ASTME-384 通过维氏显微硬度测试进行测量,并保持在 220～290 VHN 的范围内。

表 4-10　D9 材料在室温和高温下的部分机械性能要求

特　　性	室　　温	高温(540℃)
极限拉伸强度/MPa	700～830	500～690
屈服强度/MPa	550～760	430～580

4. 无损评估

包壳管的深度为(0.05±0.002)mm,600v 形缺口的最大长度为(1.5±

0.07)mm,深度为(0.1±0.01)mm,六角形外套管的最大长度为(3.5±0.15)mm。包壳管也进行涡流测试,标准的通孔直径为(0.3±0.03)mm。在这两种情况下,缺陷指示超过70%的试管为不合格产品。

印度卡尔帕卡姆在建的500 MWe PFBR的六角形外套管和燃料包壳管的典型制造流程图分别见图4-38和图4-39。

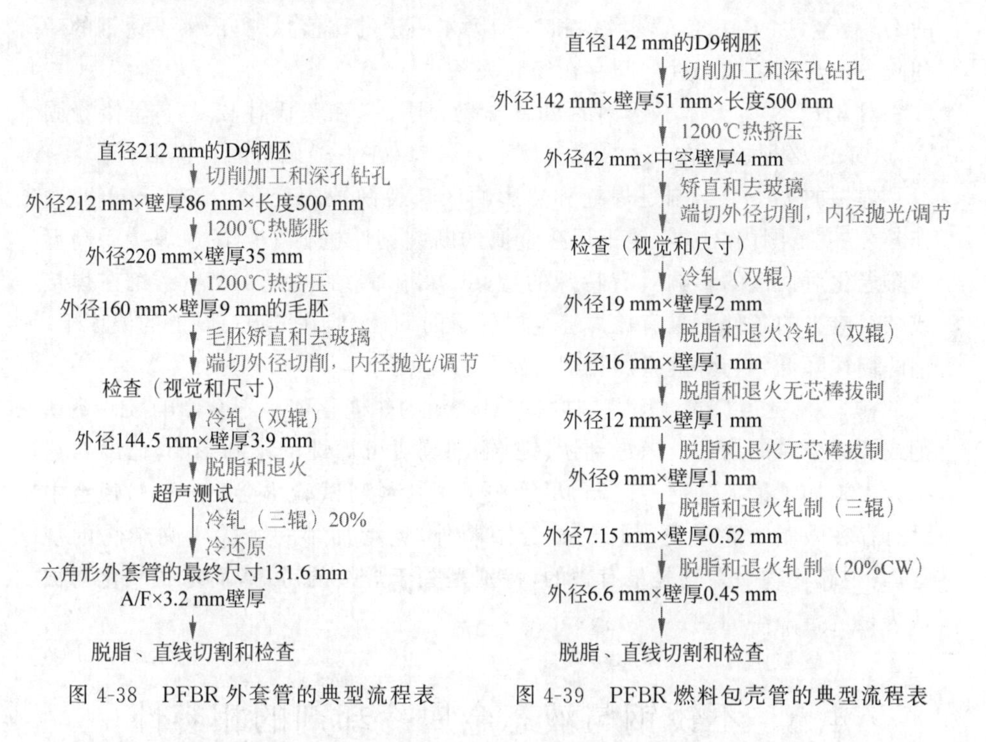

图4-38　PFBR外套管的典型流程表　　　　图4-39　PFBR燃料包壳管的典型流程表

4.4.8　用于燃料包壳制造的不锈钢的可焊性

对于燃料棒的制造,焊接是一个关键的加工步骤。在燃料焊接过程中,燃料棒的端盖通常采用自动TIG焊接。奥氏体不锈钢焊接过程中遇到的主要问题是由硫、磷等杂质引起的低熔点共晶合金形成而导致的热裂纹。

改性D9合金的热裂纹问题是复杂的,因为硫为必须添加的合金元素,且硫含量被限制在0.001wt.%甚至在0.0005wt.%以下。然而,除了这些元素外,其他次要的合金元素也对可焊性有不利影响。例如,已知钛会增加奥氏体不锈钢的开裂。

通过钛含量分别为0.21%、0.32%和0.42%的三种热测试,研究了钛对D9合金热裂的影响。采用纵向和横向真空应变试验评估了热裂性能。对D9

合金热裂纹的电子探针微分析显示，Ti、C、N 和 S 在裂纹面和分离相上存在偏析，存在于枝晶间空间。电化学萃取和 X 射线衍射分析显示，钛碳化物和氮化物（TiC、$TiC_{0.3}N_{0.7}$）会与碳硫化物（Ti_2CS、$Ti_4C_2S_2$）发生偏析，可能与奥氏体形成共晶，从而促进裂解。

这些相的相对含量随着钛含量的增加而增加，高于 Ti/(C+0.857N)=3 的 D9 合金（因子 0.857 表示 C 和 N 的摩尔质量的比值）。奥氏体不锈钢的磷和硫含量与热裂敏感性之间存在经验关系式。

对 316LN 奥氏体不锈钢的热裂研究表明，当在奥氏体模式下焊接凝固时，(P+S)必须控制在 0.03wt.%以下，以避免(P+S)偏析的有害影响。

焊接的另一个影响是焊缝和热影响区断裂韧性的变化。Picker 对 20～550℃温度范围内 316 不锈钢焊接金属的断裂韧性进行了测试。焊接后高温和热老化对韧性的影响具有特殊的意义。得出的结论是，316 不锈钢在焊接或减轻应力的条件下具有比焊缝金属优越的韧性，但在 600℃以上的温度下，钢的韧性降低到与焊缝金属相似的水平。

在 370～450℃的温度范围内，相对较短的热老化似乎不会影响 316 不锈钢或焊缝金属的韧性。考虑到钛、铌、铜和硼对可焊性的不利影响，已经对这些元素施加了最大的允许限制，尽管在美国材料与试验协会（ASTM）规范中没有存在限制。除了更严格的成分限制外，还增加了一个关于夹杂物的规范，其中硫化物夹杂物是最有害的，特别是关于焊接的考虑，而球状氧化物被认为是危害最小的。

4.5　不锈钢与液态金属冷却剂的相容性

4.5.1　结构材料与液态钠的相容性

评估钠环境对机械强度性能的影响对于确保 SFR 整个设计寿命的结构完整性至关重要。因为包壳非常薄，而工作温度非常高，所以燃料包壳特别容易受到钠的影响。因此，了解材料在高温下与钠的相容性是很重要的。机械和耐腐蚀性能退化的主要原因是存在使液态金属脆化的元素（As，Sb、Bi）以及碳和氧，所以液态钠冷却剂必须进行严格的化学控制。

1. 液态钠及其纯度对机械性能的影响

痕量金属杂质对于蠕变断裂和低循环疲劳的影响是需要考虑的重要性质。图 4-40 显示了在钠环境下，暴露时间对 316 不锈钢材料总应变的影响。

由图 4-40 可知，316 不锈钢在暴露于钠环境时对蠕变断裂非常敏感。与空气试验相比，暴露在钠环境中的材料观察到的蠕变率更高。

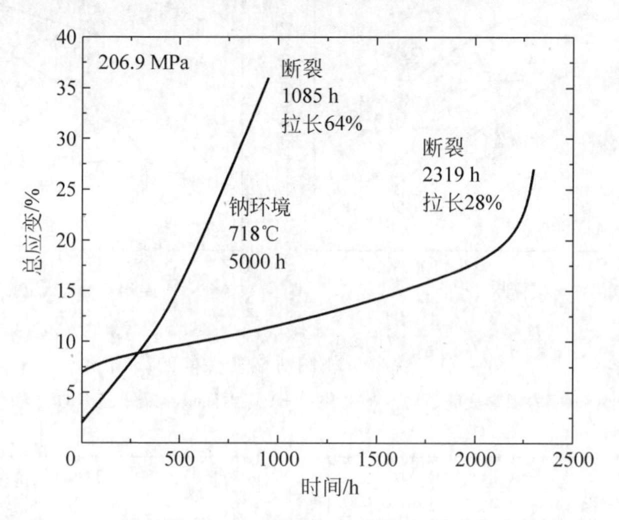

图 4-40　钠环境对 316 不锈钢材料蠕变断裂行为的影响

2. 钠中碳的影响

奥氏体不锈钢在快堆中与高温液钠接触，为了了解这些材料通过液态钠在不同区域之间发生的碳传输，则准确地了解奥氏体钢中的碳活性-浓度关系是至关重要的。研究人员开发了一种涉及钢样品与液态钠的平衡以及钠中碳活度的测量的新方法。通过采用电化学碳计，在不同的碳浓度、860～960 K 温度范围内测量了钢的碳电位，从而提出了一种关于碳活性与钢组成的新关系式。混合碳化物的碳电位远低于 18/8 不锈钢。FBTR 包壳材料(316 不锈钢)的碳电位可能与之接近。因此，FBTR 中的混合碳化物燃料材料不太可能破坏 316 不锈钢包壳材料。

3. 钠中微量氧的影响

据观察，钠中少量的氧并不影响蠕变断裂的性质。图 4-41 显示，在 650℃ 的温度下，与空气试验相比，10 ppm 氧气对应力的影响可以忽略不计。但在这个温度之外，蠕变断裂行为有较大的差异。研究结果表明，在 750℃ 条件下，含氧的钠材料的蠕变断裂性能较差。

4. 钠对不锈钢低周疲劳行为的影响

钠离子环境似乎对低周疲劳行为没有影响。图 4-42 显示，在无钠环境中温度为 550～700℃ 下进行的低周疲劳试验表明，塑性应变范围 $\Delta\varepsilon_p$ 与循环至

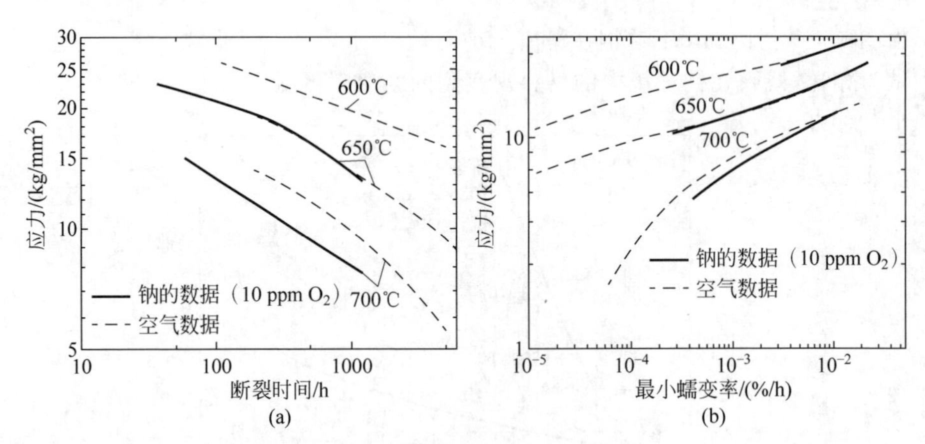

图 4-41　含少量氧钠对蠕变性能的影响

(a) 应力随蠕变断裂时间的变化；(b) 应力随最小蠕变速率的变化

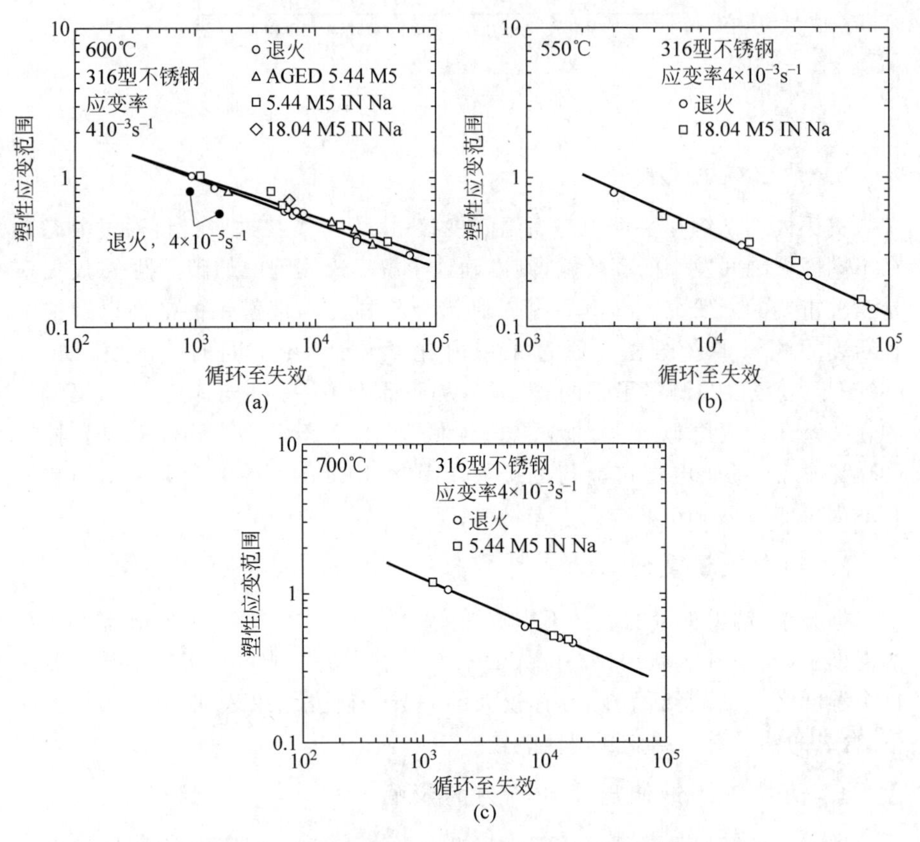

图 4-42　316 不锈钢在有钠和无钠环境下的低周疲劳行为

(a) 600℃；(b) 550℃；(c) 700℃

失效 N_f 之间存在线性(Coffins-Manison)关系,在钠和无钠环境中线性关系的斜率没有差异。这表明,在钠环境中 316 不锈钢的低周疲劳行为是可以接受的。

5. 钠对奥氏体和铁素体钢的腐蚀作用

作为快堆冷却剂的钠在纯液体状态下与奥氏体和铁素体钢结构材料具有良好的相容性。然而,冷却剂中的杂质在反应堆的热传递回路中对腐蚀现象的发生、质量传输和其他过程起着重要的作用。即使是百万分之一的氧气也会导致回路高温部分的腐蚀,腐蚀产物通过液态钠介质输送到回路的较冷部分。虽然部分腐蚀产物和裂变产物成为冷却剂钠中的杂质,但也了解了放射性核素在反应堆中的运输和沉积。在分析流动钠中燃料包壳腐蚀时,三元 Na-M-O 体系的热化学(M 代表结构材料的组成部分)具有重要地位。

在低氧含量(几 ppm 或更少)的纯钠中,腐蚀速率很低。腐蚀过程通过对合金元素的选择性浸出进行,热传输回路中温度梯度的存在增强了这一过程。为了理解这一现象,需要钠中各种合金元素的溶解度作为温度函数的数据。由于镍和锰的溶解度大,在低氧条件下优先从钢中浸出。在快速流动的钠离子中,选择性浸出过程的动力学由合金元素在钢基体中向腐蚀表面的扩散来控制。

在高温钠的腐蚀条件下,奥氏体不锈钢表现出由温差引起的典型传质行为。镍、铬、锰、硅等主要合金元素在高温段熔化在钠溶液中,导致不锈钢减重;在低温段沉淀沉积,导致不锈钢增重。

1) Na-Fe-O 体系

实验结果表明,在 623 K 的温度下,液态钠与 Fe(s)和氧化钠(s)共存。在与铁的氧化物平衡的液态钠中进行的氧电位测量清楚地表明,在 623 K 以上的温度时出现了三元氧化物。等压平衡实验和固态平衡实验结果表明,在 923 K 时,Na_4FeO_3 与金属铁和液态钠共存。与氧化铁平衡的液态钠样品的差分热分析显示,在 760 K 时发生可逆转变。

Charles 等在 Na-Fe-O 体系中也发现了类似的现象,这是由于液态钠中出现了另一种三元氧化物相。Bhat 等使用固体电解质技术测量钠中的氧电位也得出了类似的结论。为了确定导致三元氧化物形成的反应的性质,研究人员对不同比例的铁和钠的氧化物以及 Na_4FeO_3 和钠的混合物进行了差别扫描热测量。这些结果结合对氧化钠(s)和氧化亚铁(s)之间固态反应产物的鉴定表明,在 760 K 时发生的可逆转变是因为出现 Na_4FeO_3 液相。Na_4FeO_3 在 623 K 以上与金属铁和钠共存。

2）Na-Cr-O 体系

在钠回路的正常运行条件下，研究人员观察到的三元化合物为 $NaCrO_2$。该化合物的氧含量阈值是一个重要的参数。阈值可以通过测量 Na-[Cr]-$NaCrO_2$ 相场中的氧势得到，也可以从铬的自由碳化物推导出来。自由碳化物非常稳定，参与平衡并导致 $NaCrO_2$(s)的形成。研究人员发现以下观察结果是相关的：

（1）当氧含量较低时，钠回路中只发现碳化铬沉积；

（2）在钠中直接测量 $NaCrO_2$ 形成的氧含量阈值高于仅考虑 Na-Cr-O 体系计算的氧含量。

综上所述，三元化合物 $NaCrO_2$ 总是在使用一种或多种合金构建的钠体系中形成，如 304 不锈钢、316 不锈钢、D9 合金、Fe-9Cr-1Mo 合金和 Fe-2¼Cr-1Mo 合金。可以通过限制氧气进入钠系统来控制材料中铬的累积损失。铬的浸出也可能影响钠的平衡碳电位。与 304 不锈钢相比，316LN 不锈钢的碳电位得到了调节。

3）Na-Mo-O 体系

研究结果表明，在 681 K 时，只有氧化钠与金属相保持平衡。在这个温度以上，Na_4MoO_5 是平衡相。根据吉布斯自由能，钠体系中 Na_4MoO_5 形成的阈值在 700 K 时为 843 ppm，在 800 K 时为 974 ppm；在钠回路的正常运行条件下，当氧气含量较低时，只有金属溶解过程。考虑到 Mo 在钠中的溶解度及其在不锈钢中的活性，不会发生明显的浸出。

4）Na-Ni-O 体系

文献中的腐蚀数据表明，钠中的镍腐蚀并不因钠中含有氧而增强。$NaNiO_2$ 和 Na_2NiO_2 是镍的三元化合物，镍的三元氧化物在液态钠中并不是稳定的，因此镍的腐蚀可能与钠中的氧无关。

6. 钠对 ODS 钢的影响

由于 ODS 钢仍在开发中，关于它们在钠中行为的数据并不多。研究人员通过实验研究了 6 种 ODS 钢在钠中的相容性，其中包括由日本核循环开发研究所(JNC)开发的五种 ODS 合金和一种商用的合金 MA957。结果表明，在静止钠条件下，高温约 973 K 时 ODS 合金具有良好的抗钠性能，钠对拉伸和蠕变性能的影响可以忽略不计。在流动钠条件下，超过 923 K 的温度时，观察到镍扩散到 ODS 钢的质量增加，并检测到与 α 到 γ 相变相关的微观结构变化。然而，构成 ODS 钢强度机制的细 Y_2O_3 氧化物颗粒仍然存在，并且在钠中是稳定的。镍扩散试样在高温下的拉伸性能与热老化加工材料的拉伸性能相同。

图 4-43 显示了在 973 K 下接触流动钠(4.5 m/s)后的几种 ODS 钢的微观结构,同时还显示了极限拉伸强度和蠕变断裂强度。

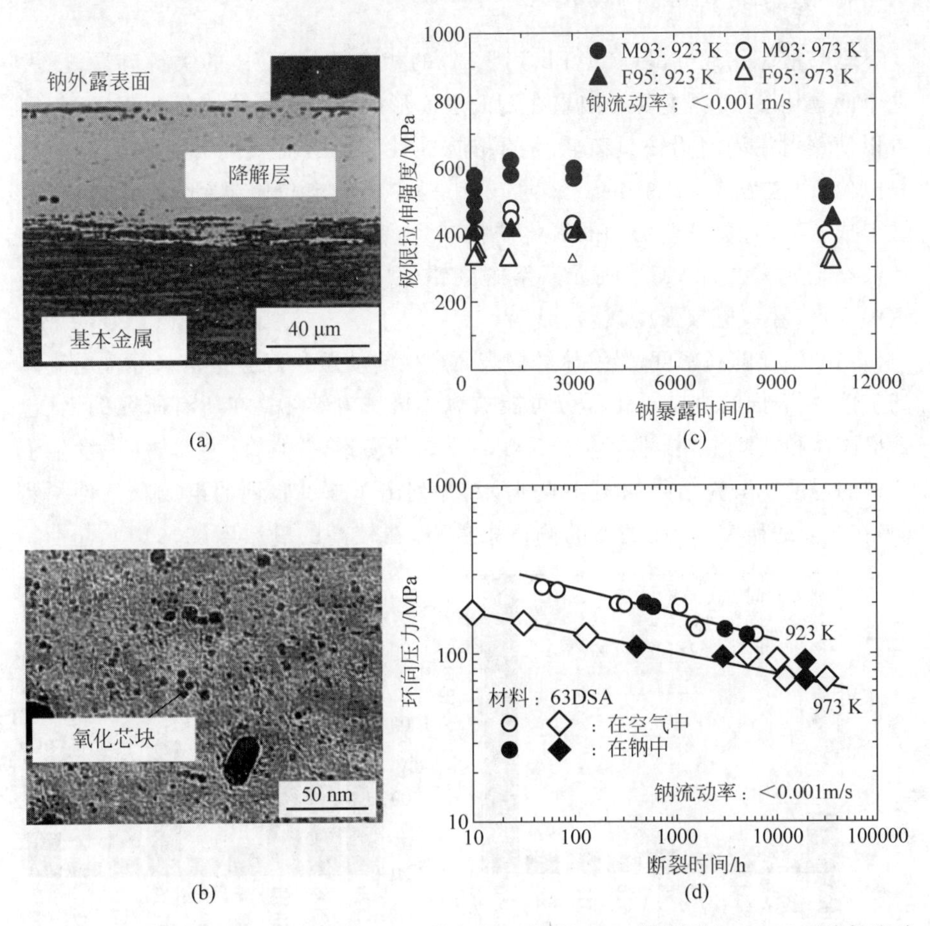

图 4-43 (a) 截面部分的微观结构和(b) 降解层区域的 TEM 微观图在 973 K 下接触流动钠(4.5 m/s)后 ODS 钢的微观结构；(c) 极限拉伸强度；(d) 蠕变断裂强度

(请扫Ⅱ页二维码看彩图)

7. 抗钠腐蚀设计

虽然钠的腐蚀效应对于厚结构可以忽略不计,但在薄结构中,溶质必须在设计中考虑到由浸出而造成的有效厚度损失。根据实验室模拟的实验和世界各地的操作经验,研究人员认为每年 4 μm 的腐蚀余量在反应堆中停留 2~3 年是足够的。此外,燃料侧腐蚀在设计燃耗分析中也必须包括在内。

4.5.2 不锈钢与液态铅铋的相容性

1. 铅铋共晶中的腐蚀

钢与液态铅铋共晶(45%Pb-55%Bi)的相容性是LFR的关键问题之一。这个问题比SFR更重要。如果在钢的表面形成稳定的氧化膜作为保护层，则可以使钢对流动的铅铋具有较高的耐腐蚀性。但这需要充分控制铅铋中的氧电位，而这是很难维持的。然而，若铅铋中的氧电位降低到小于四氧化三铁形成所需的值，则覆盖钢的氧化铁膜减少，钢表面直接暴露在铅铋中，会导致液态金属腐蚀(LMC)，钢元素溶解到铅铋中。LMC可能伴随铅铋渗透到钢中，可能导致机械强度减弱。

由于铅铋的高密度，铅铋流经钢表面产生的动压和剪应力是水等普通流体的十倍，钢表面的机械弱化部分可能被流体机械力破坏。在所有研究的钢(包括奥氏体和铁素体)中都发生了 2×10^{-9} 级的渗透，并且在一些试件中发生了严重的侵蚀。试验结果如图4-44所示，并列出了被试验钢的组成和条件。然而，在之前的研究中，在类似的测试条件下，在较高的氧浓度(5×10^{-7}wt.%)

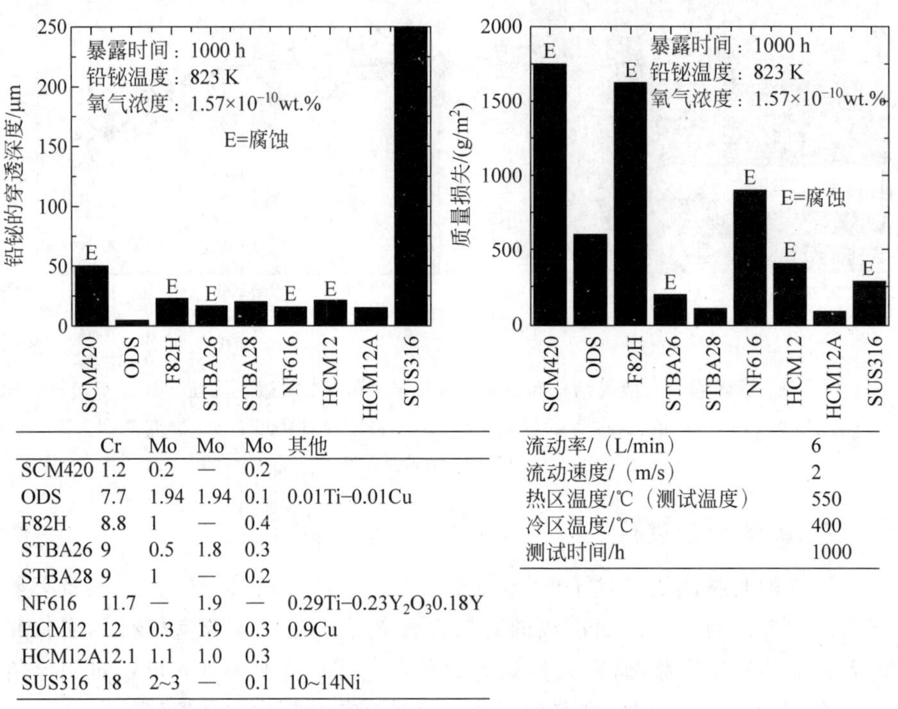

	Cr	Mo	Mo	Mo	其他
SCM420	1.2	0.2	—	0.2	
ODS	7.7	1.94	1.94	0.1	0.01Ti–0.01Cu
F82H	8.8	1	—	0.4	
STBA26	9	0.5	1.8	0.3	
STBA28	9	1	—	0.2	
NF616	11.7	—	1.9	—	0.29Ti–0.23$Y_2O_3$0.18Y
HCM12	12	0.3	1.9	0.3	0.9Cu
HCM12A	12.1	1.1	1.0	0.3	
SUS316	18	2~3	—	0.1	10~14Ni

流动率/(L/min)	6
流动速度/(m/s)	2
热区温度/℃(测试温度)	550
冷区温度/℃	400
测试时间/h	1000

图4-44　不同钢材(成分如表所示)的侵蚀行为

时，相同的钢表面没有发生 LMC 和侵蚀。在这些测试条件下，含有较高铬含量的钢材在流动液态铅铋中抗腐蚀方面表现较好。然而，316 不锈钢表面的镍被溶解到铅铋中，导致了严重的渗透和侵蚀，同时形成了多孔层。铅铋对合金元素的优先腐蚀顺序为 Ni(最低抵抗性)＜Fe＜Cr(最高抵抗性)，这可以通过参考图 4-45 来解释，在 400℃下，氧化物的稳定性为 NiO＜Fe_2O_3＜Cr_2O_3。

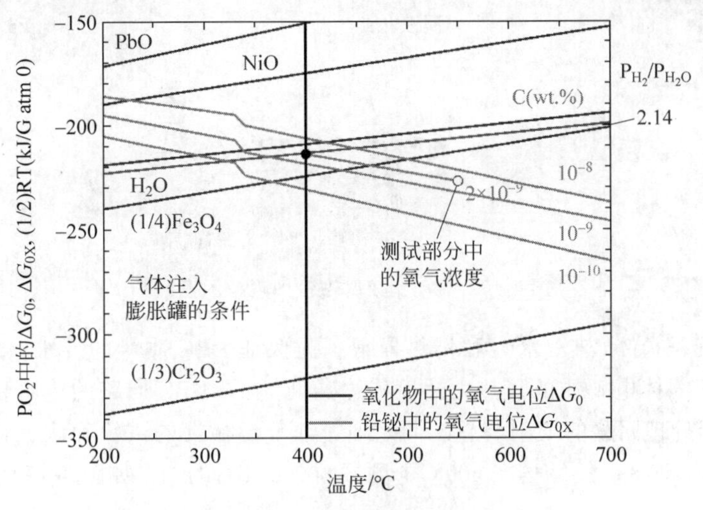

图 4-45　铅铋的 Elingam 图

(请扫Ⅱ页二维码看彩图)

2. 铅铋侵蚀-腐蚀机理

流动铅铋腐蚀侵蚀现象示意图如图 4-46 所示。首先，LMC 发生在与高温铅铋接触的钢表面，铅铋穿透晶界，晶界减弱，从而使一些晶粒被铅铋流动的水力学剪切力从钢基体中带走。将合金元素溶解到铅铋中所形成的一些缺陷可能会促进一块钢从钢基体中分离。因此，铅铋的渗透可能会导致大规模的侵蚀。一些研究表明，低铬钢和奥氏体钢在流动的低氧势下更容易被侵蚀，因此高铬(无镍)钢是耐铅腐蚀的首选。

俄罗斯在开发和操作用于核动力潜艇(NS)的重铅铋冷却剂(LBC)反应堆方面具有独特的经验(12 个反应堆，运行 80 堆年)。根据这些，俄罗斯开发了模块化多用途铅铋冷却反应堆 SVBR-100 的 LBC。SVBR-100 是整体式双回路反应堆，电功率约为 100 MW。

长期研究表明，为了保证 LBC 中包壳的抗性，LBC 中的氧浓度应保持在足够宽的范围内，对应于热力学活性 $10^{-4}\sim10^{-2}$。氧含量的降低导致包壳表面保护层的降解，具有防腐屏障作用。氧含量的增加导致回路固相氧化物的

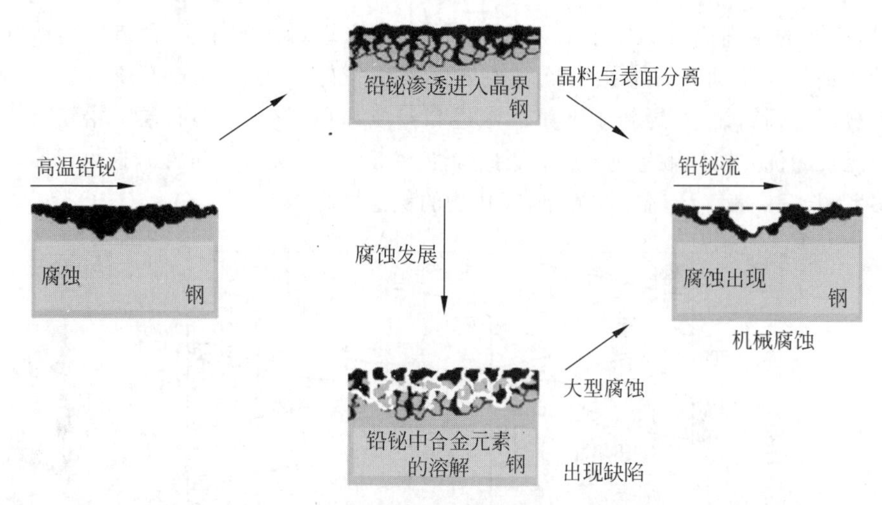

图 4-46　流动铅铋腐蚀侵蚀现象示意图

形成和沉积,导致热工水力和传热异常。为保证 LBC 质量的要求,俄罗斯开发了基于固体电解质的氧热力活性传感器,研制了 LBC 回路的传质装置和固相氧化铅处理回路的喷射装置。同时通过非等温循环的试验确认燃料包壳的耐腐蚀性,EP-823 钢结构在 600℃下测试 30000 h 后的结果如图 4-47 所示。

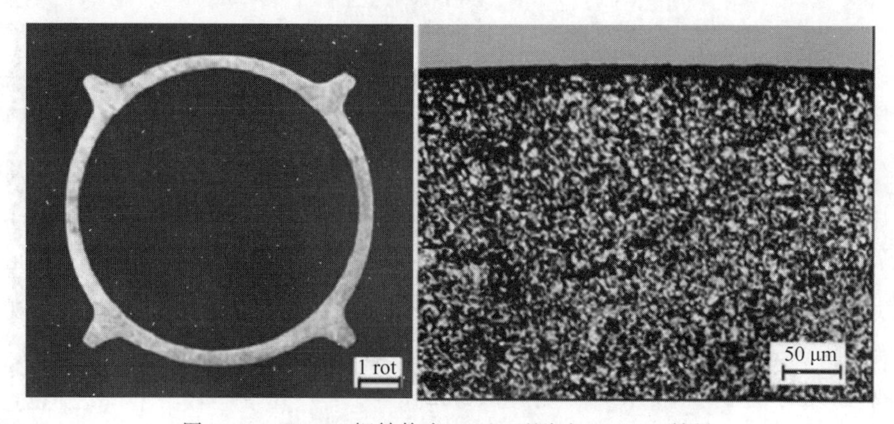

图 4-47　EP-823 钢结构在 600℃下测试 30000 h 结果

(请扫Ⅱ页二维码看彩图)

4.6　ODS 开发计划

目前,大多数国家都承认不能使用奥氏体钢实现增强燃耗的目标。由于传统的铁素体和铁素体-马氏体钢在高温下对热蠕变敏感性的弱点,人们普遍认为这些钢材已经接近无法进一步改进的极限。因此，大多数国家现在都指向开发和测试 ODS 铁素体和 ODS 铁素体-马氏体钢。

4.6.1　俄罗斯

1987 年，泽利施切夫（VNIINM Bochvar 研究所）决定在 BN-350 和 BN-600 反应堆中分别使用冷加工 ChS-68 钢和 EP-450 钢作为燃料包壳和燃料组件外套管的标准材料。应用 EP-450 钢作为 96 mm×2 mm 外套管，结合冷加工 ChS-68 钢作为 6.9 mm×0.4 mm 燃料包壳，可靠地确保了 BN-600 燃料组件的无故障运行，在约 82 dpa 的损伤剂量下，燃耗率为 11.2%。

热处理（1050℃归一化，720℃回火，1 h）后，EP-450 钢外套管的微结构由铁素体和回火马氏体颗粒组成，比例约为 1∶1。其微观结构特征是在晶粒内部和沿晶界处存在圆形的 MC 和 $M_{23}C_6$ 沉淀物，粒径在 0.05～0.2 μm。回火马氏体颗粒中的条形边界包含一些较小的（达 0.1 μm）$M_{23}C_6$ 块状沉淀物。铁素体中的位错呈均匀分布，其密度为 $2\times10^{14}\ m^{-2}$。回火马氏体的位错密度为 $1\times10^{15}\ m^{-2}$，在晶粒内呈现不均匀分布，形成低角边界。表 4-11 列出了 EP-450 钢六角形管的机械处理路线。图 4-48 显示了来自铁素体-马氏体钢 EP-450 的六角形管的微观结构，铁素体颗粒在左上和右下，回火马氏体颗粒在右上和左下。

表 4-11　EP-450 钢六角形管的机械处理路线

序号	管尺寸/mm	操　　作
0	ϕ140	原管坯
1	127×9	转动、钻孔、钻孔
2	117×5	滚动、热处理
3	108×2.5	滚动、热处理
4	96（平面到平面）×2	滚动、压型、热处理

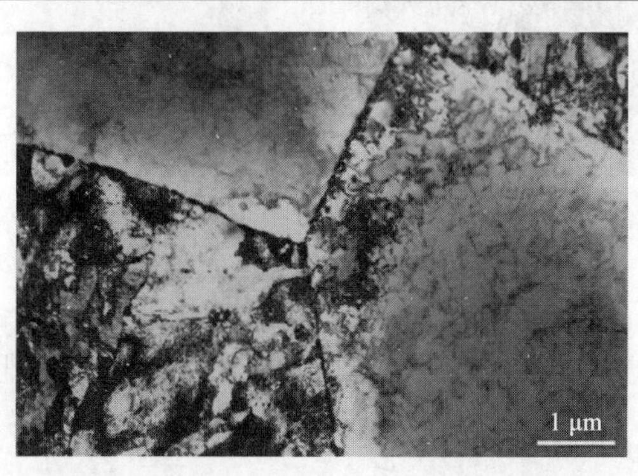

图 4-48　铁素体-马氏体钢 EP-450 的六角形管的微观结构

由于 ChS-68 钢的肿胀行为限制了燃料的燃耗，因此希望包壳也是 EP-450 钢。对 ODS 进行了修改，以使其在高温下保持足够的强度。所选择的方法是机械合金化，步骤如下：

(1) 通过高纯氦中旋转坩埚的熔融物离心雾化，生产具有基质成分（EP-450 钢）的钢粉；

(2) 用 Y_2O_3 纳米颗粒（40～80 nm）振动，粉末混合物填充钢罐，然后脱气和密封罐；

(3) 在约 1150℃的热挤压过程中，通过拉伸不少于 10 次及其后续加工，可以制备热挤压棒；

(4) 最终产品的质量受钇颗粒生产方法的影响。在初期生产中使用了工业生产的方法，之后利用特殊技术生产了氧化钇粒子，提高了第二次生产产品的性能。粉末如图 4-49 所示。

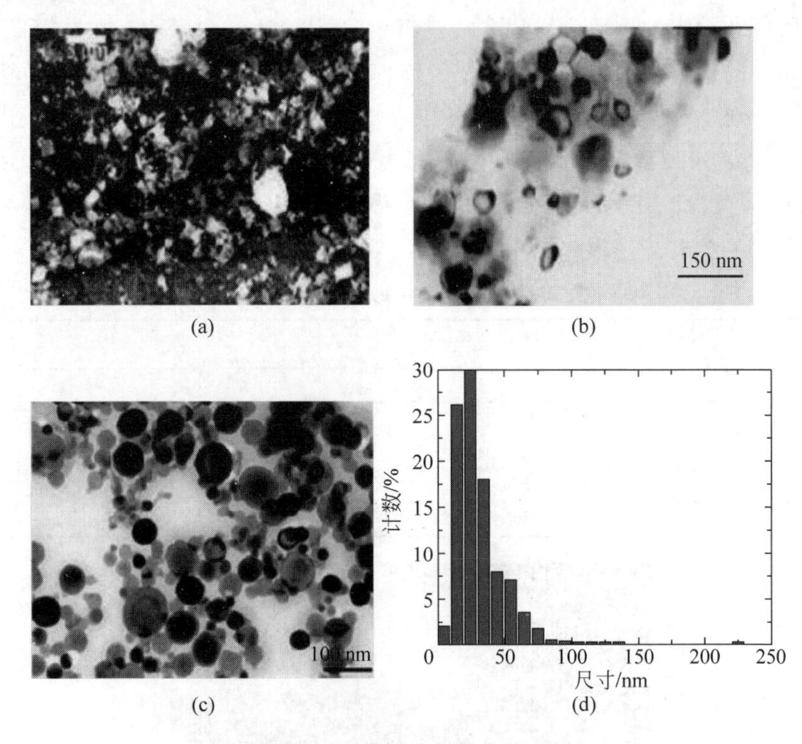

图 4-49　初始氧化物粉末的比较

(a) 工业生产氧化钇粉末的外部观察(SEM)；(b) 氧化钇晶体分离团聚体的微观结构(TEM)；氧化钇粉末，经特殊技术应用得到：粒子大小分布的(c)TEM 和(d)直方图

(请扫Ⅱ页二维码看彩图)

图4-50和图4-51显示了棒中产生的不同微观结构，其中图4-50(a)～(c)为工业生产的EP-450 ODS棒的显微结构和氧化物颗粒，图4-50(d)是尺寸的直方图；图4-51(a)～(c)是特殊技术生产的、氧化钇制备的EP-450 ODS棒的显微结构和氧化物颗粒，图4-51(d)是尺寸的直方图。

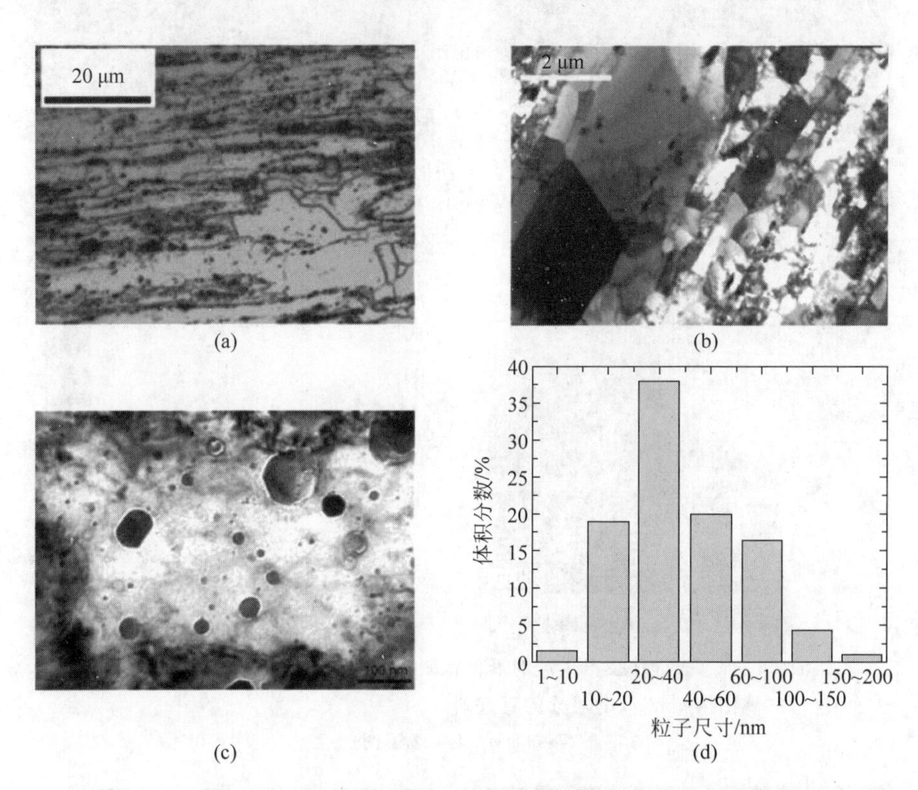

图4-50　(a)～(c)工业生产的EP-450 ODS棒的显微结构和氧化物颗粒；(d)尺寸的直方图

生产的管的结构由0.1～3 μm尺寸的等轴亚晶粒组成。在颗粒和亚颗粒中可以观察到均匀分布的氧化物。EP-450 ODS钢完成热处理(1150℃，1.5 h；740℃，2.5 h)后的结构如图4-52所示，其中图4-52(a)是光学显微镜下的结构，图4-52(b)和(c)是TEM下的结构，图4-52(d)是管结构中氧化颗粒的尺寸分布直方图。氧化物颗粒的平均尺寸约为7 mm，其浓度约为10^{16} cm^{-3}。从2010年开始，ODS样品在BN-600反应堆的两种材料中辐照，损伤剂量约为140 dpa。

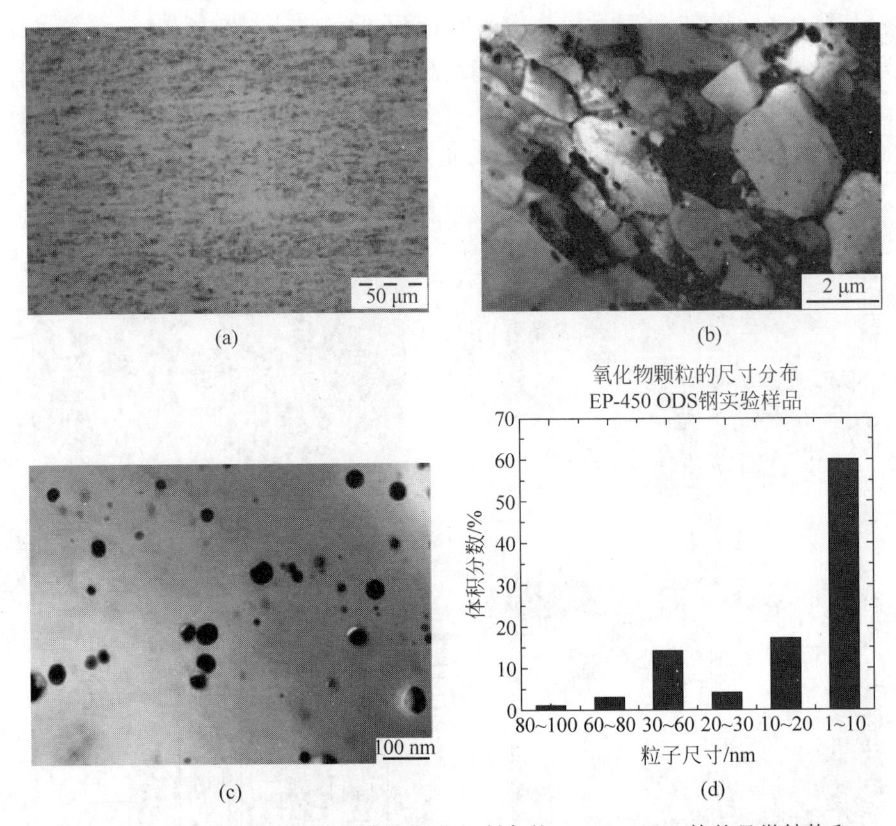

图 4-51　(a)～(c)特殊技术生产的氧化钇制备的 EP-450 ODS 棒的显微结构和氧化物颗粒；(d)尺寸的直方图

（请扫Ⅱ页二维码看彩图）

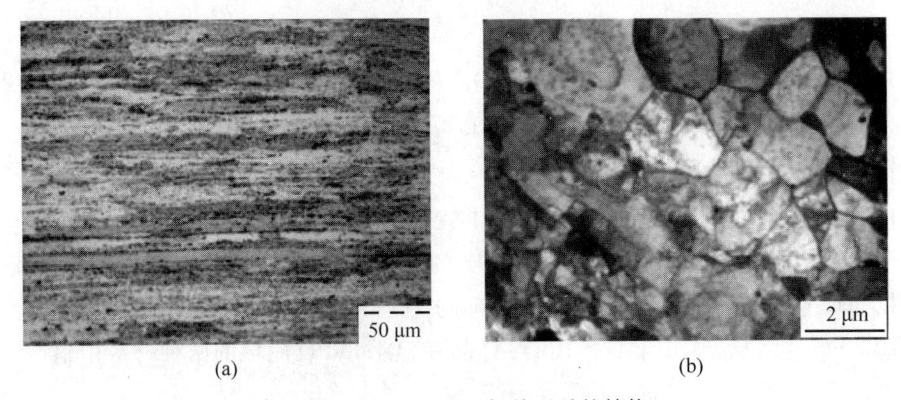

图 4-52　EP-450 ODS 钢处理后的结构

(a) 光学显微镜下的结构；(b)、(c) TEM 下的结构；(d) 管结构中氧化颗粒的分布直方图

（请扫Ⅱ页二维码看彩图）

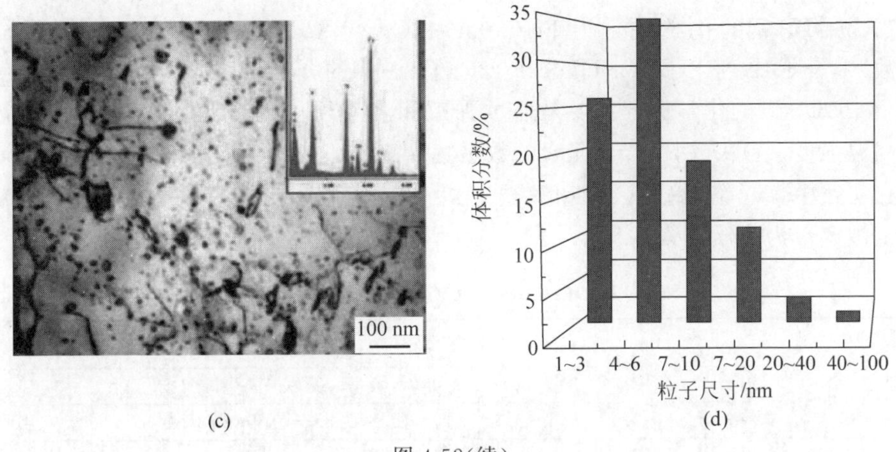

图 4-52(续)

4.6.2　日本

ODS 铁素体钢是 FaCT 项目中的创新技术之一，是商业化 SFR 堆芯中最有前途的燃料棒包壳管材料。JAEA 自 1987 年以来一直在为该包壳管开发 ODS 钢。在大中型 SFR 堆芯的设计研究中，平均燃耗目标为 150 GW·d/t，峰值燃耗目标为 250 GW·d/t。该包壳管需要承受严重的位移损坏到 250 dpa。为了提高 SFR 的热效率，反应堆容器最高冷却剂出口温度设置为 823 K，管道最高(热点)温度为 973 K。由于惰性气体积聚，燃料棒内压增加，使用 9 年后最高燃耗燃料棒受压接近于 12 MPa 左右。ODS 钢的机械性能目标是在 973 K 时达到超过 300 MPa 的极限拉伸强度，超过 1%的均匀伸长率(UE)，以及在 973 K 时超过 120 MPa 的蠕变断裂强度。

在实验快堆 JOYO MK-Ⅱ、PFBR 和 MONJU 中，SUS316 的改进型奥氏体不锈钢被应用于燃料棒包壳管、绕丝和六角形外套管的制造。传统的奥氏体不锈钢，如在 PNC316 中，超过 120 dpa 时将会出现有害的空洞肿胀。由于体心立方结构比面心立方结构更能抵抗位移损伤，因此铁素体钢是管道中不可或缺的材料。PH 高强度铁素体-马氏体钢 PNC-FMS 自 1983 年开始在 JAEA 开发。然而，PH 铁素体钢如 PNC-FMS 在 923 K 以上会迅速失去强度。

1. 合金设计

在 JAEA 中，两种 ODS 钢被选择作为钢管的候选材料。一种是马氏体 9Cr-ODS 钢，具有更高的耐辐射性；另一种是全铁素体 12Cr-ODS 钢，具有更高的耐腐蚀性。JAEA 将 9Cr-ODS 钢列为一级，12Cr-ODS 钢列为次级。9Cr-ODS 钢的化学成分为 Fe-0.13C-9Cr-2W-0.20Ti-0.35Y_2O_3(质量分数)，

12Cr-ODS 钢的化学成分为 Fe-0.03C-12Cr-2W-0.26Ti-0.23Y_2O_3（质量分数）。表 4-12 列出了 9Cr-ODS 和 12Cr-ODS 钢的合金元素。

ODS 钢的化学成分主要是通过弥散和溶液硬化机制来最大限度地提高高温强度。ODS 钢中合金元素的数量远少于表 4-12 所示的 PH 铁素体元素。在实践中，碳、铬、钨、钛、钇和氧被定义为合金元素。硅、锰、磷、硫、镍、氮和氩被定义为杂质元素。

表 4-12　9Cr-ODS 和 12Cr-ODS 钢的合金元素

		C	Cr	W	Ti	Y_2O_3	Ex. O
9Cr-ODS	目标	0.13	9.0	2.0	0.20	0.35	0.07
	规格	0.11～0.15	8.6～9.4	1.8～2.2	0.20～0.35	0.33～0.37	0.04～0.10
12Cr-ODS	目标	0.03	12.0	2.0	0.26	0.23	0.07
	规格	0.01～0.05	11.6～12.4	1.8～2.2	0.24～0.28	0.20～0.26	0.05～0.09

Ex. O＝全氧含量－(48/178×钇含量)

最终热处理：

9Cr-ODS：在 1323 K 下正火 1 h，在 1053～1073 K 下回火 1 h。

12Cr-ODS：在 1423 K 下退火约 1 h。

为了实现 9Cr-ODS 钢或 12Cr-ODS 完全铁素体钢中的 α 相向 γ 相的转变，需要控制碳和铬的含量。一般来说，马氏体颗粒含有高密度位错和大面积的块边界，有助于吸收点缺陷，提供抗辐射性。PNC-FMS 合金设计的经验表明，12Cr-ODS 钢中的铬含量应小于 12%，以防止富铬相沉淀引起的脆化。为了平衡溶液硬化效应和叶片相析出的脆化，优化了钨的含量。同时，钛、钇和氧含量被优化，以最大限度地提高高温强度和使微观结构具有可控性。ODS 钢总是含有“过量的氧”，这源于制造过程中的污染（机械合金化和脱气后）。在最终产品中氧含量和 Y_2O_3 的含量接近。为了增强弥散硬化效果（特别是对于 12Cr-ODS 钢）和确保再结晶，适量的钛、过量的氧和钇对于均匀而精细的分布是必不可少的。值得注意的是，所得的 9Cr-ODS 钢包括双相，一个是马氏体，另一个是 δ 铁素体。然而，相图表明，9Cr-ODS 钢应是完全马氏体。目前，δ 铁素体产生的原因尚不清楚。

2. 制造工艺

ODS 钢的燃料棒包壳管的制造工艺如图 4-53 所示，将粉末冶金和无缝精密管生产工艺相结合，制造出 ODS 钢管。粉末冶金工艺包括机械合金化、罐装、脱气和热固结，从而生产母管。母管采用无缝精密管生产工艺，包括冷轧、各种高温技术和检查。

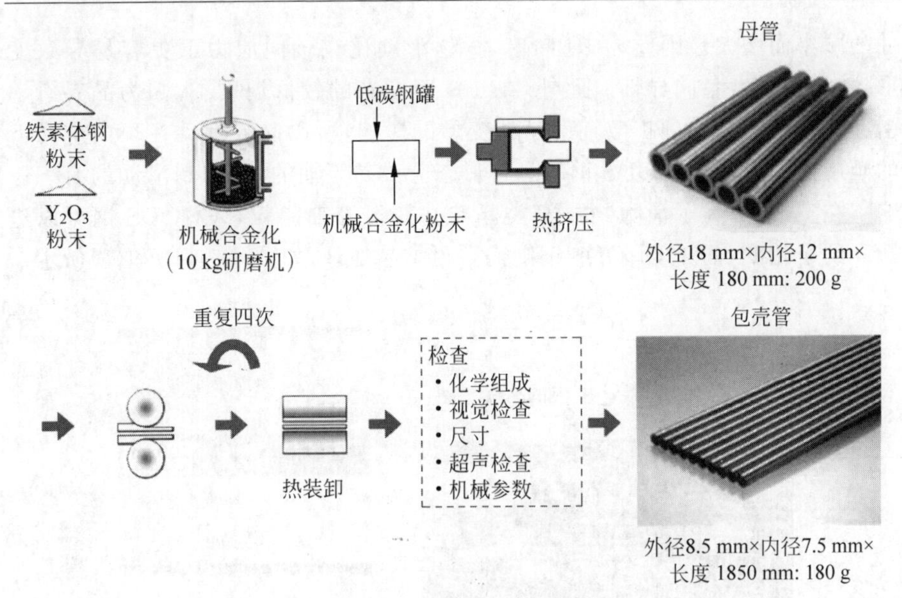

图 4-53　ODS 钢的燃料棒包壳管的制造工艺
（请扫Ⅱ页二维码看彩图）

在 JOYO 堆中进行辐照试验的 9Cr-ODS 燃料棒包壳管生产制造过程如下所述。氩气雾化预合金钢粉（10 kg）和钇颗粒在高纯氩气气氛中使用磨损型球磨机进行机械合金化。然后将机械合金化的粉末筛选后装入钢罐中，在 673 K 脱气，然后在 1423 K 热挤压成全致密的钢坯。钢坯被切片、机械加工并钻成母管，外径 18 mm，内径 12 mm，长度 180 mm。母管冷轧 4 倍，每根管的面积减少率约为 50%，最终产品的尺寸为直径 8.5 mm，内径 7.5 mm，长度 1850 mm。在实践中，一根母管可以制造一根包壳管（约 300 g）。

在高能球磨过程中，钢粉和钇发生严重且反复的塑性变形，钇最终溶解成铁素体钢基体。在热挤压过程中，钛、钇和氧沉淀成复杂的氧化物颗粒，并在纳米尺度上精细弥散。换句话说，粉末冶金过程控制了管生产过程中氧化物粒径分布、随后的弥散硬化效应和微观结构可控性。

ODS 钢管可采用 Pilger 型设备进行冷轧，这与水冷堆燃料棒的锆合金管制造工艺相同。

3. 微观结构控制

为了制造钢管，需要四倍或更多的冷轧。冷轧过程总是导致晶粒形态出现各向异性（沿轧制方向拉长）；极端情况下，它像“竹子”，如图 4-54(a)所示。在管中晶粒形态各向异性的情况下，轴向应力下的蠕变断裂强度远高于环向应力下的蠕变断裂强度。在高温下，晶界容易发生滑动，滑动程度随晶粒尺寸的减小而增大。因此，在环向应力下，滑动比在轴向应力下更容易导致变形，并导致强度各向异性。此外，在 673 K 左右的较低温度下，因为晶界滑动引起的空腔不易受到扩散辅助晶粒变形的影响，所以晶界运动在环向应力下的延展性明显降低。ODS 钢的晶粒形态应该是等轴的，以抑制滑动的有害影响。在实践中，为了消除“竹子”类晶粒并获得等轴晶粒，9Cr-ODS 钢可以进行 α 到 γ 相变，而 12Cr-ODS 钢则需要再结晶处理，如图 4-54(b)和(c)所示。

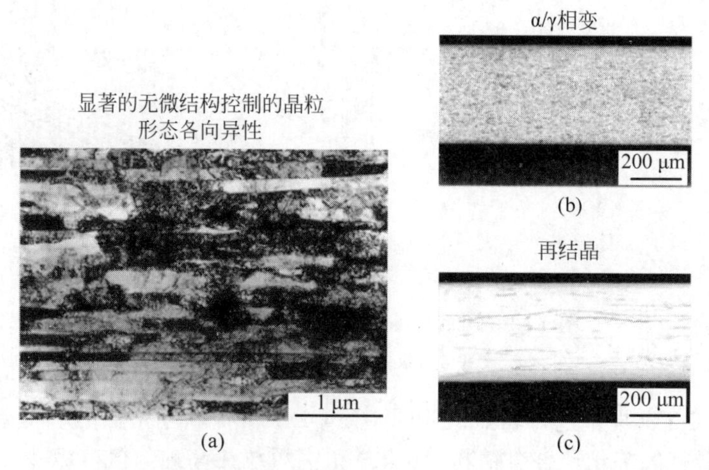

图 4-54　9Cr-ODS 钢的(a)晶粒形态各向异性，(b) α 到 γ 相变和(c)12Cr-ODS 钢的再结晶
(请扫Ⅱ页二维码看彩图)

由于加工硬化，通过冷轧过程提高了钢管的硬度。如果进行适当的热处理以软化材料，也就是降低硬度，如果不进行这一步，就无法继续进行进一步的冷轧。钢管的晶粒形态应与硬度同时进行控制。

对于 9Cr-ODS 钢，当在 1323 K(远超过实际加热时的临界温度)时，α 到 γ 相变是可逆的，可以通过改变加热后的冷却速率来应用软化和硬化方法。在冷轧前，中间热处理中较慢的冷却速率(炉膛冷却)可以防止马氏体转变，然后软化，如图 4-55 所示。在最终的热处理中，通过更快的冷却速率(空气冷却)引入马氏体转变，以得到所需的机械性能。在 α 到 γ 相变过程中，细长的晶粒将被重构为等轴的晶粒，晶粒形态各向异性消失。

在实践中，因为再结晶是不可逆的，所以 12Cr-ODS 钢的再结晶控制比 9Cr-ODS 钢的再结晶控制要困难得多。虽然在冷轧前的再结晶有利于软化，但在最终的热处理中必须诱导再结晶，因为在中间的热处理中的再结晶阻止了在最终的热处理中的进一步再结晶。为了防止最终产物过早再结晶和强度各向异性，一步退火不够，中间热处理中采用两步退火，如图 4-56 所示。

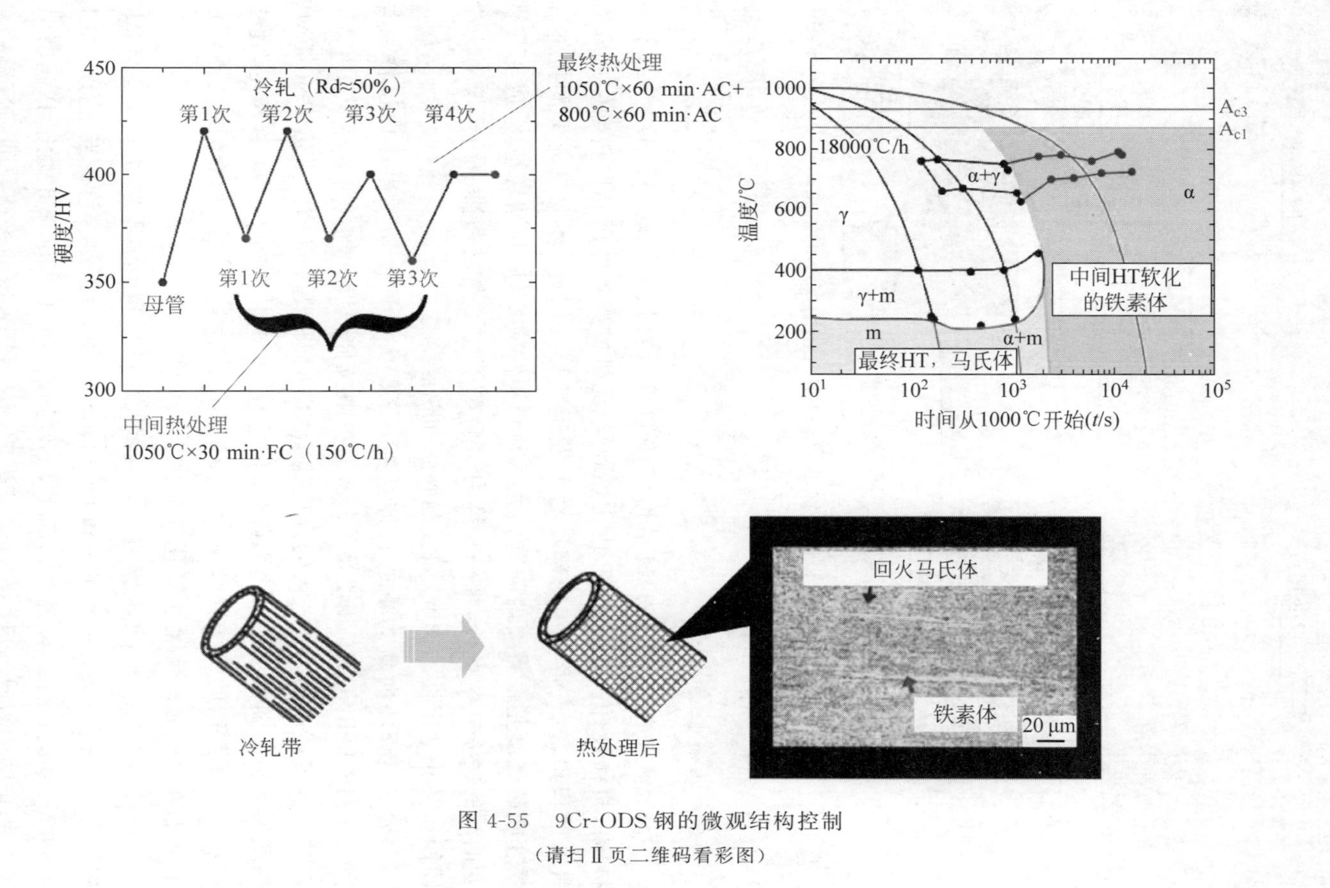

图 4-55　9Cr-ODS 钢的微观结构控制
（请扫Ⅱ页二维码看彩图）

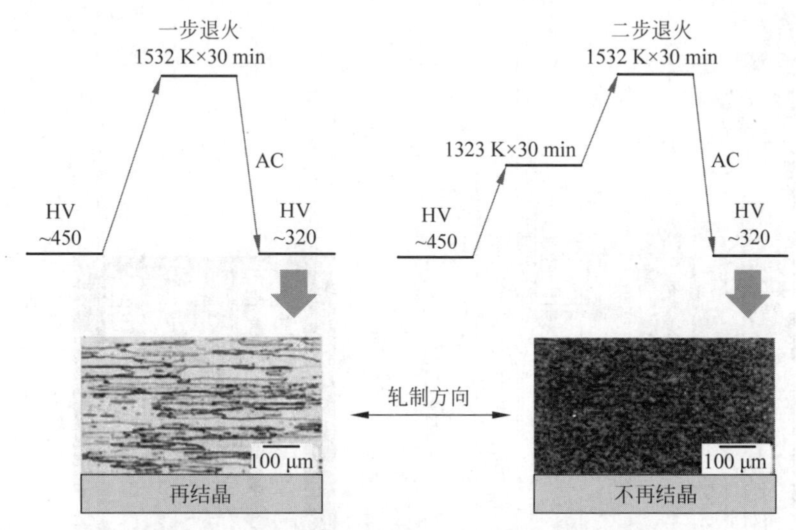

图 4-56　两步退火抑制 12Cr-ODS 钢的过早再结晶

（请扫Ⅱ页二维码看彩图）

4. 机械性能

研究人员将 ODS 钢的机械性能编制成材料强度标准（MSS），以用于燃料棒的机械设计。在实践中，由于燃料-包壳机械相互作用和燃料燃烧后稀有气体的积累，包壳管会在内部压力下发生变形。因此，环向应力下的拉伸和蠕变断裂强度是最重要的问题。为了预测塑性应变，应该研究应力-应变与蠕变曲线的关系式。此外，堆外和堆内试验都描述了燃料和流动钠环境对力学性能和尺寸稳定性的影响，如空洞肿胀和辐照蠕变。

为了检查环向应力下的拉伸性能，需要从钢管上切割出环向试样。与 PNC-FMS 和 PNC316 相比，ODS 钢的极限拉伸强度和均匀伸长率见图 4-57。在整个温度范围内，ODS 钢的强度比 PNC-FMS 要高得多。虽然 PNC-FMS 的均匀伸长率随温度的升高而降低，但 ODS 钢的均匀伸长率足够稳定，超过 773 K。ODS 钢的均匀伸长率比 PNC-FMS 的大，是由于弥散体的位错导致了局部恢复的延缓和持续硬化。

图 4-58 绘制了 ODS 钢在内压下的蠕变断裂强度，并与 PNC-FMS 和 PNC316 进行了比较。9Cr-ODS 和 12Cr-ODS 钢的蠕变断裂强度相当，达到 973 K 下 10000 h 的目标。该强度远高于 PNC-FMS，在 100000 h 时优于 PNC316。

静止钠环境浸泡后的拉伸试验表明，9Cr-ODS 钢的极限拉伸强度随着浸泡时间的增加而降低。相比之下，12Cr-ODS 钢的极限拉伸强度在浸泡处理

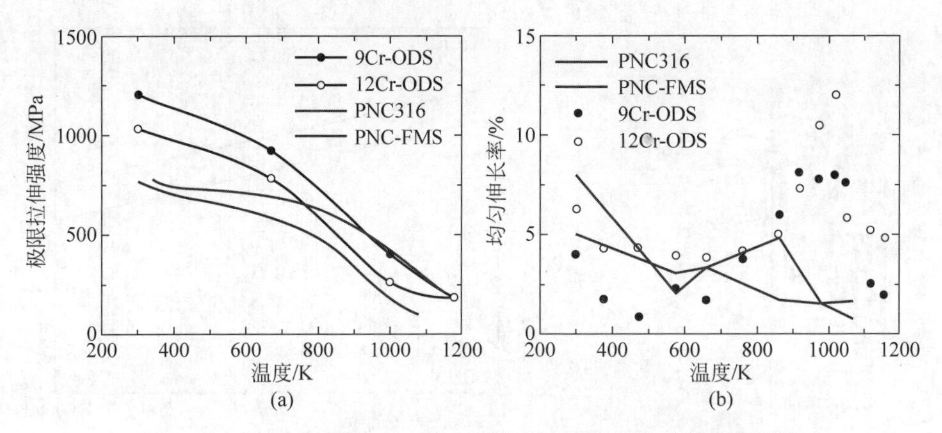

图 4-57　9Cr-ODS 和 12Cr-ODS 钢的环形试样堆外拉伸性能测试

(a) 极限拉伸强度；(b) 均匀伸长率

（请扫Ⅱ页二维码看彩图）

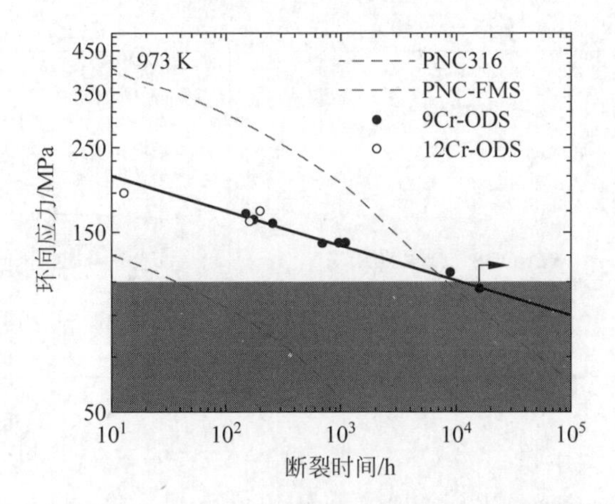

图 4-58　9Cr-ODS 和 12Cr-ODS 钢在内部压力下的堆外蠕变断裂强度

（请扫Ⅱ页二维码看彩图）

后变化不大。在 873 K 以上，PNC-FMS 在浸泡过程中由于脱碳而明显显示出强度的降低。尽管在 ODS 钢中观察到脱碳，但其对力学性能的影响并不明显。这表明 ODS 钢中的氧化物弥散体化学稳定，经过长期浸泡后，其强化效果保持不变。在内部加压管状试样的静止钠环境浸泡中测试了蠕变断裂性能，如图 4-59 所示，在 973 K 下，钠环境对蠕变断裂强度没有影响。

利用 JOYO MK-Ⅱ堆芯，对材料样品在 670～807 K 温度范围下进行约 15 dpa 的辐照，研究了辐照对 9Cr-ODS 和 12Cr-ODS 钢拉伸性能的影响。如图 4-60 所示，辐照对拉伸性能的影响无法区分。

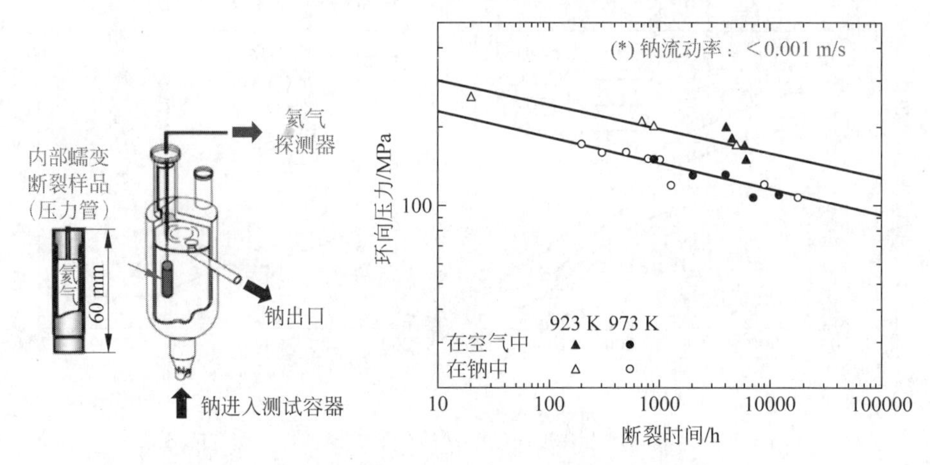

图 4-59　静止钠环境对 9Cr-ODS 钢内压下蠕变断裂强度的影响

(请扫Ⅱ页二维码看彩图)

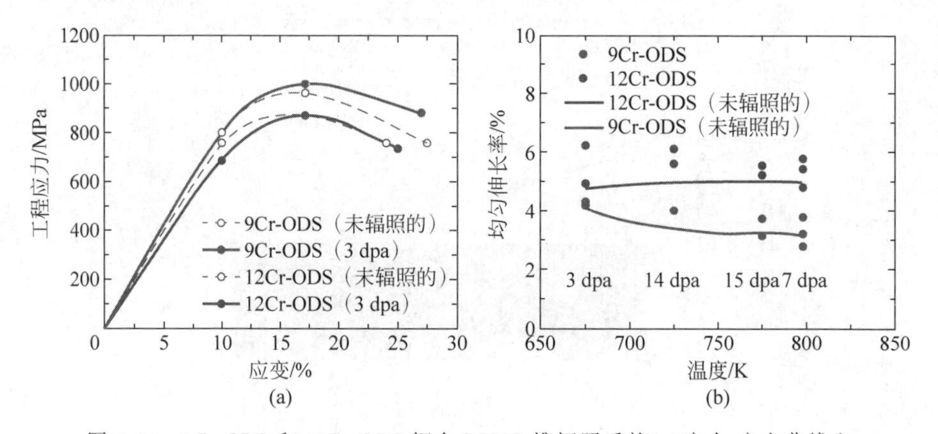

图 4-60　9Cr-ODS 和 12Cr-ODS 钢在 JOYO 堆辐照后的(a)应力-应变曲线和(b)均匀伸长率

(请扫Ⅱ页二维码看彩图)

在堆外试验和堆内试验的基础上，JAEA 于 2005 年初步编制了 JOYO 堆燃料棒辐照试验的 MSS。在这之后，将采用空气中加压管试样和静止钠环境的长期蠕变断裂试验升级 MSS。

5. 辐照测试

根据堆外实验，可以通过以下三个步骤来检验 ODS 钢的辐照性能。第一步是材料样品辐照试验，以研究辐射(位移)对力学性能和尺寸稳定性损害的影响。第二步是燃料棒辐照试验，以研究燃料和流动的钠环境以及辐照损伤的影响。材料试样通常在几乎静止的钠环境中辐照，燃料棒辐照的温度波动比材料试样辐照要大得多。第三步是组件辐照测试，以证明其具有高燃耗能力，并确保在统计上具有足够的燃料棒数量保持完整性。MSS将通过一系列辐照测试进行升级，以设计MONJU堆和DFBR燃料中的ODS包壳燃料棒。

为了研究200 dpa以上的辐照效果，2015年在JOYO堆中对材料样品中的几批ODS钢进行了辐照。此外，利用JOYO堆中的温度控制材料试验设备对加压管试样进行了堆内蠕变断裂试验。

自2003年以来，在JAEA和RIAR的合作项目下，采用9Cr-ODS与12Cr-ODS为包壳的MOX燃料芯块在BOR-60中辐照。该计划的目标是在973 K下辐照到高达150 GW·d/t峰值燃耗、75 dpa中子峰值剂量，并评估其与高燃耗燃料的化学相容性。第一次辐照试验于2003年6月开始，于2004年5月完成，包壳中最高壁温分别为943 K和993 K，在没有燃料棒失效的情况下，峰值燃耗为50 GW·d/t，中子峰值剂量为21 dpa。为了达到与服役结束条件相似的累积蠕变断裂损伤系数，在第一次辐照试验中缩短了燃料棒的充气长度。此后，2005年8月又有两个子组件被辐照；一个目标是JFY2008的100 GW·d/t和50 dpa，另一个目标是JFY2009的150 GW·d/t和75 dpa。到2008年以后，JOYO MK-Ⅲ堆芯将被辐照到180 GW·d/t和210 dpa。JOYO堆中的辐照试验条件和试验方案如图4-61所示。

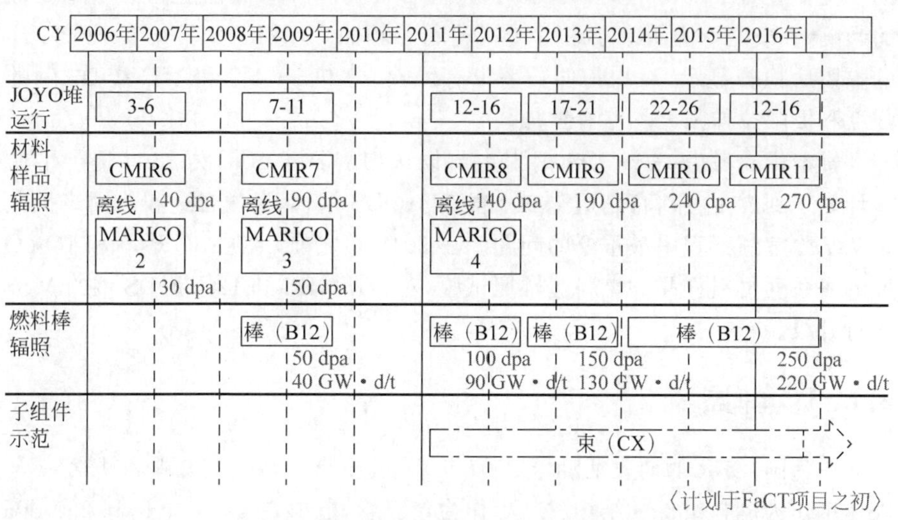

图4-61　JOYO堆中的辐照试验条件和试验方案

（请扫Ⅱ页二维码看彩图）

为了在燃料棒组装中连接包壳管到端塞,JAEA 开发了加压电阻焊接技术,该技术基于在足够的连续接触力下通过界面进行电阻加热。通过这项技术,可以瞬时排出液态焊缝,并获得与原始组织保持一致的结合焊缝。现有的熔合焊接方法,如 TIG 焊接,因为会出现大量的气孔和变粗的弥散体,所以会显著降低焊缝周围的机械性能。此外,还对焊接试样进行了拉伸、裂解和蠕变断裂试验,以保证其完整性和质量。另外,还提出了一种超声波检测焊缝的方法。

6. 当前状态和项目进度

如前所述,自 1987 年以来,JAEA 开发了马氏体 9Cr-ODS 钢和完全铁素体 12Cr-ODS 钢,采用的工艺如下所述。高达 2%质量的合金化钨提供溶液硬化与很少有害的泡沫复合沉淀。在受控氧气环境下添加钛和 Y_2O_3,使其能够均匀弥散到几种纳米尺寸的复合氧化物中,以增强弥散强化效果。采用粉末冶金和无缝精密管生产工艺相结合进行生产,粉末冶金过程控制着氧化物的粒径分布。由于各向异性晶粒生长会降低抵抗环向应力的高温强度,因此采用 9Cr-ODS 钢的相变和 12Cr-ODS 钢的再结晶来控制晶粒形貌。在轧机冷轧过程中,适当地结合中间或最终高温温度和冷却速率可以软化或硬化基体。

为了建立燃料棒机械设计的 MSS,钢管的力学性能已经在空气和静止的钠环境中进行了广泛的测试。为了研究辐照损伤对机械性能和尺寸稳定性的影响,在 JOYO 堆中对数百个样品进行了辐照。辐照于 15 dpa 的拉伸试样的辐照后检查显示,对均匀伸长率没有影响,但 9Cr-ODS 和 12Cr-ODS 钢的强度和极限拉伸强度均略有增加。

日本优先考虑 9Cr-ODS 钢为主要候选,12Cr-ODS 钢次之,并提出了研发计划。到 2010 年,将制造 10000 根 9Cr-ODS 钢管,机械合金和热固结工艺是从实验室到工程中最重要的问题。在 2015 年之前,通过 BOR-60 和 JOYO 堆的一系列材料样品和燃料棒辐照试验,对 9Cr-ODS 和 12Cr-ODS 钢的 MSS 进行升级。

4.6.3 韩国

在韩国,SFR 的研发活动于 2007 年启动,重点是将金属燃料和铁素体-马氏体钢作为燃料组件的结构材料。作为包壳管,能够在 650℃下达到 250 dpa 的高性能 9Cr-2W 钢(韩国合金)正在开发中。包壳管将具有钒或铬的内衬,以尽量减少与金属燃料的化学相互作用。用于包壳内表面候选屏障材料的合适有效技术也正在研究中。改性的 9Cr-1Mo 钢被认为是 SFR 中的外套管材料。

图 4-62 显示了韩国 SFR 燃料包壳开发的路线图。由图可知，在 92 级(9Cr-0.5Mo-1.8W-V-Nb)的基础上，2011 年前完成新的合金设计和对这些新合金的堆外性能的评估。铁素体-马氏体钢包壳管的大规模生产于 2011 年开始，这些包壳管的堆内试验于 2022 年完成。ODS 铁素体-马氏体钢的研发活动于 2010 年开始，随后铁素体-马氏体钢的开发计划也将有同样的进展。

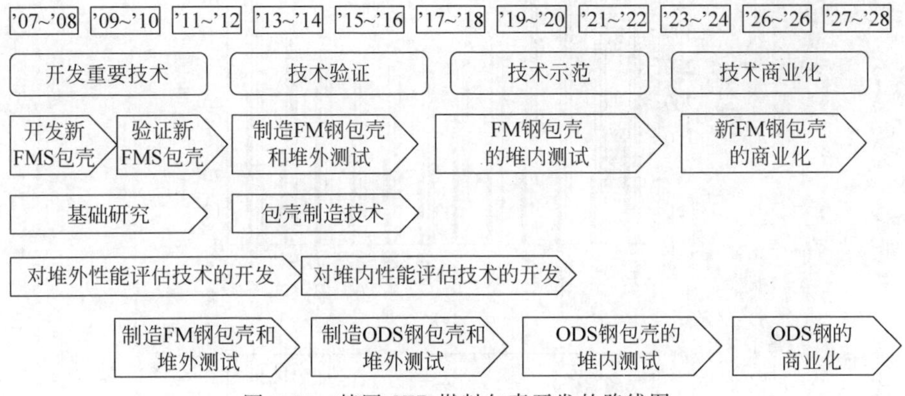

图 4-62　韩国 SFR 燃料包壳开发的路线图

韩国设计了 10 种第 0 批合金，其化学成分见表 4-13。这些合金设计主要关注 B、C、Nb、Ta 对包壳管力学性能的影响。每个合金锭标重 30 kg，由韩国钢铁公司 POSCO 的真空感应熔化工艺制备。制备过程为将钢锭在 1150℃下预热 2 h 后，热轧至 15 mm 厚度，然后在 1050℃下归一化 1 h，在 750℃下回火 2 h。

表 4-13　第 0 批合金的化学成分

序　　号	标称成分/wt.%	备　　注
B001	9Cr-2W00	参考材料
B002	9Cr-2W-0.008B	B 的影响
B003	9Cr-2W-0.017B	
B004	9Cr-2W-0.07C	C 的影响
B005	9Cr-2W-0.05C	
B006	9Cr-2W-V-0.13Nb	Nb 的影响
B007	9Cr-2W-V-0.06Nb	
B008	9Cr-2W-V-0.04Nb	
B009	9Cr-2W-V-0.08Nb-0.08Ta	Ta 的影响
B010	9Cr-2W-V-0.05Nb-0.14Ta	

第 0 批合金、92 级和 HT-9 级参考钢在 650℃下的拉伸和蠕变试验结果如图 4-63 所示。结果表明,与参考合金相比,部分新合金具有较好的力学性能,添加 0.17%B、0.07%C、0.13%Nb 和 0.05%Nb-0.14%Ta 可增强其拉伸性能和蠕变性能。

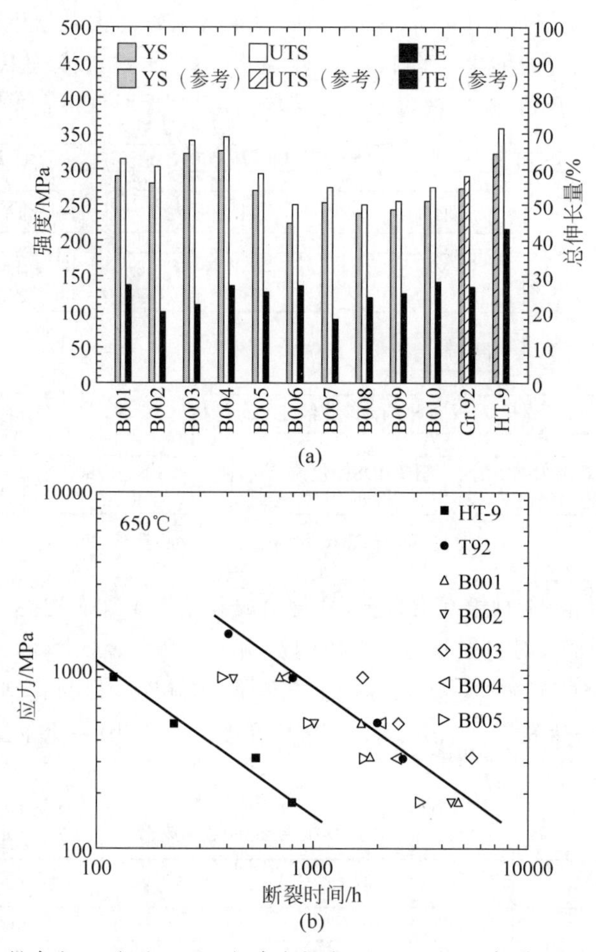

图 4-63　第 0 批合金、92 级和 HT-9 级参考钢在 650℃下的(a)拉伸和(b)蠕变试验结果

根据第 0 批合金的研究结果,韩国设计了 10 种第 1 批合金(表 4-14)。这些合金设计不仅关注 V、Nb 和 Ta 的浓度,还关注附加的合金元素如 Ti、Zr、Pd、Pd 和 Nd 的影响。

第 1 批合金、92 级和 HT-9 级参考钢在 650℃下的拉伸和蠕变试验结果如图 4-64 所示。B107 和 B109 合金在拉伸和蠕变性能方面具有优势。在此实验结果的基础上,设计和生产了第 2 批合金,并对其堆外性能进行了评估。

表 4-14　第1批合金的化学成分

序　号	标称成分/wt. %	备　注
B101	9Cr-2W-V-Nb-Ta-B1	参考材料
B102	9Cr-2W-V-Nb-Ta-B2	V、Nb 和 Ta 浓度的影响
B103	9Cr-2W-V-Nb-Ta-B3	
B104	9Cr-2W-V-Nb-Ta-B4	
B105	9Cr-2W-V-Nb-Ta-B5	C 和 N 浓度的影响
B106	9Cr-2W-V-Nb-B-Ti	Ti 的影响
B107	9Cr-2W-V-Nb-B-Zr	Zr 的影响
B108	9Cr-2W-V-Nb-B-Pd	Pd 的影响
B109	9Cr-2W-V-Nb-B-Pt	Pt 的影响
B110	9Cr-2W-V-Nb-B-Nd	Nd 的影响

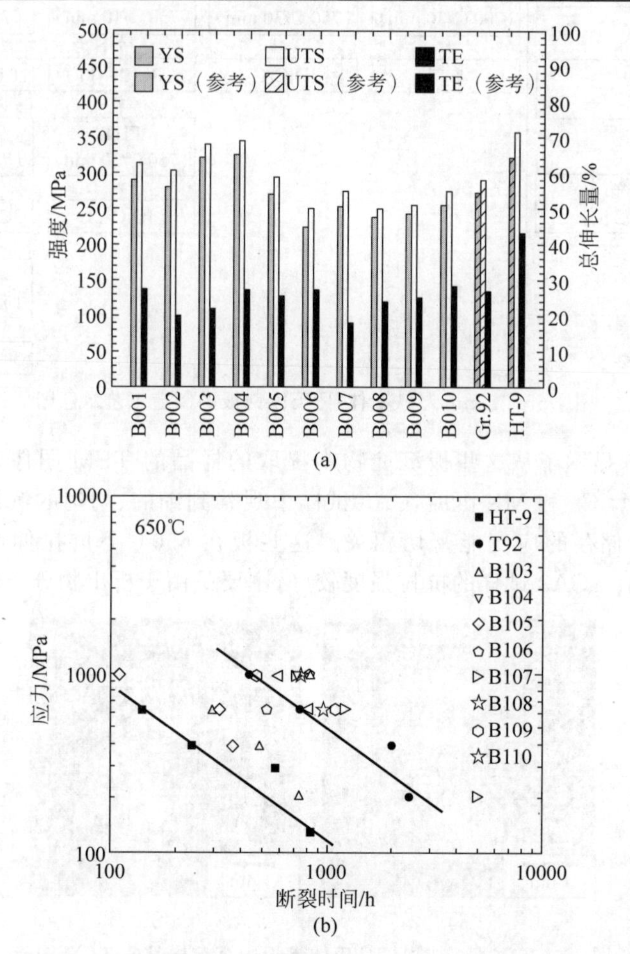

图 4-64　第1批合金、92级和 HT-9 级参考钢在 650℃下的(a)拉伸和(b)蠕变试验结果

图 4-65 显示了 1 mm 厚度铁素体-马氏体钢板的制造工艺流程示意图。标准化板和热轧板分别在 750℃和 550℃下回火。标准化板在 750℃下回火的板冷轧成 1 mm 板，还原率为 75%，然后在 700℃下退火 30 min。在 550℃下硬化的热轧板冷轧到 1 mm 厚度，然后在 750℃下进行热处理 30 min(样品 ID: CA1)。在冷轧第一阶段后(样品 ID: CA2)，在 750℃下进行两次 10 min 冷轧，同时还进行了 3 次中间热处理的冷轧(样品 ID: CA3)。

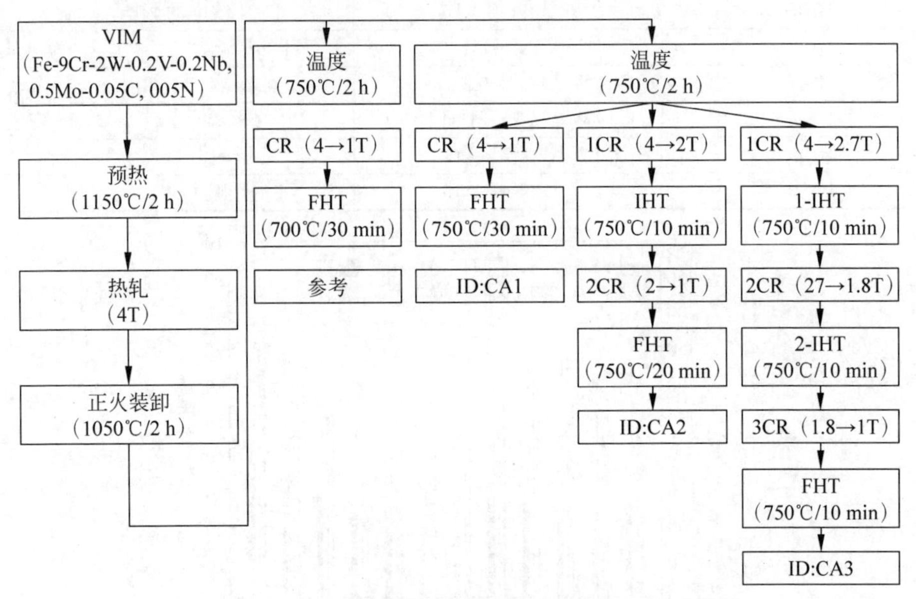

图 4-65　1 mm 厚铁素体-马氏体钢板的制造工艺示意图

图 4-66 显示了从这些板沉淀物中提取的样品的 TEM 图像。所有试样中均发现 $M_{23}C_6$ 和 MX 沉淀，CA3 试样中观察到细的、均匀的沉淀。这些结果与冷轧所储存的应变能密切相关。这些板在 650℃下的拉伸试验结果如图 4-67 所示。CA3 试样的抗拉强度较好，主要是由于析出物分布精细。

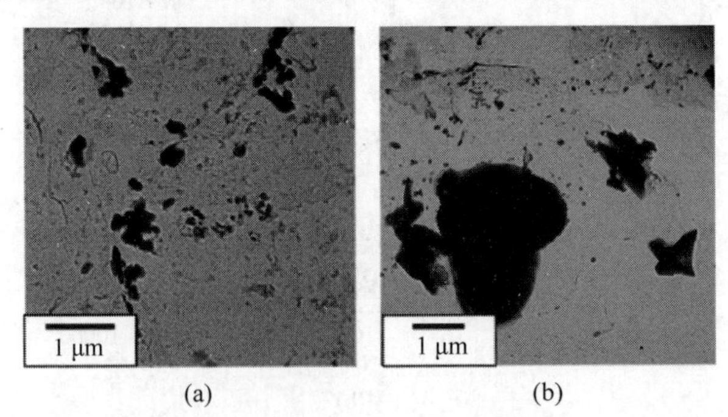

图 4-66　1 mm 铁素体-马氏体钢板中沉淀样品的 TEM 图像
(a) 标准化板；(b) CA1；(c) CA2；(d) CA3

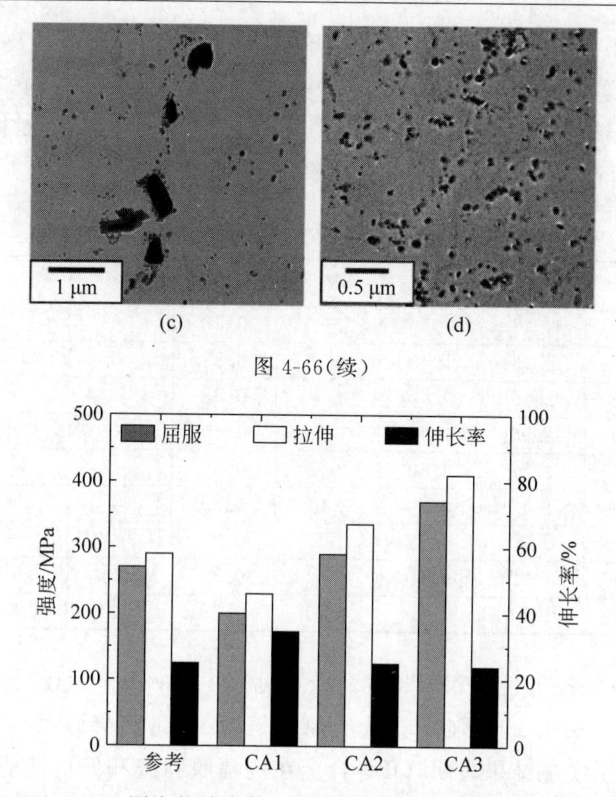

图4-66(续)

图4-67　1 mm厚度的铁素体-马氏体钢在650℃下的拉伸试验结果

4.6.4　中国

我国目前正在开发的一种92级铁素体-马氏体合金以及一种13Cr-ODS合金,其流程图如图4-68所示。

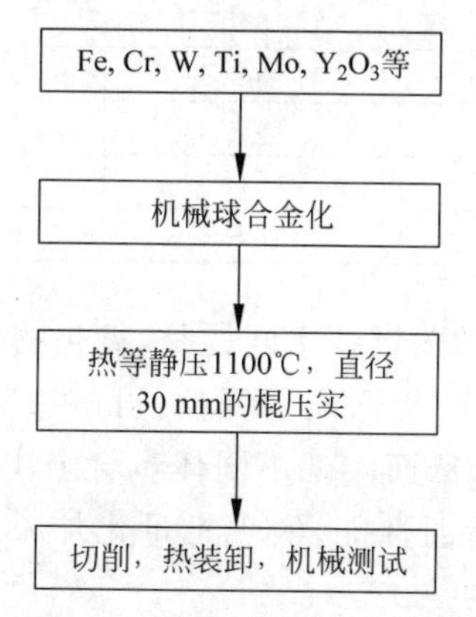

图4-68　13Cr-ODS合金的简单流程

研究人员对未辐照的13Cr-ODS合金进行了力学性能测试及离子束辐照试验。测试样品的组成见表4-15。其中,分别对样品S1、S2、S4、T2、T5、T7、T8进行拉伸试验,分别对样品S2、K5、K7进行蠕变试验,分别对样品S1、S2、T2和T7进行离子束辐照试验,并与奥氏体钢进行比较。

表4-15　13Cr-ODS合金标准样品的组成/wt.%

序号	Cr	Ti	Mo	W	Y_2O_3	O	N	C
S1	12.94	3.47	1.50	—	0.38	—	—	—
S2	13.08	2.23	1.43	—	0.38	0.54	0.16	0.02
S4	12.98	1.06	0.92	—	0.38	—	—	—
T2	13.61	1.96	1.44	—	0.40	—	—	—
T5	13.70	1.27	0.60	—	0.39	—	—	—
T7	13.69	1.12	0.20	2.02	0.39	—	—	—
T8	13.62	0.70	0.07	2.32	0.37	—	—	—
K5	13.51	1.32	0.60	—	0.39	0.24	0.015	0.011
K7	13.44	1.14	0.19	2.11	0.39	0.24	0.022	0.007

650℃下的拉伸性能和断裂寿命应力见表4-16,S2、K5、K7样品的蠕变曲线见图4-69。S2的蠕变强度较低的原因是Ti含量高导致基体中χ相的形成。离子辐照模拟结果表明,ODS合金在抗辐照肿胀和偏析性能方面优于奥氏体合金。

表4-16　在650℃下的拉伸性能和断裂寿命应力

序号	σ_b/MPa	$\sigma_{0.2}$/MPa	δ/%	$\sigma_{b/100}$/MPa
S1	520	381	29.0	—
S2	468	428	35.5	>260
S4	408	365	21.0	>270
T2	598	542	23.0	—
T5	542	490	27.0	>340
T7	542	515	23.0	>340
T8	572	548	25.0	>420

ODS合金制造过程的关键技术问题是,氧化物分布不均匀,且沿晶界分布。我国通过纳米氧化物/界面能量调控,可解决氧化物分布不均匀、晶界氧化物颗粒粗大的难题,从而实现不同体量合金中纳米强化相的尺寸细小与弥散分布,提升包壳高温性能,实现批量化加工650℃级别的ODS包壳管材。

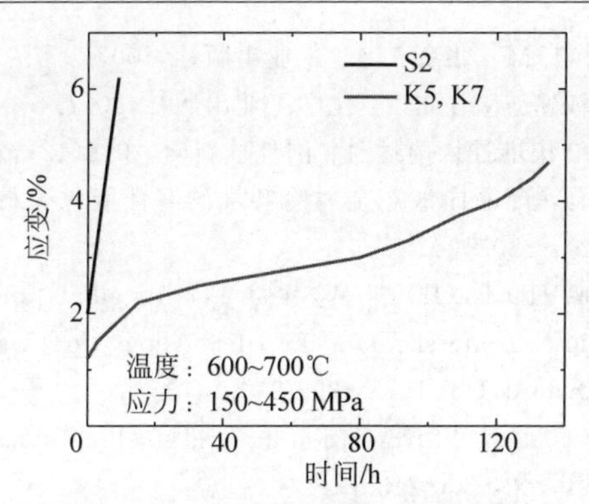

图 4-69　S2、K5、K7 样品的蠕变曲线

（请扫Ⅱ页二维码看彩图）

4.7　总结和建议

综上所述，推动快堆材料研究的主要问题仍然是必须将目前可实现的燃耗（10%～12%）提高两倍。获得更高的燃耗就需要改进包壳材料，以抵抗空洞肿胀、过度脆化和高温强度的损失。

进一步改进奥氏体钢以抵抗 100～150 dpa 以上的肿胀的潜力很小。

铁素体和铁素体-马氏体钢的使用可能提供了在低膨胀状态下承受 200～250 dpa 的抵抗能力，但其在高温下的低强度影响燃料的操作特性，同时需要采取特殊的设计措施来减小由裂变气体、燃料和包壳之间相互作用所增加的包壳内部压力。

目前，最有潜力的方法是开发铁素体和铁素体-马氏体钢的 ODS 变体，它们将比非 ODS 钢具有更高的热稳定性和更低的肿胀率。但大剂量中子辐照下抗肿胀的性能还有待实验证明。

由于在可预见的未来内，无法达到超过 150～200 dpa 的中子辐照剂量。因此，材料界需要开发能够达到这种 dpa 剂量的模拟程序。同时要认识到，这可能减少 ODS 合金肿胀，但可能不适用于解决辐照、热蠕变以及脆化的问题。这种模拟程序应与理论建模相结合，以便对不同（离子与中子）辐照环境中获得的辐射效应进行充分解释。

参 考 文 献

[1]　阎昌琪，王建军，谷海峰. 核反应堆结构和材料[M]. 哈尔滨：哈尔滨工程大学出版社，2015.

[2] 刘建章.核结构材料[M].北京：化学工业出版社,2007.

[3] 郁金南.材料辐照效应[M].北京：化学工业出版社,2007.

[4] 伍浩松.俄 BN-800 快堆投入商运[J].国外核新闻,2016(12)：15.

[5] 柯艺璇,杨文,黄晨,等.面向液态金属冷却堆的高性能包壳材料研究进展[J].材料导报,2023,37(Z2)：23030042.

[6] ANDERKO K,DAVID E,OHLY W,et al. Ferritic alloys for use in nuclear energy [C]//Proc. Topical Conference on Ferritic Alloys for Use in Nuclear Energy Technologies,Snowbird,UT,1983：299-306.

[7] BATES J F,POWELL R W. Irradiation induced swelling in commercial alloys[J]. J. Nucl. Mater. ,1981,102：200-213.

[8] BHAT N P,BORGSTEDT H U. Thermodynamic stability of Na_4FeO_3 and threshold oxygen levels in sodium for the formation of this compound on AISI 316 steel surfaces[J]. J. Nucl. Mater. ,1988,158：7.

[9] BOULANGER J,LE NAOUR L,LEVY V. Effect of dose rate on the microstructure of cold-worked 316 stainless steel[C]//Proc. Conference on Dimensional Stability and Mechanical Properties of Irradiated Metals and Alloys,Brighton,1983：1-4.

[10] BORGSTEDT H U,MATHEWS C K. Applied chemistry of the alkali metals[M]. New York：Plenum Press,1987.

[11] BUDYLKIN N I,BULANOVA T M,MIRONOVA E G,et al. The strong influence of displacement rate on void swelling in variants of Fe-16Cr-15Ni-3Mo austenitic stainless steel irradiated in BN-350 and BOR-60[J]. J. Nucl. Mater. ,2004,329-333：621-624.

[12] CHEON J S. U-Zr SFR fuel irradiation test in HANARO[C]//Design,Manufacturing and Irradiation Behaviour of Fast Reactor Fuels,Proc. Mtg. ,Obninsk,2011.

[13] CHELLAPANDI P, PUTHIYAVINAYAGAM P, JEYAKUMAR T, et al. Approach to the design and development of high burnup fuels for sodium cooled fast reactors[C]//Design, Manufacturing and Irradiation Behaviour of Fast Reactor Fuels,Proc. Mtg. ,Obninsk,2011.

[14] COGHLAN W A,GARNER F A. Effect of nickel content on the minimum critical void radius in ternary austenitic alloys[C]//Effects of Radiation on Materials：Thirteenth International Symposium (Part 1) Radiation Induced Changes in Microstructure. Philadelphia,PA：ASTM STP 955,1987：315-327.

[15] DUBUISSON P,CARLAN Y,GARAT V,et al. ODS ferritic-martensitic alloys for sodium fast reactor fuel pin cladding[J]. J. Nucl. Mat. ,2012,428 (1-3)：6-12.

[16] DUBUISSON P H. Core structural materials-feedback experience from PHÉNIX [C]//Design,Manufacturing and Irradiation Behaviour of Fast Reactor Fuels,Proc. Mtg. , Obninsk,2011.

[17] DUPOUY J M,CARTERET Y,AUBERT H,et al. EM 12 a possible fast reactor core material[C]//Proc. Topical Conference on Ferritic Alloys for Use in Nuclear

Energy Technologies, Snowbird, UT, 1983: 125-128.

[18] DVORIASHIN A M, POROLLO S I, KONOBEEV Y V, et al. Influence of high dose neutron irradiation on microstructure of EP-450 ferritic-martensitic steel irradiated in three Russian fast reactors [J]. J. Nucl. Mater., 2004, 329-333: 319-323.

[19] ESMAILZADEH B, KUMAR A S, GARNER F A. The influence of silicon on void nucleation in irradiated alloys[J]. J. Nucl. Mater., 1985, 133-134: 590-593.

[20] FISSOLO A, CAUVIN R, HUGOT J P, et al. Influence of swelling on irradiated Ti modified 316 embrittlement [C]//11th International Symposium, Effects of Radiation on Materials. Philadelphia: American Society for Testing and Materials, ASTM STP 782, 1982: 700-713.

[21] GARNER F A, BATES J F, MITCHELL M A. The strong influence of temper annealing conditions on the neutron-induced swelling of cold-worked austenitic steels [J]. J. of Nucl. Mater., 1992, 189: 201-209.

[22] GARNER F A, BLACK C A, EDWARDS D J. Factors which control the swelling of Fe-Cr-Ni ternary austenitic alloys[J]. J. Nucl. Mater., 1997, 245: 124-130.

[23] GARNER F A, BRAGER H R. Swelling of austenitic iron-nickel-chromium ternary alloys during fast neutron irradiation [C]//Effects of Radiation on Materials: Twelfth International Symposium. Philadelphia, PA: ASTM STP 870, 1985: 187-201.

[24] GARNER F A, EDWARDS D J, BRUEMMER S M, et al. Contribution of materials investigation to the resolution of problems encountered in pressurized water reactors [C]//Proceedings of Fontevraud, 2002, 5: 22.

[25] GARNER F A, GELLES D S, GREENWOOD L R, et al. Synergistic influence of displacement rate and helium/dpa ratio on swelling of Fe-(9,12)Cr binary alloys in FFTF at ~400℃[J]. J. Nucl. Mater., 2004, 329-333: 1008-1012.

[26] GARNER F A, GELLES D S. Neutron-induced swelling of commercial alloys at very high exposures [C]//Symposium on Effects of Radiation on Materials: 14th International Symposium. Philadelphia, PA: American Society for Testing and Materials, ASTM STP 1046, 1990: 673-683.

[27] GARNER F A, GREENWOOD L R. Survey of recent developments concerning the understanding of radiation effects on stainless steels in the LWR power industry [C]//Proceedings of 11th International Conference on Environmental Degradation of Materials in Nuclear Power Systems-Water Reactors, 2003: 887-909.

[28] GARNER F A. Irradiation performance of cladding and structural steels in liquid metal reactors[M]//Nuclear Materials: Part 1, Materials Science and Technology: A comprehensive Treatment. Berlin: VCH Publishers, 1993: 419-543.

[29] GARNER F A, KUMAR A S. The influence of both major and minor element composition on void swelling in austenitic steels [C]//Effects of Radiation on

Materials: Thirteenth International Symposium (Part 1) Radiation induced Changes in Microstructure. Philadelphia,PA: ASTM STP 955,1987: 289-314.

[30] GARNER F A,PORTER D L,MAKENAS B J. A third stage of irradiation creep involving its cessation at high neutron exposures[J]. J. Nucl. Mater. ,1987,148 (3): 279-287.

[31] GARNER F A. Recent insights on the swelling and creep of irradiated austenitic alloys[J]. J. Nucl. Mater. ,1984,122-123: 459-471.

[32] GARNER F A, TOLOCZKO M B, SENCER B H. Comparison of swelling and irradiation creep behaviour of fcc-austenitic and bcc-ferritic-martensitic alloys at high neutron exposure[J]. J. Nucl. Mater. ,2000,276: 123.

[33] GREENWOOD L R. Neutron interactions and atomic recoil spectra[J]. J. Nucl. Mater. ,1994,216: 29-44.

[34] HAMILTON M L,GELLES D S,LOBSINGER R B,et al. Fabrication technological development of the oxide dispersion strengthened alloy MA957 for fast reactor applications[R]. Richland: Pacific Northwest National Laboratory,Report PNNL-13168,WA,2000.

[35] HERSCHBACH K, SCHNEIDER W, EHRLICH K. Effects of minor alloying elements upon swelling and in-pile creep in model plain Fe-15Cr-15Ni stainless steels and in commercial DIN 1. 4970 alloys[J]. J. Nucl. Mater. ,1993,203: 233-248.

[36] HOFMAN G L. Irradiation behaviour of the experimental MK-Ⅱ EBR-Ⅱ driver fuel[J]. Nucl. Tech. ,1980,47: 7-22.

[37] IAEA. Structural materials for liquid metal cooled fast reactor fuel assemblies-operational behaviour[R]. International Atomic Energy Agency,Vienna,2012.

[38] Japan Atomic Energy Agency. Feasibility study on commercialized fast reactor cycle systems technical study report of phase II -(1) fast reactor plant systems[R]. JAEA Research,2006-042.

[39] KAITO T,OHTSUKA S, INOUE M. Advanced nuclear fuel cycles and systems [C]//GLOBAL2007,Idaho,2007,37.

[40] KAITO T,UKAI S,OHTSUKA S,et al. Development of ODS ferritic steel cladding for the advanced fast reactor fuels[C]//GLOBAL2005,Tsukuba,2005,169.

[41] KAMATA K, KITANO T, ONO H, et al. Studies of corrosion resistance of Japanese steels in liquid lead-bismuth [C]//Proceedings of 11th International Conference on Nuclear Engineering (ICONE12),Tokyo,2003,ICONE11-36204.

[42] KHABAROV V S,DVORIASHIN A M,POROLLO,et al. The performance of type EP-450 ferritic-martnesitic steel under neutron irradiation at low temperatures[C]// Proc. of IAEA TCM on Influence of High Dose Irradiation on Core Structural and Fuel Materials in Advanced Reactor,Obninsk,Russian Federation,1998: 139-144.

[43] KOLSTER B W. Mechanism of Fe and Cr transport by liquid sodium in non-isothermal loop systems[J]. J. Nucl. Mater. ,1975,55: 155.

[44] KONDO M, TAKAHASHI M, SUZUKI T, et al. Metallurgical study on erosion and corrosion behaviours of steels exposed to liquid lead-bismuth flow[J]. J. Nucl. Mater., 2005, 343: 349-359.

[45] LEE E H, MANSUR L K. Relationships between phase stability and void swelling in Fe-Cr-Ni alloys during irradiation[J]. Metall. Trans., 1992, 23A: 1977-1986.

[46] MAEDA S. Status of the development of fast breeder reactor fuels in FaCT Project [C]//Design, Manufacturing and Irradiation Behaviour of Fast Reactor Fuels, Proc. Mtg., Obninsk, 2011.

[47] MATHEWS C K. Thermochemistry of fuel-clad and clad-coolant interactions of fast breeder reactors[J]. Pure & Appl. Chem., 1995, 67(6): 1011-1018.

[48] MATHEW M D, PANIGRAHI B, VENUGOPAL S, et al. Development of modified alloy D9 SS for PFBR fuel subassembly[R]. Kalpakkam: Indira Gandhi Centre for Atomic Research, 2002.

[49] MAZIASZ P J, MCHARGUE C J. Microstructural evolution in annealed austenitic steels during neutron irradiation[J]. Int. Mater. Rev., 1987, 32 (4): 190-219.

[50] MAZIASZ P J. Overview of microstructural evolution in neutron-irradiated austenitic stainless steels[J]. J. Nucl. Mater., 1993, 205: 118-145.

[51] NAKAE N, BABA T, KAMIMURA K. Basis of technical standard on fuel for sodium-cooled fast breeder reactor[J]. J. Nucl. Sci. and Technol., 2011, 48 (4): 524-531.

[52] NARITA T, UKAI S, KAITO T, et al. Development of two-step softening heat treatment for manufacturing 12Cr-ODS ferritic steel tubes [J]. J. Nucl. Sci. Technol., 2004, 41(10): 1008-1012.

[53] NEUSTROEV V S, OSTROVSKY Z E, TEYKOVTSEV A A, et al. Experimental investigations of destruction of irradiated hexahedral FA wrappers of the BOR-60 reactor[C]//Proceedings of the First Inter-industry Conference on Reactor Material Science, Dimitrovgrad, 1998: 42-66 (in Russian).

[54] ODETTE G R, ALINGER M J, WIRTH B D. Recent developments in irradiation-resistant steels[J]. Annual Review of Materials Research, 2008, 38: 47-503.

[55] OHTSUKA S, UKAI S, FUJIWARA M, et al. Improvement of 9Cr-ODS martensitic steel properties by controlling excess oxygen and titanium contents[J]. J. Nucl. Mater., 2004, 329-333: 372-376.

[56] OHTSUKA S, UKAI S, FUJIWARA M, et al. Nano-structure control in ODS martensitic steels by means of selecting titanium and oxygen contents[J]. J. Phys. Chem. Solids., 2005, 66: 571-575.

[57] OHTSUKA S, UKAI S, SAKASEGAWA H, et al. Improvement of creep strength of 9Cr-ODS martensitic steel by controlling excess oxygen and titanium concentrations[J]. Mater. Trans., 2005, 46 (3): 487-492.

[58] OHTSUKA S, UKAI S, SAKASEGAWA H, et al. Nano-mesoscopic structural

characterization of 9Cr-ODS martensitic steel for improving creep strength[J]. J. Nucl. Mater. ,2007,367-370: 160-165.

[59] POROLLO S I,KONOBEEV Y V,SHULEPIN S V. Analysis of the behaviour of 0Kh16N15M3BR steel BN-600 fuel element cladding at high burnup[J]. Journal Atomnaya Energiya,2009,106 (4): 188-195 (In Russian).

[60] POROLLO S I,SHULEPIN S V,KONOBEEV Y V,et al. Influence of silicon on swelling and microstructure in Russian austenitic stainless steel EI-847 irradiated to high neutron doses[J]. J. Nucl. Mater. ,2008,378 (1): 17-24.

[61] POROLLO S I, VOROBJEV A N, KONOBEEV Y V, et al. Swelling and void-induced embrittlement of austenitic stainless steel irradiated to 73-82 dpa at 335-365℃[J]. J. Nucl. Mater. ,1998,258-263 (2): 1613-1617.

[62] POVSTYANKO A V,FEDOSEEV A Y,MAKAROV O Y,et al. A study of four experimental fuel subassemblies using EP-450 FM pin claddings and hexagonal ducts after irradiation to 108-163 dpa in the BOR-60 reactor[C]//Proc. of 2010 ANS Winter Meeting,Las Vegas,NV,2010.

[63] RAJENDRAN P S,MATHEWS C K. Carbon potential and carbide equilibrium in 18/8 austenitic steels[J]. J. Nucl. Mater. ,1987,150: 31-41.

[64] RUSANOV A E,POPOV V V,KURINA I S,et al. Materials testing aspects of fuel elements development for lead-bismuth cooled fast reactor SVBR-100 [C]// Proceedings of Int. Conference on Fast Reactors and Related Fuel Cycles: Challenges and Opportunities (FR09),Kyoto,2009,Paper IAEA-CN-176/04-21P,421-427.

[65] SEKI M,HIRAKO K,KONO S,et al. Pressurized resistance welding technology development in 9Cr-ODS martensitic steels[J]. J. Nucl. Mater. , 2004, 329-333: 1534-1538.

[66] SEKIMURA N,OKITA T,GARNER F A. Influence of carbon addition on neutron-induced void swelling of Fe-15Cr-16Ni-0. 25Ti model alloy[J]. J. Nucl. Mater. , 2007,367-370: 897-903.

[67] SENCER B H,GARNER F A. Compositional and temperature dependence of void swelling in model Fe-Cr base alloys irradiated in the EBR-II fast reactor[J]. J. Nucl. Mater. ,2000,283-287: 164-168.

[68] SENCER B H,KENNEDY J R,COLE J I,et al. Microstructural analysis of an HT9 fuel assembly duct irradiated in FFTF to 155 dpa at 443℃[J]. J. Nucl. Mater. , 2009,393: 235-241.

[69] SERAN J L,LEVY V,DUBUISSON P,et al. Behaviour under neutron irradiation of the 15-15Ti and EM10 steels used as standard materials of the Phénix fuel subassembly [C]//Effects of Radiation on Materials: 15th International Symposium. Philadelphia: American Society for Testing and Materials. ASTM STP 1125,1992: 1209-1233.

[70] SHANKAR V. Role of compositional factors in hot cracking of austenitic stainless

steel weldments[D]. Madras: Indian Institute of Technology, 2000.

[71] SHIKAKURA S, NOMURA S, UKAI S, et al. Development of high-strength ferritic-martensitic steel for FBR core materials[J]. Journal of the Atomic Energy Society Japan, 1991, 33 (12): 1157 (in Japanese).

[72] SUN J, CHEN C, ZHANG X, et al. Property of resistance to irradiation damage of ODS ferritic alloys[J]. Acta Metallurgical Sinica, 1998, 34: 1210-1216 (in Chinese).

[73] SRIDHARAN R, KRISHNANMURTHY K, MATHEWS C K. Thermodynamic properties of ternary oxides of alkali metals from oxygen potential measurements [J]. J. Nucl. Mater., 1989, 167: 265.

[74] TAKAHASHI M, IGASHIRA M, OBARA T, et al. Studies on materials for heavy-liquid-metal cooled reactors in Japan [C]//Proceedings of 10th International Conference on Nuclear Engineering (ICONE10), Arlington, 2002.

[75] TATEISHI Y. Development of long life FBR fuels with particular emphasis on cladding material improvement and fuel fabrication[J]. J. Nucl. Sci. Tech., 1989, 26 (1): 132.

[76] TATEISHI Y, YUHARA S, SHIBAHARA I, et al. Development of modified SUS 316 stainless steel as core material for fast breeder reactors[J]. Journal of the Atomic Energy Society Japan, 1988, 30: 1005 (in Japanese).

[77] TIAN Y, LIU G, SHAN B. Creep properties of ODS ferritic alloys for FBR cladding application[J]. Powder metallurgical technology, 2001, 19: 16-19 (in Chinese).

[78] TIAN Y, PAN Q, LIU G, et al. Effects of Ti on strengthening of ODS ferritic alloy for advanced FBR cladding application[J]. Acta Metallurgical Sinica, 1998, 34: 1217-1222 (in Chinese).

[79] TOLOCZKO M B, GARNER F A, EIHOLZER C R. Irradiation creep and swelling of the US fusion heats of HT9 and 9Cr-1Mo to 208 dpa at ～400℃[J]. J. of Nucl. Mater., 1994, 212-215: 604-607.

[80] TOLOCZKO M B, GARNER F A. Reanalysis of swelling and irradiation creep data on 316 type stainless steels irradiated in the FFTF and Phénix fast reactors[C]// Proceedings of Effects of Radiation on Materials: 19th International Symposium. American Society for Testing and Materials, 2000: 655-666.

[81] TOLOCZKO M B, GELLES D S, GARNER F A, et al. Irradiation creep and swelling from 400-600℃ of the oxide dispersion strengthened ferritic alloy MA957 [J]. J. Nucl. Mater., 2004, 329-333: 352-355.

[82] TSELISHCHEV A V, BUDANOV Y P, MITROFANOVA N M, et al. Development of structural steels for fuel pins and fuel assemblies of sodium cooled fast reactors [C]//Design, Manufacturing and Irradiation Behaviour of Fast Reactor Fuels, Proc. Mtg., Obninsk, 2011.

[83] UKAI S, KAITO T, OHTSUKA S, et al. Production and properties of nano-scale 9Cr-ODS martensitic steel claddings [J]. ISIJ International, 2003, 43 (12):

2038-2045.

[84] UKAI S,KAITO T,OHTSUKA S,et al. Development of optimized martensitic 9Cr-ODS steel cladding[C]//Transactions of the 2006 ANS Annual Meeting, Reno, 2006: 786-787.

[85] UKAI S,KAITO T, SEKI M. Oxide dispersion strengthened (ODS) fuel pin fabrication for BOR-60 irradiation test[J]. J. Nucl. Sci. Technol., 2005, 42(1): 109-122.

[86] UKAI S,MIZUTA S, FUJIWARA M, et al. Characterization of high temperature creep properties in recrystallized 12Cr-ODS ferritic steel claddings[J]. J. Nucl. Sci. Technol.,2002,39(7): 778-788.

[87] VASILYEV B A,VASYAEV A V,GUSEV D V,et al. Current status of BN-1200M reactor plant design[J]. Nuclear Engineering and Design, 2021,382: 111384.

[88] YAMASHITA S, AKASAKA N, OHNUKI S. Nano-oxide particle stability of 9-12Cr grain morphology modified ODS steels under neutron irradiation[J]. J. Nucl. Mater.,2004,329-333: 377-381.

[89] YOSHIDA E,KATO S. Sodium compatibility of ODS steel at elevated temperature [J]. J. Nucl. Mater.,2004,329-333: 1393-1397.

[90] YOSHITAKE T,ABE Y,AKASAKA N,et al. Ring-tensile properties of irradiated oxide dispersion strengthened ferritic-martensitic steel claddings[J]. J. Nucl. Mater.,2004,329-333: 342-346.

[91] ZRODNIKOV A V,TOSHINSKY G I KOMLEV O G,et al. SVBR-100 module-type fast reactor of the Ⅳ generation for regional power industry[C]//Proceedings of Int. Conference on Fast Reactors and Related Fuel Cycles: Challenges and Opportunities (FR09),Kyoto,2009,Paper IAEA-CN-176/01-09,93-95.

第5章　液态金属冷却反应堆的耐事故燃料和材料

5.1　液态金属冷却反应堆燃料与材料发展历史

目前,国际上考虑的中功率和高功率LMR包括两个基本类别：SFR和LFR。通过堆芯优化和满足在紧急情况下安全的要求,形式上可以消除具有铅冷却剂和单氮化物燃料的反应堆中的严重事故。但对于SFR,基本上不可能完全消除堆芯解体严重事故。

为了提高LMR的安全性能,需要开发新的堆芯材料。首先,在系统方法框架内,按照解决多标准问题的要求,为动力LMR选择最佳冷却剂,并根据偏好程度对冷却剂进行排序。然后,研究堆芯材料的性能(密度、热导率等),只选择给定性能范围内的材料。

在三哩岛事故(1979年)之后,美国和欧洲加强了消除核电站严重事故的工作。到20世纪80年代中期,PIUS LWR(瑞典)、GCRA(美国)、DYONISOS(瑞士)和MSGR熔盐反应堆(中国)等堆型被提出。这些堆型的目的是消除在严重事故中对堆芯的破坏。

20世纪80年代初,美国开始对未紧急停堆的预期瞬变(ATWS)进行理论和实验建模。到1986年4月初(切尔诺贝利核事故发生前几天),在EBR-Ⅱ反应堆的ATWS机制的实验建模工作基本完成,并证明用钠冷却可确保低动力反应堆的自我保护能力。随后,锆掺杂金属燃料被提议作为美国SFR的耐事故燃料(ATF)。它是一种高密度和高热导率的燃料。到20世纪90年代早期,模块化SFR PRISM(动力反应堆-固有安全模块)和使用这些燃料的先进钠冷快堆项目被认为很有前途。

在切尔诺贝利核事故后,苏联科学家开始解决并排除反应堆严重事故的问题。很明显,实验研究在反应堆安全问题上是有限的。这样的实验既昂贵又难以进行,并且它们对公众和环境都构成了潜在的危险。

钠具有高化学活性,它的使用需要一个中间循环回路,SFR通常采用一个三回路冷却系统。掺杂锆的金属燃料的熔点相对较低。俄罗斯继续开发化学活性更低的重质冷却剂(铅),和更耐热的混合铀钚单氮化物(MN)。MN燃料是耐热 MOX、高密度和高导热金属燃料(包括掺杂锆)之间的合理折中方案。

此外,到 1989 年,苏联已经开发出了一种使用 MN 作为燃料、采用铅冷却的 BRS-1000 动力快堆的概念设计。到 1993 年,另一个概念设计 BRS-300 试验反应堆被提出。它是 BREST-OD-300 项目的前身。

5.2　液态金属冷却反应堆燃料与材料面临的主要问题

5.2.1　快堆的具体挑战

除了一般的危险因素外,快堆的重要特征是反应性事故(如反应堆超临界)和在使用液态金属冷却剂时出现正空泡反应效应的可能性。

5.2.2　反应性事故的风险

当反应性 $\rho>\beta$(β 是缓发中子的份额)时,反应堆超临界。反应堆功率或中子密度 n 随时间 t 的变化可以用动力学方程来计算:

$$\frac{\mathrm{d}n}{\mathrm{d}t}\approx\frac{(\rho-\beta)nk}{l} \tag{5-1}$$

其中,k 为有效倍增因子;l 为瞬发中子的平均寿命,$l=l_{\infty}P$,这里 l_{∞} 为瞬发中子在无限介质中的平均寿命,P 为不泄漏概率。

在无限介质中,快中子的平均寿命为

$$l_{\infty}=\frac{\Lambda_{\mathrm{a}}}{v}=\frac{1}{v\Sigma_{\mathrm{a}}} \tag{5-2}$$

其中,Λ_{a} 是中子的平均吸收自由程。在快堆中,中子平均速度 v 比热堆高几个数量级,尽管宏观吸收截面 Σ_{a} 要低两个数量级。因此,在快堆中 l 为 $10^{-7}\sim10^{-5}$ s,在热堆中 l 约为 10^{-3} s。在其他条件(ρ,β)相同时,快堆的 $\mathrm{d}n/\mathrm{d}t$ 更高,即中子的功率或密度增加得更快。显然,使用吸收截面小的冷却剂也有助于快堆自我保护,减少反应性事故的风险。在这种情况下,^{208}Pb 的优点是明显的。

快堆的另一个特点是在燃料中以 ^{239}Pu 作为主要的易裂变核素。^{235}U 的缓发中子的份额为 0.68%。^{239}Pu 的缓发中子的份额为 0.217%。因此,当引入相同的反应性时，在使用^{239}Pu作为易裂变核素的反应堆(与^{235}U相比)中，ρ-β差异更大。在快堆中，可增殖核素(具有偶数中子的重核)的裂变起着重要的作用。根据这些原子核的裂变截面(^{238}U、^{232}Th)和引起裂变的中子的动能，在$E \approx 1.4$ MeV处有一个阈值。在热堆中子谱中，可增殖核素的裂变对有效中子倍增系数的贡献很小，为5%～7%。在快堆中，有1/4～1/3的可增殖核素裂变。^{238}U的β值为1.61%，^{232}Th为2.28%。使用含有^{239}Pu的废铀和钚为燃料，快堆缓发中子份额将明显高于易裂变同位素^{239}Pu，为0.36%～0.38%。当使用^{232}Th时甚至更高。

快堆中，一部分元素是由次锕系裂变而来的，例如，长寿命放射性废物^{237}Np和^{241}Am。为了回收核废料和防止核扩散，这些元素被用于制造(达5%)新一代快堆的燃料。^{241}Am的β值为0.16%，这些原子核的裂变阈值略高于1 MeV。在快堆中子谱中，多达1/3的镅原子核可以裂变，这导致β的平均值降低，反应性事故的潜在危险增加。从排除这种情况的方法来看，有必要防止反应性的输入($\rho>\beta$)。为此，有必要限制(最小化)反应性储备，首先是燃料燃耗反应性储备($\Delta\rho_b$)。对于同质核，堆芯增殖比BRC=1和$\Delta\rho_b=0$的条件增殖比是相等的。在实际情况下，总反应性裕度可限于β。

5.2.3 正空泡反应性效应问题

在液体冷却剂的反应堆中，冷却剂的沸腾(包括局部沸腾)将产生蒸气泡，它的密度远小于液体的密度。液体冷却剂在堆芯受热产生空泡，会减少冷却剂对中子的吸收而增加反应性，并会形成正向循环，此为正空泡反应性效应。空泡反应性(VRE)具有很强的空间依赖性，堆芯中心区域出现空泡是最危险的。在这种情况下，来自堆芯中子泄漏的可能性很小，而且，VRE通常是最大的。如果反应堆功率增加，堆芯的体积增加，中子的泄漏减少，从而导致VRE增加。在具有传统堆芯布局的大功率反应堆中，当其堆芯中心部分出现空泡时，实现了局部VRE是正的，通常比缓发中子的份额高出几倍。

VRE与中子能谱的变化、中子的泄漏、寄生吸收的减少和自屏蔽因子的变化有关。VRE的中子能谱分量和泄漏分量的绝对值最大，符号相反。它们主要决定了VRE。从VRE最小化的角度来看，基于双性核(如铅208)的冷却剂、具有高中子捕获截面的燃料和结构材料是值得关注的。

5.2.4 氧化物燃料的使用问题

在中高功率快堆中使用二氧化物燃料时，不同类型的多普勒反应性系数引入的反应性相反,因此在自保护反应堆设计中对多普勒系数存在矛盾要求。

当使用二氧化物燃料(包括氧含量较低的燃料)、传统的燃料组件和燃料棒栅格时,BRC(小于1)的最大值不超过0.86。这是由于中子在氧原子核上发生弹性散射,中子能量降低,每个裂变产生的平均中子数量减少。二氧化物燃料的低热导率和密度降低了反应堆的自保护能力。低BRC要求在反应堆有显著的燃耗储备(比β大几倍),但这不可以确定地排除反应性事故(反应堆快速处于超临界状态)。

在工作温度下,氧气从氧化钚中释放出来,并迁移到燃料包壳中。在游离氧存在的情况下,核燃料、裂变产物(铯、碘、碲、溴、硒、锑)和工艺杂质(氯、氟、二氧化碳)与燃料棒包壳的化学相互作用降低了包壳的强度和可塑性,增加了包壳内表面的腐蚀速率。在苏联、美国和英国,氧化物燃料的开发商在快堆发展的初期就面临着产氧量的问题。为了"结合"游离氧,需使用吸气剂。在苏联,使用振动压缩MOX燃料(3%～10%)的首次实验在JSC"VNIINM"(莫斯科)开始,然后在JSC"SSCNIIAR"(Dimitrovgrad)继续进行。研究于1981年在BOR-60反应堆进行,1982年在BN-350进行,1987年在BN-600进行。在BN-600中,向这种燃料的过渡并没有解决包壳内表面的腐蚀问题。

5.2.5　LMR功率的现代发展方向

如前所述,世界正在考虑中功率和高功率LMR的两个主要概念:采用钠或铅作为冷却剂。LBE作为低功率反应堆的冷却剂,20世纪90年代,韩国、中国、日本和其他国家对LFR表现出了兴趣。在俄罗斯,这种低功率反应堆的项目正在开发。铋比铅要贵得多。铋的使用导致了短寿命的高活性同位素钋210的产生。在20世纪90年代,在反应堆运行期间,研究人员积极开发了从钋中净化冷却剂的系统。

在许多国家,钠冷却剂是开发LMR的首选。2016年,在俄罗斯,BN-800投入电力运行,BN-1200项目正在开发。

俄罗斯(技术设计和计划建设BREST-OD-300,MN燃料的概念设计工作BREST-1200正在进行),欧盟国家(自2006年开始项目ELFR、ELSY、LEADER、ALFRED与MOX燃料开发)和美国(2005—2007年)正积极进行LFR的开发工作。此外,在不同目标和目的下,采用UN燃料的概念项目被提出,如STAR系列反应堆。

5.2.6　在向大功率反应堆过渡过程中出现的问题

就避免快堆发生严重事故的可能性而言，BREST-OD-300 反应堆是最具吸引力的。这是一个低功率的反应堆。众所周知，相较于高功率反应堆，确保低功率反应堆的安全要容易得多。在反应堆功率增加(BREST-1200)时，存在固有安全性问题。例如，VRE 是 β 的几倍。液态铅对结构材料的腐蚀侵蚀率较高，阻碍了 BREST 反应堆成为高效经济的核电站。在 BREST-OD-300 中，如果估计每年需要 39 kg 钢(仅堆芯)，而 BREST-1200 每年需要 $39\times4=156$ kg。

MN 燃料的使用将伴随着氮气(从 PuN)的释放，并向燃料包壳迁移。在游离氮的存在下，包壳内表面的腐蚀速率增加。这个过程类似于从 MOX 燃料中释放游离氧气，唯一的区别是，氮气存在时的腐蚀速率低于氧存在时的腐蚀速率。

反应堆堆芯中没有锆，可以确定地消除蒸汽-锆化学反应。然而，在高温下进行的其他金属基化学反应中，可能释放氢气。在燃料元件表面没有氧化膜的情况下，铬与蒸汽(水)发生反应：$2Cr+3H_2O \longleftrightarrow Cr_2O_3+3H_2$。在这个反应中，热量和游离氢被释放出来。因此，必须小心地保护包壳表面，以避免与堆芯中的蒸汽接触。(铬是快堆的结构钢的一部分，BREST 采用了一个双回路冷却系统，铅为一回路，蒸汽为二回路)。

根据文献调研，氮与铅的相互作用(如果燃料和包壳之间有铅层)会导致更多叠氮化铅的形成。然而，铅不会与氮发生反应，而且这种情况是极不可能发生的。叠氮化铅的生产需要特殊的条件和 BREST 中不存在的试剂。

5.2.7　瞬态事故

作为安全分析确定性方法的一部分，ATWS 需要优先考虑。在 LMR 中，通过使用反应性 δp、冷却剂流速 δG 和堆芯入口 δT_{in} 处的冷却剂温度这些参数，描述了包括 ATWS 在内的一整套(模拟)瞬态事故。在设计 LMR 时，以下瞬态事故(指定常用缩写)及其组合对应于各种事故。

1. $\delta\rho>0$——TOP WS(*无保护超功率瞬态*)

无保护超功率瞬态是无停堆保护机制的堆芯反应性引入瞬态，通常由控制棒意外抽出堆芯引起。显著的正反应性被引入堆芯中，导致堆芯功率激增，引起堆内材料和冷却剂温度上升。堆芯中引入的正反应性会迅速被各种负反应性反馈所抵消，虽然堆芯最终会达到反应性平衡，但会处于超额定功率的状态。因此，无保护超功率瞬态下的设计安全裕度需要深入探究，分析是否有可能发生冷却剂沸腾、燃料包壳破损和燃料熔化等现象。

2. $\delta G<0$——LOF WS(无保护失流瞬态)

无保护失流瞬态主要表现为一回路泵故障，并且控制棒无法插入堆芯实现停堆。在设想的最保守的无保护失流瞬态中，全厂断电使得反应堆一回路泵和其他回路泵失电惰转，一回路冷却剂流量大幅降低，换热器的正常换热功能也因流量骤降而失效。在停堆保护功能失效的情形下，堆芯的反应性取决于自身的反应性反馈。泵的停运使得一回路冷却剂流量不断降低，直至一回路自然循环模式建立，此时一回路的循环流量取决于流动通道的总压降和浮力，可通过一回路的设计参数直接进行估计和预测。无保护失流瞬态中一回路冷却剂流量大幅衰减，堆芯热量的产生和导出不匹配，这可能导致堆芯内冷却剂的过热。对于大型钠冷快堆而言，当堆芯温度达到钠的沸点并产生气泡时，可能引入显著的正反应性，导致功率控制失效，并可能引发严重事故。

3. $\delta T_{in}>0$——LOHS WS(无保护失热阱瞬态)

无保护失热阱瞬态主要表现为换热器换热功能失效，而且控制棒无法插入堆芯实现停堆。在该瞬态情形下，一回路无法通过换热器正常地向二回路导出热量，同时安全系统的停堆保护功能失效。与无保护失流瞬态不同的是，一般在无保护失热阱瞬态中，一回路泵仍能保持正常运行，一回路冷却剂流量得到维持，但该瞬态事故依然会使一回路整体显著升温。和无保护失流瞬态类似，无保护失热阱瞬态下堆芯的反应性反馈起到重要的作用。

4. 单独考虑无保护冷却剂丧失事故(LOCA WS)

研究人员使用 FRISS-2D 和 DRAGON-M 程序对 LOF WS、TOP WS 和 LOHS WS 进行了仿真，使用 DRAGON-M 和 MCU 程序来分析 LOCA WS。

5.2.8 小结

使用钠或铅冷却剂的快堆有一些缺点，因此，在提高安全性方面尚需进一步的研究。这在向大功率反应堆(例如 BN-1200、BREST-1200)的过渡中尤为明显。通过使用改进的堆芯材料，可以改进现有的燃料、冷却剂和结构材料，并在提高下一代反应堆的安全性方面取得成效。

5.3　液态金属冷却反应堆的耐事故燃料和材料研发现状

5.3.1　铅 208 基冷却剂

液态金属冷却反应堆的冷却剂包括钠、铅和铅铋合金。表 5-1 显示了关于地壳中铅、铋和钠的世界产量和世界储量的数据。

表 5-1　地壳中铅、铋和钠的产量和储量

元素	世界产量/(t/a)	世界储备/t
钠	2×10^5(金属)2.9×10^7(碳酸盐)1.68×10^8(盐)	几乎无限
铅	4.1×10^6	8.5×10^7
铋	3×10^3(与铅和铜有关)	—

天然铅可用于 LFR。这种铅的同位素组成(^{nat}Pb：1.4%-^{204}Pb-23.6%^{206}Pb-22.6%^{207}Pb-52.4%^{208}Pb)是通过平均所有已知的沉积物(约 1500 种)得到的。铅在不同矿藏的同位素的组成可能有很大的差异(表 5-2)。

表 5-2　不同矿床中铅的同位素组成/wt.%

矿　石	^{204}Pb	^{206}Pb	^{207}Pb	^{208}Pb
花岗岩钍矿石中伟晶岩的单个晶胞	0.01～0.076	0.89～26.43	0.35～4.11	69.15～97.74
铀矿片麻岩中花岗岩	0.12～0.15	85.53～85.81	10.49～10.54	3.58～3.69
粉色结晶花岗岩的锆石、花岗岩、单个晶胞、磁铁矿	0.101～0.320	46.71～75.58	7.74～12.93	12.48～45.40
铅和多金属方铅矿	1.09～1.61	18.64～25.17	21.36～30.80	49.30～52.49
深海和太平洋	1.34	25.43	21.11	52.12
天然铅	1.4	23.6	22.6	52.4

不同矿床中铅的同位素组成差异巨大，为不使用昂贵的同位素分离技术而优化铅冷却剂的组成提供了可能。通过混合来自不同沉积物的铅，有可能获得一种给定浓度的稳定同位素的冷却剂，即具有给定的核物理性质。如果有必要减少 VRE，最好是高浓度^{208}Pb 钍铅(^{232}Th 衰变产物)；如果有必要减少^{210}Po 的生产，需要高浓度铀铅^{206}Pb(^{238}U 衰变产物)，小杂质^{207}Pb(^{235}U 衰变产物)，以及非放射性铅^{204}Pb。铀和非放射性铅的使用导致了 VRE 值的增加。

图 5-1 和图 5-2 显示了乌克兰地壳单个晶胞中铅同位素组成的统计数据。该地壳的年龄约为 20 亿年，对 49 个样本进行了分析。

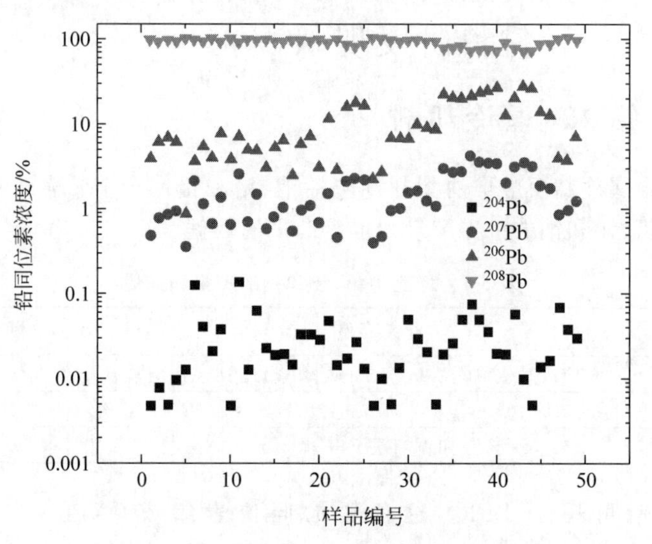

图 5-1　不同样品中铅同位素的浓度

（请扫Ⅱ页二维码看彩图）

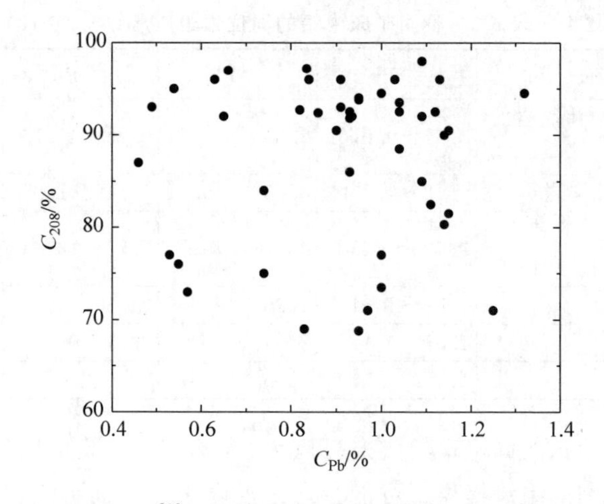

图 5-2　铅中同位素^{208}Pb(C_{208})的含量与样品(C_{Pb})中铅含量的关系

图 5-3 显示了在高功率 BREST 反应堆中研究冷却剂中^{208}Pb 含量和冷却剂密度对反应性($\Delta\rho$)影响的单片机(MCU)计算结果。其中，图 5-3(a)给出了 VRE 与冷却剂中^{208}Pb 含量的关系，图 5-3(b)显示了反应性与基于多金属矿石的铅冷却剂密度的关系。在进行研究时，考虑了以下区域出现空泡的

情况：整个反应堆(计算密度的影响-整个反应堆冷却剂密度的变化)；整个堆芯和下反射器(或铅密度的变化)；以及整个堆芯。VRE 的实施涉及冷却剂的完全损失(整个反应堆、堆芯或其一部分出现空泡)，密度效应的实施涉及冷却剂密度的变化。

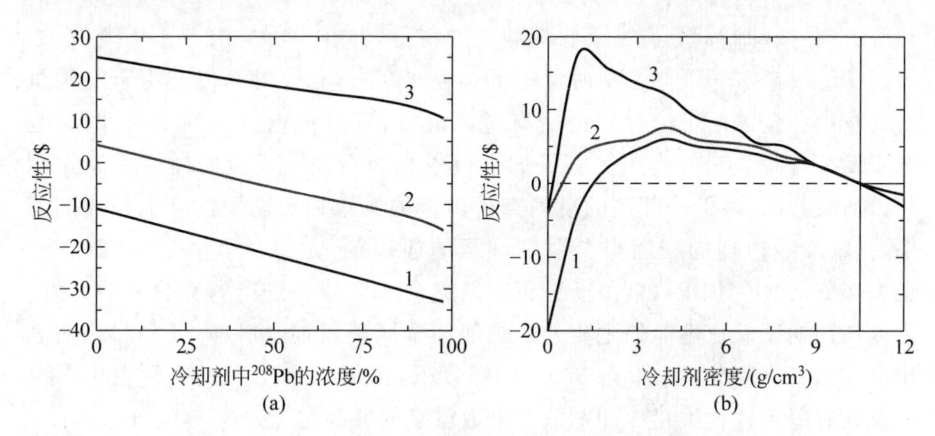

图 5-3　(a)冷却剂中^{208}Pb 浓度对 VRE 的影响和(b)冷却剂密度对反应性的影响
(请扫Ⅱ页二维码看彩图)

表 5-3 显示了 BREST 反应堆不同区域出现空泡时的 VRE 值(根据 MCU 程序计算)。为了进行比较，最后一行显示了 SFR 的 VER 值，这些数字表示由冷却剂的空泡份额引起的反应性变化的情况(图 5-3)。

表 5-3　不同区域出现空泡的 VRE 值(LOCA WS)

矿物、矿石、同位素	冷却剂的同位素组成/wt. %				VRE/ $		
	^{204}Pb	^{206}Pb	^{207}Pb	^{208}Pb	1-整个反应堆	2-整个堆芯和下反射器	3-整个堆芯
独居石	0.013	0.89	0.35	97.74	−31.7520	−15.1263	11.6069
锆石	0.226	75.58	11.54	12.48	−14.2736	0.4048	22.6550
铀矿	0.150	85.53	10.64	3.69	−12.8460	1.6599	25.0906
^{nat}Pb	1.4	23.6	22.6	52.4	−20.5426	−4.2157	−4.2151
^{208}Pb	0	0	0	100	−32.4267	−15.16023	11.2648
^{nat}Na	^{23}Na(100%)				−4.3644	2.5481	19.3386

当使用含高浓度^{208}Pb 的铅作为冷却剂时，反应性事故的潜在风险会降低。BREST 反应堆中子谱中^{208}Pb 的中子吸收截面为 10^{-3} b(1 b = 10^{-28} m^3)，即大约比^{nat}Pb 低 3 倍。这种反应堆堆芯的特点是具有大体积分数的铅和少量的燃料，从而增加了冷却剂在改变堆芯材料的中子宏观吸收截面 Σ_a 方面的

作用。当切换到钍铅时，Σ_a 值降低，导致瞬发中子的寿命增加，并在反应性大于β时限制了瞬时超临界反应。当改用铀铅（^{206}Pb）时，Σ_a 增加（^{206}Pb 的中子吸收截面比 ^{nat}Pb 高 3 倍以上），反应性事故（反应堆迅速超临界）增加。

提高结构材料耐腐蚀性的方法之一是对冷却剂使用技术添加剂（抑制剂和脱氧剂）。抑制剂具有高吸收横截面的特征，并在中子场中迅速烧毁，在冷却剂中形成矿渣。液态铅中所含的所有金属杂质（铋除外），以及由于结构材料的腐蚀和侵蚀而可能存在的所有金属成分，其电极电位都低于铅，即这些杂质发挥着脱氧剂的作用。脱氧剂也可以是碱金属。少量的锂或钾添加剂与铅形成共晶，降低冷却剂的凝固点。少量的钠添加剂能发挥合金添加剂的作用，增加冷却剂的凝固点。锂是最强的还原剂，是游离氧的最佳吸收剂。在 JSC"SSCRF-IPPE"（俄罗斯奥布宁斯克（Obninsk））进行的实验表明，改变重冷却剂初始氧化性能的主要方法是使用金属脱氧剂，可以降低冷却剂的氧化电位水平。因此，在 500～550℃的温度下，添加 1.8wt.%的钾到铅中可以形成具有氧活性比纯铅冷却剂低 5 个数量级的共晶合金。

随着原子核质量数的减少，弹性调节作用增加，反应性中的空泡效应和密度效应增加。图 5-4 显示了反应性 $\Delta\rho$ 的变化取决于在大功率反应堆 BREST 自下而上出现空泡时，堆芯中的冷却剂和下反射器的密度（堆芯区域中气泡的参与）。在使用基于 Pb-^{7}Li 共晶合金的冷却剂时，相对较高的 VRE 值可以通过在该合金的成分中从天然铅转换到^{208}Pb 来降低，然而，在这种情况下，VRE 值明显高于使用铅多金属矿石的情况。

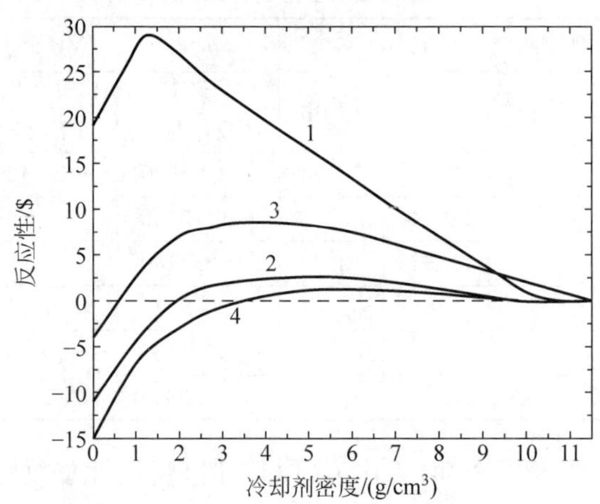

1—^{7}Li-^{208}Pb 共晶；2—^{nat}Pb；3—^{nat}K-^{208}Pb 共晶；4—^{208}Pb。

图 5-4　反应性 $\Delta\rho$ 的变化

为了确保在高功率反应堆中获得可接受的 VRE，不应该使用同位素纯铅 208，铅冷却剂中 ^{208}Pb 的含量至少为 75%～80%。这使得几乎任何钍矿床都可以用于铅开采。

5.3.2　结构材料

目前，国际上在创造新的结构材料领域中已经取得了巨大的成功。对于 SFR，来自俄罗斯、美国、日本、中国、法国和乌克兰的专家都在研究耐辐射的耐热材料。基于弥散硬化的热稳定纳米氧化物 Y_2O_3、Y_2O_3-TiO_2 或 Al_2O_3（3～5 nm）的铁素体-马氏体钢具有良好的强度和力学性能，能够在中子流（动能超过 0.1 MeV）达到 $2\times10^{16}\,cm^{-2}\cdot s^{-1}$ 以及在 370～710℃温度下损伤剂量达到 160～180 dpa 的环境下正常工作。

由于使用了创新燃料、冷却剂和结构材料，确保了堆芯中良好的中子平衡，且可以区分结构材料中额外吸收棒的两个优势。首先，在堆芯出现空泡时不能离开堆芯的结构材料的快中子吸收截面有利于抑制冷却剂丧失事故（LOCA）紧急情况的发展，有助于 VRE 的降低。在结构材料的制造过程中，合金添加剂的含量由监管文件规定，其含量在一定范围内有所变化。图 5-5 表示在允许范围内合金钢添加剂浓度不确定的情况下，大功率 BREST 反应堆的 VRE 铅出现真空的边界。计算时假设中子泄漏等于零且不考虑 100% 的真空替代铅。图 5-5(a)表示空泡边界从上到下移动（铅排放，在 BREST 中的问题确定被排除），图 5-5(b)表示空泡边界从下到上移动（铅水热交换器管减压过程中堆芯内有气泡）。可以看出，一个负面因素（可能包括 VRE 符号的变化）取决于结构钢成分中合金添加剂的含量。

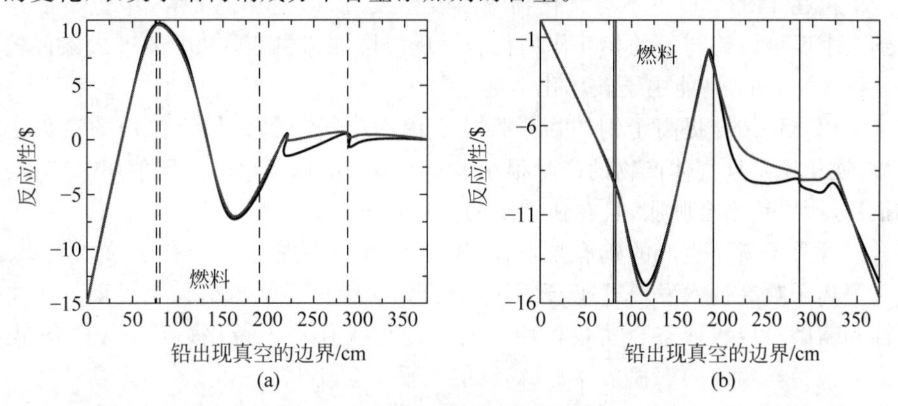

图 5-5　在允许范围内合金钢添加剂浓度不确定的情况下大功率 BREST 的 VRE

（请扫Ⅱ页二维码看彩图）

其次,从堆芯中去除强烈吸收中子的侵蚀和腐蚀产物(结构材料),有助于延长反应堆的寿命,增加反应活性,类似于热堆中可燃吸收棒的作用(图 5-6)。负面因素是未沉降在冷却剂循环路径冷段的腐蚀和侵蚀产物导致燃料棒包壳厚度的减少(侵蚀率的增加),因此,结构钢的腐蚀和侵蚀过程有助于解决降低燃料燃耗的反应性裕量问题。在 BREST 项目中,建议使用不含镍但增加硅含量的钢,因为硅可以促进在燃料元件包壳的外表面形成保护性氧化膜。

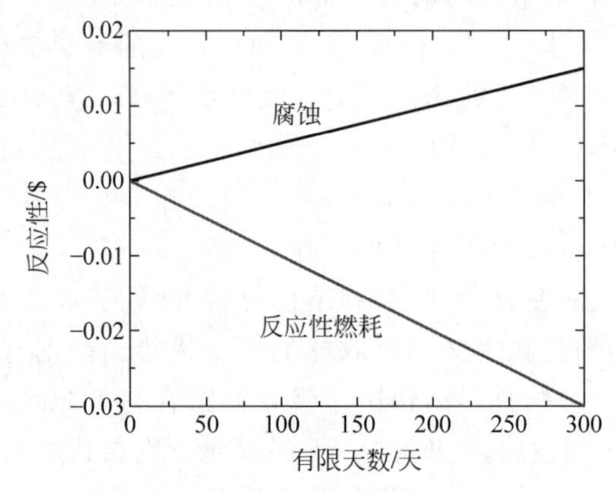

图 5-6　由于结构钢的腐蚀和燃料的燃耗,反应性 $\Delta\rho$ 的变化

(请扫Ⅱ页二维码看彩图)

通过计算分析,可以得出使用钨涂层燃料棒包壳的可能性。这将提高 BREST 反应堆的可靠性和安全性,而不会恶化(也可能改善)新反应堆具有的经济特性。钨涂层的应用将允许降低液态铅中的腐蚀速率和腐蚀程度。同时让使用受杂质污染的铅成为可能。

钨在 1485℃以下不与氮化物燃料发生反应,即使在 ATWS 中也不能达到这个温度。钨与铅的相互作用很弱。反应堆堆芯中 $PbWO_4$ 的形成条件较差:氧气不足,高能中子破坏化学键。

钨与铬结合提高了钢的力学性能。因为中子与钨核相互作用的截面小(与铁相比),且气体产物的产量很小(小于 10^{-2} b)以及反应的阈值(10 MeV)很高,所以钨不会肿胀,且在快中子的高通量下不会变脆。

等离子喷涂生产的钨有层状结构,即使在弯曲时也不会有裂纹或剥离。钨等离子喷涂技术发展迅速,致密(无孔)钨薄膜可完全覆盖在钢表面。耐腐蚀和耐磨涂层在液态金属熔体中具有广泛的工作温度范围(高于 ATWS 温度),包括在额外的磨损条件下(钨涂层几乎不会发生)。

与硅一样,钨有助于在壳体表面形成保护性氧化膜(程度较低,因为它的含氧量稍差,键能:SiO ══Si＋O 为(8.24±0.10)eV,WO ══W＋O 为

(6.94±0.43)eV)。由于回路泄漏，液态铅中始终存在氧气。氧化物膜(二氧化钨，W_4O_{11}，三氧化钨)在 923℃时保持良好，并作为额外自然形成的保护涂层。喷涂层的钨含量约为 1%。因此，结构材料成本不一定增加。

MCU 程序计算表明，假设堆芯和下反射器出现空泡以及当铅冷却剂为 98%的^{208}Pb 时，结构材料中钨的比例从 0 增加到 100%，VRE 显著下降了 1.76＄。这种紧急情况与反应堆整体出现空泡无关，而是与“铅-水蒸气”热交换器管道减压过程中堆芯中的气泡有关。当堆芯和下反射器中的铅密度从 10.5 g/cm^3 降低到 7.0 g/cm^3 时，反应性的效应最大。在这种情况下，用耐腐蚀钢的作为结构材料时，反应性密度效应为 0.06＄，改用钨包壳时为 0.86＄。为了得到保守估计，选择了无限燃料元件阵列，形式上对应于无限功率的反应堆。

图 5-7 显示了 BREST-OD-300 堆芯结构钢中钨质量含量 C_w 与无穷倍增系数 k_{in} 的关系。即使使用完全由钨制成的涂层，也可以通过增加冷却剂中^{208}Pb 的比例来完全补偿由钨核吸收而造成的中子损失。另一种方法是与燃料元件包壳内表面的自组织涂层相连接，建议放置含锆或液态共晶合金(97.53wt.%Pb，2.25wt.%Mg 和 0.2wt.%Zr)的饱和铅液。当反应堆运行时，在包壳层的内表面自发地形成基于氮化锆的保护涂层，从而提供意外损伤的自修复功能。

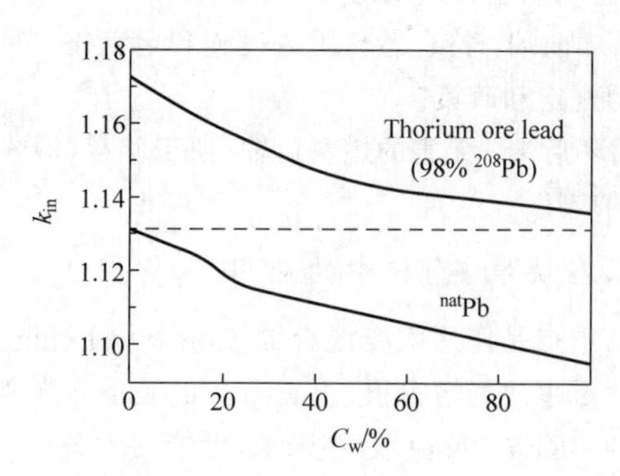

图 5-7　BREST-OD-300 堆芯结构钢中钨质量含量与无穷倍增系数的关系

5.3.3　耐事故燃料

1. 简介

在 2011 年，由于日本发生的地震和海啸对福岛核电站造成的破坏，轻水堆事故耐受性的增强成为了广泛讨论的议题。根据美国国会的指导方针，美国能源部启动了以耐事故燃料(ATF)开发为主要组成部分的先进燃料循环研究和开发计划。ATF 分为两个类别,分别为燃料芯块(如 U_3Si_2,UN,UC,UO_2-SiC 和环形燃料)和包壳材料(如锆涂层包壳,SiC/SiC 夹心包壳设计和 FeCrAl 包壳)。

ATF 的设计要求包括:在堆芯失去有效冷却后可显著降低事故工况下包壳肿胀、包壳与蒸汽反应速率和维持包壳在高温下的几何结构完整性,防止堆芯温度过高并且极大限度地推迟核燃料大规模失效的时间,为有效实行严重事故缓解措施争取尽可能多的时间,将放射性物质的环境释放降到尽可能低的程度,以及在正常运行期间维持或改善燃料性能。由于这些优秀特性,当其应用于 LMR 时,它可以极大地提升 LMR 的竞争力,ATF 对 LMR 设计的优势如下所述。

(1) 向后兼容性:与现有的燃料处理设备、燃料棒或组件几何形状以及现有和未来的 LMR 中的燃料兼容。

(2) 运行:维护或延长核电站运行周期、维持反应堆功率输出和反应堆控制;燃料系统概念需要获得监管批准,并需要在正常运行和瞬态过程中展示可靠性。

(3) 安全性:在正常运行、瞬态运行、设计基准事故条件和设计扩展条件下,能够满足或超过当前燃料系统的性能。

(4) 核燃料循环前端:符合燃料制造设施和运营工厂的技术、法规、设备和燃料性能方面的规定和政策。

(5) 核燃料循环后端:无害的燃料运输、便于储存(湿式和干式);考虑在闭式燃料循环中的应用。

2. 纳米技术在快堆 ATF 中的应用

新一代快堆的重点是使用陶瓷混合铀-钚燃料,目前正在推动使用 MOX 燃料。在核电站严重事故的情况下,更有希望的是混合单氮化铀钚燃料。它被提议用于铅冷的 BREST 反应堆,在未来,可能用于 SFR。

纳米技术自 20 世纪 60 年代初以来,在为核技术创造新材料方面得到了广泛的应用。

由于纳米技术的引入,可以获得具有高密度和高导热性的独特燃料材料。制造高性能和高燃耗核燃料(主要是快堆)的任务是可以实现的,这包括两个独立的问题。

(1) 创建一个具有给定孔隙率的粗结构(BN 型反应堆的纳米添加剂 MOX),能够保持气态和挥发性的腐蚀性裂变产物,防止它们沿晶界迁移到包壳，以减缓包壳内表面的腐蚀。

(2) 纳米添加剂对烧结的燃料芯块的活化过程。

由微颗粒组成的陶瓷燃料的孔隙率约为25%。当用纳米粉制造燃料时，可以显著降低孔隙率(高达5%～10%)。例如，为了通过减少孔隙率将MN燃料的密度增加到95%理论密度，研究人员提出了一种基于MN的纳米燃料。在增加反应堆功率方面，减少孔隙率就等于增加堆芯中的燃料体积或增加堆芯的体积。

众所周知，与陶瓷燃料(MOX、MN等)相比，金属陶瓷燃料有一些优点，包括增加热导率、密度和BRC(高达1)。因此，金属陶瓷燃料更有吸引力。这种燃料的主要缺点是降低了熔点。将金属铀纳米粉与陶瓷燃料微颗粒结合使用，将提供同样的优点，消除其缺点。理想情况下，微颗粒之间的孔隙可以用纳米粉末填充。在这种情况下，燃料的熔点将由陶瓷的熔点(MOX、MN等)来决定。燃料组成中的纳米焊料在紧急模式下可以熔化，陶瓷微粒之间会有熔融金属滴，但这对反应堆的安全几乎没有影响。因此，可以获得具有高热导率和高密度的燃料，有助于反应堆的自我保护。当使用这种燃料时，条件BRC=1很容易实现。

由于在相对较大体积的燃料元件中，很难控制MOX和铀金属粉末混合的均匀性(如果是振动压实)，因此使用小体积的颗粒燃料很有意义。铀粉颗粒越细，吸附性能越好。

纳米弥散粉末是最好的游离吸氧剂之一。理想的吸附剂是一种可将其研磨至任何纳米粒子上的原子都可以被视为表面的粉末。最好的吸附剂是钍。然而，其使用可能涉及需要重新调整核燃料循环企业的发展方向，这在经济上是不可行的。

3. 基于陶瓷燃料和铍的ATF

游离氧吸附剂可以是对氧具有高化学亲和力的材料(表5-4)。铍和Be_2O可以作为吸附剂。在快堆技术发展的初期，就考虑了使用氧化物燃料和铍添加剂的可能性。但由于增殖比(BR)的下降，这一点已被放弃。

表5-4　一些吸收剂和形成的氧化物的化学键能 *E*

吸氧反应	E/eV	吸氧反应	E/eV
$ThO = Th+O$	8.59±0.22	$ZrO = Zr+O$	7.81±0.43
$TaO = Ta+O$	8.37±0.43	$YO = Y+O$	7.37±0.13
$ThO_2 = ThO+O$	7.89±0.30	$UO_2 = UO+O$	7.37±0.30
$UO = U+O$	7.81±0.17	$TiO = Ti+O$	6.85±0.09

续表

吸氧反应	E/eV	吸氧反应	E/eV
ZrO_2 ══ $ZrO+O$	6.68±0.48	VO ══ $V+O$	6.29±0.43
VO_2 ══ $VO+O$	6.51±0.30	Be_2O_2 ══ Be_2O+O	5.94±0.65
UO_3 ══ UO_2+O	6.46±0.30	BeO ══ $Be+O$	4.60±0.13

金属铍在MOX或MN燃料中均匀放置,有助于解决包壳内表面腐蚀问题,提高自保护能力。含MN燃料和MN-5%Be燃料的无限反应堆的VRE的中子谱分量分别为23.6＄和12.7＄。无限燃料元件阵列的多普勒反应性系数分别为$-7.99\times10^{-6}\ K^{-1}$和$-2.06\times10^{-5}K^{-1}$。

燃料热导率的增加(由于铍),导致了燃料温度的降低。因此,LOF WS和TOP WS中中功率或高功率反应堆(BN-800、BN-1200、BN-1800)的最高燃料温度变化的性质是相同的。为了提高对这些事故的自我保护,需要一个较小的负多普勒反应性系数。

添加铍的MOX燃料有助于从内部减少燃料元件的腐蚀率,减少VRE,消除已知的大功率反应堆瞬态事故LOF WS和TOP WS对多普勒反应系数要求的矛盾,改进反应堆的自我保护能力。然而,铍降低了BRC和BR,这是一个主要的缺陷。

4. 基于MOX和铀纳米粉末的ATF

对于MOX燃料的反应堆,在密度为12 g/cm^3、热导率为12 W/(mK)的正常条件下,可以提供基于细粒度MOX和铀含量(18%铀)的颗粒燃料。随着铀含量的增加,MOX-U燃料的密度和热导率导致多普勒反应性系数对LOF WS型事故自我保护作用的改变。结果表明,多普勒反应性系数对TOP WS型和LOF WS型事故提供自我保护的作用相同(或几乎相同),有助于在优化堆芯布局时解决冲突情况。这使得显著提高反应堆的安全性成为可能。

图5-8显示了在LMR中使用不同燃料对LOF WS瞬态事故建模(FRISS-2D程序)的燃料和冷却剂最高温度随瞬态时间的变化曲线。图5-8(a)表示采用MOX燃料的BN-800的结果,图5-8(b)表示采用MN燃料的BREST-OD-300的结果,图5-8(c)表示采用MN燃料的BN-800的结果。其中,三幅图中的深色线假设了保守近似条件,即在事故工况下,堆芯入口的冷却剂温度相等。图5-8(d)显示了MOX颗粒燃料和铀纳米矿在TOP WS和LOF WS瞬态事故下的最高温度以及它们叠加时的时间依赖性(虚线)。为了正确比较使用不同燃料时的变化,使用了与BN-800堆芯相同的燃料组件和网格。

LOF WS通过在30 s的时间内(对于BN-800)切断一回路的所有主循环

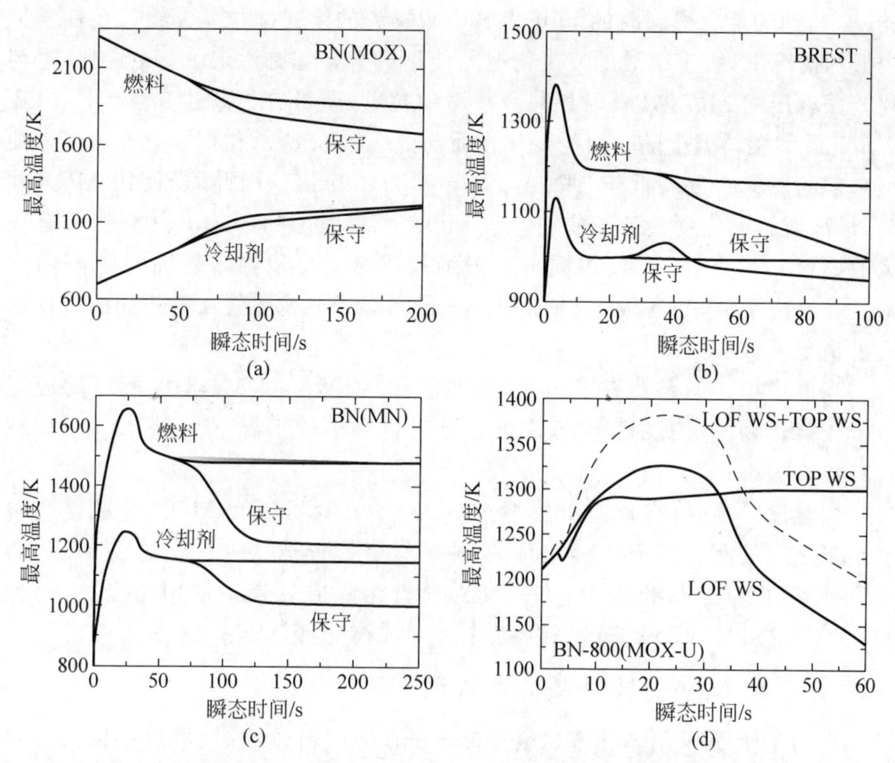

图 5-8　在 LMR 中使用不同燃料对 LOF WS 模式建模(FRISS-2D 程序)的燃料和冷却剂最高温度随瞬态时间的变化曲线

泵电源,或者在 20 s 的时间内(对于 BREST-300)减少流量来启动。TOP WS 通过在 10 s 的时间内输入 0.3 的反应性启动。

为了提高反应堆对 TOP WS 事故的自我保护能力,需要提高负多普勒反应性系数的绝对值。在 LOF WS 模式下,当使用 MOX 燃料时,最大燃料温度随时间下降。与此同时,钠也有可能开始沸腾。为了提高自我保护能力,有必要降低负多普勒反应性系数。然而,使用振动压缩的带有铀吸附剂的 MOX 燃料并没有显著降低负多普勒反应性系数,并且多普勒反应性系数在 TOP WS 和 LOF WS 瞬态事故中的作用仍然相反。

当在 LOF WS 瞬态事故下使用 MN 燃料时,实现了金属燃料和氧化物燃料之间的中间情况。为了降低最高温度,必须模块化地增加负多普勒反应性系数,并确保对 TOP WS 事故的自我保护。如果最大燃料温度降低到小于标称值,则需要降低负多普勒系数,但在这种情况下由于较多的温度储备,多普勒系数的作用并不确定。这是在使用基于细粒度 MOX 和基于纳米粒体

18wt.%铀的片状燃料时的 LOF WS 中观察到的模式(图 5-8(d))。在铀含量较低的情况下,瞬态事故的发展情况与使用具有精细弥散(100 μm)铀吸附剂片或振动压缩 MOX 燃料时相同。在高铀含量(质量分数高达 50%)下,LOF WS 下最大燃料温度随时间的变化性质与图 5-8(b)所示相似。含 18wt.%铀纳米矿的燃料密度略低于 MN 片,热导率为 1.5 倍。因此,当使用 MOX-U 时,最高燃料温度明显低于使用片状 MOX 燃料时,并且与 MN 燃料(具有较大的燃料芯块直径)大致相同。基于细粒度 MOX 和纳米粉铀的中高功率 MN 燃料快堆中,TOP WS 和 LOF WS 最高温度的变化性质是相同的。在这两种情况下,BRC=1。

当反应堆在额定功率下运行时,即使在 ATWS 中,MOX-U 燃料的温度也低于氧化物。这有助于在反应堆正常运行和事故工况下减少 Pu_4O_7 的氧气释放。

当温度升高时(在瞬态事故下),MOX-U 燃料可以在 MOX 颗粒之间含有纳米金属液滴。中子平衡方面,这种燃料更接近球状一氧化物或 MN;熔点方面,更接近二氧化铀-Pu_4O_7。因此,当在制造过程中使用纳米技术时,MOX-U-燃料打开了大量的"储备",在属性上接近于 MN。

5. 基于 MN 和铀纳米矿的 ATF

在向基于 MN 纳米粉末(100~500 nm)的燃料过渡时,可以在保持高熔点的同时进一步改善燃料特性。为了达到 85%~95%的理论密度,需要在 1800~1900℃下烧结 10 次,每次 10~30 h。同时,从燃料中蒸发出 15%的钚。在使用这种燃料时,瞬态事故下最高温度的时间依赖性的性质不会定性地改变。

最好和更便宜的燃料替代品是基于 MN 微颗粒和铀纳米粉末的燃料。在 450~500℃,MN 开始分解,该温度超过了燃料在生产过程中的烧结温度。由于高密度和高热导率,多普勒反应性系数在 TOP WS 和 LOF WS 中的同等作用以及中子平衡的改善,MN-U 燃料可以显著提高反应堆的性能和安全性(BRC=1)。根据中子平衡和瞬态事故的性质,MN-U 燃料接近 U-Zr 和 U-Pu-Zr,但温度要高得多。

最令人感兴趣的是,在 LFR 中,使用基于细粒度 MN 和纳米粉末铀燃料,并在燃料与包壳之间添加铅层的可能性。UN 和 PuN 的化学键能明显低于氧化物(UN:(5.464±0.217)eV;PuN:(4.857±0.651)eV;UO:(7.805±0.174)eV;二氧化铀:(7.372±0.304)eV;PuO:(7.459±0.217)eV)。虽然 MN 燃料的工作温度远低于 MOX,但金属铀对 MN 燃料中氮的吸收可以减缓包壳内表面的腐蚀。

5.4 总结和建议

综上所述,以现有的技术,有可能进一步提高 LMR 的可靠性和安全性。

为了保证高功率 LFR 中 VRE 可接受,铅冷却剂中同位素^{208}Pb 的最小含量应在 75%～80%,典型的钍矿石可以满足这一点。

在燃料包壳中使用钨涂层有助于降低 VRE 值,消除瞬态事故下铬与蒸汽的反应,并排除叠氮化铅形成的可能性。同时使用钨涂层和基于从钍矿石中提取的铅冷却剂,可以确保堆芯中子的良好平衡。

MOX 燃料在确保含钠或铅冷却剂的大型 LMR 的安全方面具有巨大的潜力,但基于细粒度 MOX 和纳米级铀的颗粒燃料没有 MN 燃料芯块有优势。

LMR 的发展前景可能与基于细粒度 MN 燃料和纳米金属铀粉的燃料的使用有关。

铀纳米粉末添加剂不仅会增加核燃料的密度和热导率(这在反应堆安全问题中很重要),也显著提高了中子平衡(通过指导"多余"中子确保安全,甚至在使用氧化燃料的情况下实现 BRC＝1)。同时,几乎完全消除了在大型 LMR 中要求多普勒反应系数对 ATWS 的自我保护的矛盾特征,使得优化堆芯布局但不影响安全成为可能。

本章还创新地提出了材料混合使用可以确保大型 LMR 的安全。因此,将金属铀从钍矿中提取的铅冷却剂,以及钨涂层的钢包壳混合使用,可以显著提高反应堆的安全性。这些是 LMR 的耐事故材料。

参考文献

[1] 成松柏,陈啸麟,程辉. 液态金属冷却反应堆热工水力与安全分析基础[M]. 北京：清华大学出版社,2022.

[2] TARRIDE B. 反应堆安全事故分析及事故的处置[M]. 王彪,等译. 北京：科学出版社,2018.

[3] 徐銤,许义军. 快堆热工流体力学[M]. 北京：原子能出版社,2011.

[4] 李泽华. 核反应堆物理[M]. 北京：原子能出版社,2010.

[5] 谢仲生,吴宏春,张少泓. 核反应堆物理分析[M]. 西安：西安交通大学出版社,2004.

[6] ALEMBERTI A. Innovative design and technologies of nuclear power [C]// Proceedings of the V Conf. ,Moscow,2018：20-28.

[7] AZARENKOV N A. Nanostructured materials in nuclear energy[J]. Physical Series：Nuclei,Parts,Fields. ,2010,887-1(45)：4-24.

[8] BARINOV S V. Nuclear safety and fuel efficiency in the reactor BREST-OD-300 [C]//Proceedings of the Ⅺ Seminar on Reactor Physics "Physical Problems of Efficient Use and Safe Handling of Nuclear Fuel",Moscow: MEPhI,4-8 September, 2000: 87-90.

[9] BELOV S B. Ensuring the operation of the BN-1200 core in equilibrium when using nitride fuel and MOX fuel[C]//Proceedings of Innovate Design and Technologies of Nuclear Power. 3-th International Scientific and Technical Conference,Moscow: JSC "NIKIET" Publ,7-10 October,2014: 47-53.

[10] BISCHOFF J,DELAFOY C,VAUGLIN C,et al. AREVA NP's enhanced accident-tolerant fuel developments: Focus on Cr-coated M5 cladding[J]. Nuclear Engineering and Technology,2018,50(2): 223-228.

[11] BRAGG-SITTON S. Development of Advanced accident-tolerant fuels for commercial LWRs[J]. Nuclear News,2014,57: 83-91.

[12] DENG Q,LI S,WANG D, et al. Neutronic design and evaluation of the solid microencapsulated fuel in LWR[J]. Nuclear Engineering and Technology, 2022, 54(8): 3095-3105.

[13] EMSLEY J. The elements[M]. Oxford: Clarendon Press,1991.

[14] FELDMAN F E,MOHR D,CHANG L K,et al. EBR-Ⅱ unprotected loss-of heat sink predictions and preliminary test results[J]. Nuclear Engineering and Design. 1987,101: 57-66.

[15] GOLDEN G H,PLANCHON H P,SACKETT J I,et al. Evolution of thermal-hydraulics testing in EBR-Ⅱ[J]. Nuclear Engineering and Design. 1987,101: 3-12.

[16] GOMIN E A. Status of MCU[C]//Advanced Monte Carlo on Radiation Physics, Particle Transport Simulation and Applications. Monte Carlo, Lisbon, Portugal, 2000: 2003-2004.

[17] GRACHEV A F. Experience and prospects of using fuel elements based on vibrocompacted oxide fuel [C]//Proceedings of the International Conference "Nuclear Power and Fuel Cycles",Moscow-Dimitrovgrad,2003.

[18] GROMOV B F,SUBBOTIN V I,TOSHINSKII G I. Use of melts of lead-bismuth eutectic and lead as nuclear-power-plant coolants[J]. Atomic Energy,1992,73(1): 19-24.

[19] IAEA. Comparative assessment of thermophysical characteristics of lead, lead-bismuth and sodium coolants for fast reactors[R]. Vienna, Austria: IAEA, 2002: 65.

[20] IAEA. Liquid metal cooled reactors: experience in design and operation[R]. Vienna, Austria: IAEA,2007: 263.

[21] IAEA. Power reactor and sub-critical blanket systems with lead and lead-bismuth as coolant and/or target material. Utilisation and transmutation of actinides and long lived fission products[R]. Vienna,Austria: IAEA,2003: 224.

[22] IAEA. Status of small reactor designs without on-site refuelling [R]. Vienna, Austria: IAEA,2007: 859.

[23] IAEA. Transient and accident analysis of a BN-800 type LMFR with near zero void effect[R]. Vienna, Austria: IAEA,2000: 243.

[24] JIAO Y,YU J,ZHOU YI,et al. Research and development progress and application prospect of nuclear fuels for commercial pressurized water reactors[J]. Nuclear Power Engineering,2022,43(6): 1-7.

[25] KUDINOV V V. Spraying. theory, technology and equipment [M]. Moscow: Mechanical Engineering,1992: 432.

[26] KUZMIN A M,OKUNEV V S. Using Variation Methods for Solving Problems of Ensuring and Justifying the Natural Safety of Fast Neutron Reactors[M]. Moscow: MEPhI,1999: 250.

[27] LAHM C E,KOENIG J F,BETTEN P R,et al. Driven fuel qualification for loss-of-flow and loss-of-heat sink tests without scram[J]. Nuclear Engineering and Design, 1987,101: 25-34.

[28] LEHTO W K,FRYER R M,DEAN E M,et al. Safety analysis for the loss-of-flow and loss-of heat sink without scram tests in EBR-II[J]. Nuclear Engineering and Design,1987,101(1): 35-44.

[29] MAERSHIN A A,TSYKANOV V A,GADZHIEV G I,et al. Experience in testing promising fuel compositions in BOR-60[J]. Atomic Energy,2001,91(5): 378-385.

[30] MENEGHETTI D, KUCERA D A. Reactivity feedback components of a homogeneous U10Zr-fueled 900 MW (thermal) liquid-metal reactor[J]. Nuclear Technology,1990,91: 139-145.

[31] MESSICH N C,BETTEN P R,BOOTY W F,et al. Modification of EBR-Ⅱ plant to conduct loss-of-flow-without-scram tests[J]. Nuclear Engineering and Design,1987, 101: 13-24.

[32] MOHR D,CHANG L K, FELDMAN E E, et al. Loss-of-primary-flow-without-scram tests: Pretest predictions and preliminary results[J]. Nuclear Engineering and Design,1987,101: 45-56.

[33] NEA. State-of-the-Art Report on Light Water Reactor Accident-Tolerant Fuels [M]. Paris: OECD Publishing,2018.

[34] OKUNEV V S. About a role of Doppler coefficient of reactivity in safety of reactors on fast neutrons[C]//Proceedings of the 12th Seminar on Problems of Reactors Physics "Physical Problems of Effective and Safe Use of Nuclear Materials", Moscow,2-6 September, 2002: 171-173.

[35] OKUNEV V S. About possibility of further approximation to ideals of natural safety within the concept of the power reactor "BREST" of big capacity[C]//Proceedings of Innovate Design and Technologies of Nuclear Power. International Scientific and Technical Conference,Moscow,27-29 November, 2012: 63-74.

[36] OKUNEV V S. Comparative analysis of safety of fast reactors cooled with alloys of liquid metals[J]. News of Higher Educational Institutions. Nuclear Power，2001，1：57-64.

[37] OKUNEV V S. Comprehensive comparative analysis of the use of liquid metals and their alloys for cooling fast reactors[C]//Proceedings of Innovate Design and Technologies of Nuclear Power. 3th International Scientific and Technical Conference，Moscow，2014：291-302.

[38] OKUNEV V S. Effect of isotopic composition of lead-based coolant of thorium ores on void reactivity effect in BREST reactor[J]. News of Higher Educational Institutions. Nuclear Power，2006，2：56-65.

[39] OKUNEV V S. Fine pellet MOX fuel for BN type reactors[C]//Scientific Session of MEPhI-2015，Moscow：MEPhI，2015：130.

[40] OKUNEV V S. Nanotechnology in nuclear power engineering：Pellet cermet MOX-U and MN-U-fuel for fast reactors[C]//Proceedings of Innovate Design and Technologies of Nuclear Power. Ⅵ International Scientific and Technical Conference，Moscow：JSC "NIKIET" Publ，2016：195-206.

[41] OKUNEV V S. On the use of thorium ores in nuclear power[C]//Proceedings of the 14th Seminar on Reactor Physics "Physical Problems of Fuel Cycles of Nuclear Reactors"，Moscow：MEPhI，4-8 September，2006：111-113.

[42] OKUNEV V S. Reserves of "BREST" concept (at transition to high-capacity power units)[C]//Scientific Session "MEPhI-2006"，Moscow：MEPhI，2006：89-90.

[43] OKUNEV V S. Substantiation of the feasibility of using fuel rods with tungsten spraying in power fast reactors of new generation[J]. Thermal Engineering，2011，58(14)：1167-1171.

[44] OKUNEV V S. The basis of applied nuclear physics and introduction into physics of nuclear reactors[D]. Series "Physics in Technical University". Moscow：Bauman Moscow State Technical University，2015：536.

[45] OKUNEV V S. The impact of different types of MOX-fuel on self-protection BN-type reactors medium and high power[C]//Proceedings of Innovate Design and Technologies of Nuclear Power. 3th International Scientific and Technical Conference，Moscow，7-10 October，2014：325-338.

[46] ORLOVA E A. Self-organizing carbonitride coating on molten eutectic lead-magnesium steel[C]//Proceedings of Innovate Design and Technologies of Nuclear Power. International Scientific and Technical Conference，Moscow：JSC "NIKIET" Publ，27-29 November，2012：174-182.

[47] ORLOV V V，SMIRNOV V S，FILIN A I，et al. Deterministic safety of BREST reactors[C]//Proceedings of 11th Int. Conf. on Nucl. Energy.（ICONE-11）. Shinjuku，Tokyo，Japan：JSME/ASME，2003.

[48] ORLOV V，LOPATKIN A，GLAZOV AG，et al. Fuel cycle of BREST reactors.

Solution of the RW and nonproliferation Problems[C]//Proceedings of 11th Int. Conf. on Nucl. Energy. (ICONE-11). Shinjuku, Tokyo, Japan: JSME/ASME, 2003.

[49] ORLOV V, AVRORIN E, ADAMOV E, et al. Non-traditional concepts of nuclear power plants with natural safety (new nuclear technology for the next stage large-scale production of nuclear power)[J]. Atomic Energy, 1992, 72(4): 317-329.

[50] POLOVINKIN V N. Nanotechnologies in power engineering. Moscow: PRoATOM agency; 2010. [2010-11-01] http://www. proatom. ru/modules. php? name = News&file=article&sid=2118.

[51] SARAGADZE V V. Nanooxidized reactor steels [C]//Proceedings of 6th International Ural Seminar "Radiation Physics of Metals and Alloys. Materials for Nuclear and Fusion Power", Snezhinsk, 2005: 78.

[52] SHORNIKOV D P. Preparation and compaction by plasma-spark and electric pulse sintering methods of nanopowders of uranium nitride[D]. Tomsk: Vector of science of Tomsk State University, 2013, 3: 95-98.

[53] TAN S, CHENG S, WANG K, et al. The development of micro and small modular reactor in the future energy market [J]. Frontiers in Energy Research, 2023, 11: 1149127.

[54] TOKITA M. Development of advanced spark plasma Sinyering (SPS) systems and its applications[J]. Ceramic Transactions, 2006, 194: 51-60.

[55] VAN TUYLE G J, KROEGER P, SLOVIK G C, et al. Examining the inherent safety of PRISM, SAFR, and the MHTGR [J]. Nuclear Technology, 1990, 91: 185-202.

[56] VASILYEV B A. Innovative Design of the BN-1200 Area [C]//Proceedings of Innovate Design and Technologies of Nuclear Power. VI International Scientific and Technical Conference, Moscow: JSC "NIKIET" Publ, 27-30 September, 2016: 31-41.

[57] VIACHESLAV S O. Accident Tolerant Materials for LMFR [M]. London: IntechOpen, 2019.

[58] WANG M, BU S, ZHOU B, et al. Multi-scale heat conduction models with improved equivalent thermal conductivity of TRISO fuel particles for FCM fuel[J]. Nuclear Engineering and Technology, 2022, 55(3): 1140-1151.

第6章　液态金属冷却反应堆多尺度建模与仿真

6.1　多尺度简介

6.1.1　反应堆热工水力模拟尺度

一般来说，核反应堆内各种复杂且大型非线性系统的热工水力行为可以看作是各种流体力学和传热学现象叠加的产物。理论上，这些现象可以通过直接求解纳维-斯托克斯(Navier-Stokes)方程来进行直接模拟(至少对于单相流是这样)。然而，反应堆规模的多尺度直接数值模拟(DNS)方法至今仍然不可行，因为这样的模型需要跨越以下两个尺度：

(1) 与分子扩散相关的微观尺度(L 约为 10^{-6} m 和 t 约为 10^{-6} s，极小)；

(2) 与反应堆本身行为相关的大尺度(L 约为 10 m，长瞬态的 t 约为 10^{6} s，极大)。

从上面的分析来看，若要使用DNS模型模拟尺度跨越巨大的反应堆整体热工水力行为，一个反应堆规模的DNS模型粗略估算将需要 $10^{15}\sim10^{18}$ 个网格和多达 10^{10} 个瞬态时间步长。虽然这些估计可能与实际情况相差了几个数量级，但反应堆规模的直接模拟仍然远超现有的计算能力且可能在未来的一段时间内仍然不可行。

虽然这种大范围的时间和空间尺度仍然是DNS的障碍，但也提供了另一种有效模拟反应堆热工水力的新方法。在一些小尺度上发生的现象，虽然复杂，但只是通过其统计学上的平均特性来影响大尺度现象。当这种"尺度分离"现象发生时，大尺度模型中某一微观现象的总体效应可通过描述其平均行为的简单模型以适当的精度来呈现。这样的模型可以通过以下几种方法进行构建：

(1) 通过理论手段，假设小尺度方程具有自平均性质(这些假设是大多数湍流模型的基础)；

(2) 通过对重要的局部现象进行小尺度模拟(模拟的条件范围须适用于目标应用)；

(3) 通过在相关尺度的规律下进行分析或进行中尺度实验,直接制定重要现象的关联式,这种关联式广泛用于大尺度的建模(如压降和传热现象),而不深入研究产生这些效应的小尺度湍流现象。

在实际应用上,这种尺度的分离也推动了目前用于模拟核反应堆热工水力学行为的计算流体力学(CFD)程序的多样性发展。

(1) 在最小的尺度下,具有 DNS 能力的 CFD 程序能够直接模拟微观现象,但在实践中大多局限于较小区域的模拟(小于单个反应堆组件),最大可达到的雷诺数也是有限的。

(2) 在更大的尺度上,只要对特定区域的几何形状使用适当的网格,大涡模拟(LES)和雷诺平均纳维-斯托克斯(RANS)CFD 程序就可以以较大的灵活性进行更广泛的模拟。

(3) 更进一步,对于因局部几何特征十分复杂而阻碍了程序直接模拟的领域,研究人员已经开发出了子通道和"粗糙 CFD"程序用于模拟。在这些程序中,使用关联式来描述未解析的几何特征的影响。

(4) 最后,在反应堆尺度层面上,研究人员开发了系统热工水力(STH)程序来模拟一个长瞬变的完整反应堆的整体行为,通常通过零维、一维和三维元素的组合来实现。在这个尺度上,许多物理现象必须用关联式来描述。

这些程序中的大多数是经过几年到几十年的开发、实验和验证工作的结晶。以上工具通常可用于研究大多数重要的热工水力现象(只要这些现象以一种简单的方式相互作用)。然而,在给定的情况下,当现象之间复杂的相互作用成为决定因素时,就很难进行模拟。

6.1.2 不同尺度之间的相互作用

由于其固有的特性,LMR 很容易受到难以用现有的热工水力软件模拟的复杂相互作用的影响。大多数发生在 SFR 和 LFR 中的小尺度和中等尺度的现象,如湍流摩擦和传热,显示出明显的尺度分离,因此可以在反应堆的整体描述中用简单的模型来描述。然而,一些特定的情况会导致更复杂的相互作用。

(1) 大多数 SFR 和 LFR 的设计采用池式设计,其中一回路包含在一个大容器中,大部分组件(堆芯、热交换器和泵)由大型液体金属腔室连接。这些组件中的流动遵循复杂的模式。通常情况下,从堆芯流出的出口射流被吸入热池中的热交换器入口,离开热交换器出口的出口射流被吸入主泵入口,在热池底部和冷池顶部形成分层,如图 6-1(a)所示。在假设的事故场景中,如失流或部分失热阱，这些射流在与池中分层的冷却剂相互作用时，会从惯性驱动过渡到浮力驱动的流动，往往表现出复杂的动力学。这些现象会影响热交换器和泵的入口温度以及自然对流压强，从而对一回路的整体行为有很大的影响。

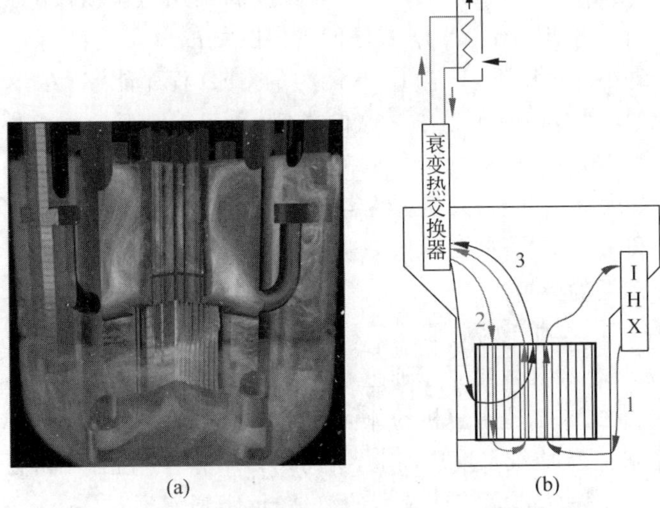

图 6-1　LMR 中具有全局效应的复杂局部现象

(a) 射流行为；(b) 自然对流流动路径

(请扫Ⅱ页二维码看彩图)

(2) 大多数 SFR 和 LFR 堆芯设计采用封闭式燃料组件设计，即整个燃料组件包含在一个封闭的六角形外套管中。在这种设计中，由强制对流驱动的燃料组件内的流动和不存在驱动力的燃料组件外套管之间存在着明显的分离。在自然对流中，这种设计产生了 3 个相互竞争的流动路径(图 6-1(b))：

① 常规一回路流动路径，即通过 IHX 和一回路泵；

② 燃料组件之间的对流循环，即冷却剂经过外围部分的较冷燃料组件向下流动，并经过中心区域的较热燃料组件向上流动；

③ 燃料组件外套管之间区域的对流循环，即冷却剂在堆芯的外围向下流动，冷却燃料组件的侧面，随后在中心区域向上流动(这种冷却模式也会促进每个燃料组件内部的较冷部分、每根燃料棒束的外围以及其较热中心处的小对流循环)。

在反应堆的衰变热交换器运作的情况下，路径②和③提供了比标准路径①从热源到热阱更直接的路径。在实际运行中，它们可以排出 30%～50%的总衰变热。

在这两种情况下，反应堆的整体行为都受到复杂的三维现象的强烈影响。这些现象通常可以用CFD或子通道来建模模拟。然而,目前只有STH程序可以描述完整的反应堆行为,如堆芯中子学或泵模型。因此,在考虑3D现象时,没有任何现有的程序可以描述整个反应堆的行为,需要额外开发。

为了描述不同尺度之间的双向相互作用,有必要对程序做进一步开发。在其他情况下,人们可能需要在没有这种相互作用的情况下模拟多个尺度,例如,在给定的瞬态期间,对安全标准的评估通常需要了解局部包壳温度的最大值(这只能从三维计算中获得)。然而,在许多情况下,这种局部尺度并不影响系统尺度。因此,进行系统层面的计算就足以模拟出反应堆的整体行为。然后,以STH程序计算得到的全局演化参数作为边界条件,可以独立地进行局部计算,这种"单向耦合"通常可以使用现有的程序来进行。

6.1.3 模拟多尺度现象

基于现有的热工水力软件,可以从两个主要方向来模拟多尺度现象:

(1) 选择以最小的尺度构建整个领域的模型来描述所有重要的现象(通常是粗糙CFD尺度)。

(2) 选择多尺度模拟方法,按照反应堆不同的部分、不同的现象来选择对应的尺度进行模拟。例如,在大腔室中使用粗糙CFD尺度,在堆芯中使用子通道尺度,在反应堆的其余部分使用系统尺度。

单尺度方法的优点是可以使用CFD程序的现有数值框架及其相关的验证、确认矩阵;缺点是反应堆整体必须在CFD尺度上建模,包括在没有存在重要局部现象的区域(这可能导致无关的数值成本)。此外现有模型必须移植到新程序中,包括点堆中子动力学(用于堆芯功率)、泵和粗尺度换热模型(STH程序)和子通道压降/混合模型(子通道程序)。这些模型一旦开发出来,原则上必须被验证和确认,以达到与原有程序一致的水平。

多尺度方法的优点是现有的程序可以对每个尺度模拟,无需使用新模型。其缺点是需要对这些程序进行修改来满足不同尺度间的模拟协同。有时可能需要开发一个耦合接口,用来引导每个程序并与外部主导程序交换数据。此外,对于整体耦合计算,必须开发一种新的数值方案。该方案必须描述如何处理不同尺度之间的接口和数据(一维和三维)传输(例如,在系统和CFD计算域之间的边界);耦合计算还应该收敛到一个一致的多尺度解,确保每个程序在各自计算域获得的解之间没有残差的不一致性,同时满足能量和质量守恒。耦合方案一旦开发出来,应被验证和确认到与初始程序相同的水平。

下面列举实施这些方案的几个例子(从最常见到最不常见)。

(1) CFD 程序(模拟回路中的特殊部分,如热池/冷池)与 STH 程序(模拟回路其余部分)耦合,构建多尺度的完整回路/反应堆模型。

(2) 燃料组件内部的子通道模型与组件盒盒间区域的 CFD 模型耦合,构建 LMR 堆芯的多尺度模型。在某些情况下,这种类型的模型已与系统/CFD 耦合程序相结合,从而得到了一个完整反应堆的三尺度模型。

(3) 使用 CFD 程序对完整的反应堆一回路建立单一尺度模型,对复杂几何形状的部件(如堆芯、换热器和泵)使用集成的"粗糙"(多孔或一维)模型。

一般来说,能够重复使用现有程序的能力已经被证明是多尺度方法的一个重要优点,实现程序间耦合的小型管理程序可以允许人们在相对较短的时间内获得结果。但是,需要注意几点。

(1) 开发和验证耦合数值方案是一项困难的任务,可能需要对底层程序进行重要或意想不到的修改。

(2) 数据平均和重建是一项具有挑战性的任务。在 CFD 尺度上计算得到的二维速度和温度可以平均化并传递给 STH 程序,而相反的过程包括从 STH 程序的零维尺度值重建二维分布。这一点在 6.2 节中有更详细的处理。

(3) 尽管可以特别开发给定实验或反应堆案例的耦合模型,但实施确认和验证策略通常需要开发一个通用的耦合模型,该模型可以在不修改的情况下用于模拟反应堆案例和用于验证它们的实验。这种通用耦合模型确保验证研究可以外推到反应堆应用。

(4) 最后,通过单尺度或多尺度方法预测的新结果需要根据合适的验证矩阵进行验证。这个矩阵实验的实现和相关的开发往往比耦合方案本身更耗时间。

最后,需要注意的是,大多数 STH 程序现在都包含 3D 模块(如 CATHAR、ATHLET 或 RELAP)。与 CFD 程序相比,这些模块经常存在局限性(例如仅限于结构化网格和缺乏大规模并行性)。这使得我们很难成功地重现一些最复杂的三维效应(比如反应堆池中的射流行为)。然而,这些程序可以成功地用于评估一些三维现象的影响,如那些可以用粗网格准确模拟的熔池总体热分层等现象。因此,带有三维模块的 STH 程序可以作为 0D/1D STH 程序和耦合或全 CFD 方法之间的中间步骤,并发挥关键作用。

6.2 多尺度耦合算法

基于现有程序开发多尺度耦合方案涉及的主要内容包括:域的分解和重叠、水力边界的耦合、热力边界的耦合以及时间离散格式和内部迭代。

6.2.1　域的分解和重叠

开发多尺度程序耦合的第一步是为研究区域的每个部分确定适当的建模尺度。在大多数情况下,类似现象识别与排序表的过程会导致选择最粗糙的尺度,该尺度能够表示可能影响系统整体行为的所有局部现象。这个过程反过来将导致识别:

(1) 一个或多个"精细"域,覆盖可能发生局部效应的区域,自然选择子通道或 CFD 程序;

(2) 一个"粗糙"域,覆盖反应堆或回路的其余部分(也可能是额外的回路,如二回路),应该由 STH 程序建模。

在选择完对应的程序之后,就应该选择每个程序的实际计算域。同样,有两个选择。

(1) 可选择将每个程序的计算域分配到上面确定的精细和粗糙域,以便每个域被分配给一个程序。在这种域分解方法中(图 6-2(a)),程序之间的交互只发生在粗糙域和精细域之间的边界上,通常使得耦合算法的设计更简单。然而,这种选择也可能导致程序之间更紧密的耦合,比如对不可压缩系统中的整体压力场需要进行强耦合。这反过来又会使在最终的耦合算法中的收敛更加困难。

(2) 可以选择将重要域完全留在粗糙计算域。在这种域重叠方法中(图 6-2(b)),STH 程序在"精细"计算域获得的粗略结果必须与 CFD/子通道尺度上获得的结果覆盖,才能实现整体的耦合计算。与分解方法相比,该方法既有优点也有缺点。

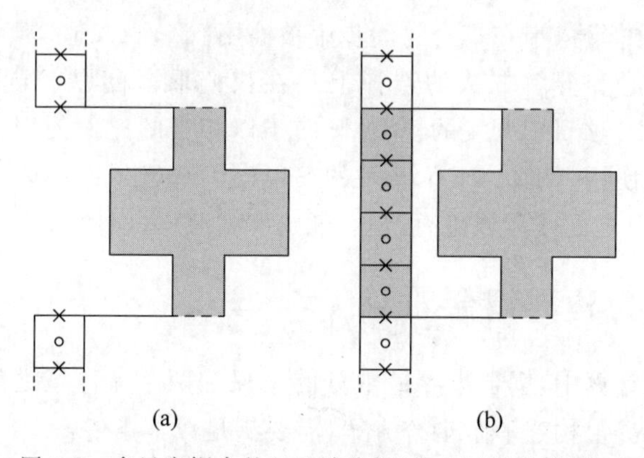

图 6-2　多尺度耦合的(a)"域分解"和(b)"域重叠"方法

① 由于重叠域仍然是由 STH 程序计算出来的,因此在精细域的边界上交换耦合数据可能是不充分的。研究者需要保证发生在重叠域内的系统尺度计算不会影响系统模型在重叠域外的部分,耦合应确保系统尺度计算的外部部分与重叠域内 CFD/子通道程序的结果一致。为了保持这个属性,耦合算法可能需要影响重叠域内的 STH 程序(而不仅仅是在其边界上)。当使用域分解方案时,这些问题并不存在,因为这两个域都是完全分离的,并通过耦合接口进行通信。

② 重叠耦合增加了复杂性,本质上比分解耦合更难实现和验证。这是因为在分解耦合中,耦合算法中的错误通常易于察觉,而在重叠耦合中的错误则通常会导致重叠区域内系统尺度的计算结果被错误地使用,进而导致耦合求解的恶化不那么明显,很难注意或追踪。

③ 重叠耦合通常会避免与分解耦合方法相关的一些紧密耦合问题。特别是,在重叠耦合中,由 STH 程序和 CFD 程序执行的压力场计算不是紧密耦合的,并且可以使用源项来实现。因此,从数值的角度来看,重叠耦合算法可能更容易实现。

④ 在重叠的方法中,用于耦合计算的相同的系统尺度模型是自给自足的,因此它可以用于进行独立的计算。这种能力可以用于提供耦合计算的初始状态,而无需使用不同的 STH 模型(因为耦合计算通常从 STH 稳态结果进行初始化);它还允许人们方便地比较耦合计算和它的原始 STH 计算之间的差异。通过在耦合计算中自动删除输入文件的重叠部分,域分解耦合可以实现相同的功能。例如,在 ATHLET/ANSYS CFX 域分解耦合方案,一个完整的 ATHLET 输入文件可用于独立计算和耦合计算;但在重叠的 ATHLET 域中,输入卡在耦合时间步中被停用。

由于在重叠和分解方法的选择上存在权衡取舍问题,当前的耦合模型(如在 SESAME 项目中开发的模型)倾向于以相当的比例使用。这两种方法甚至可以同时使用,例如,CEA 开发的 STH/子通道/CFD 耦合算法在 STH 和子通道/CFD 之间使用域重叠,但子通道和 CFD 之间使用域分解。

6.2.2 水力边界耦合

在多尺度计算中,耦合边界最常见的情况是两个流体域之间的边界。为了在这样的边界上构建一个耦合方案,需要满足以下条件:

(1) 边界应保持质量守恒,即离开其中一个区域(STH 或 CFD)的流量应等于进入另一个区域(CFD 或 STH)的流量;

(2) 边界也应该保持能量守恒,即从一个区域出去的焓等于进入另一个区域的焓;

(3) 边界两侧应具有一致的压力值。

应该注意的是,这种守恒方法对确保一致的多尺度计算是充分的,但不是必要的。事实上,人们可能更喜欢耦合算法,其中一个条件将被放松,但在时间和空间上收敛到一致的解。在对这些条件的精确验证需要多次迭代的情况下,这种非守恒的方法可能会很有吸引力。

对于域分解耦合,通过匹配 STH 和 CFD 两侧的进出口边界条件,保证边界质量守恒和压力场一致,比如在一侧施加压力边界条件而在另一侧施加流量或速度边界条件;如果采用程序对程序的数据交流方式,保证一个程序在一侧边界处计算得到的流量(速度)或压力被用作另一侧的边界条件,那么也同样可以满足边界质量守恒和压力场一致的条件,如图 6-3(a)所示。

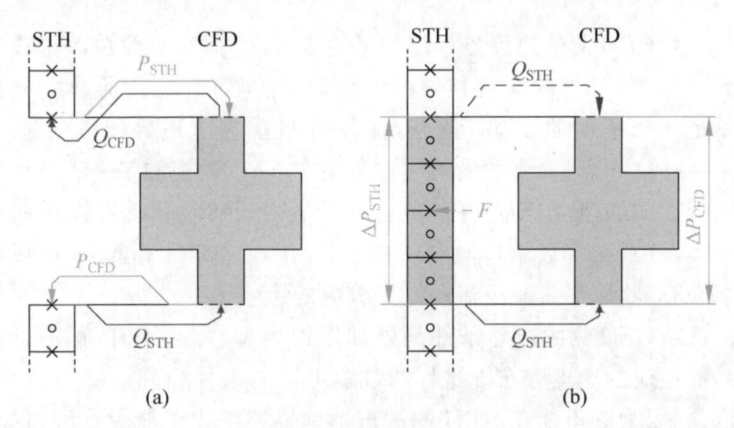

图 6-3　(a)分解和(b)重叠方法中的系统和 CFD 域之间的水力耦合策略示例
(请扫Ⅱ页二维码看彩图)

在域重叠耦合的情况下,由 STH 程序计算的流量可以作为 CFD 侧的边界条件,以保证条件(1)(对于不可压缩系统,除了一个入口/出口外,只施加流量就足够了)。为了验证压力的一致性条件(3),可以直接在 STH 侧施加压力,得到一个类似于域分解的耦合算法。或者,也可以在 STH 域的内部添加源项(图 6-3(b)),用于修改 STH 侧耦合边界之间的压力差,直到它们收敛于 CFD 程序计算的压力差。

另一个考虑是由粗糙域和精细域之间的尺度差异带来的。在 STH 程序中,边界处的流动通常用单一的平均速度来描述;而 CFD 程序将计算边界处的三维速度分布。这可能会导致以下困难(图 6-4)。

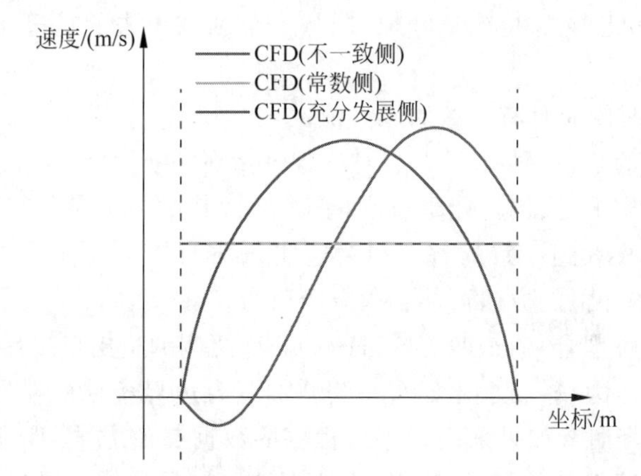

图 6-4　满足流量一致性条件(1)的 STH/CFD 边界下可能的速度分布
（请扫Ⅱ页二维码看彩图）

(1) 如果 CFD 侧的边界条件施加了速度分布，那么最简单的选择是施加一个与 STH 程序计算的速度相等的恒定速度。然而，这样的速度分布对应的显然不是充分发展的流动；此外，流体将以垂直于边界的方向进入 CFD 域。为了弥补这一点，最合适的解决方案是在 CFD 侧施加一个满足质量守恒条件的充分发展的速度分布，并避免将耦合边界设置在可能存在横向流动的区域。在实践中，大多数用户倾向于在入口/出口将其计算的 CFD 域扩大到的几个水力直径，以尽量减少流动发展效应的影响。

(2) 如果 CFD 侧的边界条件是外加压力类型，那么 CFD 程序可以计算出具有局部逆流的速度分布。这样的设置可以与条件(1)～(3)一致，但这并不是可取的，因为它不能在 STH 侧被正确地描述。为了避免这种情况，一种常见的策略是尽可能多地使用流量边界条件，特别是在可能出现双向流动的地区。

最后，能量守恒条件(2)要求在 STH 侧和 CFD 侧，通过边界的能量保持相等，该条件的数学表述如下：

$$Sv_{\mathrm{STH}}H_{\mathrm{STH}}=\int_{X\in S}\mathrm{d}S\cdot v_{\mathrm{CFD}}(x)H_{\mathrm{CFD}}(x) \tag{6-1}$$

其中，S 为边界 S 的面积；v_{STH}，H_{STH} 分别为在 STH 侧的速度和通过边界的液体焓，$v_{\mathrm{CFD}(x)}$，$H_{\mathrm{CFD}(x)}$ 分别为在 CFD 侧的速度和通过边界的液体焓。考虑到每个程序所使用的离散化和对流格式，耦合算法必须调整 H_{STH}（用于 CFD→STH 流）或 H_{CFD}（用于 STH→CFD 流）。

假设边界上的流动只发生在一个方向上，那么可以使用以下算法来满足这个条件。

(1) 如果流体流入 CFD 侧,在 STH 侧流过边界的焓可以设定为进入 CFD 侧流体的焓。

(2) 如果流体从 CFD 侧流出,则可以采用流过 CFD 边界的流量加权平均值作为 CFD 侧平均出口温度 $\langle T_{CFD} \rangle$,并施加在 STH 侧。对于域分解耦合,可以简单地作为入口温度;对于域重叠耦合,必须修改重叠域内部重叠 STH 网格的温度,以调整 STH 程序中流过边界的焓。这可以通过替换相关网格中的 STH 能量方程(如果可能的话)或通过在该方程中添加能量源/汇项来获得。

图 6-5 描述了在域分解和域重叠方法中,STH 和 CFD 程序之间的水力边界处的热耦合。如果 STH 程序使用迎风格式计算热对流,那么可以简单地将最后一个 STH 网格的温度施加于 CFD 边界条件上,从而确保流向 CFD 计算域的热流密度与 STH 值一致。相反,将 CFD 侧的流出平均温度作为边界条件(域分解方法)或边界内最后一个 STH 网格的温度(域重叠情况下),将确保从 CFD 域向外流时,两种程序之间的热流密度保持一致。值得注意的是,这些水力耦合界面对边界处的动量和能量方程做了近似,图 6-3 和图 6-5 忽略了边界周围网格中热扩散的影响,这些影响通常是小到足以忽略的(液体-壁面耦合除外)。

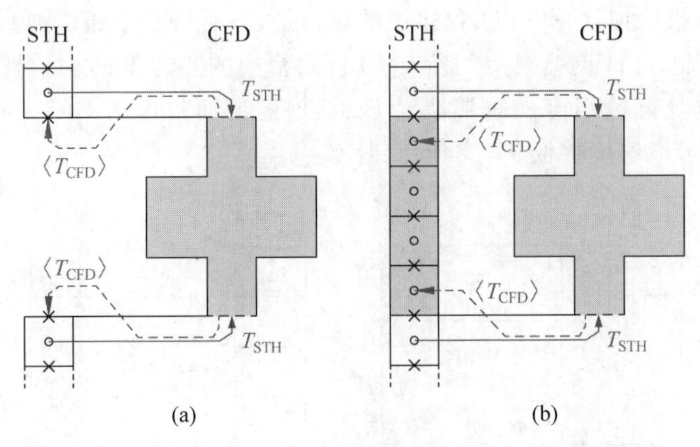

图 6-5　(a)域分解和(b)域重叠方法中,STH 和 CFD 程序之间的水力边界处的热耦合
(请扫Ⅱ页二维码看彩图)

6.2.3 热力边界耦合

水力边界处的耦合界面通常忽略了通过该边界的热传导效应。在较罕见的情况下,人们可能需要模拟不同程序描述的区域之间的热交换:

(1) 为了将一回路的 CFD 模型集成到包含 IHX 及其二回路描述的反应堆模型中,在 IHX 发生的热传递必须通过 IHX 一次侧的 CFD 模型和中间换热器二次侧的系统模型之间的耦合来建模。

(2) 在将燃料组件的子通道模拟与盒间区域的 CFD 模拟耦合的全堆芯模型中,必须通过将外套管(由子通道程序建模)与盒间 CFD 耦合来实现。

在这两种几何结构中,较高的换热面表面积体积比使得两种程序的能量方程的耦合更强烈。

图 6-6 显示了域分解和重叠方法中热力边界耦合示例。在这两种情况下,换热壁面温度都是由 STH 或子通道程序计算的,通过将壁面温度插值到 CFD 网格上(T_{CFD}),并在 CFD 能量方程中加入一个热流密度,即可实现 CFD 计算域网格与该壁面的“接触”,热流密度的形式如下:

$$\Phi_{\mathrm{CFD}}=h(T_{\mathrm{CFD}}^{(\mathrm{L})}-T_{\mathrm{STH}}^{(\mathrm{W})}) \tag{6-2}$$

其中,T_{STH} 是插值的壁面温度;换热系数 h 可以由 STH 程序计算并插值(域重叠耦合的典型情况),也可以由 CFD 程序本身局部计算。使用这个源项,CFD 程序负责计算通过壁面的热通量;在 STH 程序的下一次迭代中,这个热通量被插值到 STH 网格上,并覆盖上一次的 STH 计算值。但需要注意以下缺陷。

(1) 如果选择计算 STH 程序中的热通量,然后将这个通量加到 CFD 域。那么,与单个 STH 网格对应的所有 CFD 网格中的热通量的均匀性会导致计算出不符合实际的温度。通常情况下,CFD 侧流动较慢的 CFD 网格将持续排出热量,最终温度将低于二次侧的温度。

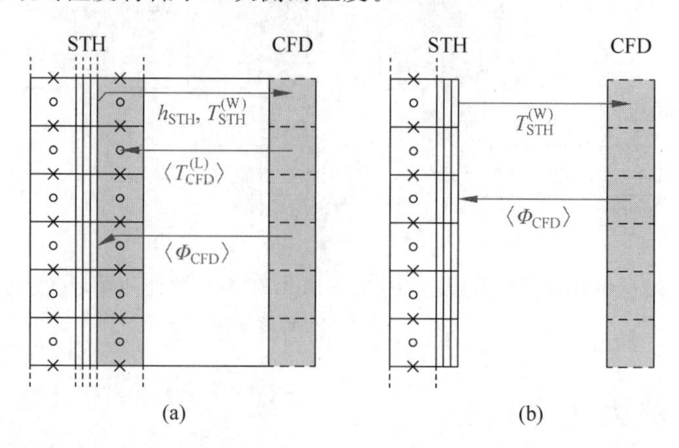

图 6-6　在(a)域重叠和(b)域分解方法中,STH 和 CFD 程序之间的热力边界处的耦合

(请扫Ⅱ页二维码看彩图)

(2) 重叠情况下，在下一次 STH 迭代中将 CFD 域的流体温度映射到重叠域上是不够的。虽然该方案能收敛到一致的解，但在 STH 和 CFD 程序中计算的热通量不相等，从而违反了能量守恒。

最后，需要注意的是，在源项 Φ_{CFD} 中使用 STH 壁面温度和局部壁面-流体换热系数通常会导致液态金属系统中非常强的耦合，以及相关的时间步长稳定性条件。相反，一些 STH 程序能够对相邻网格的流体温度提供壁面热通量的"敏感性"，其表达式为

$$\Phi_{\mathrm{CFD}}=\Phi_0+\chi(T_{\mathrm{STH}}^{(\mathrm{L})}-T_0) \tag{6-3}$$

其中，敏感性系数 χ 通常比换热系数 h 低一到两个数量级。该系数可以在 CFD 侧的热源项中代替 h，以及"等效壁温度"：

$$\Phi_{\mathrm{CFD}}=\Phi_0+\chi(T_{\mathrm{CFD}}^{(\mathrm{L})}-\overline{T}),\quad \overline{T}=T_0-\frac{\Phi_0}{\chi} \tag{6-4}$$

这个公式与方程(6-2)相比，稳定性有了很大的改进。

6.2.4 时间离散格式和内部迭代

当使用多尺度方法对给定的瞬态进行模拟时，前面章节讨论的耦合策略可以用于实现两个或多个程序之间的耦合算法。算法中使用的时间离散格式可以是：

(1) 显式方案，耦合算法保证不同计算域在每个时间步长之前的一致性；

(2) 隐式方案，耦合算法保证计算域在每个时间步长内是一致的。

显式耦合算法通常在每个时间步长开始时执行程序之间的数据交换就足够了，然后，每个程序独立运行一个(共同的)时间步长。如果两次运行都成功，那么整体模拟可以进行下一个时间步骤。当然，也可以允许程序运行不同的时间步长，数据交换只发生在指定的"同步点"上，该功能最常用于 CFD 程序和 STH 程序之间的数据交换。

隐式耦合算法通常会在给定的时间步长上为每个程序运行迭代，在迭代之间组织数据交换，直到耦合参数(例如，定义在边界处的参数)收敛到共同值。在水力边界中，可能需要迭代到压力场收敛(域分解法)或耦合边界之间的压力差收敛(域重叠法)；对于热力边界，可能需要迭代到 STH 侧的壁面温度收敛以及 STH 与 CFD 两侧的热流密度一致。

程序之间的迭代是大多数耦合算法的一个共同特征。因为大多数程序只呈现一阶信息，所以 Gauss-Seidel 这样的一阶迭代方案是最常见的迭代方案。在该方案中，耦合信息只是简单地在程序之间来回传递，直到它们收敛

到共同值。因为STH迭代通常比CFD迭代成本低得多,所以STH程序中的变量要比CFD程序中迭代得更频繁,从而可以在其间权衡调和。

然而,高斯-赛德尔(Gauss-Seidel)算法的收敛速度在某些情况下可能是不够的(例如在域分解方法中对压力系统的解析)。在大多数情况下,二阶方案(如牛顿-拉弗森(Newton-Raphson))所必需的矩阵元素不能由程序的耦合接口提供,因此不能直接应用。然而,耦合边界变量的Newton-Raphson矩阵仍然可以使用离散导数构造。或者,类Jacobian-Free Newton-Krylov方法可以使用程序提供的一阶数据来求解Newton-Raphson矩阵。

6.3 多尺度方法开发和验证

本节旨在提供关于多尺度耦合模型在液态金属实验中相关应用的概述。这些应用的最终目的是更好地理解LMR瞬态,从而减少这些反应堆安全评估中使用的保守裕量。根据调研,多尺度计算已应用于一些LMR安全分析,如法国ASTRID和比利时MYRRHA的安全瞬态分析。这两个案例都对完整的反应堆一回路进行了CFD建模。如果这些模型要用于其各自反应堆的最终安全分析,那么它们将需要达到与STH程序相当的验证、确认和不确定性量化水平。对于STH程序,耦合程序的验证数据库应包括解析验证、组合效应验证、大尺度验证和整体验证。为了方便起见,本概述主要涵盖了一部分THINS和SESAME欧盟项目的模型,这些项目对今天使用的大多数液态金属多尺度耦合模型的开发做出了贡献。

6.3.1 耦合算法的解析验证

解析验证的概念在耦合程序中与在CFD程序系统中具有不同的意义。根据定义,耦合模型预测的个体效应是模型中包含的某个程序进行计算的结果;而耦合程序预测的"新"现象,如不同尺度相互作用产生的现象,通常是"组合效应"。

在解析层面,保证所使用的耦合算法在程序之间的耦合边界上得到验证就足够了,而这需要通过构造一些分析测试用例来验证。这些分析测试用例需涵盖算法所有潜在的耦合边界类型,为此可以验证边界上的质量守恒、能量通量与压力场一致性。基于这些测试用例的验证耦合算法应该足以证明耦合算法在解析层面的有效性。

6.3.2　中小尺度的验证

在欧洲的 THINS 和 SESAME 的项目中，使用 TALL-3D 和 NACIE-UP 设施来研究小规模的耦合效应。TALL-3D 是 KTH 设计的研究三回路 LBE 循环之间的耦合和圆柱形的三维测试部分受到局部影响，如分层、射流冲击和传热效应的实验台架。ENEA Brasimone 的 NACIE-UP 实验台架是一个 LBE 回路，包含一个 19 棒的燃料组件。

图 6-7 显示了 CEA 和 ENEA 基于 TALL-3D 实验台架开发的 CATHARE/TrioCFD 模型：CATHARE STH 模型(图(a))和三维测试段的 TrioCFD 模型(图(b))。MATHYS 耦合工具将描述三维测试段的 STH 模型与使用隐式时间格式的 CFD 模型重叠，使用特定函数将 CATHARE 程序计算的耦合边界处的温度分布替换为 TrioCFD 程序计算出的值，而重叠域内动量方程的源项用于调整 CATHARE 程序在耦合边界处的压力差。表 6-1 列出了正在开发中的用于这两个液态金属装置的耦合模型。

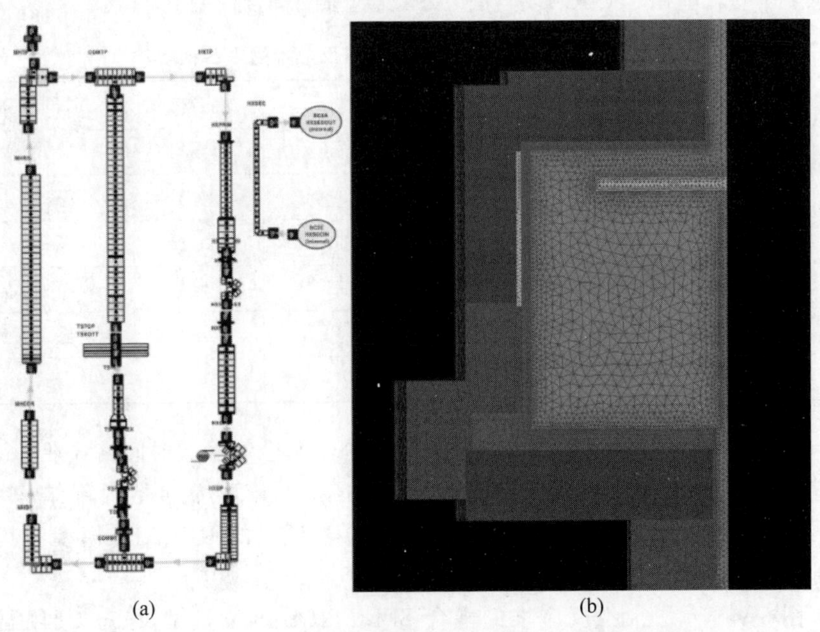

图 6-7　使用(a)CATHARE 和(b)TrioCFD 程序开发的模型

(请扫Ⅱ页二维码看彩图)

表 6-1　用于 TALL-3D 和 NACIE-UP 的耦合模型

机　构	STH	CFD	耦合方法	时间格式
KTH	RELAP5	StarCCM+	重叠	隐式
GRS、TUM	ATHLET	ANSYS	分解	显式
CEA、ENEA	CATHARE	Trico CFD	重叠	隐式
SCK · CEN	RELAP5	ANSYS、Fluent	分解	显式
UniPi	RELAP5	Fluent	分解	显式
ENEA	CATHARE	Trico CFD	重叠	隐式

6.3.3　大尺度和整体验证

在 THINS 和 SESAME 项目中，CIRCE 实验和凤凰反应堆已经用于在大尺度范围内对多尺度耦合程序的验证。CIRCE 实验台架是一个大型 LBE 整体实验台架，旨在演示和研究在 LFR 中自然对流作用下的堆芯冷却。表 6-2 汇总了一些目前用于 CIRCE 装置和凤凰反应堆的耦合模型。

表 6-2　用于 CIRCE 装置和凤凰反应堆的耦合模型

机　构	STH	CFD	耦合方法	时间格式
NRG	SPECTRA	ANSYS、CFX	重叠	显式
UniPi	RELAP5	Fluent	分解	隐式
CEA	CATHARE	Trico CFD	重叠	隐式
KIT	ATHLET	OpenFOAM	分解	序列式
NRG	SPECTRA	ANSYS、CFX	重叠	显式
ANL	SAS4A	Nek5000	重叠	隐式

图 6-8 展示了利用 RELAP5-Fluent 域分解耦合和隐式时间格式在 UniPi 上建立的 CIRCE-HERO 多尺度模型。Fluent 的模型不包括内部结构，如图(a)所示；池的网格如图(b)所示；HERO 测试段的 RELAP5 模型和其他内部组件以及耦合程序，如图(c)所示。

图 6-9 显示了凤凰反应堆的耦合 SPECTRA-CFX 模型，稳态 CFD 温度场显示在中间，周围是堆芯和 IHX 的 SPECTRA 模型。该多尺度模型实现了 STH 程序与两个 CFD 域之间的显式重叠耦合。

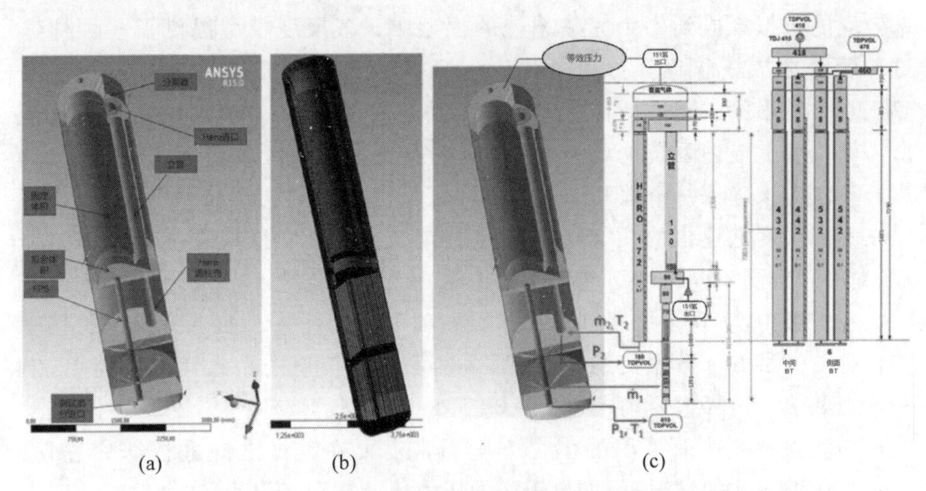

图 6-8　RELAP5/Fluent 的域分解耦合和隐式时间格式在 UniPi 上建立的 CIRCE-HERO 多尺度模型

（请扫Ⅱ页二维码看彩图）

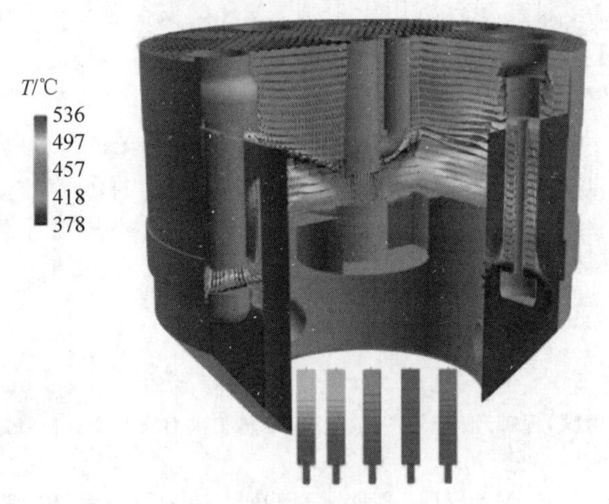

图 6-9　凤凰反应堆的 SPECTRA-CFX 耦合模型

（请扫Ⅱ页二维码看彩图）

6.4　总结和建议

液态金属系统比大多数系统更受不同尺度现象之间复杂相互作用的影响，在许多重要情况下，局部三维效应可以影响 SFR 或 LFR 的全局行为，如通过非能动方式排出衰变热。因此，精确的建模需要一种方法来将小的、局部效应的模拟集成到一个完整系统的模型中。多尺度模型提供了一种构建这种模型的方法,同时充分利用现有的STH、子通道和CFD尺度上的反应堆热工水力学程序。通过耦合两个或两个以上的程序,一个多尺度模型可以在所需的尺度上描述系统的每个部分,而不需要对整个区域使用精细的描述。耦合算法应该确保每个程序计算的不同区域随着时间的推移保持一致,特别是在不同尺度上建模的两个域的耦合边界上。多尺度计算应该像单一的程序,允许它预测不同尺度下现象相互作用所产生的全局效应。

在实践中,实现多尺度耦合仍然是一项艰巨的任务。如果所考虑的程序包括必要的试点和数据交换接口,那么确保耦合接口的一致性并不简单,但在水力和热力边界上要确保这一点。

为获得一致性而采用的耦合方案通常需要在程序之间进行迭代过程。在不可压缩流体的情况下,如果程序的压力场计算相互依赖,这个过程的成本可能会比较高。域重叠的方法,即STH程序包含完整的计算域,可以减轻这种困难。然而,在这种方法中,程序到程序的一致性通常变得更加难以确保。

最后,预计多尺度耦合将用于未来LMR的安全验证和分析中。为了达到这一目标,这些耦合需要进行广泛的验证、确认和不确定性量化过程。特别是,它们将需要根据一个由分离效应、组合效应和整体测试组成的数据库进行验证。通过实现NACIE-UP、TALL-3D和CIRCE等几个关键实验,以及通过组织这些实验和凤凰反应堆上的基准活动,THINS和SESAME项目对这样的数据库的构建做出了实质性的贡献。

参考文献

[1] 成松柏,陈啸麟,程辉. 液态金属冷却反应堆热工水力与安全分析基础[M]. 北京:清华大学出版社,2022.

[2] ANGELUCCI M, MARTELLI D, BARONE G, et al. STH-CFD codes coupled calculations applied to HLM loop and pool systems[J]. Sci. Technol. Nucl. Ins., 2017,2017: 1936894.

[3] BANDINI G, POLIDORI M, GERSCHENFELD A, et al. Assessment of systems codes and their coupling with CFD codes in thermal-hydraulic applications to innovative reactors[J]. Nucl. Eng. Des., 2015,281: 22-38.

[4] CONTI A, GERSCHENFELD A, GORSSE Y, et al. Numerical analysis of core thermal-hydraulic for sodium-cooled fast reactors [C]//NURETH16, Chicago, USA, 2015.

[5] DEGROOTE J, HAELTERMAN R, VIERENDEELS J. Quasi-Newton techniques for

the partitioned solution of coupled problems [C]//7th European Congress on Computational Methods in Applied Sciences and Engineering, 2016.

[6] DI PIAZZA I, TARANTINO M, AGOSTINI P, et al. NACIE-UP: an heavy liquid metal loop for mixed convection experiments with instrumented pin bundle [J]. Problems of Atomic Science and Technology, 2015, 4(4): 4.

[7] DI PIAZZA I, ANGELUCCI M, MARINARI R, et al. Heat transfer on HLM cooled wire-spaced fuel pin bundle simulator in the NACIE-UP facility[J]. Nucl. Eng. Des., 2016, 300: 256-267.

[8] GERSCHENFELD A, LI S, GORSSE Y, et al. Development and validation of multiscale thermal-hydraulics calculation schemes for SFR applications at CEA[C]//FR17, Yekatarinenburg, Russia, 2017.

[9] GRISHCHENKO D, JELTSOV M, KÖÖP K, et al. The TALL-3D facility design and commissioning tests for validation of coupled STH and CFD codes[J]. Nucl. Eng. Des., 2015, 290: 144-153.

[10] MARTELLI D, FORGIONE N, DI PIAZZA I, et al. HLM fuel pin bundle experiments in the CIRCE pool facility[J]. Nucl. Eng. Des., 2015, 292: 76-86.

[11] PAPUKCHIEV A, GEFFRAY C, JELTSOV M, et al. Multiscale analysis of forced and natural convection including heat transfer phenomena in the tall-3D experimental facility[C]//NURETH16, Chicago, USA, 2015.

[12] PIALLA D, TENCHINE D, LI S, et al. Overview of the system alone and system/CFD coupled calculations of the PHENIX natural circulation test within the THINS project[J]. Nucl. Eng. Des., 2015, 290: 78-86.

[13] ROELOFS F, SHAMS A, PACIO J, et al. European outlook for LMFR thermal hydraulics[C]//NURETH16, Chicago, USA, 2015.

[14] ROELOFS F. Thermal hydraulics aspects of liquid metal cooled nuclear reactors [M]. Cambridge: Woodhead Publishing, 2019.

[15] ROZZIA D, PESETTI A, DEL NEVO A, et al. Hero test section for experimental investigation of steam generator bayonet tube of ALFRED [C]//ICONE 2017, Shanghai, China, 2017.

[16] TENCHINE D. Some thermal hydraulic challenges in sodium cooled fast reactors [J]. Nucl. Eng. Des., 2010, 240: 1195-1217.

[17] TENCHINE D, PIALLA D, FANNING T H, et al. International benchmark on the natural convection test in Phénix reactor[J]. Nucl. Eng. Des., 2013, 258: 189-198.

[18] TOTI A, BELLONI F, VIERENDEELS J. Numerical analysis of a dissymmetric transient in the pool-type facility E-scape through coupled system thermal-hydraulic and CFD codes[C]//NURETH17, Xi'an, China, 2017.

[19] UITSLAG-DOOLAARD H J, ALCARO F, ROELOFS F, et al. System thermal hydraulics and multiscale simulations of the dissymmetric transient in the Phénix reactor[C]//ICAPP 2018, Charlotte, USA, 2018.

[20] ZWIJSEN K, DOVIZIO D, BREIJDER P, et al. Numerical simulations at different scales for the CIRCE facility[C]//ICAPP 2018, Charlotte, USA, 2018.

第7章　全书总结

当前世界上的核动力反应堆多为热堆，截至2022年，轻水堆约占总数的90%，其次是加压重水堆，约占6%。水冷反应堆很可能在21世纪中叶及以后继续主导全球核电计划。轻水堆和加压重水堆分别使用含小于5%^{235}U的低浓度铀和天然铀(99.3%^{238}U+0.7%^{235}U)作为燃料，以高密度氧化铀芯块的形式堆叠封装在锆合金包壳管中。这些反应堆大多以"一次通过"模式使用燃料。在这种开式燃料循环中，只有不到1%的铀被开采并在反应堆中用作燃料，而大多数^{238}U被废弃在^{235}U浓缩厂的尾矿或乏燃料中。人们普遍认为，通过快堆对乏燃料进行后处理，并回收由^{238}U转化而来的钚，可以将天然铀的利用率提高60倍或更多。因此，快堆和闭式燃料循环中钚的多次回收确保了天然铀资源的最有效利用。快堆的主要任务，无论是作为增殖堆还是作为燃烧器，或者两者兼而有之，都是以可持续的方式长期、经济、安全地产生核电，同时管理高放废物和保护环境，并确保防止裂变材料的扩散。

液态金属(钠、铅以及铅铋合金)是经过验证和接受的快堆冷却剂，在过去60年中，一些试验、原型和商用液态金属冷却反应堆已经表现出了令人满意的性能。液态金属冷却反应堆商业成功的关键问题之一是开发含或不含次锕系元素(MA)的钚基燃料，该燃料在高燃耗(当前目标：20at.%或约200 GW·d/tHM)时表现令人满意，并开发不会因高达200 dpa的辐照损伤而失效的燃料组件的包壳、外套管和其他结构材料。由于早期的燃料燃耗只能达到1at.%～3at.%，在液态金属冷却反应堆燃料开发的初始阶段，重点放在开发能够实现高燃耗的单根燃料棒上。然而，没有快堆燃料系统能够利用单根燃料棒的高燃耗能力。燃料组件内燃料棒的相互作用、燃料棒束与外套管的相互作用以及外套管的弯曲和膨胀，与单根燃料棒的燃耗能力同等重要。事实上，当需要处理大量燃料时，所有过去和现有的快堆燃料系统的辐照能力都受到外套管变形的限制。因此，必须克服许多障碍，其中最重要的是包壳和外套管材料的快中子辐照损伤。高性能包壳和外套管材料的开发也是一项需要国际合作和共同努力的研究工作。

液态金属冷却反应堆应提供非常高的灵活性，使反应堆能够以钚和MA燃烧模式运行，或通过增殖维持和增加钚库存。根据MOX燃料实验获得的结果,目前认为,如果改进的燃料组件和燃料棒的结构材料得到应用,未来大型商业快堆的目标燃耗可以达到约200 GW·d/tHM。除此之外,液态金属冷却反应堆由于其在适应不同燃料类型和成分方面的灵活性,可能有助于燃烧和减少MA的数量。钚管理的一个重要问题是防止钚扩散,同时允许核能的可持续利用。液态金属冷却反应堆和闭式燃料循环以及燃料制造、反应堆和后处理厂位于同一地点有助于防止核扩散。钚的中子和γ发射同位素,即^{238}Pu、^{240}Pu、^{241}Pu和^{242}Pu,充当有效的屏障并提供防扩散性。

根据过去国际液态金属冷却反应堆发展的经验,就其燃料和结构材料的现状和进一步发展可以得出以下结论。

(1) MOX是液态金属冷却反应堆的参考燃料。混合氧化物或MOX燃料在法国、英国和日本已经成熟,已经具有工业规模制造,大型辐照数据库(既有作为动力堆燃料又有作为高燃耗实验燃料),以及工业规模的后处理。事实上,MOX燃料的制造是UO_2(高浓缩铀或天然铀)燃料制造的延伸,因为UO_2和PuO_2是同构的,可形成无限型固溶体,并且具有非常相似的热力学和热物理性质。然而,由于钚的高放射毒性,MOX燃料的制造是在带屏蔽的手套箱中进行的,采用远程和自动化操作。MIMAS(Belgo-nuclear)和SBR(英国)仍然是生产MOX燃料的参考方法,尽管它们与放射性粉尘危害有关。RIAR开发的DDP工艺,基于对废MOX燃料进行高温化学处理而获得MOX芯块的振动压实方法,是制造快堆MOX燃料棒的先进技术。与DDP类似,DOVITA工艺已被开发用于制造含有MA的MOX燃料。无尘Vibro-sol和溶胶-凝胶微球颗粒化(SGMP)工艺也是制造MOX燃料的先进技术。SGMP工艺是溶胶-凝胶工艺和传统造粒工艺的混合体。它无尘,适合自动化和远程化,确保出色的微观均匀性,并且可以生产密度和微观结构受控的MOX颗粒。

(2) MC和MN属于同一类别用于液态金属冷却反应堆的非氧化物先进陶瓷燃料。混合碳化物作为印度FBTR的燃料已被证明具有高燃耗(160 GW·d/tHM)。然而,MC和MN燃料制造起来更加困难和昂贵,并且MN燃料涉及自燃性、再加工和^{14}C挑战等问题。

(3) 金属燃料是液态金属冷却反应堆的先进燃料,从高增殖率和低倍增时间的角度来看非常有效。金属燃料与热电解后处理和注射铸造相结合,对于一体化快堆来说非常有前途,因为反应堆、燃料制造和后处理设施位于同一地点。金属燃料很容易以工业规模远程制造。金属燃料具有高燃耗能力、最高的裂变密度,可用于增殖,并有助于抗扩散和远程高温后处理。EBR-Ⅱ中的测试表明,金属燃料堆芯可以承受冷却剂流量损失和失热阱,而无需紧急停堆(SCRAM),可自行停堆,不会造成堆芯损坏。这种固有的安全特性是由于金属燃料的高导热性,与混合氧化物燃料的低导热性和高燃料温度形成鲜明对比。然而,金属燃料的经验主要局限于美国,尽管日本、韩国和印度正在进行研发工作。

(4) 液态金属冷却反应堆的目标之一是燃烧 MA。在 MOX、MC、MN 和金属燃料中引入少量(1%～5%)的 MA 不会有太大的困难,并且不会显著影响燃料特性和性能。然而,需要远程、自动化和高度屏蔽的设施来处理含 MA 燃料。

(5) 推动快堆材料研究的主要问题仍然是必须将目前可达到的 10%～12%的燃耗大约翻一番到 20%以上。

(6) 燃料结构材料的辐照损伤是高燃耗液态金属冷却反应堆燃料面临的主要挑战。获得更高的燃耗需要显著改进包壳材料,以抵抗孔隙肿胀、过度脆化和高温强度损失。随着包壳和外套管材料从奥氏体合金(304、316、316CW、316CW-Ti 改性)变为极低肿胀的马氏体合金 HT-9,燃料包壳等结构材料整体性能得以提高。铁素体和铁素体-马氏体钢的使用似乎提供了将低肿胀状态扩展到 200～250 dpa 的可能性,但其在高温下的低强度会影响燃料的运行特性,并且需要特殊的设计措施来降低作用在包壳上的内部压力。该压力首先来自裂变气体,但最终来自燃料-包壳相互作用。最有前景的方法是开发铁素体钢和铁素体-马氏体钢的 ODS 变体,与非 ODS 钢相比,它们具有更高的热稳定性和更低的肿胀率,但还需要进一步的实验证明。ODS 合金正在持续改进中。

(7) 需要关于堆外与堆内特性评估和辐照测试的国际数据库和合作研究,包括 MOX、MC、MN 和金属燃料以及燃料结构材料(如改性奥氏体钢、铁素体-马氏体合金,包括 HT-9 和 ODS 钢)。此外,还需要进行广泛的国际合作,以有效利用在世界上运行的极少数液态金属冷却反应堆,比如 BOR60、BN-600、BN-800、CEFR 和 FBTR 等,用于开发先进燃料和燃料组件结构材料。

(8) 为了保证高功率 LFR 中 VRE 可接受,铅冷却剂中同位素^{208}Pb 的最小含量应在 75%～80%,典型的钍矿石可以满足这一点。在燃料包壳中使用钨涂层有助于降低 VRE 值,消除瞬态事故下铬与蒸汽的反应,并排除叠氮化铅形成的可能性。同时使用钨涂层和基于从钍矿石中提取的铅冷却剂,可以确保堆芯中子的良好平衡。

(9) 液态金属冷却反应堆中存在不同尺度现象之间的复杂相互作用。在许多重要的情形下,局部的三维效应会影响到液态金属冷却反应堆的整体行为。因此,需要将小尺度的局部效应整合到整个系统模型中。多尺度模型便提供了这样一种建模途径,其能在系统、子通道和CFD尺度上充分利用现有的反应堆热工水力程序。这些多个尺度层面上的程序耦合可以根据所需的尺度刻画系统的每个部分,而不需要对整个区域进行精细描述。可以预见的是,多尺度耦合计算将用于未来液态金属冷却反应堆的安全验证和分析中。为了实现这一目标,这些耦合将会经过广泛的验证、确认和不确定性量化过程,特别地,它们需要基于一个由分离效应、组合效应和整体测试所组成的数据库进行验证。